声学工程案例新编

吴硕贤

陈金京　邵　斌　廖龙英　主编

《声学工程案例新编》编委会　组织编写

中国建筑工业出版社

图书在版编目（CIP）数据

声学工程案例新编 / 陈金京，邵斌，廖龙英主编；《声学工程案例新编》编委会组织编写．—北京：中国建筑工业出版社，2024.4
ISBN 978-7-112-29717-7

Ⅰ.①声… Ⅱ.①陈… ②邵… ③廖… ④声… Ⅲ.①声学工程—案例 Ⅳ.①TB5

中国国家版本馆 CIP 数据核字（2024）第 059546 号

责任编辑：陈小娟
责任校对：李美娜

声学工程案例新编
陈金京　邵　斌　廖龙英　主编
《声学工程案例新编》编委会　组织编写
*
中国建筑工业出版社出版、发行（北京海淀三里河路 9 号）
各地新华书店、建筑书店经销
华之逸品书装设计制版
天津裕同印刷有限公司印刷
*
开本：880 毫米 ×1230 毫米　1/16　印张：28　字数：727 千字
2024 年 4 月第一版　　2024 年 4 月第一次印刷
定价：**328.00** 元
ISBN 978-7-112-29717-7
（42156）

《声学工程案例新编》编委会

序言一

我曾总结过声音具有四重特性。首先，声波是一种物理现象，所以毋庸置疑，声音具有物理特性。其次，声音具有环境特性；我们都生活在某种声环境中，声环境具有不同品质。再次，声波是信息的载体，经常携带诸如语言、音乐等信息，而且这种信息比文字这种诉诸眼睛的视觉信息在人类历史上要早很多，曾在人类进化史上发挥信息交流与文化传承的不二作用；所以声音具有信息特性。最后，某些声音，如语言、音乐与声景等，还构成听觉艺术，是人们所乐于聆听与欣赏的，所以声音还具有审美特性。

厅堂的厅字，在繁体字中写成“廳”，即广字头下一个“聽”字，说明古人很清楚厅堂等观演建筑是一个听音场所，其主要功能就是听闻，欣赏语言和音乐。如果这些建筑音质不佳，其设计及建造就失败了。厅堂音质设计需要顾及上述声音的四大特征。首先要研究其物理特性，包括声波在室内的传播和在各界面的反射、吸收、透射与扩散等规律。其次要了解何种声环境的品质是好的，何种声环境的品质是不好的。做好噪声与振动控制，使得室内背景噪声低，往往是良好室内声环境的必要前提。再次，要考虑声波所携带的信息，对不同信息采取不同对策，来保证声波所携带的语言与音乐信息不畸变、少畸变、高保真。最后，还要顾及声音的审美特性，针对不同的声源特色，研究如何使听众能听得好，享受到听觉盛宴。不仅厅堂建筑如此，其他各类与听音有关的建筑均有类似的问题。由此看来，建筑声学的研究及在其指导下的声学设计不是一件容易的事。这一领域的进展仍然未可限量。

工程建设是关系到社会民生、国家经济建设的大事，与人们的生活和国家的经济发展密切相关。声音科学在工程建设中有着至关重要的作用。本书收集了近百项声学工程案例，从国家重点工程到居民住宅，基本涵盖了各种项目类型。这些案例表明，工程无论大小，无论其功能用途，都存在着各种各样的声学问题。不同的工程类型，需要用不同的技术手段进行处理。声学工程需要设计、施工、材料以及检测多方面配合，才能达到理想的效果。

陈金京、邵斌两位主编是我国建筑声学与噪声控制领域的资深专家。他们是国家改革开放后较早进入声学领域并一直从事建筑声学和噪声控制方面的工程设计、应用研究及声学检测等工作的佼佼者，在本书中他们贡献了其30多年的工程经验和学术积累。第三主编廖龙英17年来组织全国声学设计与噪声振动控制行业论坛和学术会议近20场，且成功组织了行业内诸多专家，收集了百余项各类声学工程案例。编委会及全体作者都是声学行业一线从业人员，其中许多是业界精英。他们在各自不同的单位以不同的角色为我国声学工程建设奉献着自己的力量。每一个声学工程案例，无论大小，都凝聚着声学工作者的辛勤劳动与汗水。他们的敬业态度和工匠精神值得广大读者尊敬。

相信本书的出版对广大工程设计和声学从业人员有着很好的启迪和借鉴作用。

吴硕贤

中国科学院院士

华南理工大学建筑学院教授

2023年9月8日

序言二

我们生活在充满各种声音的世界里。自然界的声音如鸟啼蛙鸣、潺潺流水、风声、雨声，等等，使人类的生存空间充满了活力；人类活动也产生各种声音，有些声音是我们需要的，比如传递信息的语言交谈、各种会议、美妙的音乐、节目演出等各类社会活动的声音；而有些却是我们不需要的，如交通噪声、工业噪声、建筑施工噪声以及社会生活噪声。这些噪声干扰人们的工作、生活和睡眠，令人烦恼，甚至影响人体的健康。为了消除噪声对人们的危害，给人们提供一个良好的声音环境，长期以来我国广大声学科技工作者做出了不懈的努力，发展了建筑声学和噪声与振动控制学。早在1956年，我国现代声学奠基人、国际著名声学家马大猷院士在制定国家《十二年科技规划》时，就发表了《关于发展声学研究工作的意见》，提出了开展建筑声学研究的建议，指出“新建房屋的音质设计和噪声控制（主要是礼堂、戏院、电影院、播音室、录音室、厂房、办公室、实验室、学校、医院、旅馆等）以及现有建筑中的音质研究永远是建筑声学的主要任务之一”，强调在和平生活中提高文化和保证健康（如控制噪声问题等）是离不开声学的；噪声的测量、分析、控制和城市噪声的研究也是建筑声学中极重要的一部分。并于1959年，承担了人民大会堂音质设计任务，成功完成了9万m^3容纳1万多人超大厅堂的音质设计，无论是万人会议还是大型文艺表演，音质效果各方都很满意，堪称新中国建筑声学工程的典范，同时还培养了一批建筑声学骨干。

进入21世纪以来，我国加大了对环境保护的力度。当前，已将建设生态文明，推动绿色低碳循环发展，保护和改善生活环境，保障人体健康，促进经济和社会可持续发展，走出一条生产发展、生活富裕、生态良好的文明发展道路，作为中华民族伟大复兴的基本国策。其中创建宁静宜居的声环境、走绿色发展之路，是生态文明建设的重要内容。新近颁布的《中华人民共和国噪声污染防治法》明确指出，国家鼓励、支持环境噪声污染防治的科学研究、技术开发，推广先进的防治技术和普及防治环境噪声污染的科学知识。《声学工程案例新编》的出版恰逢其时，为落实本法，开展声环境的治理，实现人们期望的安静、和谐、舒适的美好生活环境提供了宝贵的参考资料。本案例新编汇集了近些年我国声学科技工作者有关建筑声学和噪声控制领域的典型工程案例，共87例，第一部分音质设计45例，包括大剧院、体育中心、音乐厅、艺术中心、演播室、录音室、会议中心、学校教室等，第二部分噪声与振动控制42例，涉及工矿企业厂房和各种机器设备的隔声、吸声、消声、减振等综合治理措施的应用，以及道路交通、轨道交通噪声控制，声屏障和车辆基地噪声振动的综合治理。撰写案例的都是从事建筑声学和噪声控制的声学科技工作者，其中不乏业界的精英，具有丰富的工程实践经验，提供的案例具有代表性、示范性、综合性和实用性，值得环境保护、劳动保护的工程设计和技术人员参考。相信《声学工程案例新编》将为进一步推动我国环境声学事业的发展起到应有的作用。

程明昆

中国科学院声学研究所研究员

2023年9月12日

目录

第一部分　音质设计

第二部分　噪声与振动控制

第一部分 音质设计

国家大剧院

方案设计：保罗·安德鲁（法国巴黎机场设计公司）
建筑设计：北京市建筑设计研究院有限公司
降噪设计：北京市劳动保护科学研究所
项目规模：15万m^2
竣工日期：2007年
声学顾问：韦昂（法国CSTB建筑技术公司）
声学配合（中方）：清华大学建筑声学实验室
声学模型实验：北京市建筑设计研究院有限公司声学室
项目地点：北京市西城区

1 工程概况

国家大剧院位于北京天安门广场以西，人民大会堂西侧，西长安街以南，由国家大剧院主体建筑及南北两侧的水下长廊、地下停车场、人工湖、绿地组成（图1、图2），总占地面积11.89万m^2，总建筑面积约21.75万m^2。主体建筑由2354个座席的歌剧院、1966个座席的音乐厅、1038个座席的戏剧院、510个座席的多功能小剧场、公共大厅及配套用房组成。

图1 国家大剧院外景

2 歌剧院

歌剧院是国家大剧院内最宏伟的建筑，以华丽辉煌的金色为主色调。主要上演歌剧、舞剧、芭蕾舞及大型文艺演出。歌剧院观众厅设有池座一层和楼座三层，共有观众席2354个（含站席）。歌剧院有具备推、拉、升、降、转功能的先进舞台，可倾斜的芭蕾舞台板，可容纳三管乐队的升降乐池（图3、图4）。这些世界领先水平的舞台机械设备为艺术家的现场表现提供了丰富

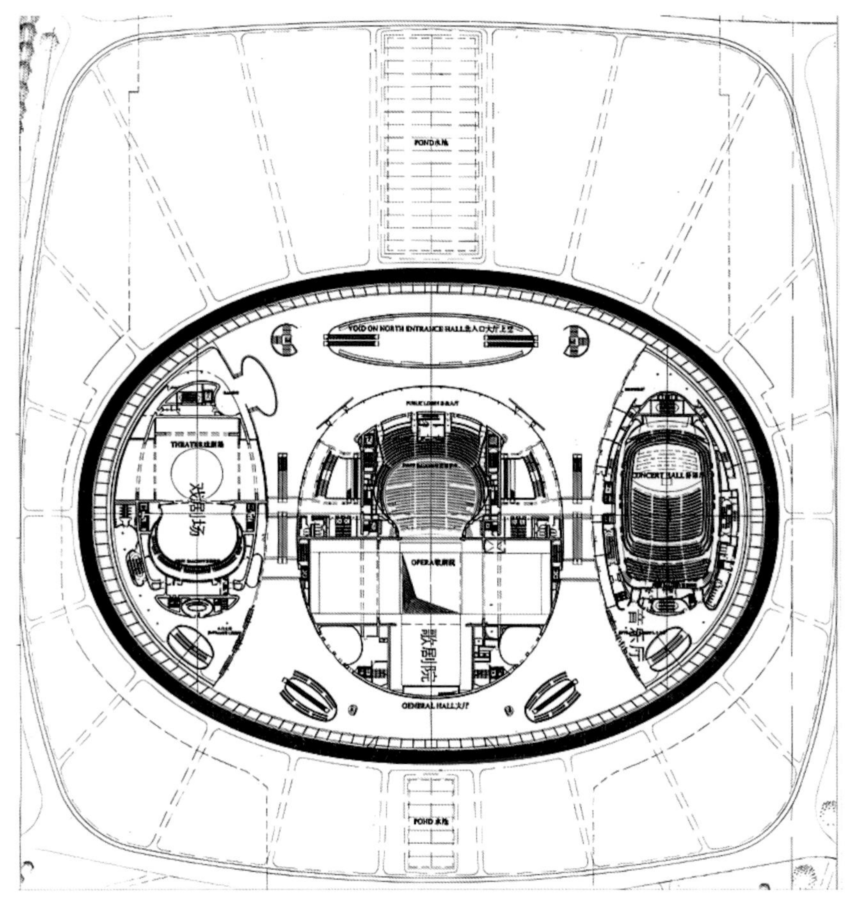

图2　国家大剧院平面图

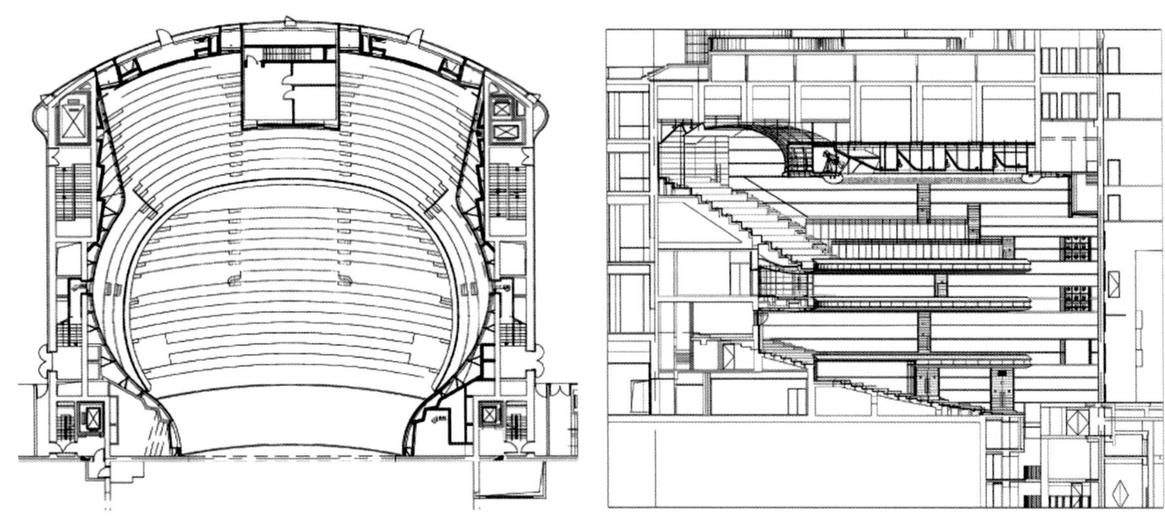

图3　国家大剧院歌剧院平面

图4　国家大剧院歌剧院剖面

的可能。

观众厅视觉上为马蹄形的金色金属网面，网面后为矩形混凝土实墙面（图5、图6）。品字形舞台，台口宽度18m，观众厅一层池座：台口中线到后墙长32m，最宽处35m，第一排座位顶棚高度20m。共三层楼座。座位数2354个，容积18900m^3，每座容积约7.8m^3。中频500Hz混响时

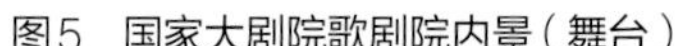

图5 国家大剧院歌剧院内景（舞台）

图6 国家大剧院歌剧院内景（侧面）

间满场设计指标为1.5s±0.1s，频率特性为中高频尽量平直，低频可有10%～15%的提升。室内噪声设计指标为*NR*–20。竣工后实测值基本达到了设计要求，中频500Hz混响时间满场为1.4s。

歌剧院墙面上使用了一种透声装饰网，目的是解决室内视觉效果和听觉效果之间的矛盾问题。这是一种金色网，看上去像优美的墙，但可以透过声音。网是弧形的，声音透过去后的墙是长方形的，这样就使视觉为弧形，而听觉为长方形。

为了保证金属透声网透声的效果，并防止与大音量的剧场扬声器产生共振出现“哗啦啦”的颤响，网面大面积施工前先安装了20m^{2}左右的实验墙面，并经过了严格的声学测试。

3 音乐厅

音乐厅风格清新、高雅，适于演奏大型交响乐、民族乐，并可举办各种音乐会，有1966个席位（含站席）。音乐厅内拥有国内最大的管风琴，能满足各种不同流派作品演出的需要。此外，数码墙、极具现代美感的抽象浮雕顶棚、GRC墙面、龟背反声板等设计能令声音均匀、柔和地扩散反射，使音乐厅实现了建筑美学和声学美学的完美结合。

观众厅为改良的鞋盒型，尺寸约为50m×35m×18m（最高点）。演奏台为岛式，宽22m、深15m，上方悬挂巨型透明玻璃声反射板。观众厅一层池座：前后长50m，左右宽35m，第一排座位顶棚高度15m。共二层楼座，座位总数1966个，容积20000m^3，每座容积10.0m^3。如图7、图8所示。

音乐厅的管风琴造型典雅，音色饱满，拥有94个音栓，发声管达6500根之多。该管风琴出

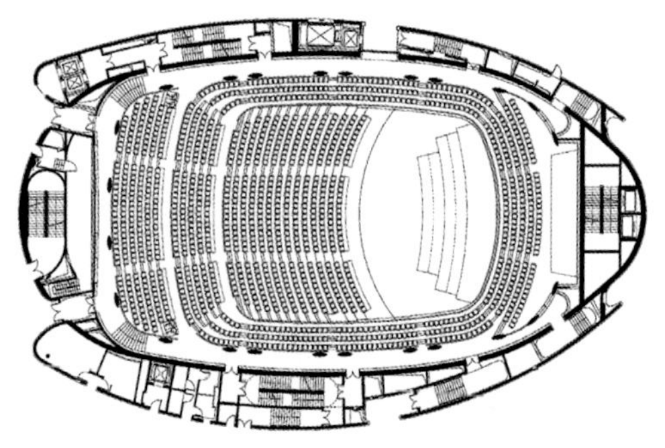

图7 国家大剧院音乐厅平面

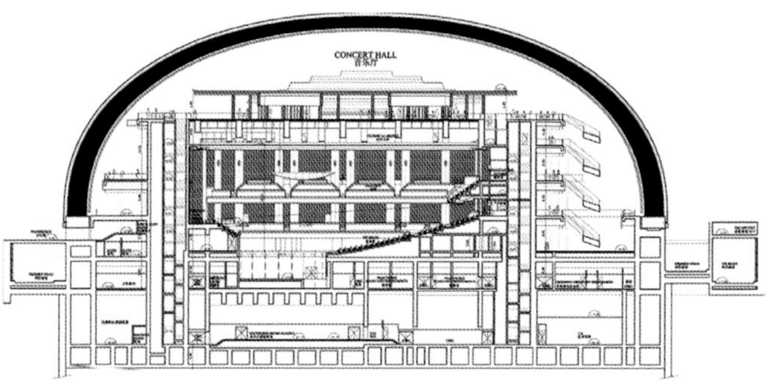

图8 国家大剧院音乐厅剖面

自德国管风琴制造世家约翰尼斯·克莱斯，与著名的德国科隆大教堂管风琴系出同门，能满足各种不同流派作品演出的需要。管风琴的存在为音乐厅更添高贵典雅之气，因此被形象地称为音乐厅的“镇厅之宝”。

中频500Hz混响时间满场设计值为2.2s ± 10%，混响时间频率特性设计为中高频尽可能平直，低频有约20%的抬升。室内噪声设计指标为*NR*–20。竣工后实测值基本达到了设计要求，中频500Hz混响时间满场为1.9s。

墙面和顶面都选用平均40mm厚GRC板（即浇筑增强玻璃纤维水泥板），安装形式为挂装（图9、图10）。GRC板平均面密度约50kg/m^2，选用如此厚重板材的目的是降低低频空腔共振吸收，有效地保证低频混响时间达到设计要求，使低频声，如管风琴、大提琴等乐器具震撼力和感染力。顶面和侧墙的GRC板表面设计为声扩散形式，使反射声均匀柔和，并防止大面积定向反射可能引起的回声或颤动回声等声缺陷。

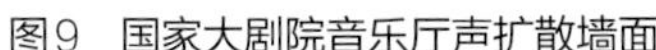

图9　国家大剧院音乐厅声扩散墙面

图10　国家大剧院音乐厅的声扩散顶棚

舞台侧墙上采用了栅状间隔的MLS扩散墙面，材料为木质装饰板，能扩散反射来自演奏台的声音，保障演出者之间具有良好的自我听闻和相互听闻，有利于乐队更好地发挥表演水平。为达到声效的完美，在顶棚的下面还悬挂了一面龟背形状的集中式反声板，俗称“龟背反声板”，它的作用是将声音向四面八方散射。

音乐厅根据音乐会演出的特点，座席以围坐式环绕在演奏台四周，使乐队处于观众厅的中心区域，以便声音能更好地扩散和传播。音乐厅演奏台设在池座一侧，演奏台宽24m、深15m，能满足120人的四管乐队演出使用。演奏台由固定台面和三块演奏升降台构成。通过控制演奏升降台高度的变化，可以形成阶梯式的演奏台面，将不同乐器的演奏清晰地展现在观众面前。演奏台前部的钢琴升降台可将三角钢琴缓缓升起，浮现在观众的视野之中。为满足大型合唱演出需要，演奏台后方观众席二层的座椅可供180人合唱队使用。

4　戏剧院

戏剧院是国家大剧院最具民族特色的剧场，以中国红为主色调，真丝墙面烘托出传统热烈的气氛，主要用于京剧、地方戏曲、话剧等演出。观众厅椭圆形，半品字形舞台，台口宽度15m，观众厅一层池座：台口中线到后墙长24m，最宽处30m，第一排座位顶棚高度18m。共二层楼座，座位数1038个，容积7000m^3，每座容积约6.7m^3（图11、图12）。

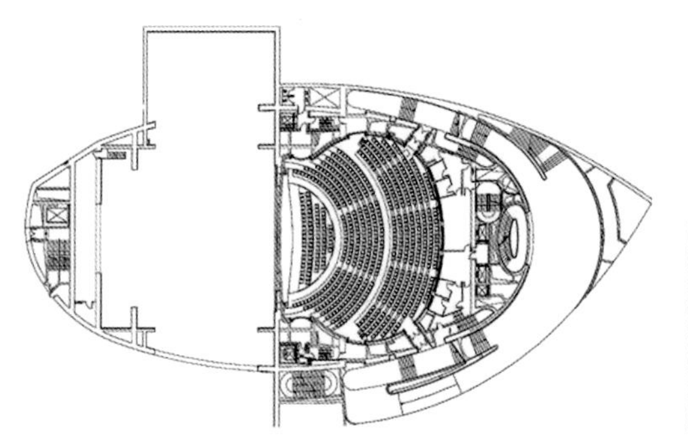

图11　国家大剧院戏剧院平面

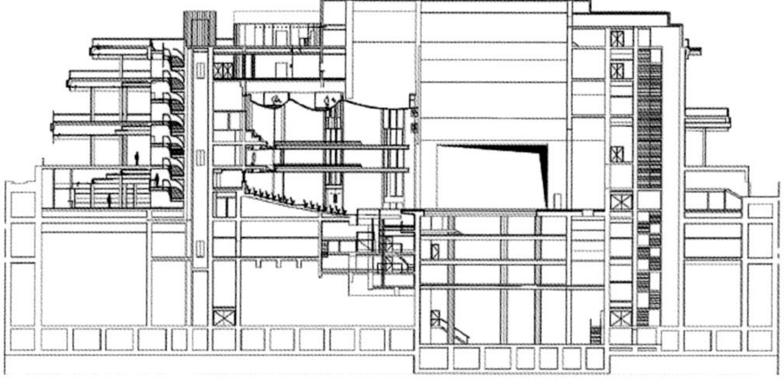

图12　国家大剧院戏剧院剖面

戏剧院舞台具有“伸出式”和“镜框式”两种样式，可配合剧目需要选择使用。“伸出式”舞台样式，观众厅前部的台板升起成为舞台的一部分，形成伸出式台唇，台下的观众可以更近距离地观看台上的表演，非常符合中国传统戏剧表演的特点。而当台板不升起时，这部分区域可作为乐池使用，这时舞台看上去就像一个镜框，因此被称为“镜框式”舞台样式。

中频500Hz混响时间满场设计值为1.2s ± 0.1s，频率特性平直，低频可略有提升。室内噪声设计指标为*NR*–20。竣工满场实测1.1s，频率特性与设计要求基本一致，噪声基本达标。

戏剧院观众厅墙面采用了MLS设计的声扩散墙面，看上去像凹凸起伏的、不规则排列的竖条，目的是扩散、反射声音，可保证室内声场的均匀性，使声音更美妙动听。戏剧场MLS墙面的凹槽深度为15cm，每个凸起或凹陷的单元宽度约20cm，面层为约4cm厚的木板外贴粉红色装饰布，凸起单元内部填充高密度岩棉。

戏剧院的顶棚是实木板拼接装饰顶棚，为了防止顶棚因木板产生的不良低频吸收，以顶棚为模板，在其上密实地浇灌了一层4cm厚度的混凝土。地面为实木地板。观众厅内主要吸声为舞台台口、灯光口等开口吸声，MLS墙面外包装饰布的做法在低频具有一定吸声效果，最大量的吸声是观众席座椅吸声。MLS构造的扩散和吸声效果经过了实验室测试（图13、图14）。

图13　国家大剧院戏剧院内景

图14　戏剧场MLS扩散墙面

5　噪声控制

5.1 噪声控制设计指标

国家大剧院作为国家标志性演艺中心和建筑新形象的代表，对总体噪声控制提出很严格的要求，主要空调设计参数与允许噪声标准如表1所示。

噪声控制设计指标　　表1

房间名称	噪声标准	房间名称	噪声标准
歌剧院观众厅	*NR*–20	排练厅	*NR*–25
歌剧院乐池	*NR*–20	录音室	*NR*–15
歌剧院舞台	*NR*–25	演播室	*NR*–15
歌剧院台仓	*NR*–25	多功能厅	25dB
戏剧院观众厅	*NR*–20	声响控制室	*NR*–20
戏剧院舞台	*NR*–25	耳光、追光室	*NR*–20
音乐厅观众席	*NR*–20	各剧院休息厅	40dB
音乐厅台仓	25dB	办公	35dB

5.2 建筑布局的影响

建筑布局在条件允许的情况下尽可能使空调机房远离要求安静的房间；消声器的布局尽量设置在气流平稳段；对噪声标准不同的房间或噪声特性不同的空调、通风系统，则应分别对待，最好不共用同一个系统。对于无法满足上述要求的房间，采用了强化机房内吸声、隔声和设备基础隔振，扩大机房内的消声空间，优化原送风、回风主干管路的布局，将大部分送风、回风消声器直接安置在功能用房内；为防止噪声通过前级消声器外壳的泄漏，又对这部分靠近上游的消声器和风管额外增加了隔声围护结构。

5.3 空调系统消声设计

国家大剧院3个大厅（歌剧院、戏剧院、音乐厅）均采用座椅下送风、顶部回风的置换型空调布局，大部分座椅下设送风口，在顶部灯光密集处回风及排风；观众席座椅下的阶梯空间设计为土建消声静压箱，其内表面敷设50mm厚的玻璃棉吸声层；在起到保温隔热作用的同时，可有效改善低频消声性能，并可将气流流速控制得很低，从而达到控制气流噪声的目的。消声器的选型根据消声性能（包括消声量与消声频谱）、气流再生噪声、阻力损失、建筑可用空间、成本等因素进行综合考虑。通过综合性能比较，最终选择了最为高效、经济实用且性能可靠的阻性片式消声器。在设计过程中，可以通过改变消声片的厚度、密度、间距来调整消声频带性能，以满足不同区域的设计要求。椅下送风口与人耳距离较近，其气流噪声直接影响到观众席的声环境。而当时国内外都缺乏对此类送风口气流噪声的研究和实测数据，为此北京市劳动保护科学研究所和国家大剧院业主委员会共同委托清华大学对风口气流噪声和外周风速分布均匀度进行实验测量，解决了测试系统通风消声和流量检测等技术难题。实验结果表明，座椅送风口产生的气流噪声极低，在50m^3/h的设计送风量下所有风口产生的噪声不超过14dB，完全可满足*NR*–20的设计要求。对于排练厅、录音棚、公共大厅等所用的各类旋流风口、球形喷口、喷珠型风口和地板散流器等，也严格按照气流再生噪声值确定流速、风口大小、形式等进行调整。

5.4 防串声设计

大剧院部分房间空调系统采用单机共用形式，由于送回风管路的串联布局很容易引起各房间相互间的噪声串扰，而部分排烟、补风及正压送风系统管路日常虽为静态管路，但通过与空调机组、通风机组、末端管路甚至是管道软连接处，会对正常使用的空调、通风系统以及相邻末端房间产生一定程度的噪声串扰。我们首先将共用空调机组的排练厅之间的空调串联设计修改为并联关系，只在送回风干管上布置少量低频消声器，然后将防止串扰所需消声量的消声器分别布置在各排练厅的空调分支管路上，使之在完成空调系统消声任务的同时，实现彼此之间管路系统的防串扰消声。对于进入或穿过噪声敏感空间的防排烟通风系统，都进行防噪声串扰设计。

5.5 水系统振动控制

水泵等设备运行时产生的振动可通过设备基础、管路支吊架等传递到建筑结构，振动沿着建筑结构传播到建筑内各空间，最终通过激励建筑物内墙体、顶棚等构造辐射以中低频为主的二次结构噪声。水路系统的综合振动控制也是剧院噪声振动控制中非常重要的一部分，隔振措施包括采用优质阻尼弹簧隔振器或橡胶隔振器与配重减振台架组合进行基础隔振；水泵进、出水口及单向阀后加装优质双球橡胶软接头（避震喉）进行管道隔振；管路沿程全部采用专业弹性吊架或弹性支架进行隔振；管道穿墙或楼板处做好局部隔振和隔声处理；确保在振动的每一个传播途径上都能进行非常完善的隔振处理。

此外，管路中的流体属于不可压缩流体，同样可以传播机械振动。而流体经过阀门、弯头、分支、变径等部件时也容易产生湍流和冲击振动，在流体的激振力作用下，管道也会产生振动和二次结构噪声。在剧场等要求极高的建筑中，流体振动的控制显得更为重要。在主管T型三通等地方，极易引发涡流和低频脉动冲击，为此采用了专门研制的液体消声器，以有效地降低管路系统的流体脉动、涡旋噪声和液力冲击。

5.6 设备噪声源强控制

要达成噪声控制总体目标，需要特别关注机组设备噪声源强的严格控制，否则一旦源头失控，就会殃及系统后续流程，使全部降噪努力付诸东流。为确保大剧院噪声控制的总体效果，在设备选型、招标过程中，优先选用技术先进、参数合理、高效率、低噪声的优质设备，以期获得事半功倍的效果。而实际产品的噪声振动源强与设计、考核指标是否一致是工程实施过程中需要关注的另一焦点。为此，在设备加工进程的适当时间，组织权威检测机构会同监理单位和甲方代表一同，按设备总台数的一定抽检比例对各种典型机组的额定工况下噪声源强声功率和振动指标进行验收测试，以确保实际产品的可靠与一致性。

6 声学模型实验

国家大剧院三个主要演出场所中，音乐厅是以自然声演出为主的厅堂，对音质有很高的要求，国际上许多音乐厅在设计之初都提出了音质第一的要求，以保证音质效果为首要的设计任务。由于建筑声学到目前为止还是一门以试验为主的科学，所以尽管可以进行一定程度的理论计算，并通过使用计算机声学模拟技术，在一定程度上提高了理论计算的精确性和可靠程度，但由于实际厅堂中的声场十分复杂，而计算机声学模拟所需的许多参数都难以精确地确定，所以影响了模拟结果的准确程度。因此，进行厅堂的音质模型实验是在厅堂建成之前对其可能的音质效果有一个较为精确的了解的最佳方法。它不但可以对厅堂的多种声学指标进行模拟测试，还可以预先发现可能存在的各种声学缺陷，并可以在模型中加以调整和解决，避免厅堂建成后因声学缺陷而影响使用效果。

受国家大剧院业主委员会委托，在北京市建筑设计研究院声学实验室制作了音乐厅的声学缩尺模型，目的是通过模型实验来验证声学设计的准确性，同时避免声学缺陷的产生。在制作模型时除了保证声学模拟实验效果外，还同时考虑了模型的内部装饰效果。在制作模型时尽量模拟厅堂实际的装修效果，包括颜色、材质、灯光等，在完成音质效果检验的同时，也使业主在设计初期对厅堂的装修效果有一个大致的了解。这样对模型的制作技术提出了更高的要求。

国家大剧院音乐厅平面形状为椭圆形，观众席围绕着演奏台布置，有一层楼座，观众约2000人。音乐厅宽约35m，长约50m。演奏台面积为250m^2，演奏台距吊顶距离为18m，在演奏台上方设置了椭圆形反射板。

声学缩尺模型的比例为1/10。缩尺模型中使用的材料按频率提高10倍的吸声系数对实际厅堂的装修材料进行模拟（主要是中频，低频和高频有一定偏差）。图15为声学缩尺模型的内景照片。

图15　音乐厅1/10缩尺模型内景

6.1 早期反射声序列（Reflectogram）测量结果

早期反射声序列通过脉冲测量获得，主要观察观众厅内不同位置反射声的分布情况，可以得出100ms（在缩尺模型中为10ms）内早期反射声序列图。测量时声源为电火花发生器，声源位置位于演奏台台檐后1m（在缩尺模型中为0.1m）处的中心位置，高度为1.6m（在缩尺模型中为0.16m）；接收系统为ASAW61声学测量工作站，传声器为丹麦B & K公司1/8英寸测量用电容传声器。测量时在首层布置了25个测点，在二层楼座布置了9个测点。测点布置如图16所示。

脉冲测量在自然声音乐演出状态（有模拟观众）下进行。图17～图19给出了典型测点反射声序列图。

位于池座中区第5排中间位置，在40～50ms附近有密集的反射声。早期反射声初始延迟间隔Δt_1为42ms。

位于池座边区第22排中间位置，100ms内反射声集中丰富，早期反射声初始延迟间隔Δt_1为10ms。

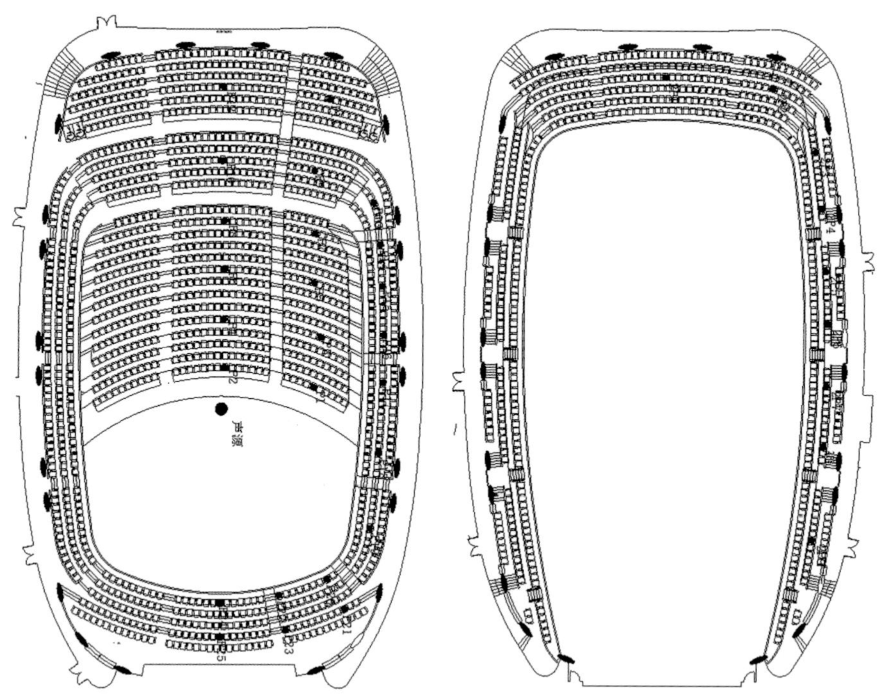

图16　脉冲测点布置图

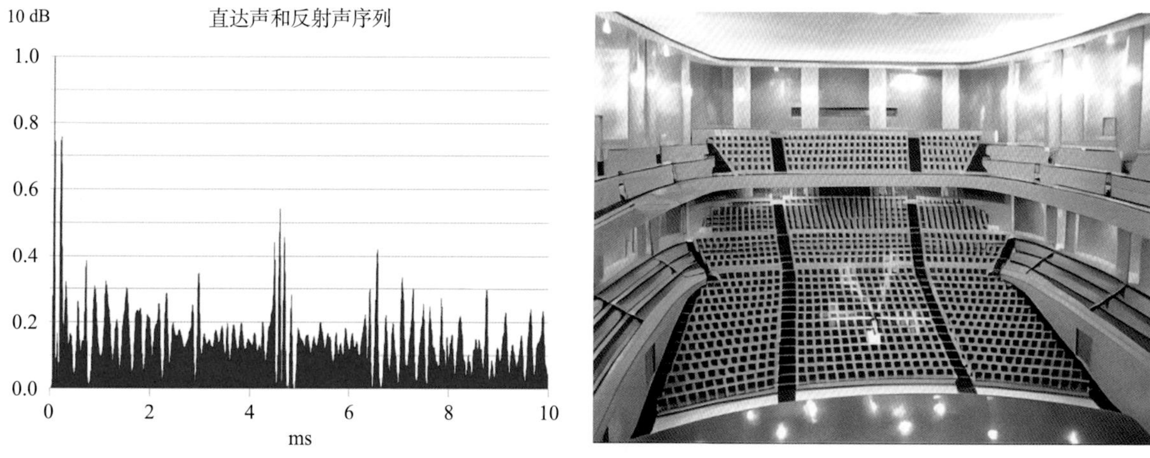

图17　P04点反射声序列图

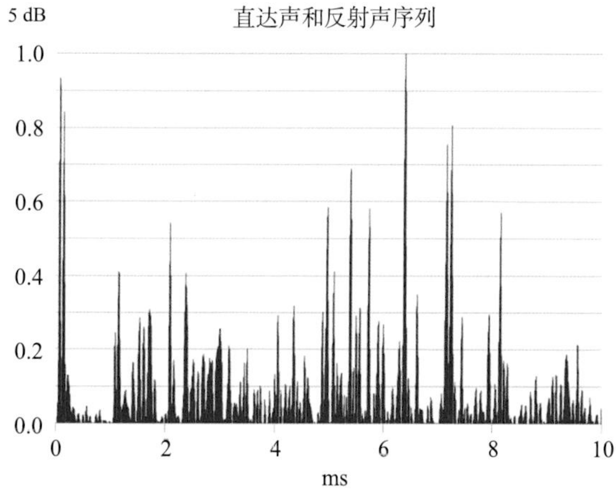

图18　P11点反射声序列图

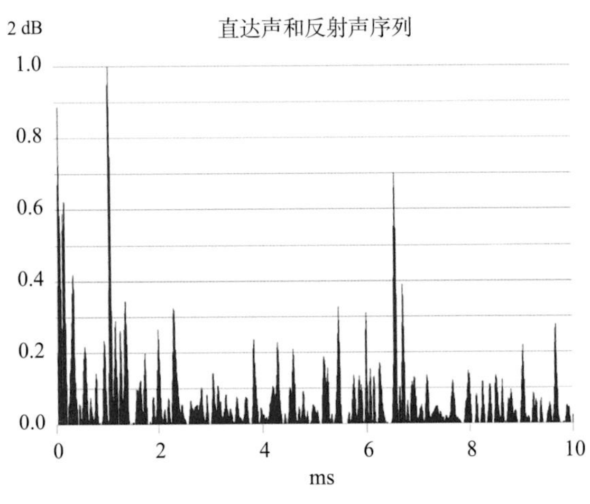

图19　2P06点反射声序列图

位于二层边楼座，在10ms内有较强的反射声，早期反射声初始延迟间隔 Δt_1 为10ms。

6.2 明晰度（Clarity Index）C_{80} 和 C_{50} 测量结果

明晰度通过脉冲测量获得，测量方法与测点的布置与早期反射声序列的测量相同，表2为各测点明晰度测量结果。

明晰度 C_{50} 和 C_{80} 测量结果　　表2

项目	倍频程中心频率					C(3)
	125Hz	250Hz	500Hz	1000Hz	2000Hz	
C_{50}	-3.86	-4.44	-3.60	-2.94	-2.70	-3.08
C_{80}	-2.59	-3.07	-4.02	-1.83	-1.25	-2.37

表2中 C_{80}（3）和 C_{50}（3）为500、1000、2000Hz三个频段的平均值（在模型测试中频率提高10倍）。其中 C_{80} 主要用来评价音乐演出时的丰满度，而 C_{50} 一般用来评价语言的清晰度。在音乐厅内，C_{80}（3）的理想取值范围为-3～1dB，C_{50}（3）的理想取值范围为-4～0dB，测试结果均在理想区域内。

6.3 混响时间测量

混响时间测量声源为微型12面体无方向性点声源，声源位置位于演奏台台檐后1m（在缩尺模型中为0.1m）处的中心位置，高度为1.6m（在缩尺模型中为0.16m）。测量在11个具有代表性的位置进行，其中池座8个、二层楼座3个。由于在制作模型时，不可能找到一种模型制作材料能够在1250～20000Hz频率范围内各频带吸声系数与实际厅堂材料中125～2000Hz频率范围内各对应频带吸声系数严格吻合，所以在选择模型制作材料时以5000Hz（对应实际厅堂材料500Hz）为主，其他频率相应的吸声系数存在一定误差，为了测试数据可靠性，根据吸声系数的差别采用如下公式对测试数据进行了修正：

$$T_R = \frac{\ln(1-\alpha_m)}{\ln(1-\alpha_R)} \times T_m$$

式中：T_R为实际厅堂混响时间；

T_m为在模型中实测的混响时间乘以10；

α_R为实际厅堂平均吸声系数；

α_m为在模型中平均吸声系数。

表3、表4分别为实际厅堂材料吸声系数与模型制作材料吸声系数一览表以及不同状态吸声系数。表5给出了在各种状态下各频带混响时间的实测值、修正值和满场折算值，并给出了空场和满场的混响时间调节量。

材料及吸声系数做法表　　表3

位置	情况	材料做法	频带吸声系数				
			125Hz	250Hz	500Hz	1000Hz	2000Hz
吊顶	实际材料	石膏板	0.15	0.20	0.10	0.08	0.05
	模型材料	硬木板批原子灰刷3道油漆	0.13	0.17	0.10	0.13	0.14
座椅	实际材料	局部软包	0.24	0.38	0.32	0.39	0.41
	模型材料	硬木板局部粘厚丝绒布	0.23	0.35	0.32	0.41	0.42
过道	实际材料	硬地面铺地毯	0.05	0.07	0.21	0.33	0.58
	模型材料	硬木板刷1道油漆面铺薄绒布	0.10	0.13	0.21	0.38	0.54
挑台栏板	实际材料	硬木	0.10	0.10	0.10	0.10	0.08
	模型材料	木板外刮腻子刷3道油漆	0.13	0.17	0.10	0.13	0.15
柱子	实际材料	混凝土	0.10	0.10	0.10	0.10	0.08
	模型材料	木料外刮原子灰刷3道油漆	0.13	0.17	0.10	0.13	0.15
侧墙	实际材料	声反射类材料	0.15	0.20	0.10	0.10	0.08
	模型材料	硬塑料板	0.05	0.08	0.06	0.10	0.15

不同状态平均吸声系数表　　表4

情况	倍频带吸声系数				
	125Hz	250Hz	500Hz	1000Hz	2000Hz
模型	0.09	0.11	0.17	0.24	0.25
实际	0.10	0.12	0.18	0.23	0.23

不同状态下各频带混响时间　　表5

项目	倍频带混响时间/s					平均/s
	125Hz	250Hz	500Hz	1000Hz	2000Hz	
实测值	2.53	2.47	2.45	2.33	2.05	2.36
修正值	2.19	2.07	2.30	2.45	2.26	2.25
满场折算值	2.05	1.82	1.85	1.82	1.72	1.85

6.4 声场分布测量

声场分布测量主要检测用自然声演出情况下的状况。测试时声源为无方向性点声源，位置与混响时间相同；测量在观众席20个具有代表性的位置进行，表6为声场分布测试结果。

声场分布测试结果　　表6

区域	倍频带最大声压级差/dB					平均/dB
	125Hz	250Hz	500Hz	1000Hz	2000Hz	
一层	8.3	6.9	6.7	7.0	7.2	7.22
二层	7.3	5.5	4.3	2.8	2.9	4.56
三层	8.0	7.1	3.5	4.3	4.4	5.46
观众厅	10.0	8.2	6.7	7.0	7.5	7.88

从表6可以看出在整个观众厅的声场不均匀度小于10dB，中高频在8dB左右，对于点声源声场分布来说，还是令人满意的。

6.5 结论

通过上述测试结果可以得出以下主要结论：

（1）从反射声分布看，池座中区的早期反射声较少，而池座中区和楼座的早期反射声较丰富。在池座中后区中间位置和演奏台后区个别位置在50ms后有较强的反射声，有可能产生回声。

（2）明晰度指数C_{80}（3）为-2.37dB，对于专业音乐厅，空场理想值应为-4～0dB，C_{80}（3）满足音乐自然声演出的要求。

（3）中频满场混响时间为1.85s，符合一般音乐厅对混响时间的要求。

（4）点声源自然声声场分布在整个观众厅内最大声压级差平均值小于8dB，比较理想。

最终音乐厅的缩尺模型实验数据提供给业主及设计方，为国家大剧院音乐厅的建设和音质效果提供了有力的保障。

案例提供：燕翔，教授，清华大学建筑学院声学实验室。
邵斌，教授级高级工程师，北京市劳动保护科学研究所。
陈金京，教授级高级工程师，北京市建筑设计研究院有限公司声学室。

国家速滑馆

建筑设计：北京市建筑设计研究院有限公司

项目规模：建筑面积12.6万m^2

竣工日期：2021年

声学设计：中国建筑科学研究院有限公司声学室

声学顾问：北京市建筑设计研究院有限公司声学室

项目地点：北京市朝阳区

1 工程概况

国家速滑馆又称“冰丝带”，是2022年冬季奥运会北京城区唯一新建的竞赛场馆。这里承担速度滑冰项目的比赛和训练，且在本届冬奥竞赛中这里产生14块金牌，是本次冬奥会产生金牌数量最多的单个场馆（图1）。

图1 速滑馆外景

本项目建筑声学设计范围包含比赛大厅及其主要附属空间，如新闻发布厅、混合采访区等。

2 技术创新

国家速滑馆肩负北京冬奥会的光荣使命，建筑声学设计应将比赛大厅的使用需求与其特点相结合，满足使用功能的同时探索技术创新的道路。

2.1 比赛大厅特点

比赛大厅的平面形式为椭圆形，长轴半径约120m，与北京主轴线平行；短轴半径约80m，容积约35万m^3。为举办2022年冬季奥运会大道速滑赛事，比赛大厅共设12000余座，将赛后调整为8000座的世界级速滑与冰上运动场馆，为北京各界人士提供专业及休闲性冰上运动场地（图2、图3）。

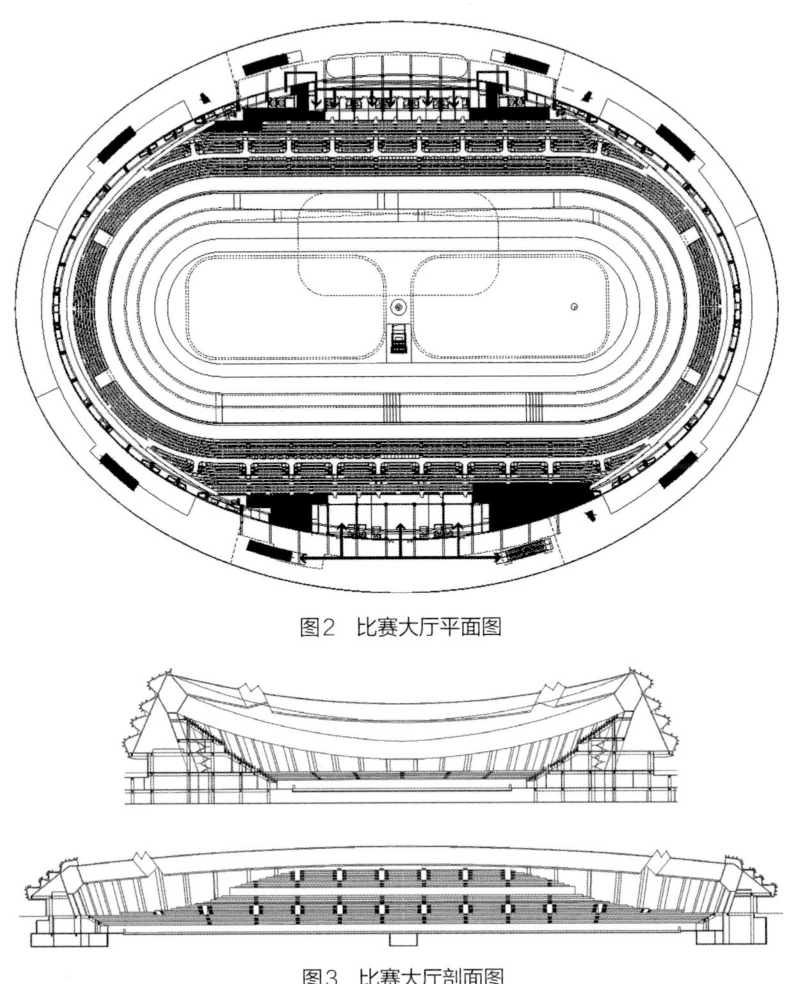

图2　比赛大厅平面图

图3　比赛大厅剖面图

从声学的角度而言比赛大厅有两大特点：

（1）体积大，声程长，声衰减缓慢。

（2）容纳观众人数多，大厅受声激发会很嘈杂。

这两点都需要尽可能多地控制大厅混响时间，给予广播扩声系统的运行提供良好的建筑声环境基础，同时电声设计要合理布置扩声系统，共同使比赛大厅达到较好的语言清晰度。

因此，比赛大厅混响时间的指标确定尤为重要，不仅是指导后续建筑声学设计的依据，也是竣工检测的定量指标。

2.2 比赛大厅混响时间指标

确定比赛大厅的混响时间指标是重点也是难点。

(1)体育馆声学设计标准情况

目前体育场馆建筑声学设计执行的标准为《体育场馆声学设计及测量规程》JGJ/T 131—2012，其中关于速滑馆比赛厅混响时间按本规程中游泳馆比赛厅混响时间的规定设计(表1、表2)。

游泳馆比赛厅500～1000Hz满场混响时间 表1

每座容积/m^3	≤25	>25
混响时间/s	≤2.0	≤2.5

各频率混响时间相对于500～1000Hz混响时间的比值 表2

频率/Hz	125	250	2000	4000
比值	1.0～1.3	1.0～1.2	0.9～1.0	0.8～1.0

比赛大厅每座容积大于25m^3，因此，在建筑声学设计参与之前，比赛大厅中频满场混响时间被定为$RT \leqslant 2.5$s。

(2)工程经验

现行体育场馆声学设计标准是2012年颁布实施的，在距今十多年的时间里，中国经济飞速发展，随着“申奥”及“申亚”的成功，全国迎来体育运动的热潮，多地大兴体育场馆、主题乐园、影视基地等设施，新建体育场馆、摄影棚等较十年前体量不断突破。现行的体育场馆声学设计标准对超大空间的声学设计似有一定局限性。

通过近些年体育馆、主题乐园、摄影棚的工程实测经验总结，体积较大的空间在能做吸声的地方都做强吸声的前提下，中频空场混响时间很多都远超2.5s，如体积约24万m^3的摄影棚，在全部顶面及部分墙面布满强吸声后，中频500Hz混响时间达3.9s，结合比赛大厅使用需求，最终将比赛大厅中频500～1000Hz满场混响时间设计为不大于3.5s。

3 工程亮点

比赛大厅建声设计最大的亮点即吊顶采用膜结构吸声。

速滑馆比赛大厅是巨大的索网屋面，地面有大片冰面，环境湿度大，考虑装修材料要满足防火、防潮、抗湿、降耗节能及吸声等性能要求，最终选择了一种低辐射膜。这种膜本身吸声性能并不高，但吊顶是比赛大厅最主要的吸声布置，也是吸声效率最高的地方。因此，在考虑屋面荷载的前提下，在膜的上方悬挂了50mm厚憎水玻璃棉，既保证了吊顶的吸声效力，同时增强了轻质屋盖隔声性能(图4)。

3.1 比赛大厅主要吸声情况

比赛大厅主要吸声的有吊顶、观众席、观众席后墙面。具体各吸声面吸声系数见表3。表中除座椅是满场每座吸声量，其余均为吸声系数。

3.2 混响时间计算

超大空间的混响时间计算结果往往和实测结果存在较大的误差，空间越大声程越长，声音衰减情况和入射吸声面的声能和实验室差异较大，因此在计算时对上述吸声面吸声性能做了部分调

图4　比赛大厅吊顶膜实景图

各吸声面吸声系数　　表3

频率/Hz	吊顶（低辐射膜结构）	吊顶（透声张拉膜结构）	墙面（玻璃纤维板）	满场观众席（吸声量/座）
125	0.15	0.07	0.61	0.15
250	0.6	0.14	0.81	0.33
500	1	0.28	0.93	0.37
1000	1	0.50	0.98	0.40
2000	1	0.57	0.98	0.42
4000	1	0.57	0.98	0.45

整，混响时间计算结果见表4。

比赛大厅混响时间计算结果　　表4

频率/Hz	125	250	500	1000	2000	4000
混响时间/s	4.21	3.42	3.25	3.09	2.63	1.75

3.3 混响时间测试

在比赛大厅内部装修基本完成后，进行了混响时间测试（图5）。

测试时观众席为空场，比赛场地及观众席测试的混响时间曲线见图6。

根据测试结果估算比赛大厅满场混响时间值见表5。

比赛大厅根据测试换算的中频500Hz及1000Hz满场混响时间平均值（3.30、3.15）与混响时间计算结果（3.25、3.09）基本一致。

4　经验体会

本项目从设计到竣工检测，主要有三点体会：

（1）随着十多年体育设施的建设发展，现行《体育场馆声学设计及测量规程》JGJ/T 131—2012对当今超大空间的体育设施声学设计有一定局限性。

图5　比赛大厅测试实景图

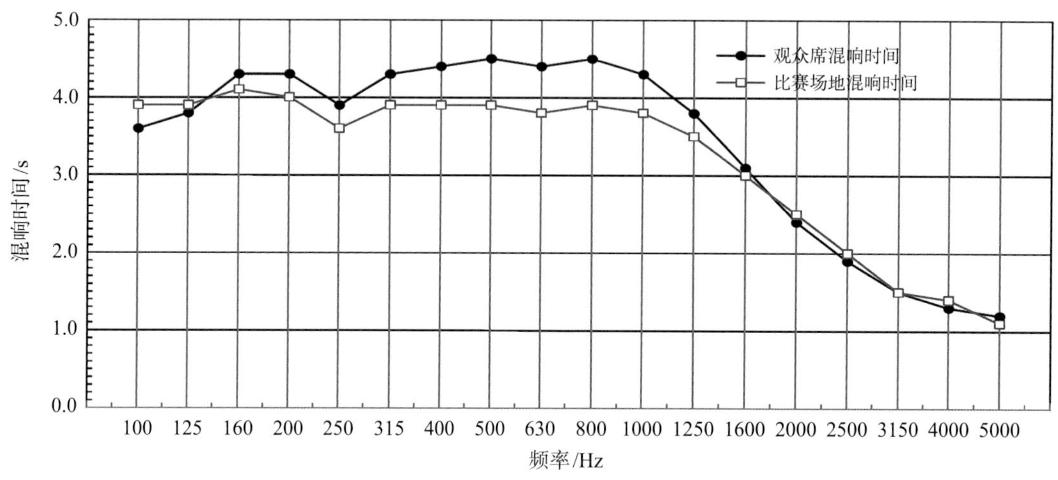

图6　比赛大厅中心频率空场混响时间曲线图

比赛大厅满场混响时间估算结果　　表5

频率/Hz	125	250	500	1000	2000	4000
比赛场地满场混响时间/s	3.50	3.00	3.10	3.00	2.10	1.30
观众席满场混响时间/s	3.50	3.20	3.50	3.30	2.00	1.20
比赛大厅满场混响时间平均值/s	3.50	3.10	3.30	3.15	2.05	1.25

（2）工程项目工期长，过程中调整次数多间隔时间长，需相关专业紧密沟通，及时协调修改。

（3）建筑声学的理论和应用之间有一定的差距，需靠经验来弥补，包括设计指标的确定、声学材料的选型、施工中期的测试等。理论和经验的结合，才能确保声学工程达到预期的效果。

案例提供：闫国军，正高级工程师，中国建筑科学研究院有限公司声学室主任。

中央歌剧院

建筑设计：中国中元国际工程有限公司
声学设计：德国MBBM声学设计公司
声学顾问：中国中元国际工程有限公司声学室
音响系统：上海中美亚电声设备有限公司
项目规模：40902m²
项目地点：北京市东城区东中街115号
竣工日期：2022年

1 工程概况

中央歌剧院坐落于北京市东二环东侧，南侧紧邻文化和旅游部办公大楼，主体建筑东西长138m，南北宽64m，最大高度47m，地下4层，地上8层，总建筑面积40902m²。主要包含一个1104座歌剧厅、一个500m²大排练厅、一个乐队排练厅和两个小排练厅及其他配套功能用房。

中央歌剧院剧场工程是为中国最高歌剧艺术团体量身定制的专业剧场，也是国内首个歌剧驻场剧院（图1、图2）。

图1 中央歌剧院外景

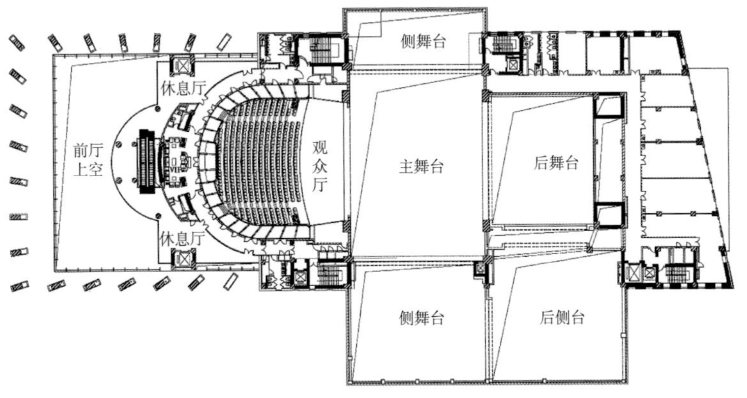

图2 中央歌剧院总平面图

2 歌剧院声学设计

2.1 概述

中央歌剧院观众厅设计为马蹄形平面，共有3层包厢和1层楼座，观众厅宽约21m，进深约23m，吊顶高约24m，每座容积约10m^3；观众厅池座最大视距22m，楼座最大视距33m，包厢最大视距23～27m。舞台设计为“田”字形，包括主舞台、后舞台、侧舞台及后侧台，台口宽18m、高12m，设有1个面积约150m^{2}的超大乐池，为国内之最（图3、图4）。

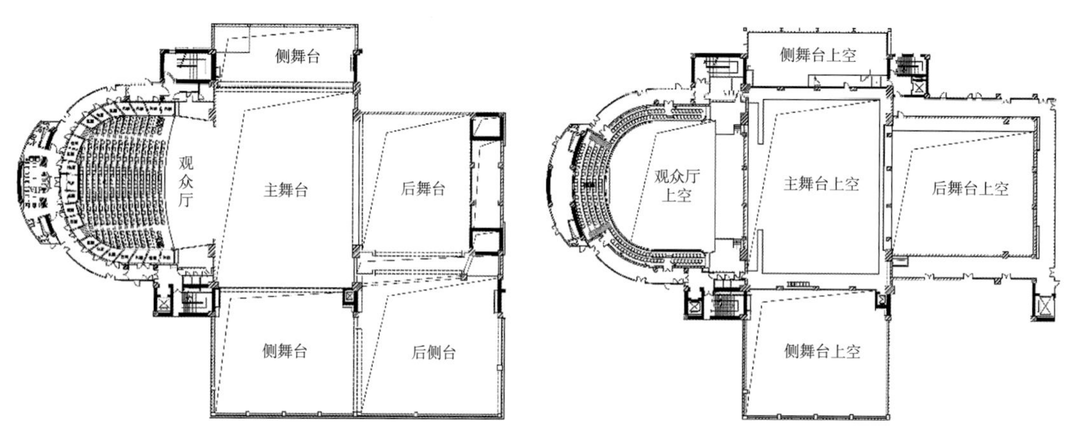

图3 中央歌剧院平面图

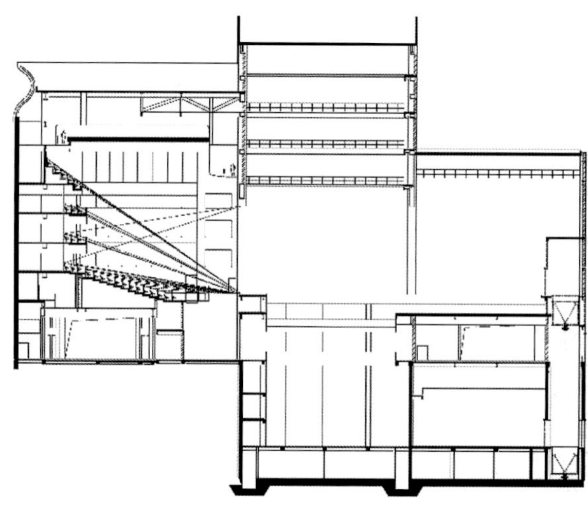

图4 中央歌剧院剖面图

2.2 声学设计

中央歌剧院剧场的声学功能需具备歌剧、音乐会自然声演出条件，混响时间要达到1.8s（音乐会模式2.0s）的设计要求。观众厅布局设计采用“马蹄形平面+多层包厢+楼座”的形式，在创造热烈、亲密的观演氛围的同时，赢得了长混响所需的必要容积，且有利于全场观众获得足够的直达声能。

观众厅室内采用华丽的古典欧式设计风格并巧妙融合精美中式元素，充分体现东西方文化的交融：吊顶与包厢栏板设计采用了中国盛唐时期的宝相花浮雕装饰，对声音扩散起到有利作用。

舞台配置了声反射罩，可以满足音乐会使用的需求（图5）。

对道路交通、地铁、机电设备系统、舞台机械、内部人员活动等所有可能对剧场产生干扰的噪声、振动源进行严格控制，使剧场内部获得足够安静的自然声听音环境。

图5　中央歌剧院内景

2.3 扩声系统设计

剧场内部装修设计采用古典欧式设计，整个内部装修充满古典主义的美感和奢华，这样的设计使得舞台两侧没有传统的八字墙，一般的线阵列或者点声源扬声器都无法安装，同时多达5层的观众席给扩声系统的设计带来了巨大挑战。为了将歌剧级的音质享受带给剧场内每一个角落的观众，并且避免复杂的墙面结构及观众席护墙给声音造成的建声干涉，中央歌剧院最终经过严格的对比，挑选采用了德国Kling&Freitag（K&F）全套扬声器系统，并以最新科技的波束可控VIDA系列多用途智能数字阵列扬声器为核心构建了扩声系统。K&F VIDA系列外形紧凑纤细、颜色可定制的主扬声器完全可以不破坏剧场的视觉盛宴，巧妙地与装修相结合并“隐身”其中。同时，可分波束将声音准确地投送到每层观众席，有效避免墙壁、栏杆、顶棚引起的反射声，提高整个厅堂的语言清晰度。

在声影区补声扬声器方面，侧包厢安装了数量众多的紧凑型点声源补声扬声器，使得每一位观众都可以有良好的直达声覆盖。

扩声系统还可采用3路信号传输，分别是DANTE、AES、模拟音频信号传输，DSP功放系统可做到实时自动判别信号通断，进行信号自动无缝热切换，保证演出音频系统安全。

2.4 声学指标测量结果

- 混响时间：2.0s（1000Hz，空场，无舞台声反射罩）；
  2.4s（1000Hz，空场，带舞台声反射罩）；
- 声场均匀度：声压级差≤3dB（A）；
- 背景噪声：低于*NR*–20噪声评价曲线；
- 明晰度C_{80}：−0.2～1.5dB；
- 清晰度D_{50}：≥40%。

案例提供：桂宇，高级工程师，中国中元国际工程有限公司声学室主任。Email：1969898375@qq.com

广州大剧院

方案设计：扎哈·哈迪德　　声学顾问：马歇尔·戴声学公司

声学装修：中孚泰文化建筑股份有限公司

项目规模：$28100m^2$　　项目地点：广东省广州市

竣工日期：2009年

1　工程概况

广州大剧院坐落于广州市核心珠江新城，由广州市政府投资建设，历时5年建造完成。由著名建筑设计师扎哈·哈迪德设计。项目由大剧场、多功能剧场及室外公共空间三部分组成，是华南地区最先进、最完善和最大的艺术表演中心，兼具歌舞剧演出、文化娱乐、观光旅游于一体的现代化智能型公共建筑（图1～图4）。

图1　广州大剧院实景照片1

图2　广州大剧院实景照片2

2　声学装修施工

2.1 施工工艺

声学装修由中孚泰团队实施。项目造型采用独特的全球首创“双手环抱”式看台设计，观众厅呈多边形，整个项目基本都是双曲面异形的造型，墙面和顶棚浑然一体，颠覆了传统建筑的样式，深化设计根据图纸打造模型，并反复进行声学评估、模型完善，最终实现了从概念设计到施工图的落地。最大限度保证了建筑造型和声学效果，实现了从建声到电声再到灯光的完美结合。

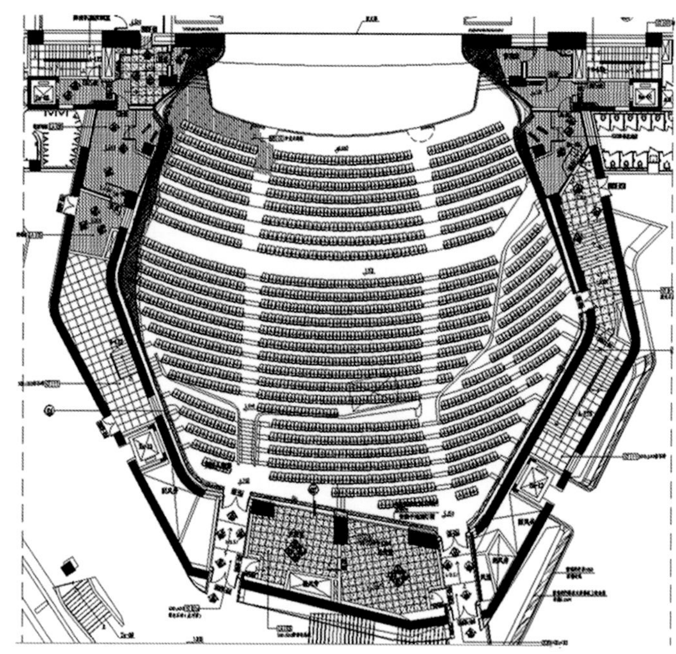

图3　广州大剧院观众厅平面图

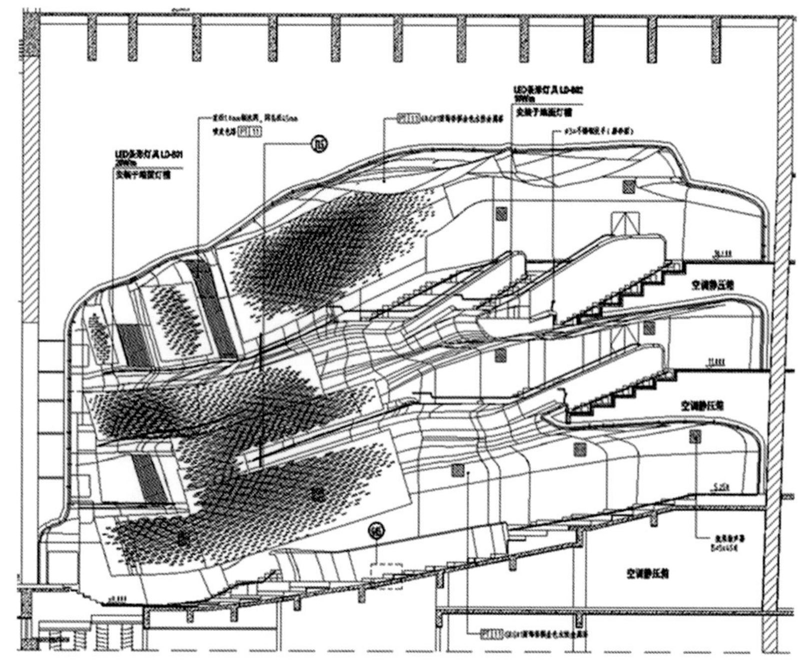

图4　广州大剧院观众厅剖面图

2.2 材料工艺

观众厅内装修材料需要满足设计和声学要求，同时应更环保、易清洗、可翻修，满足消防要求。

材料设计要求观众厅穹顶曲面原采用人造石（易变色、易起粉且不易清洗，更重要的是不能满足消防要求和投资控制标准），中孚泰在深化时改为GRG材料，设计结构为2cm石膏+2cmGRG板，穹顶曲面为7000多块GRG板完整拼接，几乎如一整体，符合设计需要和声学要求（图5）。

2.3 声光电集成

为实现剧院自然声、电声和舞美灯光的完美结合，观众厅穹顶4000多盏灯光分布如“满天星”，要求光线均垂直于地面；施工中历时1个月在不规则曲面上打孔定位，完美保证灯光效果（图6）。

图5　广州大剧院实景照片1

图6　广州大剧院实景照片2

施工团队凭借专业的剧院施工经验，在装饰过程中与各专业施工单位积极配合，为舞台机械和音响设备预留合理的空间范围，实现自然声、电声和舞美灯光的完美结合。

3　效果

该项目荣获全国建筑工程装饰奖、国家优质工程奖，并获得“世界十大歌剧院”（《今日美国》评）、“世界最壮观剧院”（英国《每日电讯》评）等国际赞誉。为中国音质最好的大剧院之一。

4　声学指标

经测试，广州大剧院满场混响时间指标完全满足声学设计要求，其空场测试结果见图7。

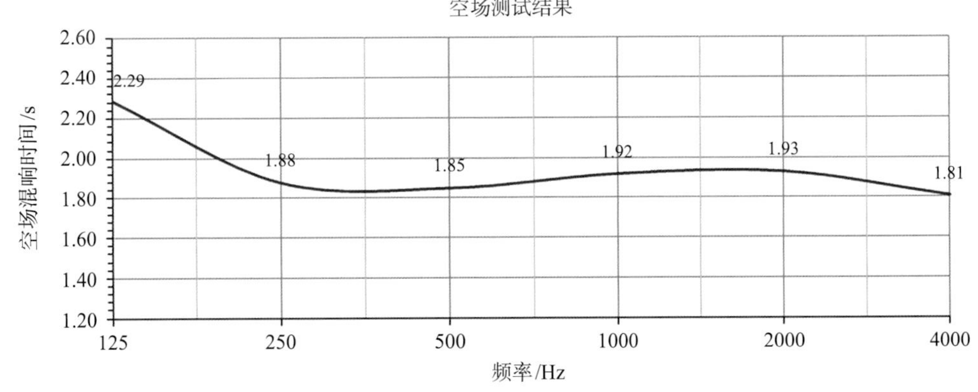

图7　大剧场观众厅中心频率混响时间曲线图

案例提供：谭泽斌，正高级工程师，中孚泰文化建筑股份有限公司。

珠海歌剧院

建筑设计：北京市建筑设计研究院有限公司
声学设计（中方）：北京市建筑设计研究院有限公司声学室
项目规模：5万m^2
竣工日期：2014年
声学设计：马歇尔·戴声学公司
音视频集成：北京奥特维科技有限公司
项目地点：广东省珠海市野狸岛

1 工程概况

珠海歌剧院位于珠海情侣路野狸岛海滨，是一大一小两组“贝壳”的形体，寓意为日月贝，构成了歌剧院的整体形象。在宇宙中，日月是最纯净的；在海洋里，贝壳是最美丽的。珠海歌剧院是中国目前唯一建在海岛上的歌剧院，日月贝在一望无际的蓝色海面上与郁郁葱葱的野狸岛交相辉映，可以营造出歌剧院建筑无比崇高的艺术魅力（图1）。

图1 珠海歌剧院外景

珠海歌剧院主要由两大部分组成，其中日贝为1600座歌剧厅，月贝为500座音乐厅。歌剧厅主要用于大型歌舞剧、音乐剧、芭蕾舞剧、话剧、交响乐、大型综合演出，音乐厅主要用于室内乐、独唱独奏音乐会和小型交响音乐会（图2）。

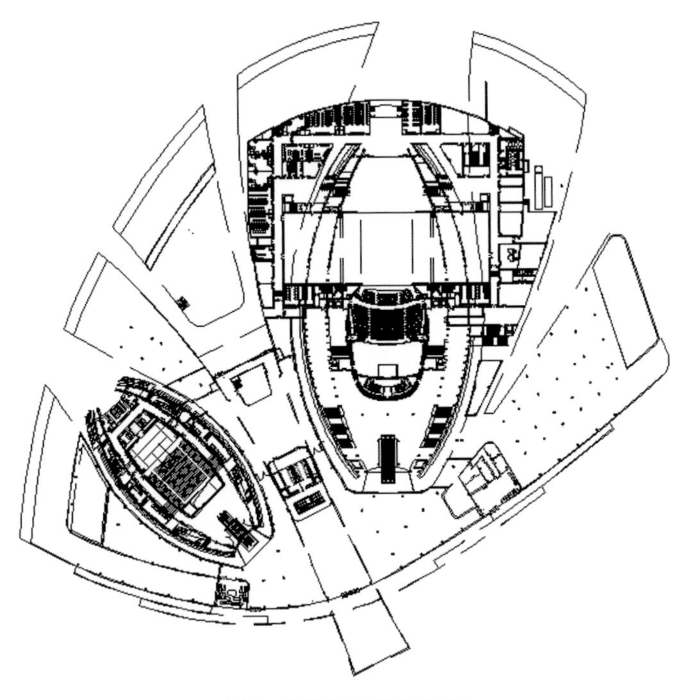

图2 珠海歌剧院总平面图

2 歌剧厅声学设计

珠海歌剧院音质设计由澳大利亚的马歇尔·戴声学公司负责，噪声控制由北京市建筑设计研究院有限公司声学室负责。

2.1 概述

珠海歌剧院歌剧厅平面呈钟形，有一层楼座，总共可以容纳1564座，其中池座999座，楼座565座，观众厅体积约为12500m^3，每座容积约为8.0m^3（图3、图4）。

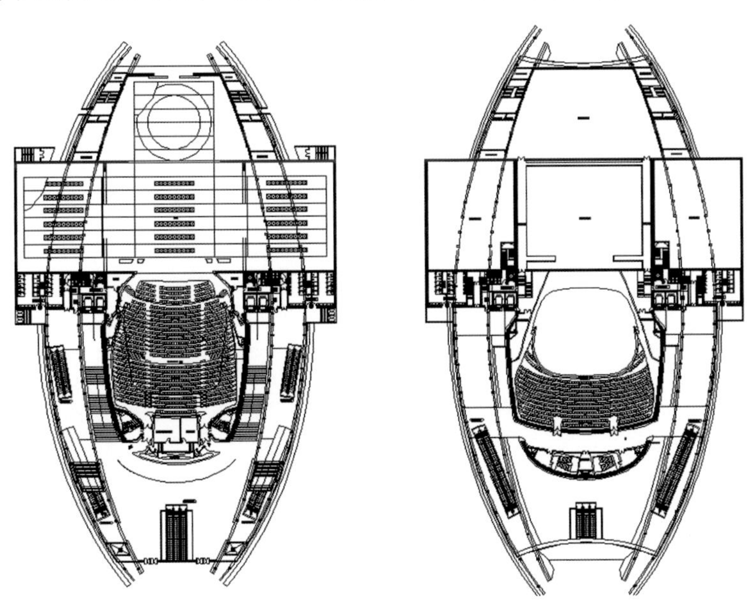

图3 珠海歌剧院歌剧厅平面图

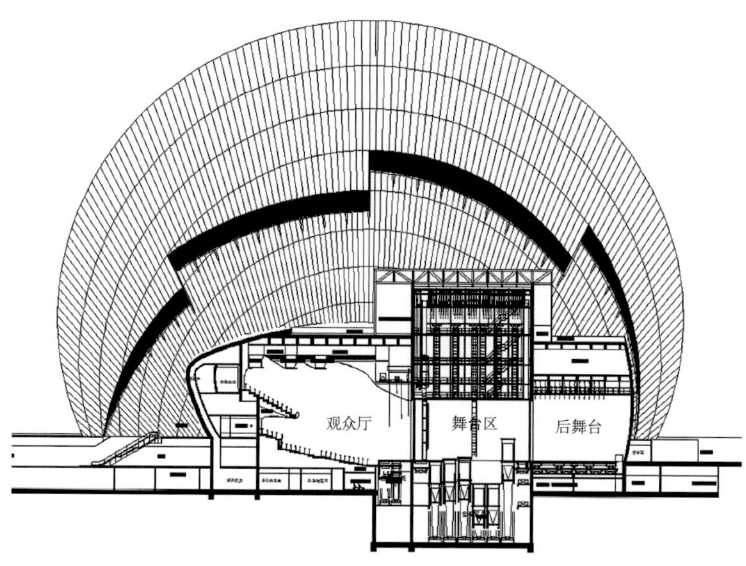

图4 珠海歌剧院歌剧厅剖面图

2.2 歌剧厅的声学设计

歌剧厅的内部装修设计与外形一致，以海洋和贝壳为主题，侧墙为次第排列的蓝色凸曲面，有利于声音的反射和扩散，曲面上表面为类似于贝壳表面的纹理，有利于声音的微扩散（图5）。

图5 珠海歌剧院歌剧厅内景

2.3 歌剧厅声学指标

歌剧厅声学指标如表1所示。

珠海歌剧院歌剧厅声学指标 **表1**

满场中频混响时间RT_{mid}/s	1.6 ± 0.1
满场低频混响时间RT_{125Hz}/s	RT_{mid}（s）× 1.2
明晰度C_{80}（歌剧模态）	$0 \leqslant C_{80} \leqslant +2$dB
明晰度C_{80}（交响乐模态）	$-1 \leqslant C_{80} \leqslant +2$dB
声强因子G	$G \geqslant 4$dB
空调系统噪声NR	$\leqslant NR$-20

2.4 舞台音视频系统

珠海歌剧院演出舞台音视频系统由北京奥特维设计，采用了德国LAWO数字音频系统、德国d&b audiotechnik扬声器系统、日本Audio-technica拾音系统等国际一流品牌产品，充分利用各产品自身特点优势，实现数/模热备份、声场精准覆盖、星型网络远程传输、设备远程状态监控等先进技术的应用，竣工后严格按照《厅堂扩声特性测量方法》GB/T 4959—2011测试，完全满足且优于国家标准《厅堂扩声系统设计规范》GB 50371—2006中文艺演出类扩声系统声学特性指标一级指标（图6）。

图6　珠海歌剧院歌剧厅验收现场

案例提供：陈金京，教授级高级工程师，北京市建筑设计研究院有限公司声学室。

哈尔滨大剧院

方案设计：MAD
建筑设计：北京市建筑设计研究院有限公司
项目规模：7.9万m^2
竣工日期：2015年
声学顾问：华东建筑设计研究院声学所
声学装修：中孚泰文化建筑股份有限公司
项目地点：黑龙江省哈尔滨市

1 工程概述

哈尔滨大剧院坐落于哈尔滨市松花江北岸的太阳岛，在前进堤、外贸堤和改线堤围合区域内，东侧为东北虎林园，南侧为太阳岛湿地公园，北侧与三环毗邻。总建筑面积7.9万m^2，为了突出其主体位置，降低施工难度和成本，将±0标高抬高7m，自然地面为118m，±0标高为125m，±0以上高56m，±0以下高15m(主要为停车场)，建筑层数为地上八层，地下一层(局部地下二层)。包括1600座大剧院、400座小剧场、地下车库和附属配套用房等，总投资约12.79亿元。建筑设计为北京市建筑设计研究院有限公司，建筑声学、扩声系统和舞台灯光设计均为华东建筑设计研究院声学及剧院专项设计研究所(图1、图2)。

图1 外景照片

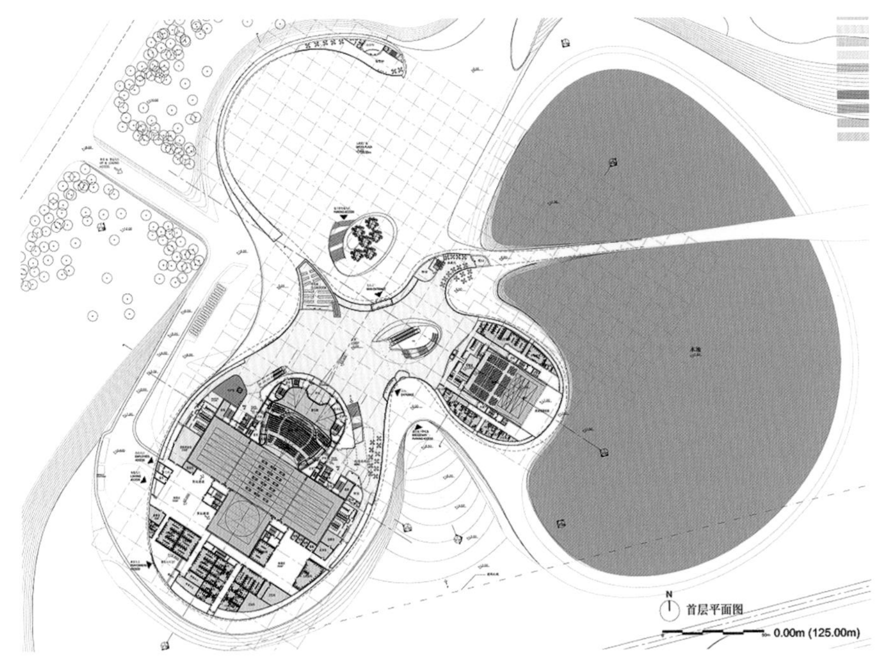

图2　总体平面图

2　大剧院建筑概况

大剧院观众厅长29m（其中二层楼座后墙向后延伸3.45m，三层楼座后墙向后延伸5.14m），宽20.4～31m，平均高约16m（图3、图4）。

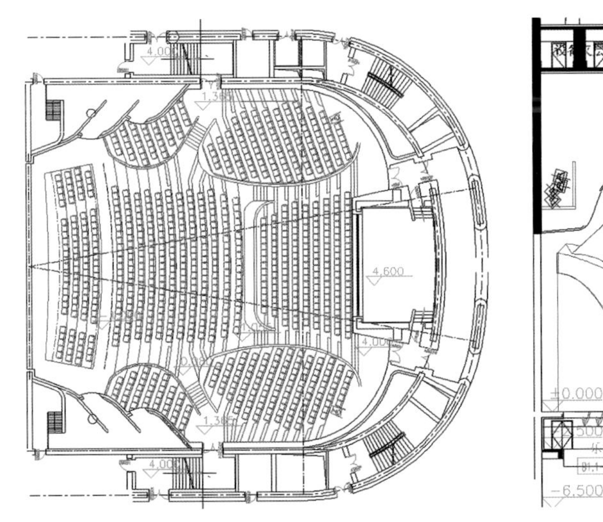
图3　大剧院池座平面图

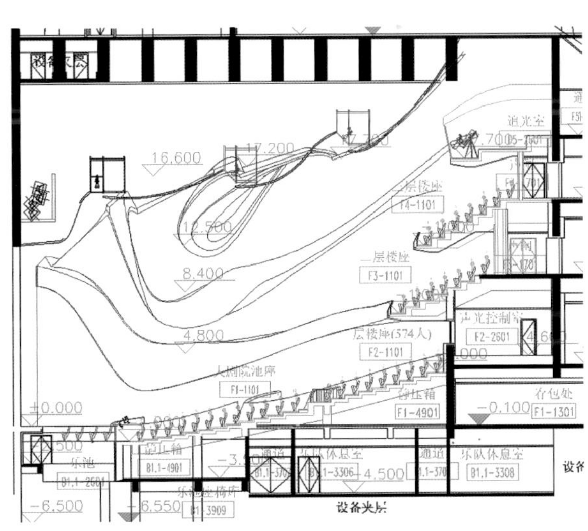

图4　大剧院观众厅剖面图

3　大剧院的主要功能和建声设计指标

3.1 主要功能

大剧院主要承接国内高水平的大型歌剧、舞剧、大型综艺晚会的演出并兼顾交响乐、室内乐、合唱等演出和会议的需要，具备承接国际演出、团队演出的基本功能和条件。

3.2 主要建声设计指标

（1）中频满场混响时间*RT*：大型歌剧、舞剧、综艺晚会的演出为1.5s±0.1s；交响乐、室内乐、合唱等演出为1.8s±0.1s（设置舞台声学反射罩）。

（2）混响时间频率特性（相对于中频500～1000Hz的比值）（表1）。

混响时间频率特性　**表1**

频率/Hz	125	250	2000	4000
混响比值	1.0～1.3	1.0～1.15	0.9～1.0	0.8～1.0

（3）背景噪声：≤*NR*–25噪声评价曲线。

4 大剧院观众厅的体形分析

（1）大剧院和音质效果较好的东京新国立歌剧院平、剖面对比（图5、图6）。

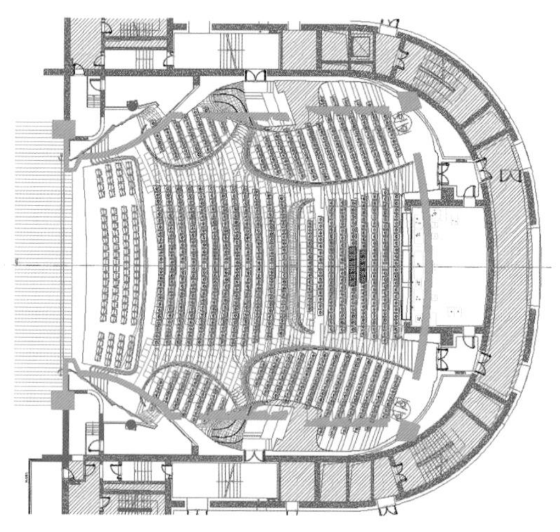

图5　日本东京新国立歌剧院平面图

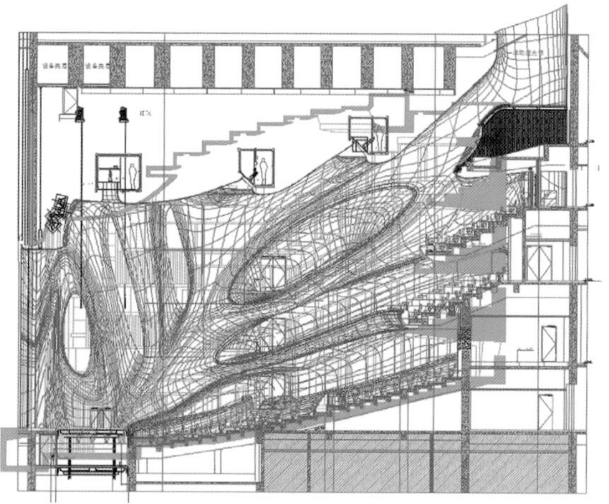

图6　日本东京新国立歌剧院剖面图

（2）对观众厅进行三维声线分析，对各个界面提出声学建议（图7）。

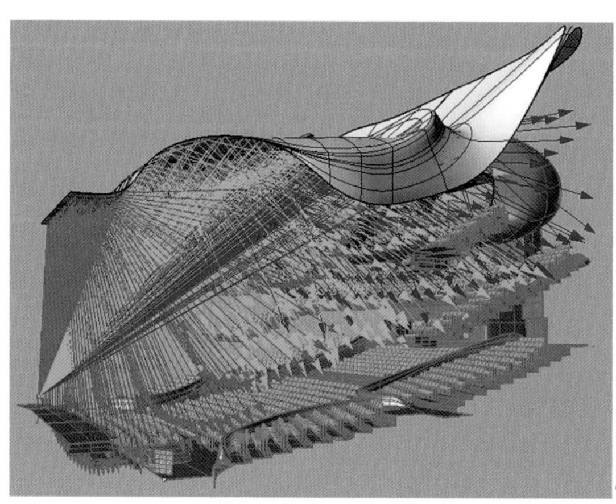

顶面声线分析

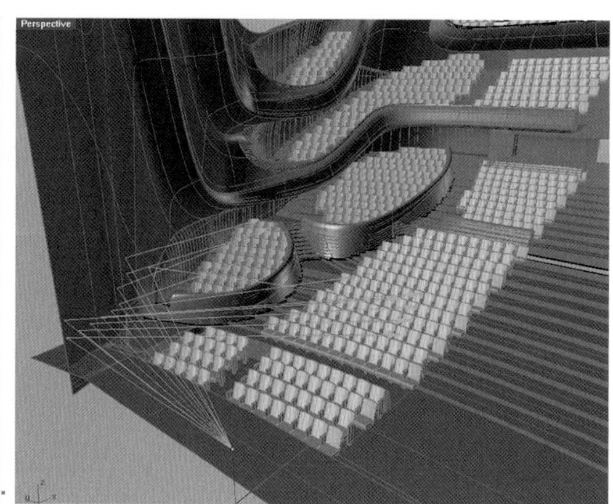

台口侧墙声线分析

图7　观众厅各界面三维声线分析图

5 大剧院观众厅表面装修用材的声学设计要求

对大剧院观众厅进行计算机模拟分析，各声学参量（中频1000Hz）的计算机模拟分析结果如图8所示。

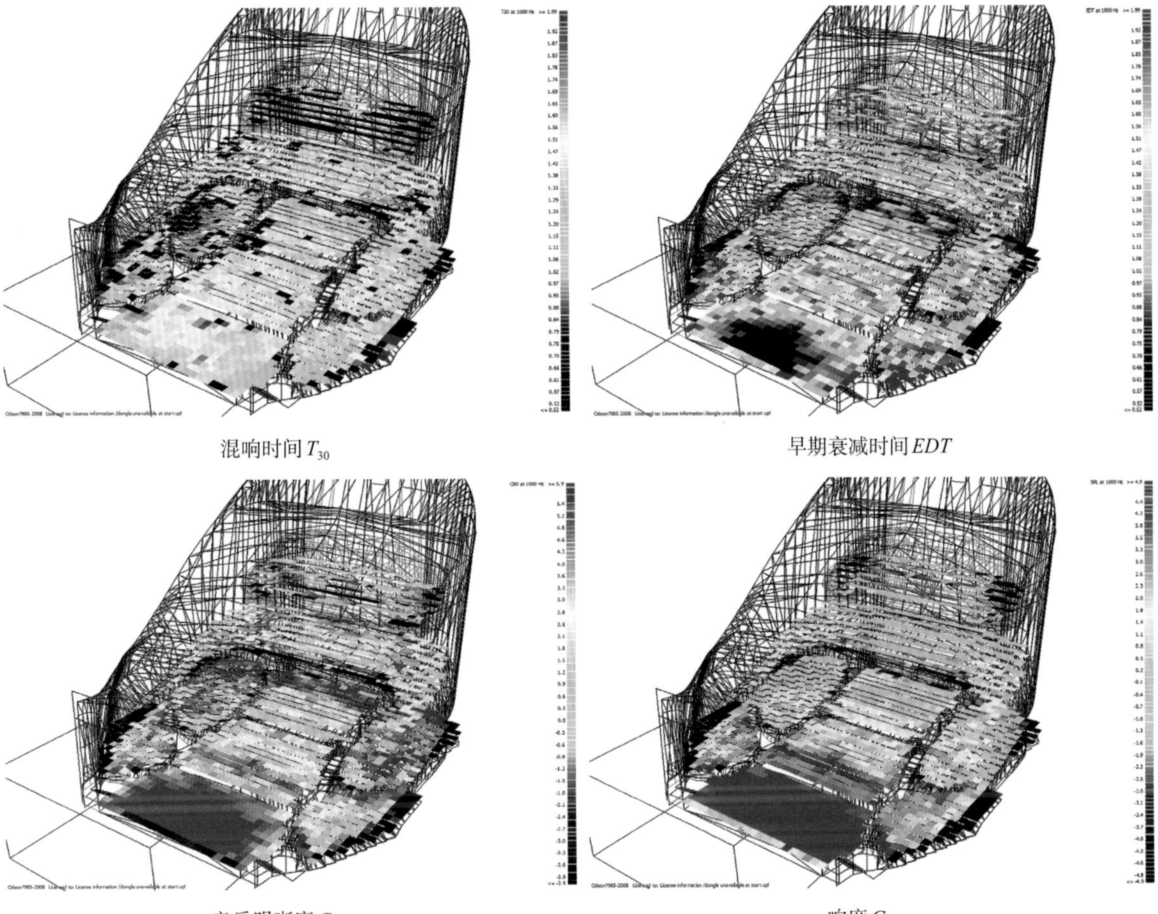

混响时间 T_{30}

早期衰减时间 *EDT*

音乐明晰度 C_{80}

响度 *G*

图8 各声学参量（中频1000Hz）的计算机模拟分析结果

同时也对大剧院观众厅进行了1/20声学缩尺模型试验（图9）。

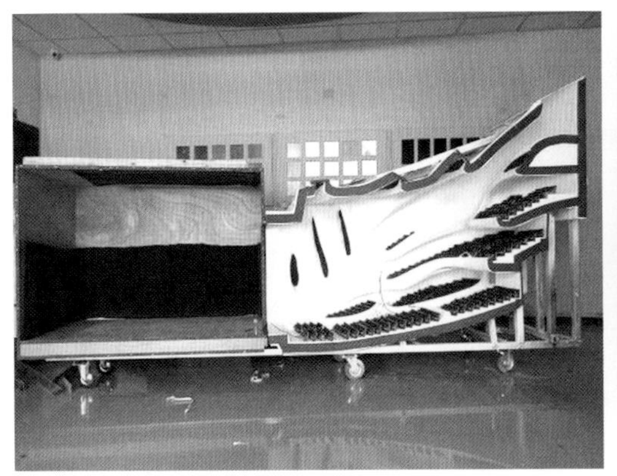

图9 1/20声学缩尺模型照片

根据音质计算，以及计算机模拟和缩尺模型试验结果，确定了观众厅各界面的声学装修材料、配置及构造，具体要求如下：

（1）观众厅内地坪及走道。剧院的观众厅内地坪用料为木地板，龙骨间隙填实，以避免地板共振吸收低频。

（2）墙面。观众厅墙面选用GRG板，装修材料的面密度为40～50kg/m^2。大部分墙面表面贴木皮，由于墙面多为凸弧面，因此木条是一条一条的贴上去的，并用枪钉固定。侧包厢墙面为GRG板上实贴皮革。

（3）顶棚。顶棚在建声上会起到重要的前次反射声作用，因此建声设计要求在屋架荷载允许的条件下，尽可能采用较为厚重的反射型顶棚，以避免过多的低频声能被吸收，声学要求采用面密度为50kg/m^{2}的GRG板，表面刷木纹涂料。

（4）舞台墙面。舞台包括1个主舞台、2个侧舞台，空间体积比较大。为了避免舞台空间与观众厅空间之间因耦合空间而产生的不利影响，声学设计要求舞台空间内的混响时间应基本接近观众厅的混响时间。声学设计要求在舞台（包括主舞台、侧舞台）一层天桥以下墙面做吸声处理。具体做法为：3m以下墙面采用25厚防撞木丝吸声板（刷黑色水性涂料）+75系列轻钢龙骨（内填50厚48kg/m^{3}离心玻璃棉板，外包玻璃丝布）+原有粉刷墙体；3m以上墙面采用6厚穿孔KT板，穿孔率20%（刷黑色水性涂料）+75系列轻钢龙骨（内填50厚48kg/m^{3}离心玻璃棉板，外包玻璃丝布）+原有粉刷墙体。

6 竣工后的建声测试结果

6.1 建声测试仪器系统图

声学所于2014年4月29日、30日和9月19日对新建成的哈尔滨大剧院进行了现场建声测试工作，测量的内容包含大剧院的空场（有、无乐罩）和满场（有乐罩）。测试的仪器和软件为丹麦B&K 7841—DIRAC Room Acoustics Software建声测试分析软件、丹麦B&K 2250B声学频谱分析仪、德国SENNHEISER MKH800无线测试话筒（可调指向性）、德国SENNHEISER SKP500无线发射系统、德国SENNHEISER EW500无线接收系统、丹麦B&K 4292无指向球面声源、丹麦B&K 2734测试功率放大器等。

6.2 主要建声测试结果

剧场声学参量的现场测试结果见表2。

剧场声学参量的现场测试结果汇总　　表2

参量	倍频程中心频率/Hz					
	125	250	500	1000	2000	4000
T_{30}（有乐罩）/s	1.94	1.79	1.82	1.80	1.78	1.61
T_{30}（无乐罩）/s	2.09	1.73	1.63	1.56	1.53	1.35
T_{20}（有乐罩满场）/s	1.70	1.60	1.68	1.72	1.65	1.49
EDT（有乐罩）/s	1.54	1.52	1.57	1.67	1.68	1.54

续表

参量	倍频程中心频率/Hz					
	125	250	500	1000	2000	4000
EDT（无乐罩）/s	1.51	1.38	1.33	1.41	1.37	1.19
C_{80}（有乐罩）/s	–0.13	0.79	0.77	0.81	0.33	1.21
C_{80}（无乐罩）/s	2.74	3.70	3.51	3.56	3.19	4.38
D_{50}（有乐罩）	0.35	0.41	0.41	0.43	0.38	0.44
D_{50}（无乐罩）	0.45	0.58	0.55	0.59	0.55	0.61
G（有乐罩）/dB	2.1	1.8	2.4	2.3	2.6	3.1
G（无乐罩）/dB	0.3	–0.5	0.0	0.1	0.0	0.7
$IACC_E$（有乐罩）	0.94	0.85	0.50	0.37	0.26	0.30
$IACC_E$（无乐罩）	0.94	0.84	0.46	0.34	0.30	0.28
LF（有乐罩）	0.26	0.15	0.15	0.16	0.15	0.14
LF（无乐罩）	0.25	0.17	0.15	0.14	0.15	0.13
ST-early（有乐罩）	–12.7	–15.6	–15.2	–13.7	–10.6	–13.8
ITDG（有乐罩）/ms	30					
背景噪声	＜*NR*–25					
备注	测试时间：2015年8月22日，舞台上设有音乐反声罩，满场测试时观众约有70%，观众时有讲话，信噪比较差。2015年9月25日测量无乐罩、幕布按正常演出状态布置。					

案例提供：杨志刚，教授级高级工程师，华东建筑设计研究院有限公司。

长沙梅溪湖国际文化艺术中心

方案设计：Zaha Hadid Architects
建筑设计：北京市建筑设计研究院有限公司
声学装修：深圳市洪涛装饰股份有限公司
项目规模：12万m^2
竣工日期：2018年

声学顾问：华东建筑设计研究院声学所
音频系统集成：浙江大丰实业股份有限公司

项目地点：湖南省长沙市

1 工程概况

长沙梅溪湖国际文化艺术中心位于国家级长沙湘江新区，坐落于岳麓山下，梅溪湖畔。总投资28亿元，总用地面积10万m^2，总建筑面积12万m^2。项目包括1800座位的大剧院、500座位的多功能小剧场和艺术馆，艺术馆由9个展厅组成，展厅面积达1万m^2。文化艺术中心于2012年10月26日开工，2017年9月2日大剧院进行首场演出，2018年整个艺术中心完工（图1）。建筑方案原创设计团队为Zaha Hadid Architects，施工图设计团队为北京市建筑设计研究院有限公司华南设计中心，建筑声学设计为华东建筑设计研究院声学及剧院专项设计研究所。

图1　建筑方案效果图

2 大剧院建筑概况

大剧院观众厅平面近似于圆形，池座有两处不对称栏板分区，两层楼座均用栏板分成4个不对称的分区。池座长34m（其中二层楼座后墙向后延伸0.8m，三层楼座后墙向后延伸2m），最大宽33.8m，平均高约18.5m。舞台开口为18m×12m，舞台面高度比第一排观众席高1m。观众席前部设升降乐池，开口尺寸平均长约21.5m，最大宽约4.8m；开口面积约92m²，乐池内面积约126m²。舞台包括主舞台、左右侧舞台和后舞台。主舞台长32m，深25m，净高33.65m，面积为800m²；左右侧舞台长19.8m，深25m，高20m（到结构楼板），面积为495m²；后舞台长24m，深21m，高20m（到结构楼板），面积为504m²（图2～图5）。

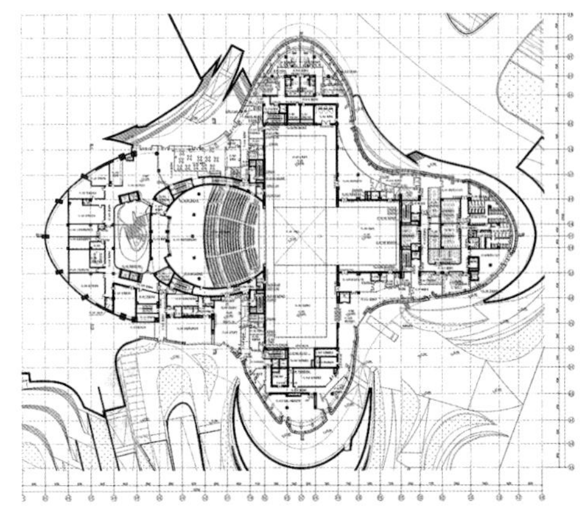

图2 大剧院一层总平面图

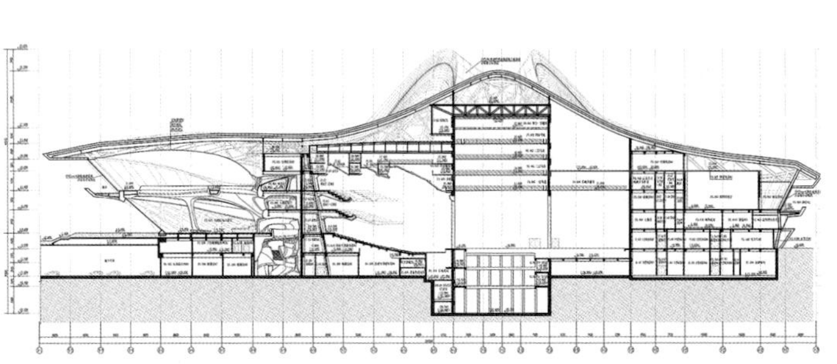

图3 大剧院总剖面图

图4 大剧院正面照片

图5 大剧院侧面照片

3 大剧院的主要功能和建声设计指标

3.1 主要功能

大剧院以演出大型歌剧、舞剧为主，应能满足国内外各类歌剧、舞剧、音乐剧、交响乐、歌舞、戏曲、话剧等大型舞台类演出的使用要求。

3.2 主要建筑声学技术指标

中频满场混响时间 RT：

大型歌剧、舞剧、大型综艺晚会的演出：1.5～1.6s；

交响乐、室内乐、合唱等演出：1.8s ± 0.1s（设置舞台声学反射罩）；

音乐明晰度 $C_{80}(3)$：1.0～3.0dB；

声场力度 G_{mid}：−1.0～2.0dB；

背景噪声：≤ NR−20噪声评价曲线。

4 大剧院观众厅计算机模拟分析和室内用材要求

本次计算机模拟软件采用的是Odeon14.0，各声学参量（中频1000Hz）的计算机模拟分析结果见图6。

根据计算机模拟和音质计算结果，确定了观众厅各界面的声学装修材料、配置及构造，具体要求如下：

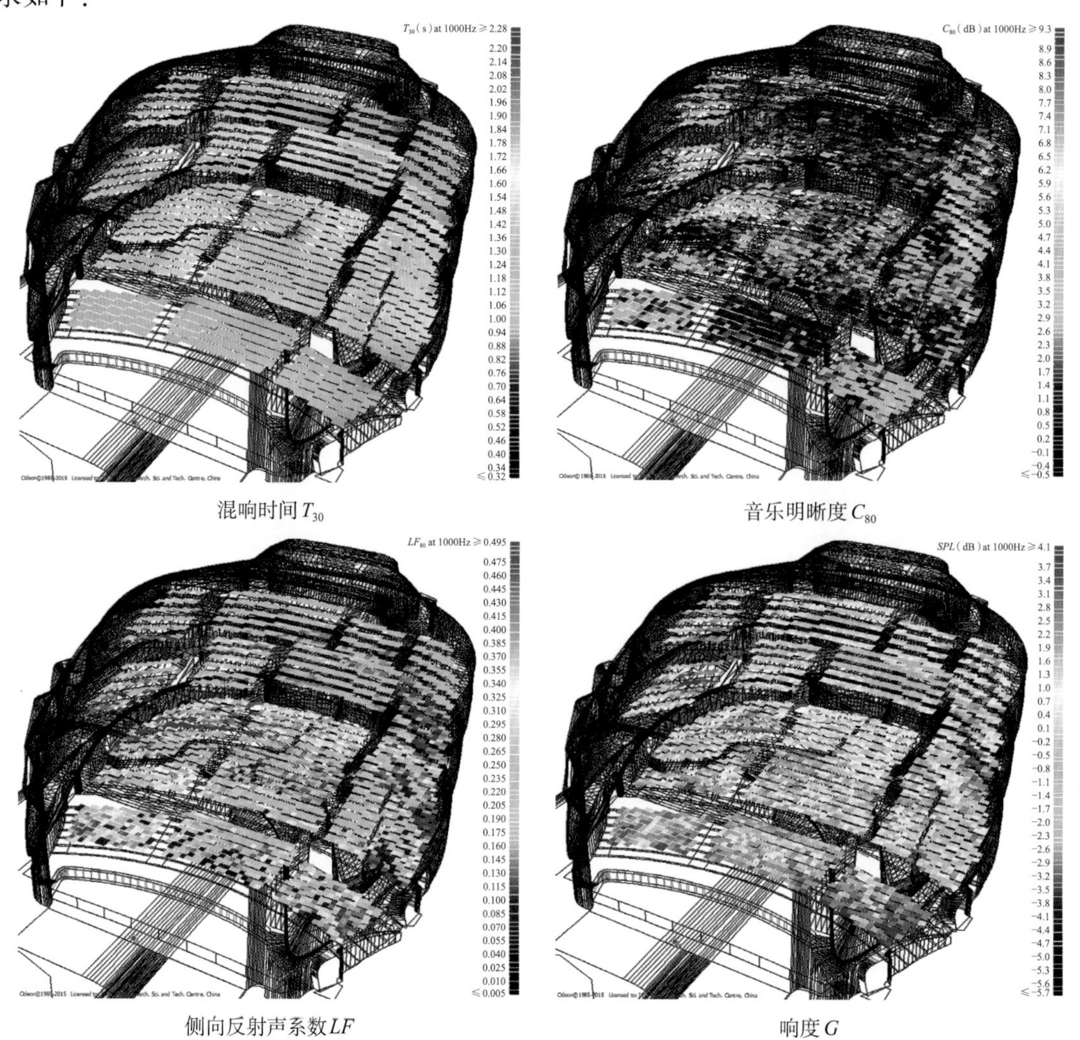

混响时间 T_{30}　　音乐明晰度 C_{80}

侧向反射声系数 LF　　响度 G

图6　主要声学参量（中频1000Hz）的计算机模拟分析结果

4.1 观众厅内地坪及走道

观众厅内地坪用料为樱桃实木复合木地板+毛地板45°斜铺（底面刷防火漆），龙骨间隙填实，以避免地板共振吸收低频。

4.2 墙面和顶面

观众厅墙面和顶面均选用GRG板，艺术漆饰面。墙面和顶面的GRG板面密度分别为45kg/m^{2}和50kg/m^2。墙面和顶面均结合灯带做扩散处理。

4.3 舞台墙面

舞台包括1个主舞台、2个侧舞台，空间体积比较大。为了避免舞台空间与观众厅空间之间因耦合空间而产生不利影响，声学设计要求舞台空间内的混响时间应基本接近观众厅的混响时间。声学设计要求在舞台（包括主舞台、侧舞台）一层天桥以下墙面做吸声处理。具体做法为：3m以下墙面采用25厚防撞木丝吸声板（刷黑色水性涂料）+75系列轻钢龙骨（内填50厚48kg/m^{3}离心玻璃棉板，外包玻璃丝布）+原有粉刷墙体；3m以上墙面采用5厚穿孔LCFC板，穿孔率20%（刷黑色水性涂料）+75系列轻钢龙骨（内填50厚48kg/m^{3}离心玻璃棉板，外包玻璃丝布）+原有粉刷墙体。

5 大剧院前厅的声环境优化

由于大剧院前厅的体积比较大，且地面为高强水泥基钢化地面，墙面为GRG造型板和玻璃幕墙等，因此混响时间特别长（顶部不做吸声处理，混响时间估计在6s多）。大剧院前厅是观众参观、交流和休憩的主要场所，故混响时间太长，人们讲话时声音会在前厅各个界面多次反射，经久不息，听起来声音会比较浑浊，使人产生烦躁之感。因此声学建议在前厅的顶部做一定的吸声处理，具体做法为在GRG造型板下实贴STO无缝连接吸声系统板，安装面积约4000m^2。实际效果非常理想，几百人同时在前厅参观和讲话并没有感觉有嘈杂之感（图7）。

图7 大剧院前厅照片（结合灯带的弧形顶部均为无缝吸声吊顶）

6 竣工后的建声测试结果和评价

6.1 建声测试仪器

华东院声学所于2017年9月对大剧院进行了建声测试工作。测试的仪器和软件为丹麦B&K 7841-DIRAC Room Acoustics Software建声测试分析软件、B&K 4292无指向球面声源、B&K 2734测试功率放大器、B&K 1704-A-002信号放大器、B&K 4101A头戴式双耳麦克风、B&K 2250 D手持频谱分析仪、德国SENNHEISER MKH800无线测试话筒、SENNHEISER SKP500无线发射系统、SENNHEISER EW500无线接收系统等。

6.2 主要建声测试结果及分析

主要建声测试结果见表1。

剧场声学参量的空场测试结果汇总　　表1

客观参量	主观感觉	实测值
RT_{mid}（混响时间）	混响	1.66s（空场）
EDT_{mid}（早期衰减时间）		1.45s
$C_{80}(3)$（明晰度）	音乐明晰度	2.2dB
$D_{50,\ mid}$（中频清晰度）	语言清晰度	0.50
G_{125}（低频声场力度）	低音响度	1.8dB
G_{mid}（中频声场力度）	响度	0.5dB
$1\text{-}IACC_{E3}$双耳特性指数	空间感	0.64
背景噪声	安静程度	NR–25

6.3 首演评价

2017年9月2日迎来大剧院的首场演出，首演剧目为经典话剧《明年此时》，该剧由俄罗斯和法国最高荣誉奖章获得者、著名导演尤里·伊万诺维奇·耶列明执导，中国观众熟知的实力派演员蒋雯丽和刘钧主演。大剧院的语言清晰度较高，能够听清楚每一句对白，并且声音非常通透，观众反映和感觉也非常好。

大剧院音响系统由浙江大丰实业股份有限公司承建，采用的音响品牌为德国Kling&Freitag（K&F）。笔者从南京保利大剧院、哈尔滨大剧院、六盘水凉都大剧院到长沙梅溪湖国际文化艺术中心大剧院曾经多次试听K&F扬声器和观看演出，从最开始的排斥到认可然后欣赏，其音色绝不输于所谓的国际三大品牌扬声器。其实国际上许多知名扬声器的音色都很好，系统调试是非常关键的环节。

案例提供：杨志刚，教授级高级工程师，华东建筑设计研究院有限公司。

浙江音乐学院音乐厅

方案设计：杭州市建筑设计有限公司
建筑设计：浙江绿城六和建筑设计有限公司
项目规模：地上总建筑面积9902m²
竣工日期：2015年
声学顾问：杭州智达建筑科技有限公司
声学装修：中孚泰文化建筑股份有限公司
项目地点：浙江省杭州市

1 工程概况

浙江音乐学院于2015年成立，是浙江省第一所独立的音乐学院。浙江音乐学院音乐厅位于浙江音乐学院北入口一侧，主要用于管风琴、交响乐、室内乐、各类民乐和西洋乐器、合唱音乐的演出，满足全自然声演出，具有承办社会大型演出的能力。

建筑声学设计从观众厅体形设计和观众席组织入手，在建筑空间设计中充分考虑了声学要求，同时对土建结构提出了隔声、隔振做法要求。在室内装修阶段，根据室内音质要求，深化了音乐厅内顶棚、墙面、栏板、地面等界面设计，并通过计算机模拟了室内声场效果。在施工阶段严格把控声学材料的各项声学特性和声学构造施工的准确性。建成后进行了全面声学测量，声学效果优良。

2 音乐厅基本概况

该音乐厅容座823座，包括池座523座（含无障碍座位4个池座），楼座276座。音乐厅平面设计为较长的六边形平面，平面最宽处宽度约为24m，最窄处宽度约18.5m，平面长约37m。舞台最宽处宽度约为21.5m，舞台进深约13.6m，面积约250m²，可容纳120人的四管乐队和120人大型合唱队的演出使用。一层楼座、侧楼座和唱诗席环通布置。观众席排距为0.95m。图1～图4为音乐厅室内外照片及平面图。

3 建筑声学设计目标

音乐厅声音要求明亮而又温暖，具有一定的丰满度；声场分布均匀，强度适宜；在观众席均能获得较强的来自舞台声源的直达声和侧向反射声，具有空间感和环绕感。此外，演员的演出感受直接影响了演出效果，因此也需注重舞台上的声学条件。舞台上应具有良好的反射声分布和扩散度，使演奏员有较好的自我听闻和相互听闻，使演奏融洽、平衡。同时厅内任何位置上，无回声、声聚焦和共振等声音缺陷，且不受设备噪声及外界环境噪声的干扰。根据音乐厅规模及使用功能要求，确定建声设计指标如表1所示。

图1 音乐厅外观

音乐厅主要音质设计指标 表1

声学指标	设计值
每座容积	$10m^3$
中频满场混响时间（*RT*）	1.7～2.0s
低音比（*BR*）	1.2～1.3
明晰度（C_{80}）	−3～1dB
强度指数（G_{mid}）	4～8dB
侧向反射声系数（LF_{E4}）	0.20～0.30
声场不均匀度Δ_p	≤4dB
舞台支持度ST_1	−13～−11dB
背景噪声*NR*	*NR*−25

4 建声设计主要特点及技术措施

4.1 观众厅体形优化

浙江音乐学院音乐厅舞台两侧墙体呈喇叭口向外打开，后部侧墙向大厅后墙稍稍收拢，构成一个拉长的六边形平面，舞台采用尽端式布置。音乐厅平均宽度控制在20m左右，使声源发出的声音较早地反射至观众区，以获得丰富的早期侧向反射声。舞台至观众席座位距离控制在20～30m，保证足够的直达声。

为使观众席和舞台均能获得丰富的早期侧向反射声，声学设计要求在观众席的布置上池座和后部楼座两侧座席都较中部稍高，这样便形成了1.2～1.7m的栏板；在演奏台后部设置一排唱诗席，两侧设置浅挑台侧楼座，后部楼座、侧楼座及唱诗席环通布置。形成的栏板及楼座吊顶面成了声音反射的界面，为池座和楼座中部提供早期侧向反射声，同时拉近了演员和观众的距离，增

图2　音乐厅内景照片

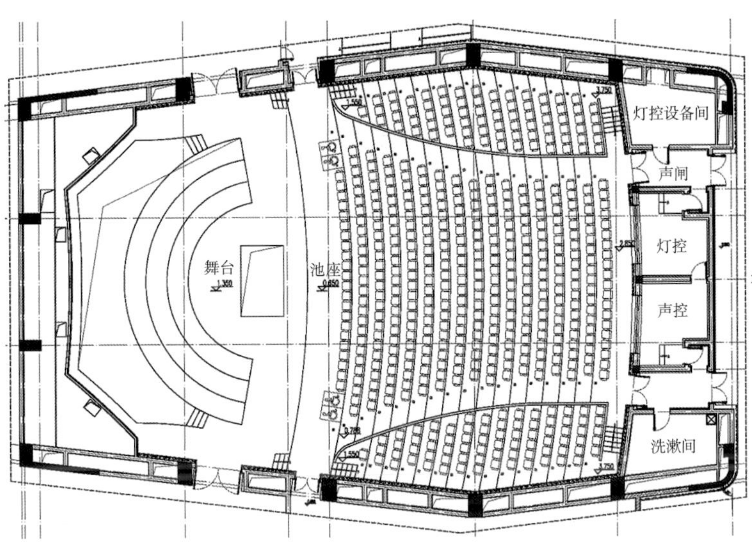

图3　音乐厅池座平面图

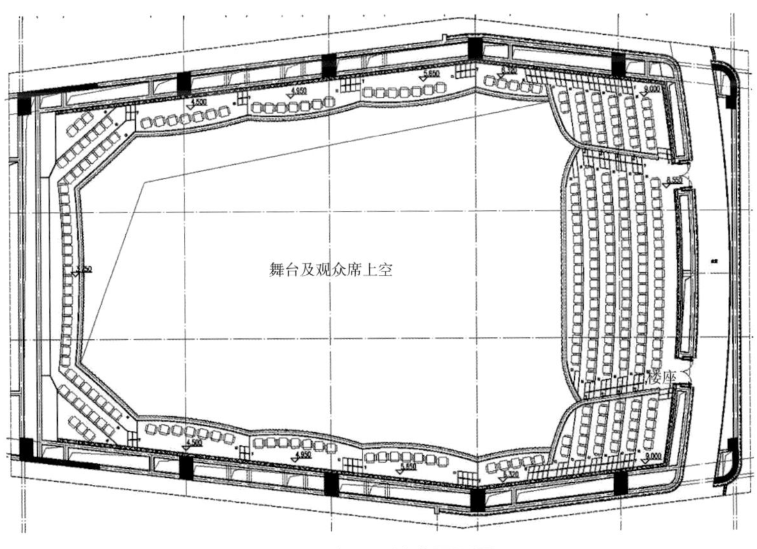

图4　音乐厅楼座平面图

加了观众与演员的交流，形成了良好的观演氛围。

舞台吊顶高度距离舞台面12m以上，较高的舞台空间可使舞台上的声音得到充分的扩散。舞台上部侧墙挑出形成向下倾斜的斜面，利用挑出的斜面为舞台上的乐师提供早期反射声。图5、图6为音乐厅纵剖面和横剖面。舞台上部设计了悬挂声反射板。

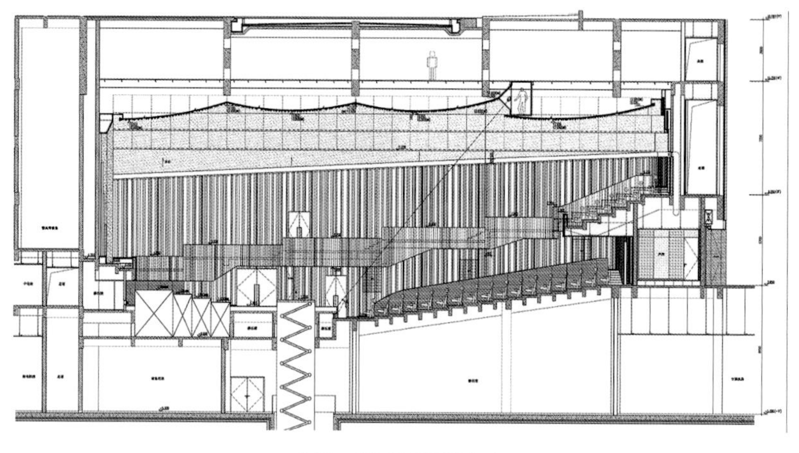

图5 音乐厅纵剖面图

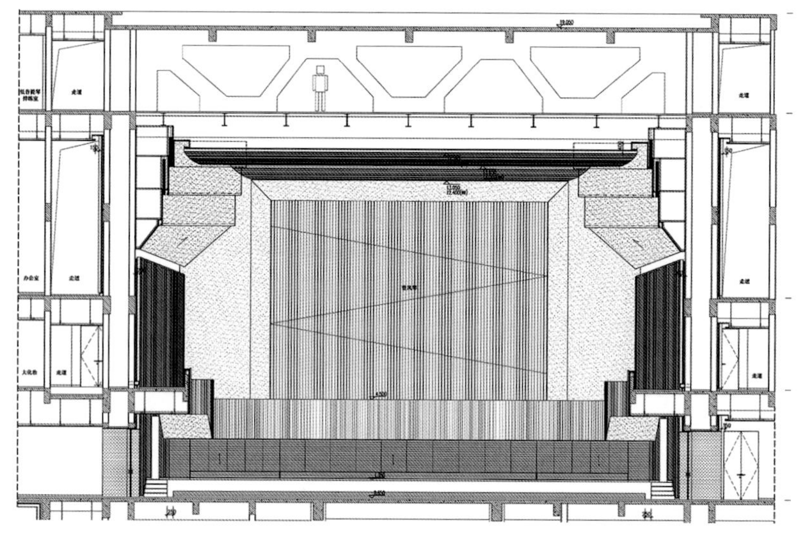

图6 音乐厅横剖面图

4.2 声扩散设计

音乐厅内良好的声场扩散有利于声场的均匀分布，不出现回声、声聚焦等声学缺陷，让人感觉声音不仅仅来自演奏台，而是来自四面八方。

本项目音乐厅的顶面造型犹如波浪缓缓起伏，大的起伏表面上是小尺度扩散造型，采用GRG板外贴木纹膜的做法。墙面上也采用了同样的起伏扩散造型，以3.6m为单元复制布置于四周墙面（除管风琴墙面）。

4.3 混响时间控制

为获得较长混响时间并充分利用声能，严格控制音乐厅容积和吸声量，音乐厅每座容积控制在$10m^3$。除座椅外及在侧墙上部设置升降式可变吸声结构，音乐厅没有做任何其他固定吸声结构。

4.4 噪声控制措施

音乐厅四周墙体采用双墙做法，两墙中间为设备管井，墙体计权隔声量≥60dB，静压室及台仓隔墙计权隔声量不小于50dB，观众厅屋面板厚度150mm以上，计权隔声量不小于60dB。

多媒体教室位于音乐厅舞台上方，多媒体教室地面采用浮筑楼面做法。

为防止外部噪声进入观众厅，出入口均设置声闸，采用计权隔声量≥35dB的专业成品隔声门。为降低空调噪声，观众厅空调采用座椅下低速送风方式，风口风速≤1.5m/s。

5 现场音质测量结果和分析

音乐厅内部装修完毕后，对音乐厅进行了声学指标的现场测量。在音乐厅池座和楼座共17个测点采集脉冲响应，并对脉冲响应进行了分析。混响时间测试值见表2，总体满足设计要求，调节量稍小于设计值0.3s，这与最后实施面积小于设计值及吸声体制作工艺有关。可变吸声体升起时，空场C_{80}为−0.34dB，符合设计要求。侧向声能百分数LF_{E4}为0.35，这表明体形设计发挥了作用，侧墙、栏板、楼座等都对获得早期侧向反射声起到了很好的作用。实测舞台支持度ST_1为−14.49dB，稍小于优选值范围，主要是舞台上部反射板没有实施。实测背景噪声≤*NR*−25曲线，满足设计要求。

音乐厅倍频程空场混响时间测试值　　表2

频率/Hz	125	250	500	1000	2000	4000
混响时间（可变吸声结构升起）/s	2.56	2.11	2.05	2.10	1.93	1.41
混响时间（可变吸声结构下降）/s	2.49	2.10	1.90	1.85	1.74	1.26

6 结论

音乐厅完工后使用者反映良好。在本项目中，建筑声学设计在设计的早期阶段就介入其中，与设计单位密切配合，在施工阶段对声学材料的声学性能和声学做法的准确度也都进行了严格的把控，与业主、设计方以及施工单位均有良好的配合，使得各项声学措施得到较好的落实。

案例提供：张三明，副教授，浙江大学，杭州智达建筑科技有限公司。

四川大剧院

建筑设计：中国建筑西南设计研究院
声学装修设计：中孚泰文化建筑股份有限公司
声学装修施工：中孚泰文化建筑股份有限公司
项目规模：5.9万m^2
项目地点：四川省成都市
竣工日期：2019年

1 工程概况

四川大剧院规划总建筑面积5.9万m^2，估算总投资9亿元，是具备接待大型表演团体演出的综合性、规模性、专业性多功能公共文化服务基地。主要由一个1601座的大剧场、一个450座的小剧场和一个350座的多功能厅组成，还配套设立了餐厅、咖啡厅、影城等相关物业（图1～图5）。

图1　大剧院外景照片

2 设计特点

四川大剧院别具汉风蜀韵的建筑风格，与天府广场周边的省图书馆、省美术馆、市博物馆，

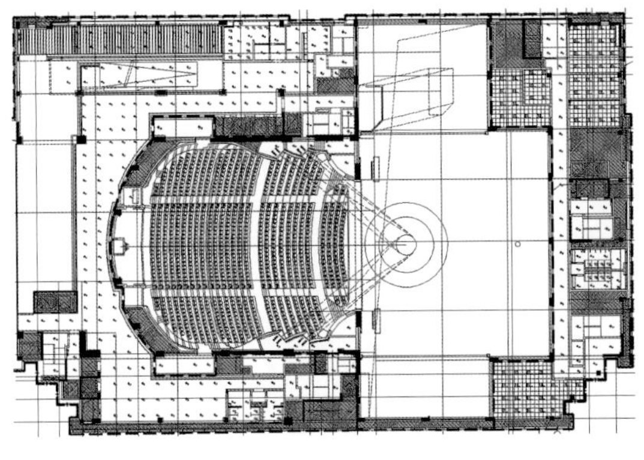

图2　大剧院3层平面图

图3　大剧院4层平面图

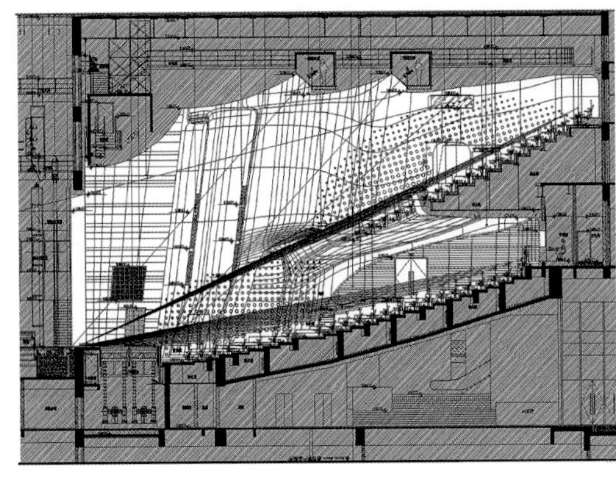

图4　大剧院剖面图1

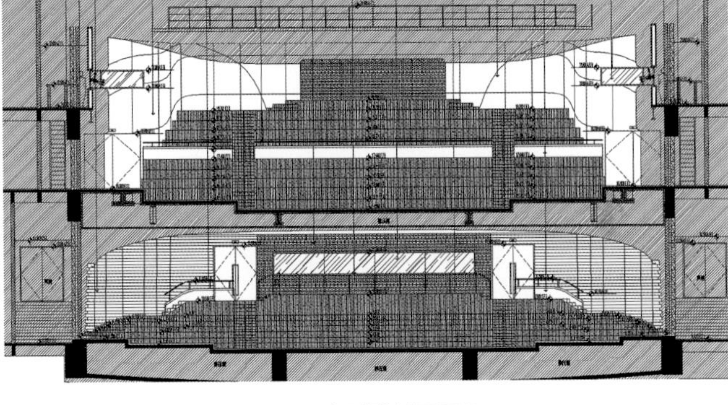

图5　大剧院剖面图2

以及广场整体风格协调统一。此外，入口处的架空广场将对市民开放，为市民提供了活动休闲场所。

尽管有场地大小的限制，但四川大剧院创新设计，将20m高的大剧场与9m高的小剧场立体重合。这是全国首例大小剧场立体重合的剧院，在全世界也是罕见的。两个剧场立体重合，对声学要求很高，中孚泰团队使用了浮筑楼板、双层隔声墙等材料，通过特质隔声楼板进行隔声，保证大小剧场演出能同步进行，2051人能同时观剧，一个剧场的观众不会被其他剧场的演出所打扰（图6、图7）。

图6　大剧院实景照片

图7 大剧院小剧场实景照片

3 声学指标

大剧院满场中频混响时间为1.4～1.6s；明晰度 C_{80} ＞0dB；强度指数 G ＞+1dB。
空场测试结果见表1。

空场测试结果 表1

空间名称	大剧场（满场）	多功能厅（满场）
中频混响时间/s	1.60	1.1

案例提供： 谭泽斌，正高级工程师，中孚泰文化建筑股份有限公司。

重庆人民大厦大会堂

建筑设计：北京市建筑设计研究院有限公司　　声学设计：北京市建筑设计研究院有限公司声学室

项目规模：55300m^2　　项目地点：重庆市渝北区红锦大道

竣工日期：2008年

1 工程概况

重庆人民大厦位于重庆市渝北区红锦大道，为重庆市人大、政协综合办公及会议大楼，是重庆市标志性建筑之一。大厦由北京市建筑设计研究院设计，北京城建集团总承包，于2008年4月竣工并交付使用（图1）。

图1 重庆人民大厦外景

2 重庆人民大厦大会堂声学设计

重庆人民大厦大会堂声学设计均由北京市建筑设计研究院有限公司声学室负责。

2.1 概述

重庆人民大厦中心部分为会议用房，主要由大会堂和常委会议厅组成（图2～图5）。

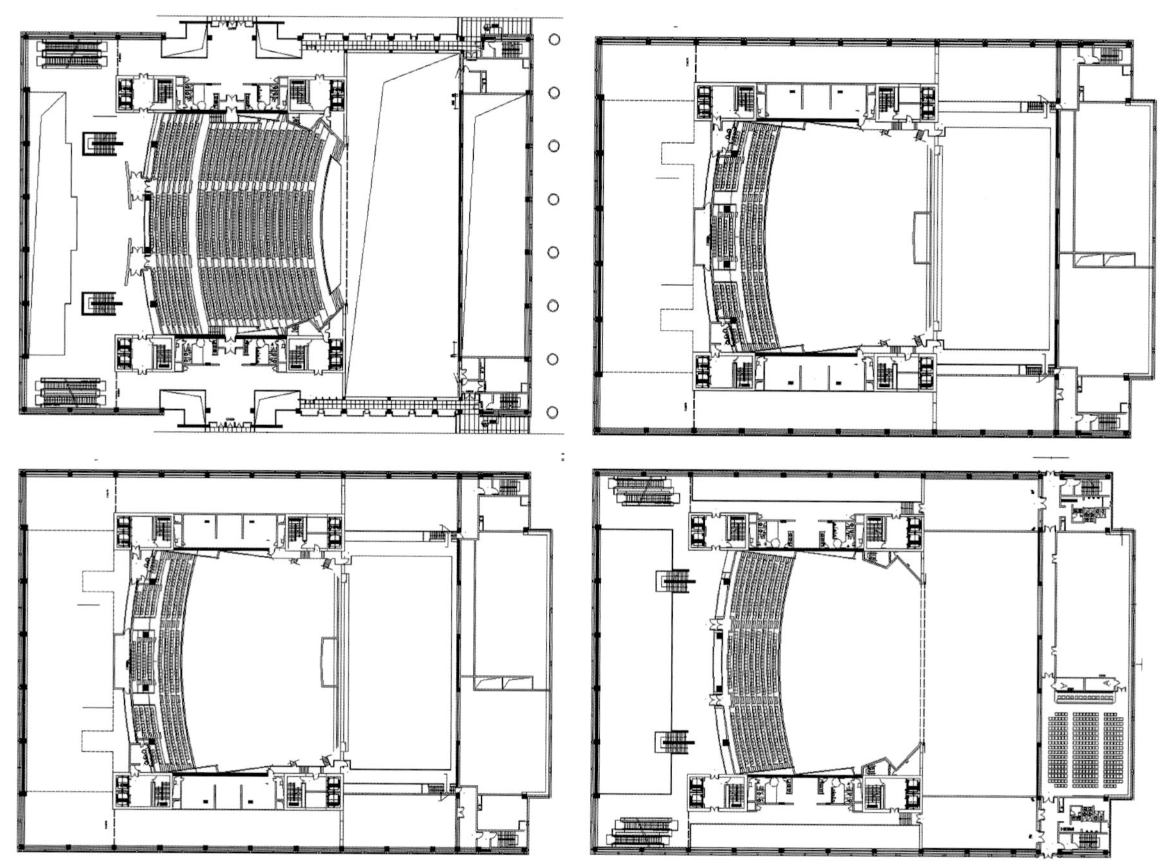

图2　重庆人民大厦大会堂平面图

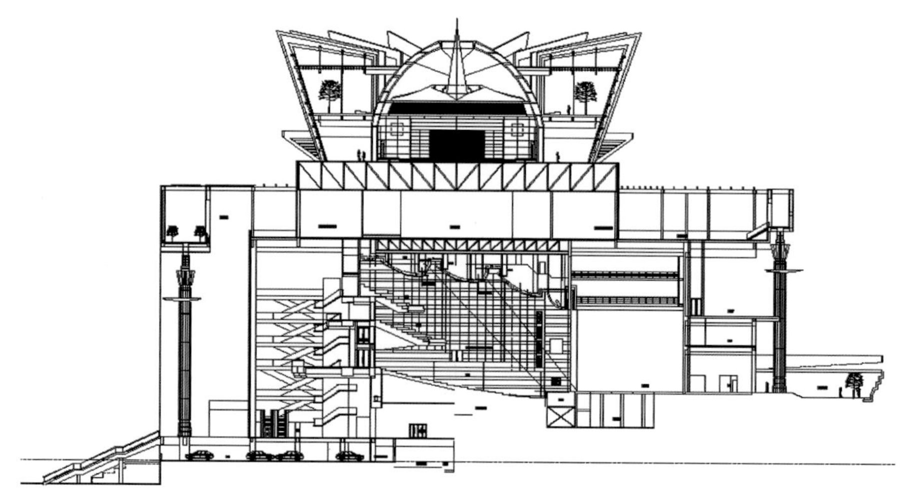

图3　重庆人民大厦大会堂剖面图

大会堂位于一层，观众厅平面形状大致为钟形，平均高度约18m，有效容积19769m^3，总内表面积6925m^2，可容纳2114名观众，其中池座1287座，二层楼座486座，三层楼座341座。每座容积9.35m^3，平均自由程11.4m。舞台包括主台和左右侧台，没有后台。台口高14m、宽26.6m。舞台深19.4m，主台宽44.3m、高23.2m，左右侧台各宽7m、高12m。

常委会会议厅平面圆形，半径为14.9m，屋顶的建筑形式为半圆形穹顶，会议厅内有会议席位222个。

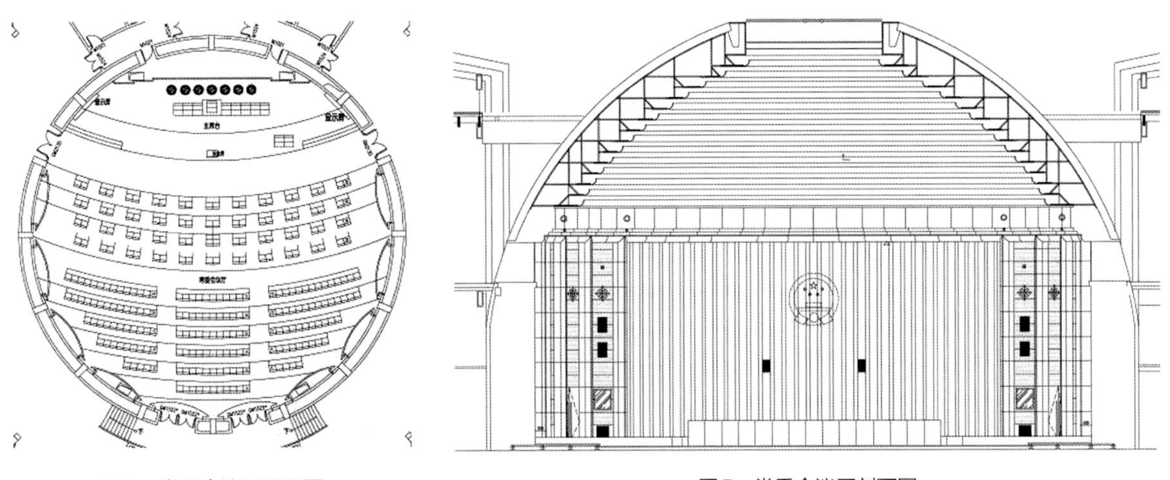

图4　常委会议厅平面图

图5　常委会议厅剖面图

2.2 声学设计

2.2.1 大会堂

大会堂的主要功能为举办大型会议，根据舞台的规模和形式，也可用于文艺节目的演出以及电影放映等。观众厅的两面侧墙相互平行，这样就容易产生颤动回声，从而出现声学缺陷，为此在侧墙上布置一定数量的吸声材料，间隔布置木质的反射面和织物饰面的吸声面。另外，在挑台下设置分散式扬声器，以补充该区域观众席声压级的不足（图6）。

图6　重庆人民大厦大会堂内景

2.2.2 常委会议厅

（1）建声设计

①穹顶。会议厅穹顶内吊顶采用层叠阶梯式构造，每层阶梯外端为凸弧形造型，凸弧面对中高频声波具有一定的扩散作用，如图7～图9所示。在整体造型保持了穹顶形式的前提下，解决了部分声聚焦的问题。为了彻底解决声聚焦的问题，还必须在屋顶上进行强吸声处理。首先，采用隐藏吸声构造，在穹顶的每层阶梯内部增加强吸声材料，减少向会议厅内的声能反射，见图7。从外观看不出吸声构造的情况下，起到了很好的吸声效果，做到了装修效果与声学要求的完美兼顾。另外，屋顶中心的采光部分采用微穿孔薄膜，而且是双层膜构造，从而扩大吸声频谱范

图7　会议厅内景

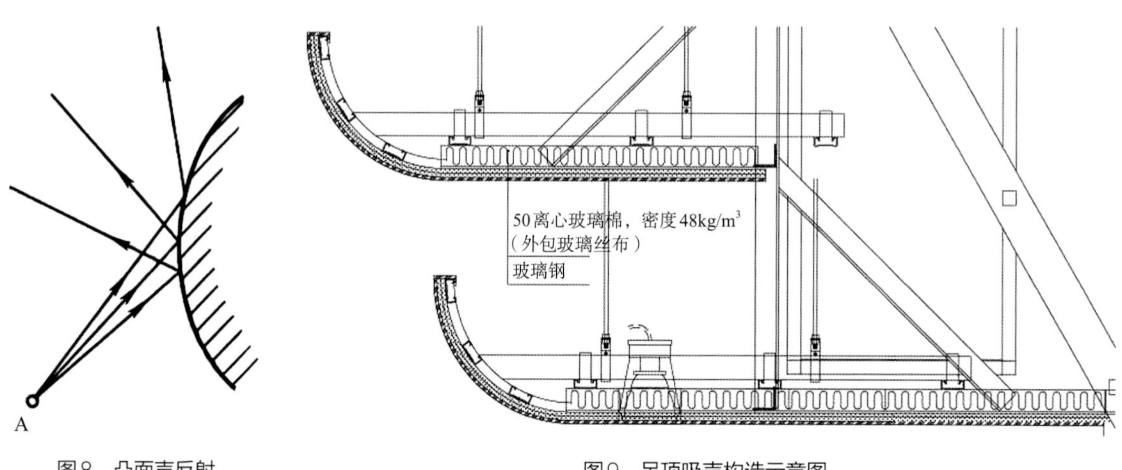

图8　凸面声反射

图9　吊顶吸声构造示意图

围，确保会议厅内不会产生声聚焦及回声。

②侧墙。会议厅的两侧均为凹弧形墙面，极易产生声聚焦等声学缺陷，必须进行强吸声处理。大部分墙面采用软包吸声构造，在吸声材料与墙体之间留有不小于50mm的空腔，如图10所示。

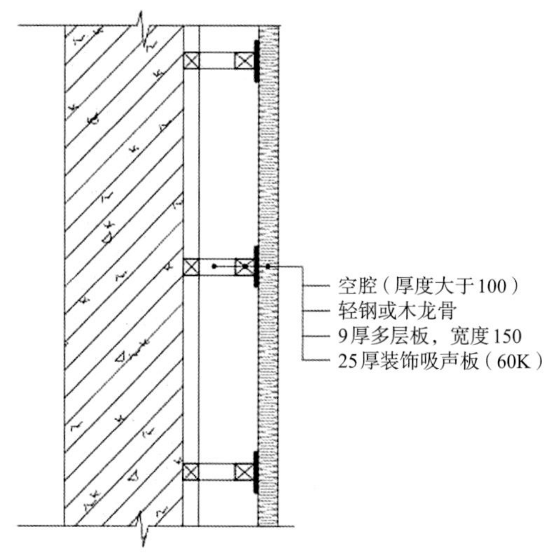

图10　侧墙吸声构造示意图

③后部墙面。会议厅后部墙面采用半圆柱形扩散结构，木制吸声板后加玻璃棉板的复合吸声构造。

④前部墙面。主席台背向的前部墙面为直墙，位于传声器接受声音方向，而一般会议传声器在这个方向灵敏度最高，如果在前部墙面上产生大量声反射，将直接回馈到传声器内，会使电声系统产生自激，从而降低电声系统的传声增益。所以前部墙面也应该进行强吸声处理。

（2）电声设计

为了保证室内具备良好的扩声效果，对会场的扩声采用半集中式布置方式，扬声器采用暗装。音箱的摆放对音场影响很大，通过EASE声学软件模拟了会议厅声场（图11、图12）。

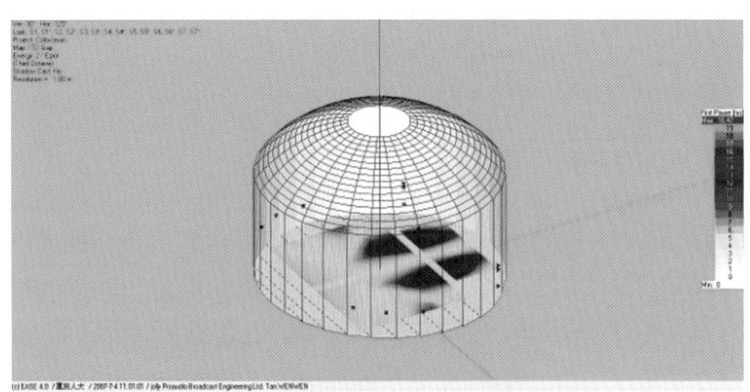

图11　语言清晰度模拟计算结果

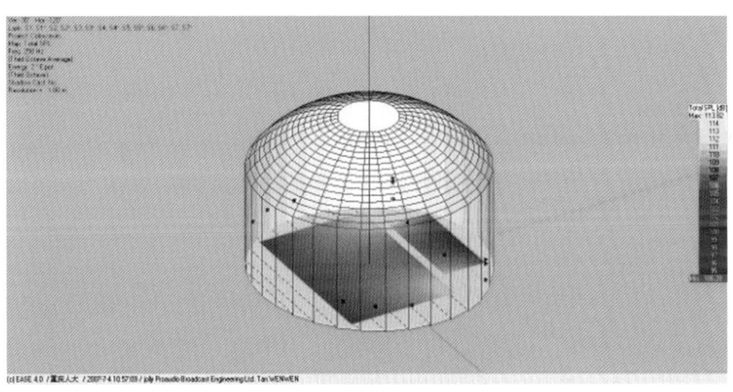

图12　混响时间模拟计算结果

2.3 声学测试结果

声学测试结果见表1。

大会堂混响时间 T_{60} 测量结果（单位：s）　　表1

项目	倍频程中心频率					
	125Hz	250Hz	500Hz	1000Hz	2000Hz	4000Hz
空场（测量）	1.73	1.55	1.42	1.40	1.35	1.22
满场（计算）	1.64	1.50	1.38	1.36	1.30	1.15

案例提供：王峥，教授级高级工程师，北京市建筑设计研究院有限公司声学室。

上海嘉定保利大剧院

建筑设计：安藤忠雄＋同济大学建筑设计院
声学设计：上海章奎生声学工程顾问有限公司
声学装修：中孚泰文化建筑股份有限公司
声学材料提供：中孚泰文化建筑股份有限公司
项目规模：55904m^2
项目地点：上海市嘉定区
竣工日期：2013年

1 工程概况

上海嘉定保利大剧院是建筑大师安藤忠雄先生设计的中国首座大型文化设施项目，保利置业集团参与承建。剧院面向远香湖，基地北侧为白银路，西侧为规划中的环湖路，东侧和南侧临远香湖。建成后的保利大剧院会成为上海首座“水景剧院”和嘉定新文化地标。在简单的几何学构成的空间中，呈现出如万花筒一般多变丰富的面貌。透过万花筒，各种颜色的断片相互重叠反射，幻化出华丽而变化多端的光影效果。剧院淋漓尽致地利用水景资源，各个建筑物之间利用圆形空间贯通，在人行天桥上交错对应。剧院坐落在100m × 100m × 50 m的建筑体块中，包括一个1500座歌剧厅和一个400座多功能厅，能满足歌舞剧、话剧、综艺演出以及其他现代剧目演出的需要，具备接待世界优秀表演艺术团体演出的条件和能力（图1）。

图1　上海嘉定保利大剧院实景照片

2　1500座歌剧厅音质设计

歌剧厅建筑平面呈马蹄形，舞台大幕线至最远处31.14m，最宽处31.68m，最高点距地20.1m。池座23排（含乐池3排）最大高差4.2m；一层楼座7排，最大高差2.4m；二层楼座5排，最大高差2.32m。图2和图3分别为歌剧厅池座平面及剖面图。

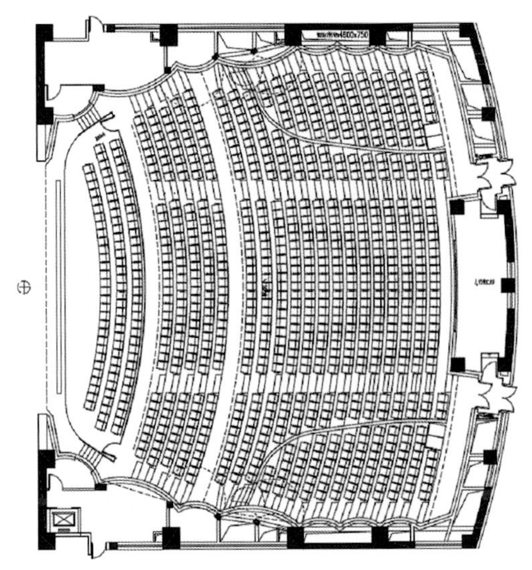

图2　歌剧厅池座平面图

图3　歌剧厅池座剖面图

2.1 音质设计原则及指标

歌剧厅虽然要满足歌舞剧、话剧、综艺演出以及其他现代剧目演出需求，但功能上以歌剧、交响乐为主。因此，观众厅音质设计原则确定为“自然声为主兼容扩声”，歌剧及交响乐演出采用自然声，其他演出形式使用扩声系统。基于此原则，音质设计将以混响时间*RT*、明晰度C_{80}(3)、清晰度D_{50}、声场分布不均匀度ΔLp、侧向反射因子*LF*、背景噪声级*BNL*及强度*G*等几个参量作为最主要的技术指标。

依据剧场规模和容积，并参考相关规范确定歌剧厅音质设计目标值如表1所示。

歌剧厅音质设计技术指标　　表1

RT	C_{80}(3)	D_{50}	*LF*	ΔLp	*BNL*	*G*
1.50s ± 0.1s	−1～+3dB	≥50%	≥0.20	≤ ±3	≤*NR*−20	≥0dB

2.2 音质设计技术措施

歌剧厅地面用料选用实木地板实贴地面安装。吊顶采用增强纤维预制石膏板（即GRG板），板的面密度要求达到40kg/m^{2}以上。侧墙对剧场前中区而言是十分重要的早期声反射面，这些墙面能向池座前区的观众席提供足够的早期反射声能，提高观众位置上听音的空间感。因此该部位的墙面声学要求尽可能厚实、坚硬，主要起声反射作用，充分利用声能而尽可能减少声吸收。为此，在原有结构墙面外实贴（或外包）实木，实木面层可结合装修做装饰处理，既美化装修，又起到扩散作用。观众厅后墙预留安装可调混响装置的空间，当可调混响装置起反射作用时，满足歌剧使用要求；当可调混响装置起吸声作用时，满足话剧及会议使用要求。栏板在混凝土结构外侧实贴（或外包）实木，木材表面可做凹凸纹饰或艺术处理。为增加墙面的扩散性能改善厅内声场分布，在侧墙面设计了凹凸状槽型扩散体的构造，图4为歌剧厅内景照片。

图4　上海嘉定保利大剧院歌剧厅内景照片

2.3 歌剧厅音质计算机模拟

在歌剧厅的音质设计中进行了声场计算机模拟分析，目的是优化平剖面体形、计算音质参量并做音质预测评价。模拟分析采用Odeon9.0室内声学模拟软件，它兼有声像法和声线法的功能。采用Odeon软件进行室内音质计算机模拟的步骤为：首先建立实际厅堂符合声学软件要求的三维几何模型。其次对三维几何模型的所有三维面或三维网格布置声学材料，将材料声学特性参数值输入计算机软件，就形成了三维声学模型。最后由软件按几何声学法则来模拟声波在厅堂内的传播规律并得到声场的特性。图5为计算机模拟中声学模型的效果图，图中颜色深浅代表表面材料吸声性能的优劣。

图5　歌剧厅歌剧演出时声学模型效果图

从计算机模拟结果可知，除声场不均匀度 ΔLp 略高于设计要求值外，其他参量均在设计要求范围内。这说明观众厅的体形设计、材料选择均是合适的。同时从测点反射声序列的模拟结果看，厅内反射声组织也比较合理，前50ms内有相当数量的反射声，而初始延时间隔*ITDG*为13ms。

2.4 声学缩尺模型试验

为进一步检验观众厅的音质效果，制作了1:10的声学缩尺模型。模型的顶面及墙面均采用GRG板制作，GRG板干燥后表面喷木纹漆。由于整个观众厅仅观众席座椅吸声，因此，座椅吸声性能对观众厅音质影响很大。为此，首先按1:10比例用亚克力制作骨架，再在1:10模型混响室对座椅坐垫及靠背材料进行测试，使某一频率的吸声性能符合设计要求。通常情况下，一种材料或构造是很难保证几个频带的吸声性能都符合设计要求的。显然，只要不断更换座椅的材料，是可以确保进行全频带缩尺模型试验的，但材料遴选的工作量实在太大。为此，本模型试验仅对1000Hz的各声学参量进行测试。图6为歌剧厅1:10缩尺模型完工后的内景图。

图6　歌剧厅1:10缩尺模型内景图

在此缩尺模型内参照相关规范进行缩尺模型试验，并对高频空气吸收进行补偿，模型试验的测试结果表明缩尺模型试验结果与计算机模拟结果基本吻合，除声场不均匀度 ΔLp 外，其他参量均在设计要求范围内。反射声序列是厅堂缩尺模型试验中一个重要的测量项目，8个测点的模型试验测点反射声序列图也显示出歌剧厅内并不存在声学缺陷，再次验证了歌剧厅的体形设计、材料选择均是合理的。

3　深化设计

所有深化及细部均采用3D设计，采用SketchUP进行设计，观众厅平面呈马蹄形，整个项目都是多曲面异形的造型，根据图纸打造模型，并反复进行声学评估、模型完善，最终实现了从概念设计到施工图的落地，将成为一个自然、建筑、艺术、人类，彼此和谐相容、自在对话的交流空间。

4 施工工艺

4.1 材料工艺

材料工艺包括墙面材料工艺处理和顶棚材料工艺处理。

（1）墙面：为达到内部的自然声效果，侧墙、后墙均采用特殊凹凸纯实木层压板材料叠加工艺，既满足设计和声反射作用，同时更环保、易清洗、易维修。

（2）顶棚：采用双曲面GRG吊顶，其板的面密度达到45kg/m^{2}以上，为了更好达到声反射及光学效果，面层全部采用真石漆工艺。

4.2 声光电集成

在不同的功能区域采用了相同的光色，良好的显色性表现了建筑构件的不同材质，能够用最质朴的照明表现空间的功能和结构差异，既满足了建筑照明的要求，又实现了节能和节约初期成本以及运营成本的要求。

案例提供： 谭泽斌，正高级工程师，中孚泰文化建筑股份有限公司。

宋拥民，博士，高级工程师，注册环保工程师，上海章奎生声学工程顾问有限公司。Email：asong1102@163.com

海南省歌舞剧院

建筑设计：北京市建筑设计研究院有限公司
声学设计：北京市建筑设计研究院有限公司声学室
项目规模：2.5万m^2
项目地点：海南省海口市国兴大道
竣工日期：2010年

1　工程概况

海南省歌舞剧院位于海口市国兴大道海南文化公园中轴线，是该省“十一五”重点文化基础设施建设项目，可以满足大型歌舞晚会、戏曲、音乐会等演出需求，同时兼具其他演出和会议功能，是海南省专业艺术生产、交流、演出基地和面向大众开放的艺术活动、学习、辅导中心，同时又是海南省歌舞团、群艺馆等文艺事业机构所在地（图1）。

海南省歌舞剧院包括一个1260座剧场及其演出辅助用房、省歌舞团生产用房、省群艺馆群众活动场所和文艺活动辅导用房。其中，剧场声学、舞台灯光、舞台机械系统以综合歌舞演出为主，兼顾其他演出和会议功能（图2）。

图1　海南省歌舞剧院外景

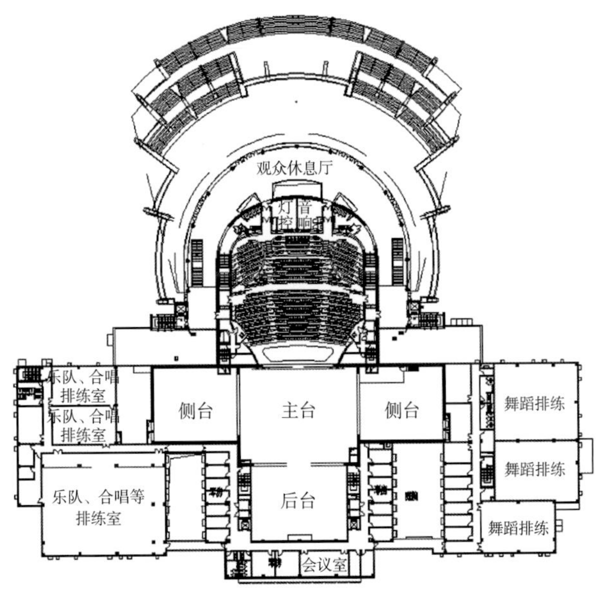

图2　海南省歌舞剧院总平面图

2 海南省歌舞剧院声学设计

海南省歌舞剧院声学设计由北京市建筑设计研究院有限公司声学室负责。

2.1 概述

海南省文化艺术中心剧场为一个多功能剧场，主要功能为大型文艺演出，同时满足交响乐、歌剧、舞剧、会议等多功能使用的要求。

观众厅平面大致呈钟形，有一层楼座，并延伸至侧墙形成跌落包厢，可容纳观众1213人，其中池座927座，二层楼座286座。观众厅有效容积约9800m^3，每座容积为8.1m^3，其几何特征参数见表1，平剖面图见图3和图4。

海南省歌舞剧院几何特征参数　　表1

观众厅最长	28.8m
观众厅最宽	30.2m
台口尺寸（宽×高）	15.8m×8.9m
主舞台尺寸（宽×深×高）	26.8m×21.2m×29.5m
侧舞台尺寸（宽×深×高）	19.2m×16.2m×13.2m
后舞台尺寸（宽×深×高）	21.8m×16.5m×13.2m

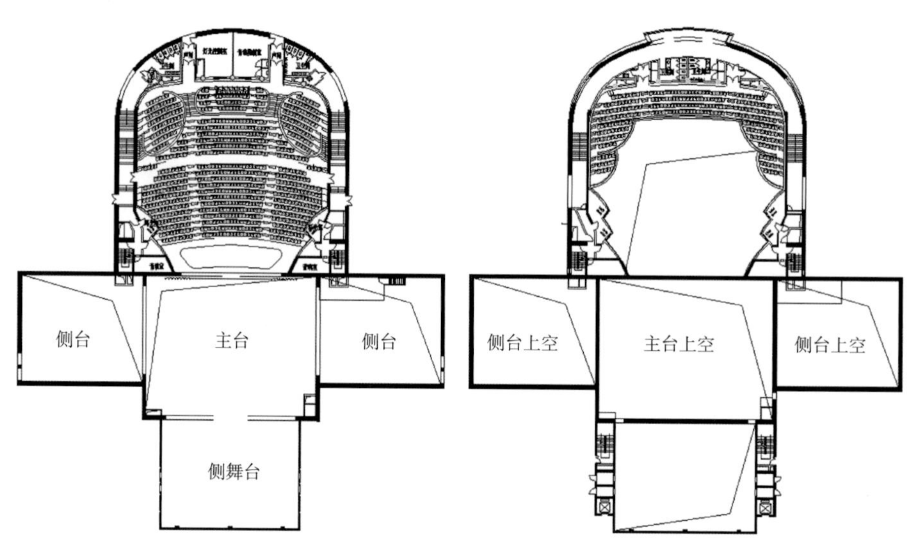

图3　海南省歌舞剧院平面图

2.2 反射声设计

（1）在台口两侧设置了八字形墙面，该墙面能够为池座前部侧区及中部中区座席提供早期侧向反射声。

（2）将观众厅前门后的斜墙设计成凸弧形，一方面有利于声音扩散，另一方面可以为池座中部提供侧向早期反射声。

（3）在观众厅后部两侧设置了两个单独的区域，其标高高于中间区域（简称“高台区域”），

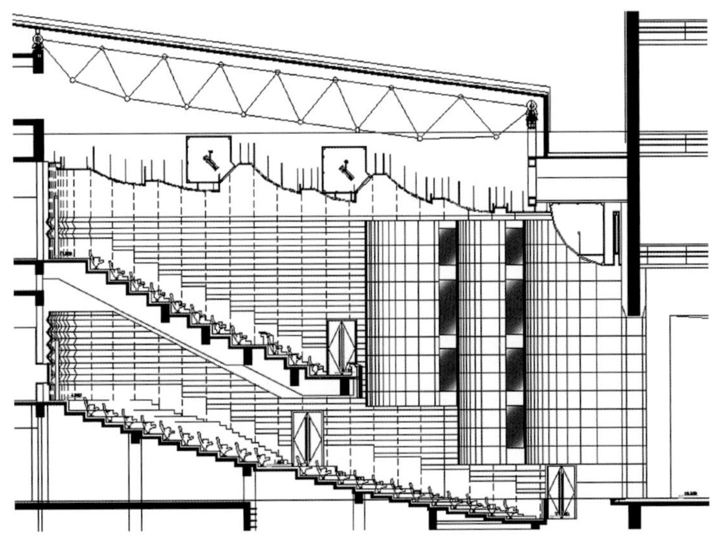

图4　海南省歌舞剧院剖面图

并在这两个区域外围设置了反射的弧形栏板，这种布置可以有效地使相对较宽的观众厅池座分隔成相对较窄的区域，缩短观众席中区距反射界面的距离，从而使得池座观众席中部可以获得较丰富的早期反射声，同时也丰富了观众厅的空间形式。

（4）利用舞台上方音桥下部的弧形面作为反射面，为观众厅池座提供反射声。

2.3 扩散设计

（1）观众厅楼座和包厢的栏板以及池座后区两侧高台区域的栏板都设计成大尺寸的凸弧形，在观众厅内形成大体量声扩散结构，有利于观众厅内扩散声场的形成，图5（a）为包厢栏板和池座高台区域栏板的扩散形式。

（2）将观众厅两侧由二层挑出的耳光室设计成深入观众厅的凸弧形扩散体，有利于观众厅内扩散声场的形成，图5（b）为耳光室扩散形式。

（a）

（b）

图5　海南省歌舞剧院观众厅扩散形式

（3）观众厅的吊顶采用阶梯形弧形反射板，不仅向整个观众席提供近次反射声，而且起到声扩散的作用，增加了声场的扩散度。

（4）观众厅的两面侧墙为平行墙，容易出现颤动回声，但由于混响时间控制的要求，不能完全设计成吸声墙面，所以结合装修设计，将观众厅的侧墙设计成横向棱齿形的扩散墙面，在消除可能产生的声学缺陷的同时，也有利于扩散声场的形成（图6）。

图6　海南省歌舞剧院内景

2.4 声学指标

海南省歌舞剧院声学指标见表2。

海南省歌舞剧院声学指标　　表2

满场中频（500Hz、1000Hz）混响时间/s	1.4 ± 0.1
低频（125Hz、250Hz）混响时间	中频混响时间的1.1～1.2倍
高频（2000Hz、4000Hz）混响时间	中频混响时间的0.8～1.0倍
明晰度C_{80}	$-2dB \leqslant C_{80} \leqslant +2dB$

案例提供：陈金京，教授级高级工程师，北京市建筑设计研究院有限公司声学室。

福州海峡文化艺术中心

建筑设计：中国中建设计集团有限公司
声学设计（中方）：同济大学建筑设计研究院
装饰设计：苏州金螳螂建筑装饰股份有限公司
项目地点：福建省福州新区三江口
声学设计：Kahle Acoustics赫尔辛基
3D声学材料：福州鑫泉声学环保工程有限公司
项目规模：15万m^2
竣工日期：2019年12月

1 项目概况

海峡文化艺术中心位于福州新区三江口，总建筑面积约15万m^2，总造价27亿元，福州新区集团作为业主单位，中建海峡承建，由芬兰建筑大师佩卡·萨米宁大师与中国中建设计集团总建筑师徐宗武联合设计。

它的造型优美独特，在设计理念、工程技术和声光打造等方面极富创新，犹如一朵巨大的福州市市花——茉莉花，在福州三江（闽江、乌龙江、马江）交汇处绽放（图1）。海峡文化艺术中心集多功能戏剧厅、歌剧院、音乐厅、艺术博物馆、影视中心五个场馆于一体，配有国际顶尖的舞台设施及设备，包括1个1600座歌剧院、1个1000座音乐厅、1个700座多功能戏剧厅、1个影视中心（含6个电影厅）、1个艺术博物馆及中央文化大厅和其他配套服务区，是集结了国际前沿设计、强大建设阵容、尖端施工技术、环保建筑理念，同时充分体现福州元素的“超级工程”（图2）。

海峡文化艺术中心是一座中国的现代主义建筑，通过对中国文化的提炼，形成世界语言。其设计灵感来源为福州市的市花——茉莉花。陶与竹是塑造“茉莉花”的主要材料。幕墙设计采用

图1　福州海峡文化艺术中心实景照片

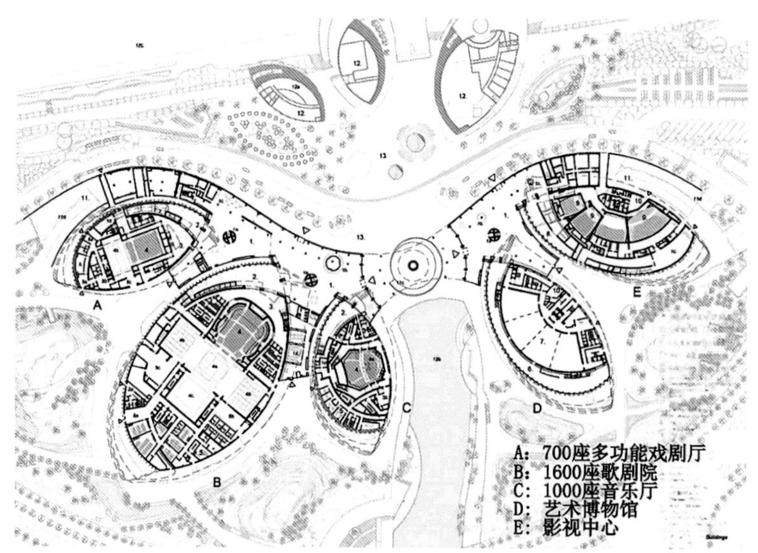

图2　福州海峡文化艺术中心平面

了陶棍和陶板，海峡文化艺术中心项目是目前世界上最大的陶制幕墙建筑。室内设计材料采用了竹材和艺术陶瓷。

2　工程特点、亮点及技术创新

海峡文化艺术中心采用了兼具地域和自然属性的材料——陶和竹。中国是陶瓷的故乡，福建是我国古瓷窑址最多的省份之一。竹是中华民族品格、禀赋和精神象征。丝竹是我国传统音乐、乐器的代称，这与海峡文化艺术中心的音乐属性相契合。

本工程装修标准高，装修面积大，多区域及大面积同时施工，剧院、多功能厅、大堂等室内的声学材料采用了3D竹扩散板、竹吸声板，深化设计应用了BIM技术分解，福州鑫泉声学环保工程有限公司使用了国内先进的3D技术设备，为本项目专门定制出声学材料，是本工程的主要特点。

歌剧院是艺术中心的核心演出场所，参考传统意大利建筑风格，拥有世界一流的舞台设施及设备。歌剧院共分三层，最高层高达65m，可容纳1612人，层级之间所见之处均为弧形设计。融合反声板定制而成的天花线形灯，既提供基础照明，又保证歌剧院的吸声和反声效果。无论是建筑还是灯光，均以柔和曲线为主，温婉而大气。与复古的歌剧院相比，音乐厅则很现代。采用“葡萄园式”环绕。歌剧院的墙面采用了1282片的3D竹扩散声学板拼接，采用特殊的制作工艺：首先经过精刨后的成品碳侧竹条板宽度20mm，竹板厚度88mm，由经验丰富的传统木匠工艺师傅根据造型刨切细致打磨后，采用竹材专用的安装挂件系统将每片小竹板固定于GRG板表面，再使用进口环保结构胶使竹板临时与GRG板表面粘贴，整体造型经过多次打磨成型后，竹板表面用环保漆封闭。后期经过30天的产品分解，将数控竹板产品分解成1700多片，竹板基材厚度从原样品阶段的120mm降至90mm，产品精确度达到 ±2mm内的误差。墙面同时还有大面积的特殊工艺制作的茉莉花陶瓷片，数个小的茉莉花造型，使得这个空间具有混响时间以及完美的音色，非常适合专业音乐演奏及歌剧表演（图3、图4）。

图3　福州海峡文化艺术中心歌剧院实景照片1

图4　福州海峡文化艺术中心歌剧院实景照片2

多功能厅产品选材采用3D立体竹声学扩散板，用扩散的方法解决声音的反射问题。竹板材质的振动解决了低频声音的吸收，保证声场均匀度，福州鑫泉声学环保工程有限公司在原材上选用了4年竹龄的竹材，经过高温碳化、脱脂、防虫蛀、阻燃工艺处理，使用环保胶热压覆盖压制，采用国内先进的3D立体技术雕刻而成，表面为环保漆面（图5）。

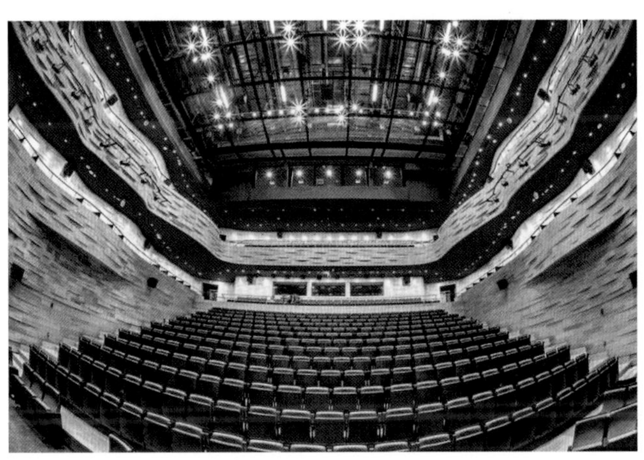

图5　福州海峡文化艺术中心多功能厅实景照片

3　混响效果

歌剧院500～1000Hz混响时间为2.70～3.0s，多功能厅500～1000Hz混响时间为1.20～1.30s。

案例提供：张瑜，MBA工商管理硕士，福州鑫泉声学环保工程有限公司。Email：102929176@ qq.com

郑州大剧院

建筑设计：哈尔滨工业大学建筑设计研究院
项目规模：60032m²
竣工日期：2019年
声学装修：中孚泰文化建筑股份有限公司
声学材料提供：中孚泰文化建筑股份有限公司
项目地点：河南省郑州市

1 工程概况

郑州大剧院以“黄河帆影，艺术之舟”为设计理念，于2020年11月8日正式启用，是河南省唯一一个、全国为数不多的集歌舞剧场、音乐厅、戏曲厅、多功能厅于一体的高效、专业、实用的甲等剧场。郑州大剧院位于中原区西流湖街道汇智路以东、雪松路以西、渠南路以南、传媒路以北，占地面积5万m^2。主要包括歌舞剧场、音乐厅、多功能厅、戏曲排练厅四个独立的剧场及附属配套用房。其中，歌舞剧场1687座、音乐厅884座、多功能厅421座、戏曲排练厅461座。本项目成为郑州市的最高演艺文化交流平台（图1、图2）。

图1 郑州大剧院外景照片

2 施工工艺

全程BIM管理，观众厅采用GRG饰面、大跨度空间的钢结构安装，这些异形产品的制作从最初就明确要按BIM模型完成，偏差控制在1mm以内。材料到现场，BIM技术人员通过模型

图2 郑州大剧院内景照片

信息同进场产品进行尺寸规格比对，对于合格品在模型上做好标识，不合格品拒绝接收。根据BIM模型中的三维坐标点，运用全站仪测量控制，保证产品安装点位与模型点位一致，做到现场与模型信息一样，如果出现偏差，现场BIM技术人员采集数据，调整模型。

3 工程亮点

在大剧院工程中，三大剧场是空间主体，其形态必须依据使用功能而定。而各演艺厅之间的空间形态是自由的，是不受束缚的。三大剧场外界面依功能设计，通过方向的旋转和调度，形成了江河汇聚、九曲华章的空间意象，呼应了黄河帆影的外部形态。

歌剧厅采用胡桃色水性木纹漆，曲率流动的池座与顶界面和侧界面融为一体。

4 经验体会

4.1 建筑声学效果与装饰施工相结合

剧院的主要用途是用来演出的，建筑的声学效果是工程成败的关键。因此，装饰施工能否配合其声学指标达到设计要求，是本工程的重中之重。该部分的装饰施工，首要目标在于保证各部位内已设计的各项声学指标的实现，同时使装饰艺术效果与声学功能达到有机结合和高度统一是施工过程中的又一难点。

4.2 集成工程统筹协调难度大，管理要求高

在进场施工过程中，声、光、电、智能化、空调、消防、机电、幕墙、舞台机械、装饰将在很长一段时间内相互配合，高空立体交叉施工。有大量的沟通协调和各种专业技术问题摆在面前，这也是施工管理中需考虑的重点也是难点。

4.3 本工程对深化设计要求高，保证深化设计质量是重点

本工程对参建施工方的深化设计能力及施工管理水平、建造质量提出了非常高的要求。参建

施工方能否充分理解设计师的设计理念，能否在充分理解设计师设计理念的基础上将其深化，深化出来的图纸最终能否完美落地，都将考验施工方深化设计能力，这是本工程建造启动的重点。

4.4 观众厅池座与楼座静压箱制作安装为难点

观众厅池座与楼座的暖通送风主要采用的是隐藏式座椅下送风，作为下送风，必将牵涉池座与楼座的静压箱，静压箱的牢固、耐久、抗菌、密闭性及保温降噪措施至关重要，其工艺结构和效果直接关系到暖通送风效果和建筑声学的效果；静压箱的施工质量又将影响楼座顶棚的质量。

4.4.1 歌剧厅声学设计指标

（1）中频满场混响时间：RT=1.5s ± 0.1s；

（2）强度指数：$G \geqslant$ 0dB；

（3）不均匀度：｜ΔLp｜max ≤ 6dB；

（4）清晰度：$D_{50} \geqslant$ 0.4；

（5）明晰度：$C_{80} \in$（−2～4）dB；

（6）侧向能量因子：$LF \geqslant$ 15%；

（7）背景噪声：空调通风系统正常开启时，厅内符合NR–25噪声评价曲线；

（8）使用时观众厅内任何位置不得出现回声、颤动回声、声聚焦等声学缺陷。

空场测试结果如图3所示。

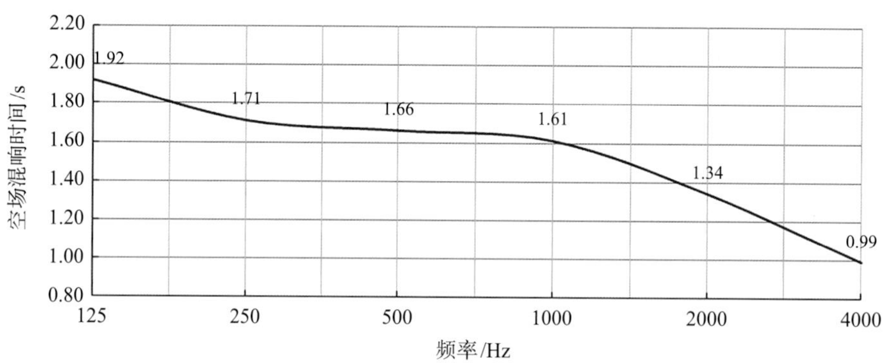

图3 歌剧厅中心频率混响时间曲线图

4.4.2 音乐厅声学设计指标

（1）中频满场混响时间：RT=1.8s ± 0.1s；

（2）强度指数：$G \geqslant$ 2dB；

（3）不均匀度：｜ΔLp｜max ≤ 6dB；

（4）音乐明晰度：$C_{80} \in$（−2～2）dB；

（5）侧向能量因子：$LF \geqslant$ 20%；

（6）低频比重：$BR \in$（1.0～1.3）；

（7）本底噪声：空调通风系统正常开启时，厅内符合NR–25噪声评价曲线；

（8）使用时观众厅内任何位置不得出现回声、颤动回声、声聚焦等声学缺陷。

空场测试结果如图4所示。

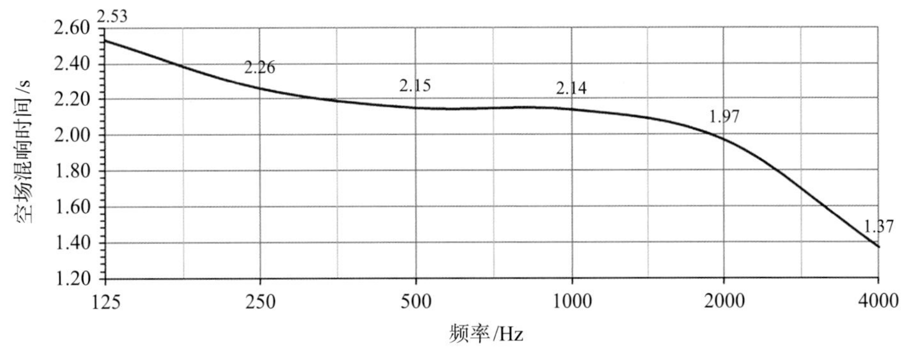

图4 音乐厅中心频率混响时间曲线图

4.4.3 戏剧厅声学设计指标

(1) 中频满场混响时间：RT=1.1s ± 0.1s；

(2) 强度指数：$G \geqslant 3$dB；

(3) 不均匀度：｜ΔLp｜max ≤ 4dB；

(4) 清晰度：$D_{50} \geqslant 0.4$；

(5) 本底噪声：空调通风系统正常开启时，厅内符合NR–25噪声评价曲线；

(6) 使用时观众厅内任何位置不得出现回声、颤动回声、声聚焦等声学缺陷。

空场测试结果如图5所示。

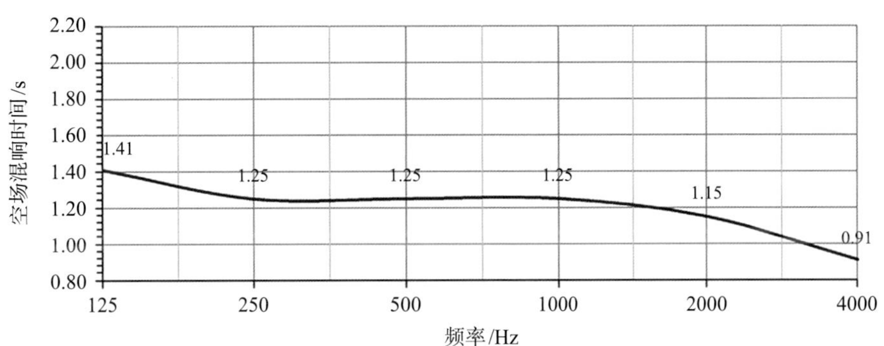

图5 戏剧厅中心频率混响时间曲线图

案例提供：谭泽斌，正高级工程师，中孚泰文化建筑股份有限公司。

滨州保利大剧院

建筑设计：北京市建筑设计研究院有限公司

声学设计：北京市建筑设计研究院有限公司声学室

项目规模：1.5万 m^2

项目地点：山东省滨州市

竣工日期：2017年

1 工程概况

滨州保利大剧院位于山东省滨州市黄河十一路渤海十六路，与市博物馆、市图书馆、市文化馆共同构成“三馆一院”项目，组成滨州市文化中心。滨州保利大剧院是一家集交响乐、歌剧、舞剧、话剧、儿童剧、音乐剧、戏曲、杂技等演出，会议、讲座、直播、现场活动录制、会展于一体的现代化程度较高的专业剧院，剧院秉承“高贵不贵、文化惠民”的经营理念，不断引进高品质演出，推出亲民票价，大力开展各项艺术普及和艺术体验活动，给滨州带来了一股文化新活力，已成为滨州城市文化的新名片，填补了滨州市高端文化艺术场所的空白（图1、图2）。

图1　滨州保利大剧院外景

2 声学设计

滨州保利大剧院声学设计由北京市建筑设计研究院有限公司声学室负责。

2.1 概述

大剧院观众厅有固定座位1348个，其中池座1012座、二层楼座336座，另外在乐池内可安

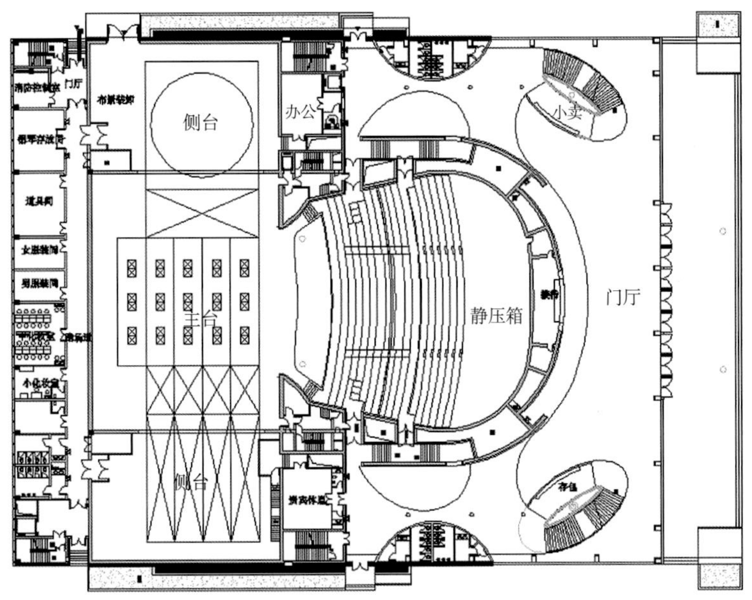

图2 滨州保利大剧院总平面图

装120个活动座位，观众厅的最大容量为1468座。观众厅的有效容积约11800m^3，安装舞台音乐罩后可增加到约12900m^3，只有固定座位时每座容积分别为8.7m^3（舞台上不安装音乐罩）和9.7m^3（舞台上安装音乐罩），包括活动座椅后每座容积分别为8.0m^3（舞台上不安装音乐罩）和8.8m^3（舞台上安装音乐罩）。其几何特征参数见表1，平、剖面图见图3和图4。

滨州保利大剧院几何特征参数 **表1**

观众厅最长/m	32
观众厅最宽/m	36
台口尺寸（宽 × 高）/m	18 × 10
主舞台尺寸（宽 × 深 × 高）/m	32 × 24 × 27
侧舞台尺寸（宽 × 深 × 高）/m	16 × 24 × 13.4

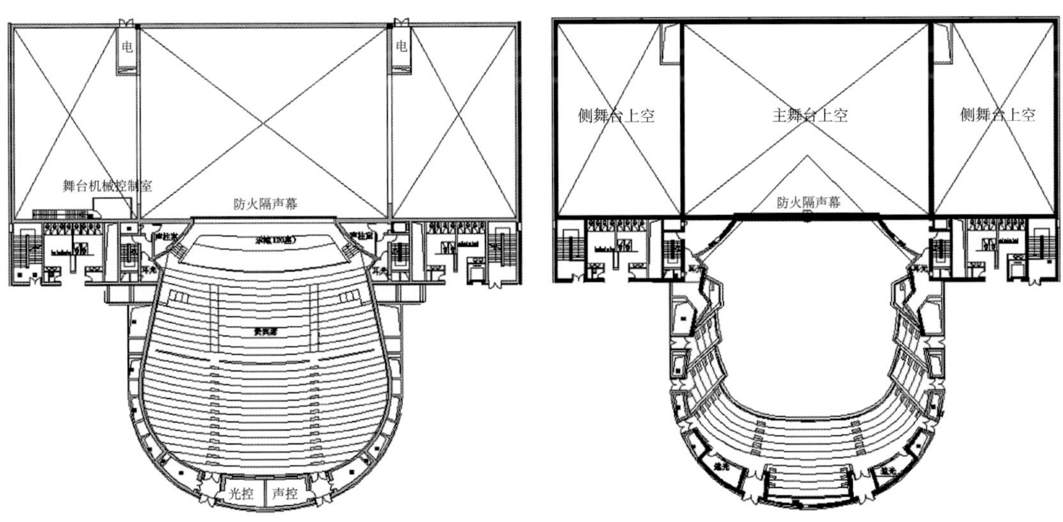

图3 滨州保利大剧院平面图

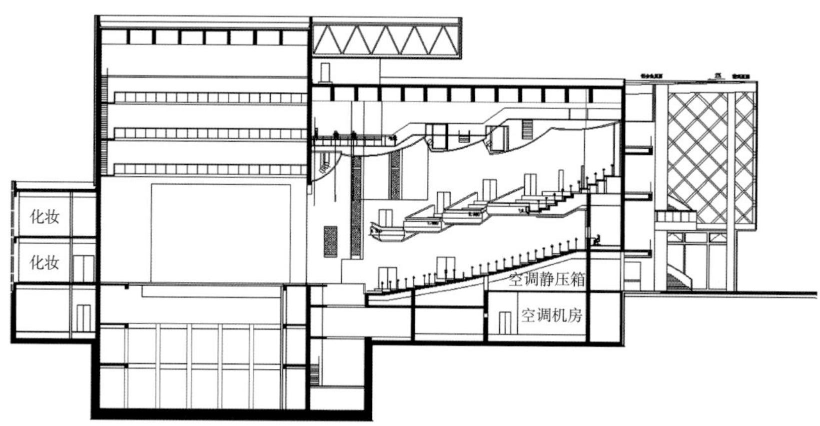

图4 滨州保利大剧院剖面图

2.2 反射声设计

（1）在台口两侧设置了凸弧形八字形墙面，该墙面能够为池座前部侧区及中部中区座席提供早期侧向反射声。

（2）在舞台上方音桥下部设置了声反射面，为观众厅池座中前区提供反射声。

（3）将观众厅吊顶设计成阶梯形弧形吊顶，可以为池座后区和楼座提供反射声。

（4）在舞台上设置活动舞台音乐罩，利用舞台音乐罩的侧板和顶板为观众席池座中前区提供早期反射声，弥补观众席池座前区中部早期反射声缺乏的缺陷。

2.3 扩散声设计

（1）观众厅内设置了多边形跌落包厢，在观众厅内形成大体量声扩散结构，有利于观众厅内扩散声场的形成。

（2）观众厅的吊顶采用阶梯形弧形反射板，不仅向整个观众席提供近次反射声，而且起到声扩散的作用，增加了声场的扩散度。

（3）观众厅的形状呈马蹄形，容易产生声聚焦等声学缺陷，因此在弧形后墙布置了吸声材料（图5）。

图5 滨州保利大剧院内景

2.4 声学测试结果

声学测试结果如表2所示。

混响时间 T_{60} 测量结果（单位：s） 表2

测量状态	倍频程中心频率					
	125Hz	250Hz	500Hz	1000Hz	2000Hz	4000Hz
无音乐罩	1.67	1.60	1.42	1.48	1.38	1.36
有音乐罩	1.82	1.64	1.56	1.63	1.53	1.51

案例提供：栗瀚，高级工程师，北京市建筑设计研究院有限公司声学室。

青岛凤凰之声大剧院

建筑设计：青岛西海岸新区城市规划设计研究院等
声学装修：中孚泰文化建筑股份有限公司
项目地点：山东省青岛市
声学材料提供：中孚泰文化建筑股份有限公司
项目规模：39025m²
竣工日期：2018年

1 工程概况

青岛凤凰之声大剧院位于青岛市西海岸新区金沙滩景区，自然环境堪与举世瞩目的悉尼歌剧院媲美。其外部造型美观、欣赏度极高，曲线线条复杂，外形似降落在金沙滩上的一只凤凰，故取名为“凤凰之声”。剧院内部拥有可容纳千人的歌剧院和一个容纳3000名观众的现代秀场。

歌剧厅分为主舞台、观众席及配套设施。其中，主舞台安装14m×9m电子屏幕、升降舞台、车台、灯杆、景杆、乐池，灯光音响采用国内一流的舞台机械声光电设备；观众席分为池座、楼座，上下两层共1057个；另外，歌剧厅设有化妆间、服装间、排练厅、背投室、钢琴室等完善设施，配套齐全，可满足古典音乐、歌舞剧、交响乐、民族乐、钢琴、舞蹈、各大会议等大型演出活动的举办要求（图1）。

图1　青岛凤凰之声大剧院外景

2 声学设计指标

根据剧院的功能定位，各项声学设计技术指标如下：

（1）中频满场混响时间为可调混响模式1.2～1.4s，RT=1.2s±0.1s（可调混响吸声模式），RT=1.4s±0.1s（可调混响反射模式）；设置音乐反射罩后：RT=1.6s±0.1s（可调混响反射模式）；厅内各频率混响时间及其比值见表1。

各频率混响时间及相对中频的比值　　表1

频率/Hz	125	250	500	1000	2000	4000
比值	1.0～1.3	1.0～1.15	1.0	1.0	0.9～1.0	0.8～1.0

（2）声场强度G：≥0dB。

（3）声场不均匀度ΔLp：≤6dB。

（4）清晰度D_{50}：≥0.4。

（5）使用时观众厅内任何位置不得出现回声、颤动回声、声聚焦等声学缺陷。

（6）空调系统正常运行状态下，厅内本底噪声不超过NR–25噪声评价曲线。

3 施工工艺

观众厅预制双曲GRG饰面、大跨度空间的钢结构安装，这些异形产品的制作从设计起就明确要严格按BIM模型完成，偏差控制在1mm以内。货到现场要求BIM技术人员通过模型信息同进场产品进行尺寸规格比对，对于合格品在模型上做好标识，不符合品拒绝接收。每一块的安装都需要根据BIM模型中四个点位的三维坐标点，运用全站仪测量控制，保证产品安装点位与模型点位一致，做到现场与模型信息一致，如果出现偏差，现场BIM技术人员采集数据，调整模型（图2）。

图2　凤凰之声剧院实景照片

4 工程亮点

在大剧院建筑中，大剧场是空间主体，可满足古典音乐、歌舞剧、交响乐、民族乐、钢琴、舞蹈、各大会议等大型演出活动的举办要求。因其演出的多元化，就需要有可调吸声装置根据演出类型的不同及需要来调节吸声系数，其后墙及后半部侧墙均安装可以根据演出需要来调节吸声系数的吸声装置（图3）。

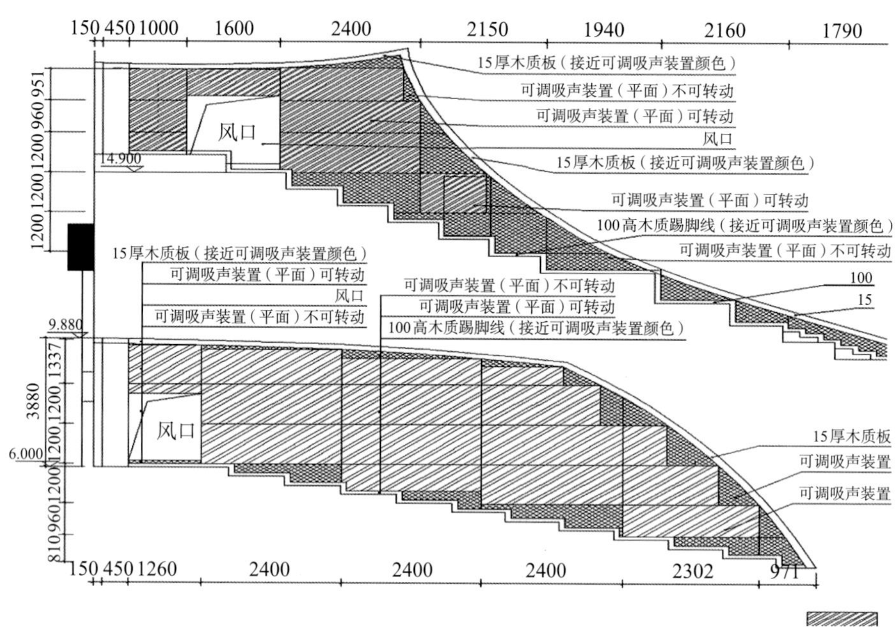

图3 墙面立面图

5 经验体会

5.1 声学、建筑形态与完成效果的结合

大剧院位于金沙滩啤酒城景区内，需满足各种演出类型，多变的建筑声学效果是工程成败的关键。因此，装饰施工配合其声学能否达到设计要求，是本工程的重中之重。该部分的装饰施工因两侧造型的大跨度、大悬挑，导致施工难度非常大，需要在安装过程中严格要求安装精度，以满足造型的声学指标的实现。同时使装饰艺术效果与声学功能达到完美的结合、高度统一是施工过程中的又一难点。

5.2 短时间内高强的工程施工中集成工程统筹协调

剧院项目本来就是各专业繁多且相互配合，工期短质量要求高的项目，需要在施工过程中，声、光、电、智能化、空调、消防、机电、幕墙、舞台机械、装饰及其他安装工程在很长一段时间内相互配合，高空立体交叉流水施工。有大量的沟通协调和各种专业技术问题摆在面前。因此，这也是施工管理中需考虑的重点，同时也是难点。

5.3 深化工作为重中之重

本工程造型奇特，牵涉安装单位的点位管线设备较多，在保证声学、装饰美学、国家规范的同时，达到设计师的设计效果，让观众为之一振。这就要求施工单位的深化设计师有着丰富的经验及知识储备，将设计师的设计理念与实际遇到的各种问题相融合，是本工程的一大重点工作。

5.4 满足各种演出要求

大剧院经常有各种文艺演出，需要满足不同的演出需要，这就要求剧场内的吸声要可调多变，否则不能完美地为演出提供声学效果，本项目应用可调混响技术来达到该目的，成为本项目的一大亮点（图4、图5）。

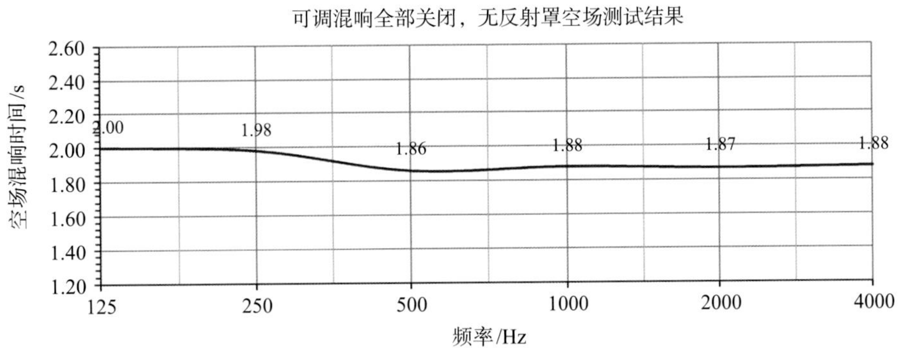

图4 大剧院中心频率混响时间曲线图1

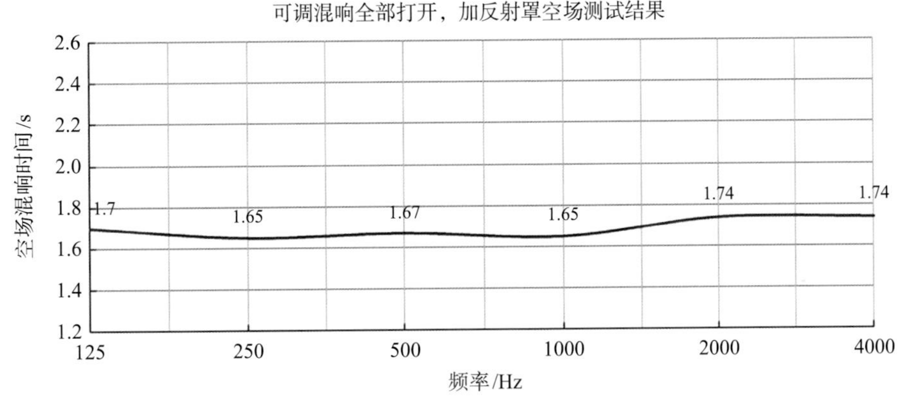

图5 大剧院中心频率混响时间曲线图2

案例提供：谭泽斌，正高级工程师，中孚泰文化建筑股份有限公司。

大厂回族自治县民族宫

建筑设计：华南理工大学建筑设计研究院
声学设计：北京市建筑设计研究院有限公司声学室
项目规模：3.5万m^2
竣工日期：2015年
舞台技术咨询：北京艺海智典工程咨询有限公司
项目地点：河北省廊坊市大厂回族自治县

1 工程概况

大厂回族自治县民族宫由被誉为“中国馆之父”的何镜堂院士设计，该建筑以传统的清真寺为原型，通过新的材料和技术，以微妙的方式来演绎清真寺的空间结构；四周环绕的拱券从下到上逐渐收分形成优雅的弧线。当整栋建筑倒映在水中，弧形的花瓣形拱券更显清晰灵动，散发出优雅的气质。建筑师并不是简单地复制伊斯兰的符号，而是一种抽象和转译（图1）。

图1 大厂回族自治县民族宫外景

大厂回族自治县民族宫不仅仅是一个娱乐中心，更重要的是当地宗教和历史的一个重要文化场所。该建筑主要由五部分组成，包括中央大会堂、电影宫、400座多功能厅、民族人文展览展示中心和经济发展展览展示中心（图2）。

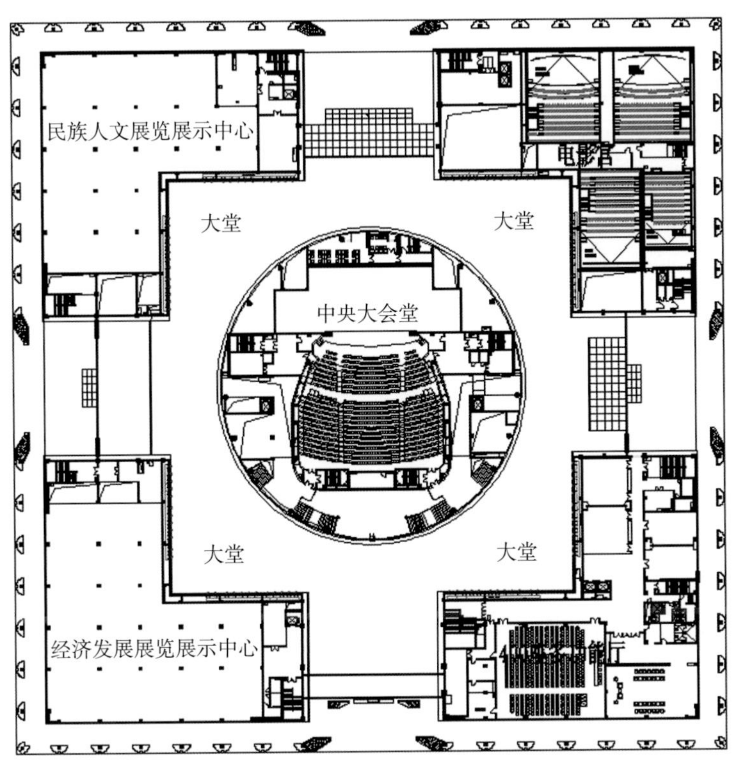

图2　大厂回族自治县民族宫总平面图

2　中央大会堂声学设计

2.1　中央大会堂概况

大厂回族自治县民族宫中央大会堂位于民族宫的中心位置，是整个民族宫中最主要的部分，会堂的功能包括歌舞、综艺节目、戏剧和会议等。观众厅最大容量1190座，其中池座870座、楼座320座。观众厅最大宽度约30m，后墙距大幕线（垂直距离）约27m，总内表面积约4600m^2，有效容积约9700m^3，每座容积8.2m^3，平均自由程约8.4m。

观众厅平面形状为钟形，共有二层观众席，两侧墙面为直线形，相互平行，顶棚的中前部有一个穹顶，中后部为阶梯式弧形吊顶（图3、图4）。

2.2　中央大会堂装修设计特点和声学设计的难点

大厂回族自治县民族宫具有伊斯兰风格，因此中央大会堂观众厅的装修风格就不可避免地采用一些伊斯兰文化的元素。最初，对观众厅提出了两个吊顶的方案，方案1为大多数剧场经常采用的双曲凸弧形吊顶，方案2为满足本建筑特色的带有穹顶的吊顶，详见图5。

从装修效果来看，方案2与整个建筑的风格更为协调，更能体现伊斯兰文化的特色，但对于声学设计来说，方案1比较稳妥，符合基本的声学原理，方案2中的穹顶容易产生声聚焦等声学

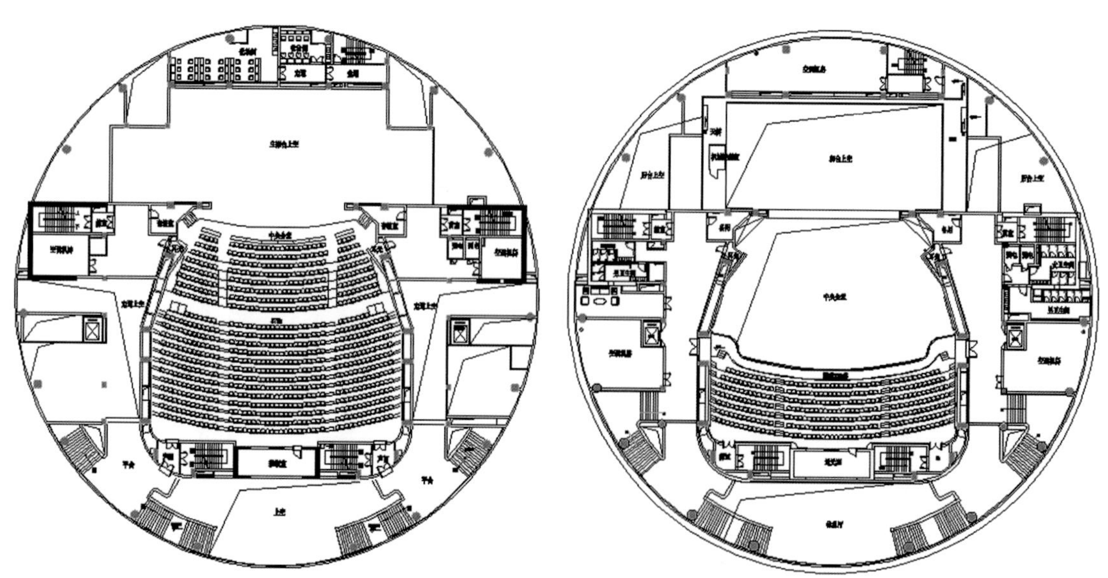

图3　大厂回族自治县民族宫中央大会堂平面图

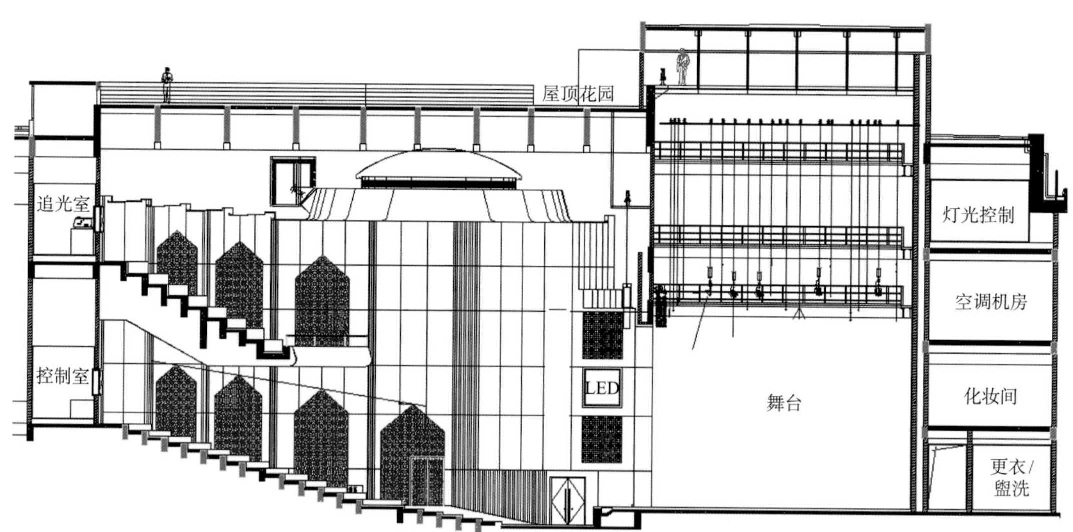

图4　大厂回族自治县民族宫中央大会堂剖面图

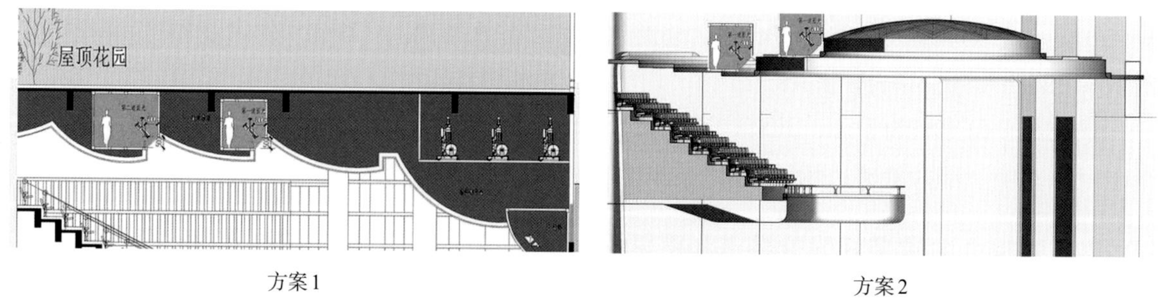

方案1　　方案2

图5　大厂回族自治县民族宫中央大会堂吊顶方案

缺陷，为本项目声学设计的难点。另外观众厅两侧的墙体相互平行，容易产生颤动回声，也是声学设计的难点之一。

2.3 中央大会堂声学设计

本项目由北京市建筑设计研究院声学室负责声学设计，声学设计人员为了更好地满足整个建筑在风格和文化上的一致性，同意采用方案2。为了避免声聚焦，要求穹顶的外饰面采用镂空刻花的GRG成型板，有很好的透声性能，穹顶的上方设置了强吸声材料。穹顶的形式与声学材料布置见图6。另外观众厅的侧墙结合装修形式布置一定的吸声材料，避免产生颤抖回声等声学缺陷。

图6　大厂回族自治县民族宫中央大会堂吊顶中穹顶的形式与声学材料的布置

为了保证声学效果，对观众厅进行了声学计算机模拟计算。模拟结果表明，混响时间、语言传输指数、回声评价标准和清晰度等指标均满足会议和文艺演出等使用功能的要求。详见图7。

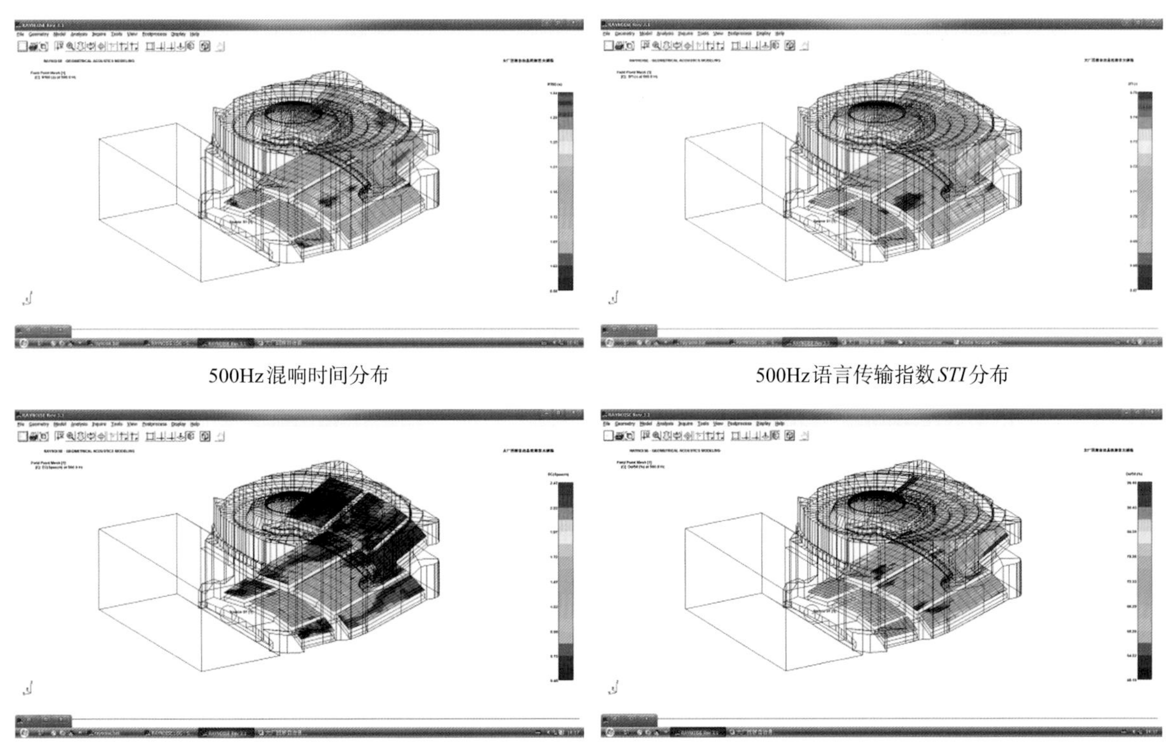

500Hz混响时间分布　　500Hz语言传输指数*STI*分布

500Hz回声评价标准*EC*分布　　500Hz清晰度*D*（Definition）分布

图7　中央大会堂计算机模拟计算结果

2.4 中央大会堂声学测试结果和装修效果

中央大会堂混响时间测量结果见表1，内景见图8。

混响时间 T_{60} 测量结果　　表1

频率	倍频程中心频率							
	63Hz	125Hz	250Hz	500Hz	1000Hz	2000Hz	4000Hz	8000Hz
混响时间/s	1.50	1.34	1.12	1.07	1.07	1.09	1.07	0.95

图8　中央大会堂内景

3 经验体会

在观演建筑中的视觉效果和听觉效果具有同样的重要性，如何使观演建筑既能满足对装修效果和风格的要求，又能达到良好的音质效果，尤其是当装修设计与声学原理有一定冲突时，使二者和谐统一，可以考验声学设计者的能力，本项目声学设计者比较完美地完成了这个任务。

案例提供：王峥，教授级高级工程师，北京市建筑设计研究院有限公司声学室。

上海音乐学院歌剧院

方案设计：法国包赞巴克事务所
声学顾问：法国徐氏声学　徐亚英
声学装修：中孚泰文化建筑股份有限公司
声学材料提供：中孚泰文化建筑股份有限公司
项目规模：31926m^2
项目地点：上海市
竣工日期：2019年

1　工程概况

上海音乐学院歌剧院坐落于上海音乐学院东北角、淮海中路和汾阳路的交界处，是一个音乐演出、音乐教育、音乐创作、国际交流的综合体。

歌剧院外形犹如一艘扬帆起航的领航船头，翘首引领。外部通过巨大的几何体的摆放和排列，使建筑充满了厚重的雕塑感。内部不同体块之间通过走廊及顶棚上的五彩色块流线联系起来，具有各种功能房间的集合楼体依然有很多公共和通透的空间，整体具有极好的采光和流动感。五彩色块的顶棚也塑造了空间的节奏感，给人以轻松、自由和愉悦感。

观众厅借鉴古典歌剧院的形式，呈马蹄形，所有楼座都略微向舞台倾斜，层层叠落金色木质感的楼座形成有韵律的雕塑序列，使更多观众可以看到乐队指挥和乐池，并更清楚地看到舞台。池座背后都设置了字幕屏，最多有八种语言可供选择。被誉为亚洲一流专业歌剧院（图1 ～图3）。

图1　歌剧院外景

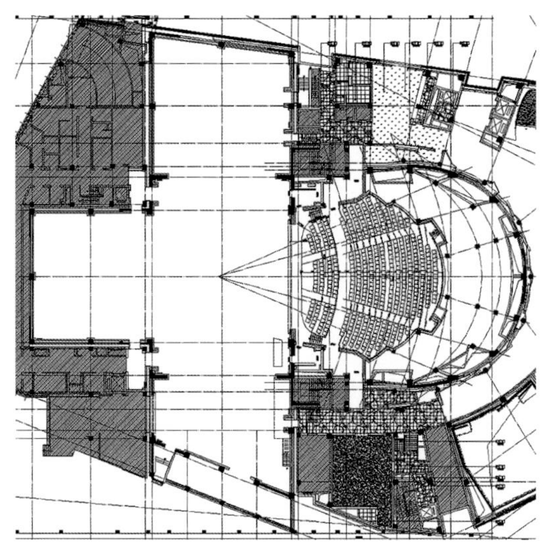
图2 歌剧院平面图

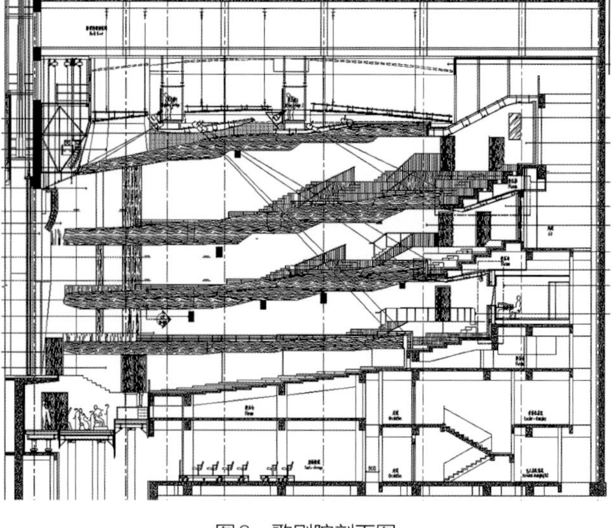
图3 歌剧院剖面图

2 技术创新

观众厅顶棚反声板采用可升降调节安装方式，侧墙吸声板采用可升降调节安装方式，调节观众厅容积及吸声面积，可满足不同声学要求混响时间的活动演出。

3 工程亮点

（1）观众厅侧墙符合实木穿孔板成品现场安装要求，保证观众厅装饰效果。

（2）排练厅采用房中房技术，地面采用浮筑地板，天、墙减振连接，保证控制隔绝地铁及室外噪声（图4～图6）。

图4 歌剧院实景照片1

图5 歌剧院实景照片2

图6 歌剧院实景照片3

4 声学指标

混响时间设计指标见表1。

混响时间设计指标（升降顶棚可变混响） 表1

不同演出种类	交响乐	浪漫派歌剧	经典歌剧	音乐剧/会议
RT为500Hz满场混响时间/s	1.9	1.6～1.7	1.3	1.2
明晰度C_{80}/dB	0.0～1.0	2.0～3.0	≥3.0	>5
强度指数G/dB	2.0～3.0	>1.0	>1.0	电声扩声
清晰度D_{50}	0.3～0.4	0.4～0.5	0.5～0.6	>0.66
侧向反射声系数LF	0.2～0.25	0.15～0.25	0.15～0.25	取决于喇叭布置
背景噪声	NR–20			NR–25

案例提供：谭泽斌，正高级工程师，中孚泰文化建筑股份有限公司。

邯郸市保利大剧院

建筑设计：北京市建筑设计研究院有限公司
声学设计：北京市建筑设计研究院有限公司声学室
项目规模：42947m^3
项目地点：河北省邯郸市
竣工日期：2011年

1　工程概况

邯郸市保利大剧院将古赵悠久的历史文化与现代化邯郸的城市风貌融为一体，大气磅礴。其独特的外形融合了中国青铜文化、邯郸磁州窑文化、和氏璧文化，犹如一块无瑕的美玉浮于城台之上，被邯郸市人民亲切地称为“城台上的美玉”，立意高雅深远，“动”“静”和谐统一（图1）。

图1　邯郸市保利大剧院外景

邯郸市保利大剧院主要由1550座大剧院、500座报告厅以及舞蹈排练厅和乐器排练厅等组成（图2）。

2　1550座大剧院声学设计

邯郸市保利大剧院建筑声学设计由北京市建筑设计研究院有限公司声学室负责，噪声控制由北京市劳动保护科学研究所负责。

2.1　大剧院概况

1550座大剧院是邯郸市保利大剧院最主要的部分，大剧院的功能包括歌剧、交响乐、歌舞、

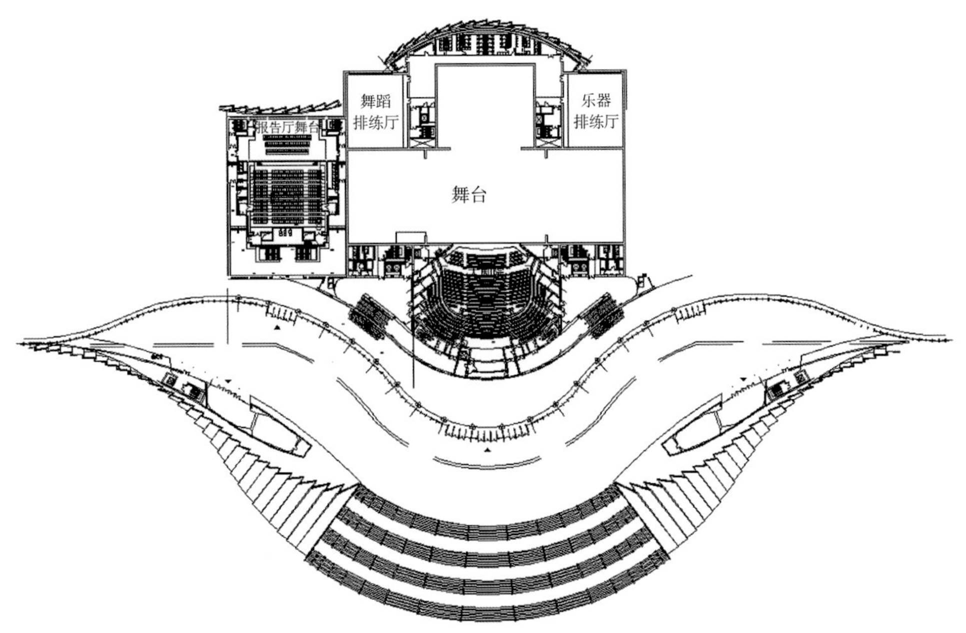

图2　邯郸市保利大剧院总平面图

综艺节目、戏剧和会议等（图3、图4）。观众厅最大容量1567座，其中池座358座、一层楼座422座、二层楼座257座、三层楼座408座，乐池内可容纳122个活动座。

观众厅最长约30m，最宽约33m，有效容积约11000m^3，加上舞台音乐罩后可增加到约12100m^3，相应的每座容积分别为7.0m^3（包括乐池内活动座椅）和8.4m^3（不包括乐池内活动座椅）。

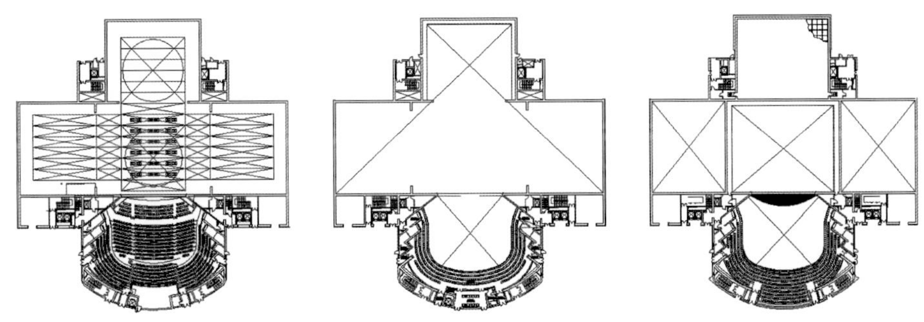

图3　邯郸市保利大剧院1550座大剧院平面图

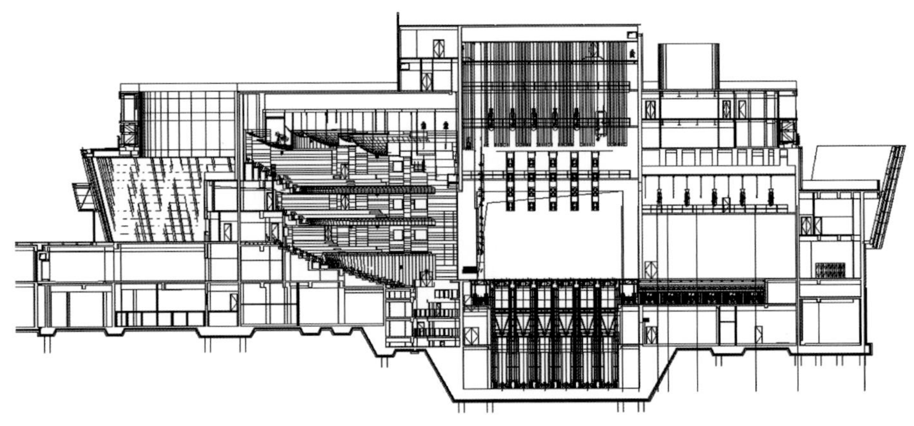

图4　邯郸市保利大剧院1550座大剧院剖面图

2.2 1550座大剧院装修设计特点和声学设计的难点

观众厅的体形设计为扇形，视觉形象新颖独特，有一定的突破和创新。从声学角度分析，扇形平面有利于缩短舞台与观众席的距离，也就是说可以缩短直达声的声程，增强直达声的强度。观众厅侧墙为锯齿形，从大的形式看，有利于声音的扩散，尤其是低频的扩散，并消除了观众厅侧墙产生颤动回声的隐患。

观众厅中前区缺乏早期反射声是一般多功能剧场声学设计的难点，为了解决这个问题，采取了如下几项措施：

（1）由于观众厅的体形为扇形，宽度较大，为此将一层观众席分为两个区域，即池座区域和一层楼座区域，两个区域之间用弧形墙体隔开，使得每个区域的宽度降低，缩短了每个观众座位距反射墙体的距离，可以有效地增加观众席早期反射声的强度和数量，对改善观众席的音质有较明显的作用。

（2）在舞台上设置舞台音乐罩，使得在进行自然声演出时声音可以通过舞台反射罩的侧板和顶板为池座中前区提供早期反射声。

（3）由于剧场观众厅前部侧墙的形式和角度不利于早期侧向反射声，装修时在墙体表面设置阶梯形扩散体，以改善该墙面的反射特性。

（4）为了进一步增强观众席的早期反射声，在台口外设置活动安装的反射板，在进行自然声音乐演出时安装，在进行电声为主的演出时拆除。为此在台口外吊顶预留单吊点。

为了保证声学效果，对观众厅进行了声学计算机模拟计算，详见图5。建立缩尺模型对大厅进行了声学测试，详见图6。

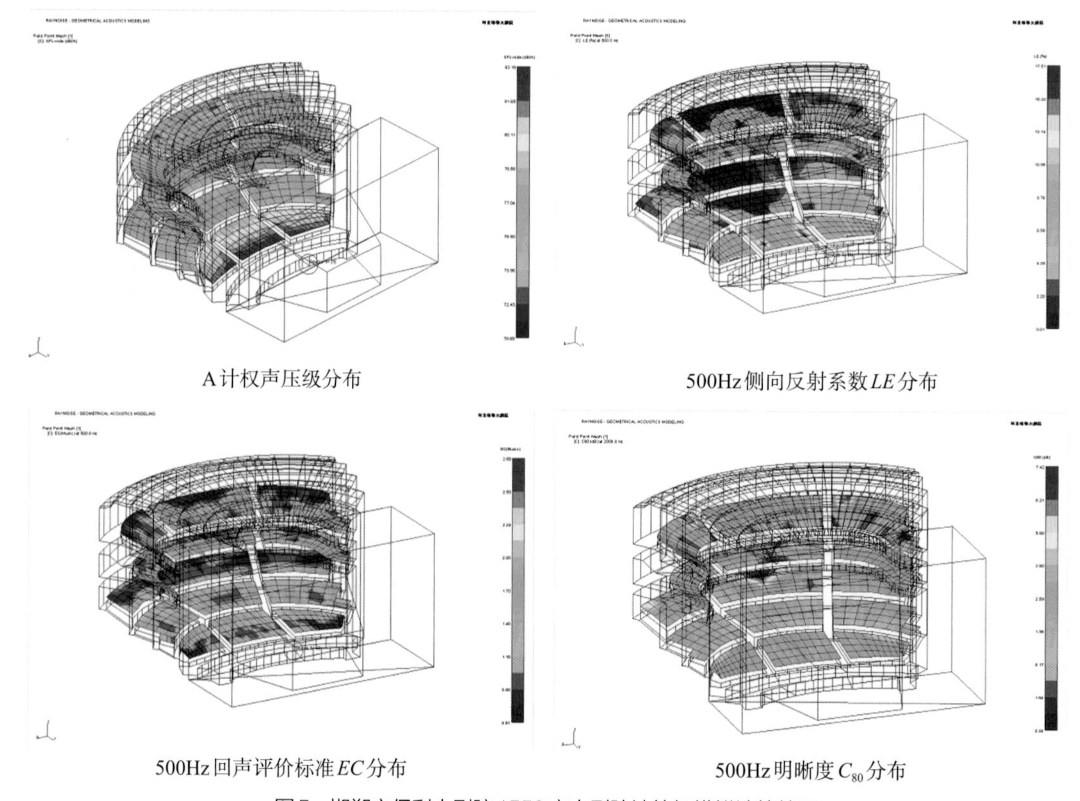

A计权声压级分布　　500Hz侧向反射系数*LE*分布

500Hz回声评价标准*EC*分布　　500Hz明晰度C_{80}分布

图5　邯郸市保利大剧院1550座大剧院计算机模拟计算结果

图6 邯郸市保利大剧院1550座大剧院声学缩尺模型

2.3 1550座大剧院声学测试结果和装修效果

大剧院混响时间测量结果见表1，内景见图7。

混响时间 T_{60} 测量结果（单位：s） 表1

测量状态	倍频程中心频率							
	63Hz	125Hz	250Hz	500Hz	1000Hz	2000Hz	4000Hz	8000Hz
无音乐罩	1.56	1.58	1.50	1.41	1.46	1.36	1.24	1.15
有音乐罩	1.87	1.69	1.74	1.75	1.71	1.43	1.35	1.27

图7 1550座大剧院内景

实测结果证明，未安装音乐罩时满场混响时间满足歌舞剧演出功能的声学设计指标要求；安装音乐罩后满场混响时间满足音乐演出功能的声学设计指标要求。通过模拟计算和现场实测表明，通过一系列的体形与装修设计，观众厅声场均匀度较好，观众席具有丰富的早期反射声。

案例提供：武舒韵，高级工程师，北京市建筑设计研究院有限公司声学室。

晋江市第二体育中心

建筑设计：北京市建筑设计研究院有限公司　　声学设计：北京市建筑设计研究院有限公司声学室

项目规模：6.4万m^2　　项目地点：福建省晋江市陈埭镇

竣工日期：2020年

1 工程概况

晋江市第二体育中心，坐落于晋江市陈埭镇，建筑面积6.4万m^2，是2020年第18届世界中学生运动会的主场馆。体育中心主要由体育馆、游泳馆和训练馆组成（图1、图2）。

体育馆作为第18届世界中学生运动会开/闭幕式场馆，建筑面积6.4万m^2，最多可容纳1.5万名观众，满足NBA标准篮球赛事，可承办排球、羽毛球、乒乓球、体操等国际单项职业赛事，兼具文艺表演、集会、展览等多功能用途。

图1　体育馆外景

图2　游泳馆外景

游泳馆作为第18届世界中学生运动会部分水上项目赛事场馆，主要包括跳水池、比赛池、热身池、戏水池及陆上训练区，建筑面积2.7万m^2，最多可容纳2000名观众，可承办游泳、花样游泳、跳水、水球等国际单项比赛，赛后可开放供大众健身使用。

训练馆建筑面积4.5万m^2，可提供篮球、排球、羽毛球等赛事标准场地，可以满足运动员比赛期间训练需要，赛后可开放供大众健身使用（图3、图4）。

图3　训练馆外景

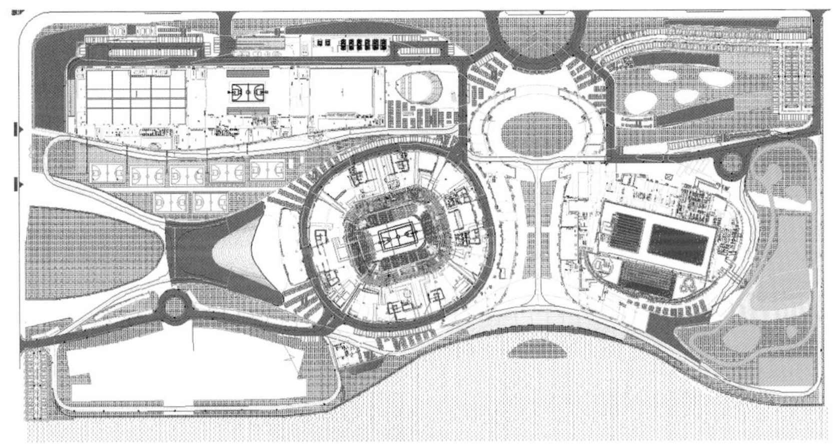

图4　体育中心总平面图

2　晋江市第二体育中心声学设计

晋江市第二体育中心声学设计由北京市建筑设计研究院有限公司声学室负责。

2.1 概述

体育馆比赛场地平面呈矩形，观众席为环绕布置，比赛大厅总长度约124m，总宽度约107m；比赛场地未布置活动座椅时长约73m，宽约54m，屋顶为拱形，比赛场距屋顶最高处的高度约41m，距网架下弦的高度约32m。比赛大厅有效容积约33.56万m^3，容纳约1.5万名观众（包括活动座席），每座容积为25.7m^3（图5、图6）。

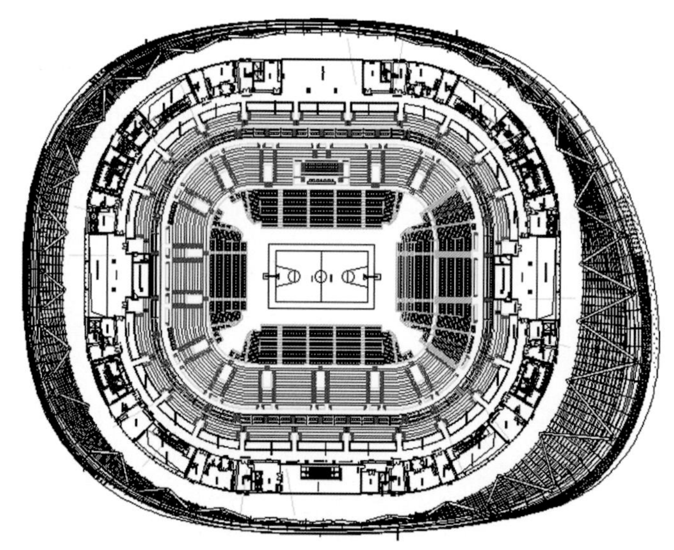

图5 体育馆平面图

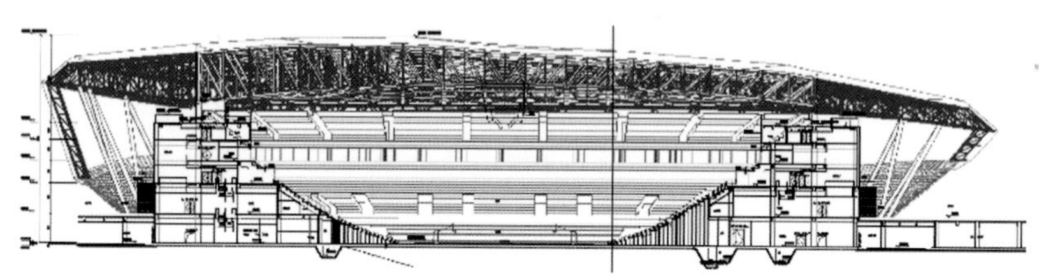

图6 体育馆剖面图

游泳馆平面呈矩形，观众席布置在场地两侧，比赛大厅总长度约109m，宽约69m；比赛场长约109m，宽约46m，比赛场地内布置了一个标准游泳池和一个跳水池。游泳馆的屋顶为拱形，比赛场距屋顶最高处的高度约13m，有效容积约为9.25万m^3，容纳约1750名观众，每座容积为53m^3（图7、图8）。

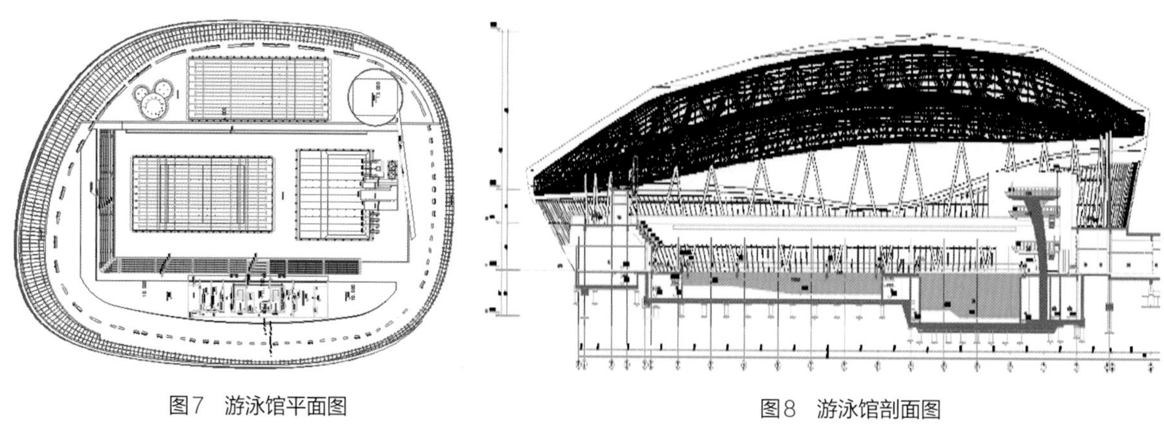

图7 游泳馆平面图　　图8 游泳馆剖面图

1号训练馆长60m，宽42m，平均高度约16m，有效容积约3.85万m^3，容纳约1500名观众，每座容积约25m^3。1号训练馆主要用于文艺演出和体育比赛，座位可以灵活布置（图9、图10）。

2.2 设计方案

根据体育馆、游泳馆和训练馆设计的总体要求（装修效果、吸声性能和投资限额等）选择和

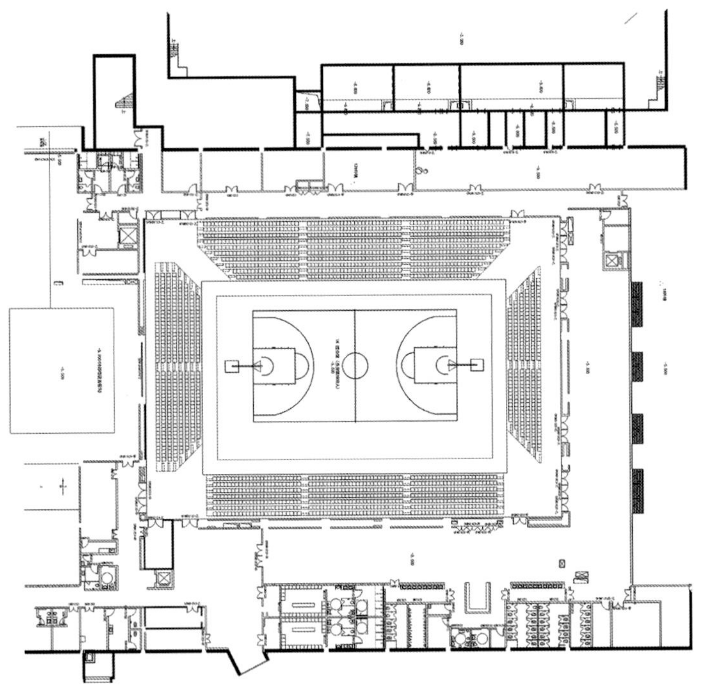

图9　1号训练馆平面图

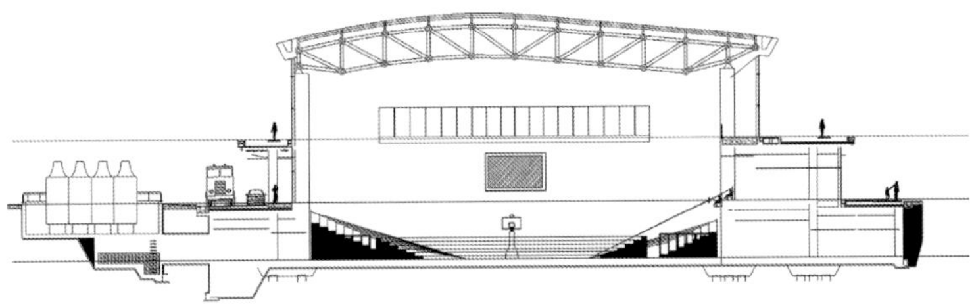

图10　1号训练馆剖面图

配置吸声结构，所用吸声材料（或结构）在满足吸声要求的同时，应具有良好的装修效果，符合防火、耐久、环保、轻质、价廉和便于施工等要求。各个馆顶部的吸声结构应结合屋顶的隔声要求，设计复合结构，实现加强围护结构的隔声性能，同时满足吸声要求。用于控制混响时间的吸声材料（或结构）应同时兼顾消除音质缺陷和降低馆内的噪声。由于游泳馆内为高潮湿环境，所用吸声材料（或结构）还必须具有防潮防腐、吸水性小、吸声性能受湿度影响小等性能（图11～图13）。

图11　体育馆内景

图12　游泳馆内景

图13　1号训练馆内景

2.3 声学指标

声学指标如表1所示。

声学指标　　表1

场馆	满场中频混响时间 T_{60}/s	背景噪声限制
体育馆	≤2.0	≤*NR*–35
游泳馆	≤2.5	≤*NR*–40
1号训练馆	≤1.8	≤*NR*–35

2.4 声学测试结果

声学测试结果如表2所示。

混响时间 T_{60} 测量结果（单位：s）　　表2

测量状态	倍频程中心频率					
	125Hz	250Hz	500Hz	1000Hz	2000Hz	4000Hz
体育馆	1.9	1.9	1.7	1.7	1.8	1.8
游泳馆	2.5	2.4	2.2	2.3	2.3	2.2
1号训练馆	1.8	1.9	1.7	1.6	1.7	1.9

案例提供：栗瀚，高级工程师，北京市建筑设计研究院有限公司声学室。

珠海华发中演大剧院（十字门国际会议中心）

方案设计：香港罗曼庄马
建筑设计：广州珠江外资建筑设计院有限公司
项目地点：广东省珠海市十字门中央商务区
项目规模：70282m^2
声学设计：德国MBBM声学设计公司
声学设计（中方）：北京市建筑设计研究院有限公司声学室
竣工日期：2014年

1 工程概况

珠海华发中演大剧院原称珠海十字门国际会议中心，作为珠海十字门中央商务区会展商务组团一期的组成部分，位于该组团用地的东南部，面向大海，北面、西面、南面分别与商业零售、国际展览中心及标志性塔楼相邻（图1）。

图1 珠海华发中演大剧院外景

国际会议中心兼具歌剧表演、综合文艺演出、室内交响乐演出、大型会议等功能，主要由一个1200座的大剧场、一个800座的音乐厅、一个2000人的会议中心和多个多功能会议室组成（图2）。

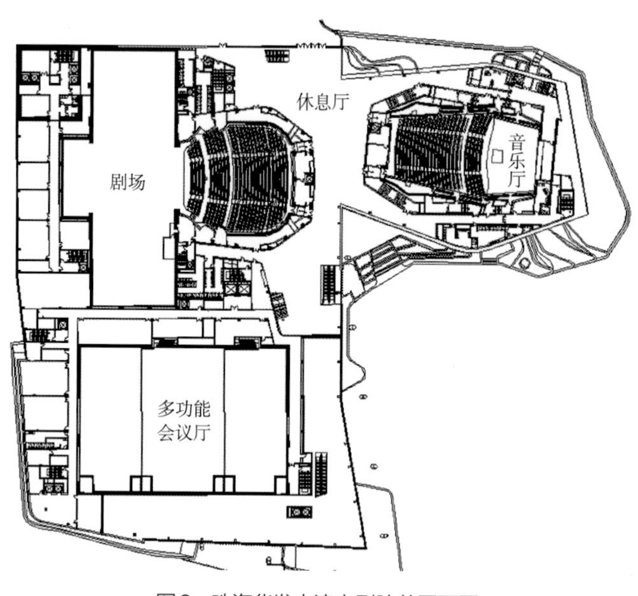

图2　珠海华发中演大剧院总平面图

2　音乐厅声学设计

2.1　概述

音乐厅形状为传统的鞋盒形，最长38.8m，最宽22.5m，最高11.6m，体积约为11000m^3，观众席约为850个，若考虑100个演奏员，每座容积约为11.5m^3（图3、图4）。

2.2　音乐厅的声学设计

音乐厅从体形到装修均采用了欧洲古典音乐厅的形式，内部装饰金碧辉煌。观众厅呈鞋盒

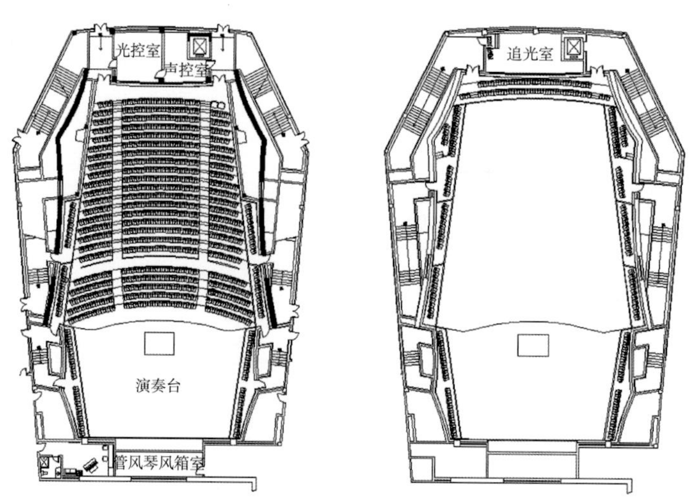

图3　珠海华发中演大剧院音乐厅平面图

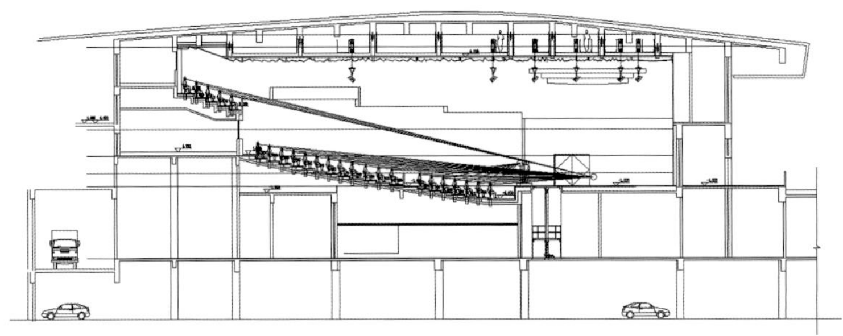

图4　珠海华发中演大剧院音乐厅剖面图

形，宽度较窄，后部收缩，有利于观众席获得更多的侧向反射声。观众厅两侧布置了包厢，墙壁和吊顶均布满了尺度很大的雕刻，顶部悬挂了大型吊灯，这些都非常有利于声音的扩散（图5）。

图5　珠海华发中演大剧院音乐厅内景

3　剧院声学设计

3.1 概述

剧院观众厅体形为钟形，最宽约28m，最长约31m，有一层楼座，体积约9000m^3，固定座椅约1100个，加上乐池可以布置的活动座椅，总共可以容纳1200名观众，每座容积约为8.1m^3（图6、图7）。

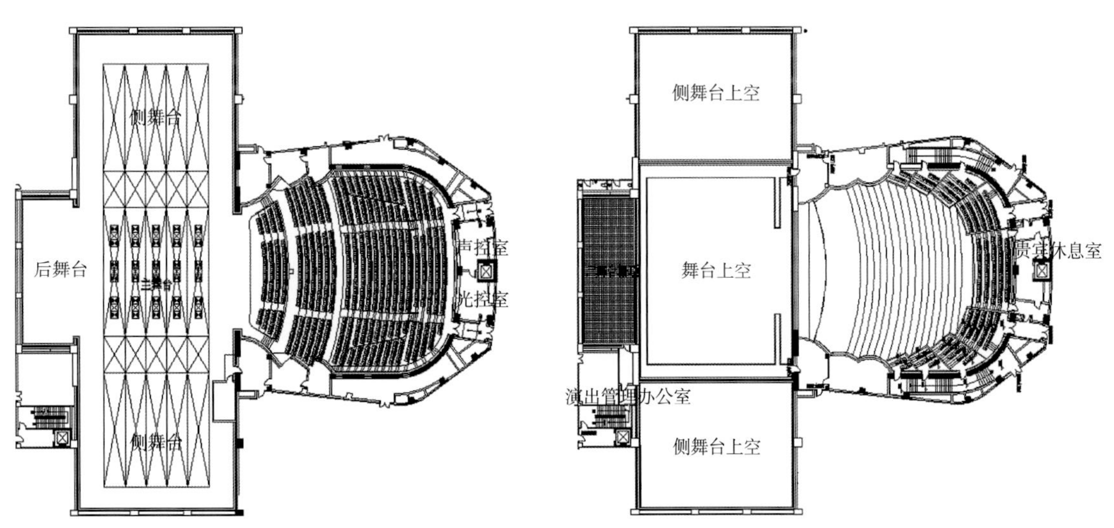

图6　珠海华发中演大剧院剧院平面图

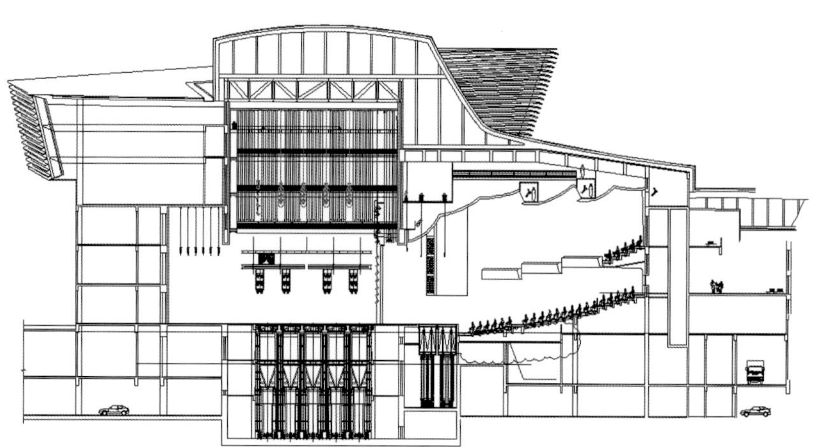

图7　珠海华发中演大剧院剧院剖面图

3.2 剧院的声学设计

剧院台口两侧的八字墙采用木质声反射材料饰面，有利于为观众席中前区提供早期反射声。在观众席池座后部两侧区域抬起，并设置了栏板，有利于观众席中后区提供侧向反射声。二层楼座设计跌落式，有利于声音的扩散（图8）。

图8　珠海华发中演大剧院剧院内景

案例提供：王峥，教授级高级工程师，北京市建筑设计研究院有限公司声学室。

甘肃大剧院

方案设计：华建集团上海建筑设计研究院有限公司
建筑设计：甘肃省建筑设计研究院有限公司
项目规模：3.3万m^2
竣工日期：2011年
声学顾问：华东建筑设计研究院声学所
声学装修：中孚泰文化建筑股份有限公司
项目地点：甘肃省兰州市

1 工程概述

甘肃会展中心建筑群项目，位于兰州市城关区盐场堡中心滩中段。北侧为北滨河路，东西两侧为市政规划路，南临黄河。投资方为甘肃省电力投资集团公司，占地面积12.96万m^2，总建筑面积17.7万m^2，概算总投资15.24亿元。其中，最耀眼的当属甘肃大剧院兼会议中心。这个“观演兼会议合二为一”的建筑，总建筑面积3.3万m^2，概算投资约3.1亿元，地上4层、地下3层，建筑高度32m。这里有1500座的剧场兼会堂，此外，作为省市政府人大、政协的固定会址，这里还包括1个300座的剧院式报告厅，200座的会议厅，120座的圆形国际会议厅，9个70座的中型会议厅和6个50座的小型会议厅，以及新闻发布厅、贵宾休息厅、会见厅等设施，可同时容纳3000人参加会议或观看演出（图1）。

图1　大剧院竣工后的照片

2 大剧院的功能及建筑概况

（1）使用功能。主要用于舞台剧、歌舞剧、戏剧等演出，并兼顾会议功能。

（2）容座。观众厅容座为1500座，属大型剧场，其中池座1132座、二层楼座368座（其中侧包厢46座）（图2、图3）。

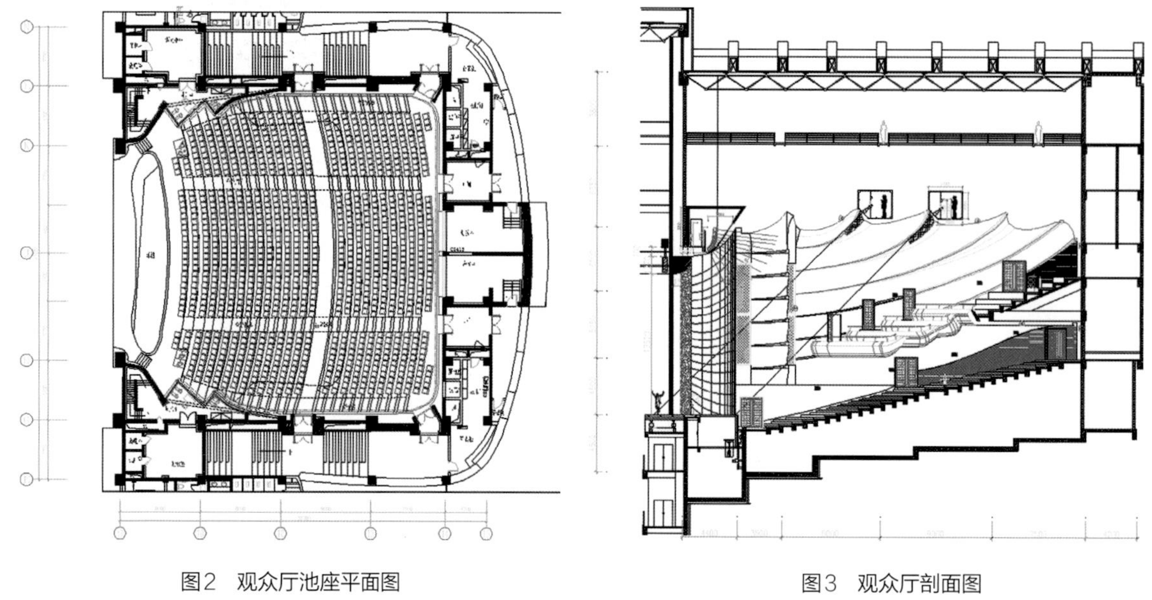

图2　观众厅池座平面图　　　　图3　观众厅剖面图

3　大剧院主要建声设计技术指标

（1）中频满场混响时间：RT=1.4s ± 0.1s。

（2）本底噪声：NR–30（建议该剧院可按照甲等剧院，将本底噪声定为NR–25）。

4　剧场观众厅表面装修用材的声学设计要求

根据剧院观众厅的音质计算，在观众厅的声学装修设计中，中高频吸声材料主要依靠观众厅的座椅和走道上的薄地毯，而低频吸声则主要借助大吊顶、挑台吊顶及侧墙面和后墙面等处不同材质及厚度的板共振所起的吸声作用，各界面所用材料如下：

（1）观众厅内地坪及走道。观众厅内地坪采用新型软木地板面层，龙骨间隙用陶粒填实，以避免地板共振吸收低频，同时可以起到保温和降低脚步走动噪声的作用。

（2）池座及楼座后墙面。观众厅内后墙除门及观察窗外，考虑做声扩散处理。这样既可以合理控制观众厅的混响时间，又可以避免产生回声等音质缺陷。音控室的观察窗可以开启，使调音师能直接听到观众厅内的声场情况。后墙做可升降的风琴式吸声帘幕，表面做木格栅装饰处理。

（3）侧墙面。侧墙面均做硬的反射面，采用GRG板，面密度≥40kg/m^2，以避免对低频声能的吸收。声学要求：首先空腔应尽可能小，约30mm；其次，龙骨间距宜控制在200～400mm之间，且大小不等，随机排列，以避免固定间距对某一固定频率吸收太多。

（4）观众厅吊顶。首先观众厅的吊顶应是一个封闭面，避免产生耦合效应。吊顶在建声上会起到重要的前次反射声作用，采用GRG板（面密度≥40kg/m^2）吊顶。

（5）挑台栏板。挑台栏板是厅内容易在前区造成回声的部位。本剧场的挑台栏板结合表面装饰做扩散造型，在扩散声波的同时不产生回声。具体声学构造做法同侧墙，装修层的面密度≥40kg/m^2。

（6）舞台墙面的声学要求。由于舞台包括主舞台、侧舞台和后舞台，空间比较大，大大超过了剧场观众厅体积。为避免舞台空间与观众厅空间之间因耦合空间而产生的不利影响，舞台空间内的混响时间应基本接近观众厅的混响时间。声学设计在舞台一层天桥（标高为11.5000m）以下墙面做吸声处理。做法为：25厚木丝吸声板+75系列轻钢龙骨（空腔）+原有粉刷墙体。

（7）声闸的声学要求。为防止走廊的噪声通过门传入观众厅，因此出入观众厅的门，均需采用双道隔声门以形成声闸，声闸的整体隔声量要求≥50dB。声闸内墙面和吊顶均需做吸声处理，墙面吸声做法为：50系列轻钢龙骨（内填50厚48kg/m³离心玻璃棉）+18厚木条纹吸声板。声闸内吊顶采用矿棉吸声板或穿孔铝板吸声板（铝板穿孔率为20%，板后贴SoundTex吸声无纺布）。

所有隔声门周边应采用高质量的密封，尤其隔声门的中间接缝处以及底部与地面接缝处，底部应采用底框可自动升降的接缝处理（隔声门关闭时底框自动升起，和门的下缘密封好；隔声门开启时底框自动下降，和地面平齐）。

声闸的内部门（靠近观众厅）：隔声量应≥30dB，厚度≥50mm，没有金属锁件，只有推拉把手，这样可以保证进出观众厅时不产生太大响声。声闸的外部门：采用防火隔声门，隔声量应≥35dB，厚度≥40mm，可采用金属锁件。

（8）观众席座椅的要求。选择观众厅座椅时，在考虑装饰及舒适性的同时也应重视座椅本身的声学性能，因为座椅的吸声量占整个观众厅总吸声量的比例最大（通常占1/2～2/3），对观众厅内的混响时间指标起到决定性影响。

（9）乐池的声学要求。乐池的声学要求是将音乐清晰而无畸变地投向大厅，平衡和融洽好，没有音色失真。乐池内缩进部分声压级会过响，不仅对乐师的听力有损害，而且会产生干扰，使乐师听不到台上歌唱者的声音而难以沟通。因此在缩进部分做一些吸声处理，部位可在两侧墙和部分后墙，简单做法为1/3～1/2墙面面积做25厚织物软包定型吸声板实贴。

5 建声测试结果

5.1 主要建声测试结果和本底噪声测试结果

主要建声测试结果和本底噪声测试结果见表1、表2、图4。

主要建声测试结果 表1

声学测试参量	倍频程中心频率					
	125Hz	250Hz	500Hz	1000Hz	2000Hz	4000Hz
混响时间T_{30}/s	1.61	1.29	1.34	1.35	1.32	1.18
早期衰减时间EDT/s	1.60	1.29	1.30	1.31	1.35	1.16
明晰度C_{80}/dB	0.08	2.06	2.86	2.55	2.32	2.98
清晰度D_{50}	0.31	0.48	0.54	0.50	0.49	0.52
声场力度G/dB	−1.08	−1.76	0.06	−1.13	−0.70	−1.08
侧向反射系数LF	0.12	0.21	0.24	0.25	0.30	0.36

5.2 主要建声测试结果分析

（1）混响时间是剧院建声设计中最重要的音质评价指标。由于空场测量时，观众厅后墙的吸声帘幕无法全部收起，只收起约2/3面积，且座椅吸声性能较好（表3），因此满场混响时间和空

本底噪声测试结果 表2

频率	倍频程中心频率							计权声级/dB	
	63Hz	125Hz	250Hz	500Hz	1000Hz	2000Hz	4000Hz	A声级	C声级
测量值	47	37	29	27	22	17	15	30	52
NR–25	55	43	35	29	25	21	17	37	—

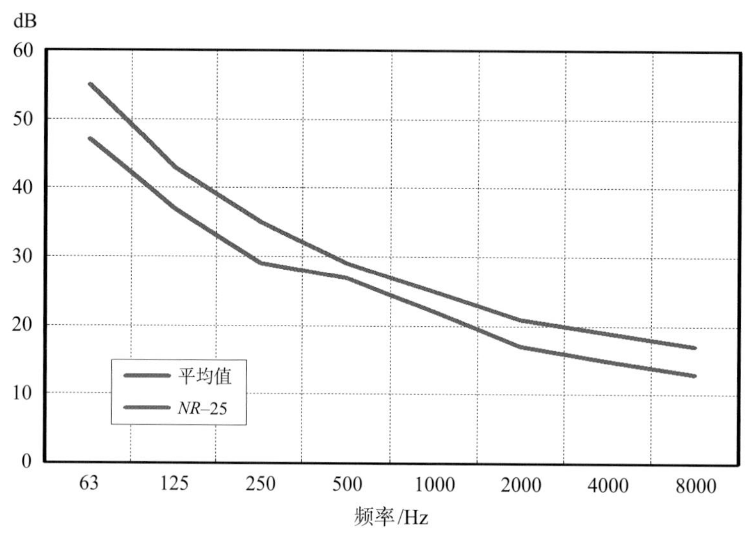

图4 本底噪声频率曲线图

场混响时间会比较接近。混响特性曲线的低频有一定提升，低音比*BR*值达1.08中高频基本平直特性，完全符合剧场声学设计规范和声学设计预期要求。

实际选用单个座椅吸声量测试结果 表3

频率/Hz	125	250	500	1000	2000	4000
单个座椅吸声量/dB	0.33	0.53	0.56	0.57	0.64	0.70

（2）实测D_{50}参数主要用于评价观众厅内的语言清晰度，测得大剧场观众厅内中高频（500～4000Hz）平均D_{50}值达到0.51，表明观众厅内有足够的清晰度，达到设计预期要求。

（3）剧场明晰度指标C_{80}(3)平均值为2.57dB，符合设计要求，表明本剧场有一定的音乐透明度，在音乐演出条件下也有一定的丰满度。如将后墙吸声帘幕全部收起，舞台上若设置声反射罩，则会达到更好的音乐演出效果。

（4）剧场中频（500、1000Hz）声场力度G_{mid}的平均值为–0.5，符合设计要求，表明本剧场在自然声演出的条件下，声场力度也能满足演出要求。

（5）本次现场测量利用先进的可调指向性测试话筒对观众厅进行了侧向反射声系数*LF*值的测量，结果表明全频*LF*值达0.12～0.36，中频平均达0.25，表明侧墙面起到了良好的侧向扩散反射作用；丰富的侧向反射声能加强观众欣赏音乐时的空间感和环绕感，表明本剧场观众厅的平剖面体形设计也是非常成功的。

（6）剧场观众厅内池座和楼座共38个测点，各频率的建声平均声场不均匀度≤±3.2dB，优于通常要求的±4dB。接近设计预期的±3dB，表明厅内声场不均匀度良好，也表明观众厅平剖面体形设计及室内装修的优化扩散处理均达到预期效果。

（7）剧场观众厅内空调开启时实测本底噪声为30dB。完全符合噪声*NR*–25设计曲线标准，甚至已接近符合*NR*–20曲线，表明大剧场建筑隔声和空调系统的消声设计均达到很好的效果。

（8）通过对大剧场的建声测量和分析，总体表明本剧场观众厅内混响时间适当，混响特性良好，声场分布均匀，厅内十分安静，有足够的清晰度、明晰度和一定声场力度，表明建声设计达到了预期的音质要求，总体音质效果达到国内外同类剧场的先进水平。

案例提供：杨志刚，教授级高级工程师，华东建筑设计研究院有限公司。

国家网球中心扩声系统升级改造

建筑设计：中国建筑设计研究院
声学设计：北京市建筑设计研究院有限公司声学室
项目规模：76514m^2
竣工日期：2021年
改造方案设计：北京市建筑设计研究院有限公司
音频系统提供：深圳易科声光科技股份有限公司
项目地点：北京市

1 工程概况

国家网球中心是为北京2008奥运会兴建的专业网球场馆，是世界顶级网球场馆之一。国家网球中心位于北京奥林匹克公园内，北邻北五环路，东邻奥林西路，西邻林萃路。占地面积16.68hm^2；总建筑面积26514m^2，共设置17块比赛场地。各场馆扩声系统已投入使用10年以上，系统陈旧，设备老化，听感下降严重，使用便利度低，亟须升级改造（图1）。

图1 国家网球中心全景

2 国家网球中心扩声系统改造设计

国家网球中心扩声系统改造设计由北京市建筑设计研究院有限公司声学室负责。由深圳易科声光科技股份有限公司提供ezCloud管理平台和自主品牌ezAcoustic扬声器并现场调试，参与改造升级的范围包括钻石球场（馆）、中心球场（莲花）、映月球场、布拉德球场、C1～C8外围球场的扩声系统。

2.1 概述

钻石球场（馆），即中国网球公开赛（CHINA OPEN）中央球场，位于北京市国家网球中心，于2011年投入使用，建筑面积超5万m^2，固定座位13520个，可容纳1.5万名观众（图2）。

图2　钻石球场（馆）改造后扬声器吊装情况

莲花球场，位于国家网球中心，在2008年北京奥运会期间，以及中国网球公开赛期间被用作比赛球场。作为比赛场地之一，其规模和重要程度仅次于钻石球场，可容纳1万名观众（图3）。

映月球场，位于莲花球场的北侧，依偎着一朵精巧的小花，与莲花球场交相辉映，圆形的映月球场共有近4000个座席，自奥运会起曾上演了多场精彩演出（图4）。

图3　莲花球场改造后扬声器吊装情况

图4　映月球场改造后扬声器吊装情况

布拉德球场，位于钻石球场北侧，可容纳1732个座席（图5）。

C1～C8外围场地共8块场地，每块场地可容纳200名观众进行观赛，总共可容纳1600人（图6）。

图5 布拉德球场改造后扬声器吊装情况

图6 C1～C8外围场地

2.2 设计方案

2.2.1 钻石球场（馆）

固定扩声系统将体育场（馆）分为五大区域——东西南北观众席区域以及场地区域。由于球场顶棚采用可开合设计，球场内的混响会根据顶棚的开合发生变化，因此为提高扩声区域直达声比例，系统采用分布式扩声方案进行扩声，场地内布置12组点声源扬声器组进行覆盖。东西南北各配置3组扬声器组，每组3只，分别覆盖观众席上、中、下层，东西两侧四个角部每组增加1只全频扬声器覆盖比赛场地区域。扬声器选用了12只EAW QX364-WP Black，用来覆盖下层观众席区域，用12只EAW MKD1096-WP Black来覆盖中层观众席区域，用12只EAW MKD1026-WP Black来覆盖上层观众席区域，选用4只EAW QX364-WP Black来覆盖场地区域（图7）。

2.2.2 莲花球场

固定扩声系统将体育场分为五大区域——东西南北观众席区域以及场地区域。采用分布式扩声方案进行扩声，场地内布置12组点声源扬声器组进行覆盖。东西两侧各配置2只扬声器组，覆盖比赛场地区域扩声；南北两侧各配置3组扬声器组，每组3只，分别覆盖观众席上、中、下层（图8）。

2.2.3 映月球场

由于球场采用无顶棚式设计，因此改造后的扩声系统仍采用原扬声器系统的安装方案，以集中式的覆盖方式对球场的全部区域进行扩声覆盖。扬声器组安装在球场边照明灯柱上，距地16～18m，由远近场的布局进行扩声。远场扬声器组由3只全频扬声器组成，扬声器组整体形成水平110°～130°、垂直60°的覆盖角度进行声音覆盖。近场扬声器组由3只全频扬声器组成，扬声器组整体形成水平110°～130°、垂直60°的覆盖角度进行声音覆盖（图9）。

2.2.4 布拉德球场

改造后的扩声系统以集中式的覆盖方式对球场的全部区域进行扩声覆盖。扬声器组安装在球场边照明灯柱上，距地12～14m，由远近场的布局进行扩声。远场扬声器组由3只全频扬声器组

N①、N③扩声扬声器：共2组，每组3只全频扬声器
最大声压级≥141dB
水平角度90°±10°垂直角度60°±5°顶层观众席
水平角度120°±10°垂直角度60°±5°中层观众席
水平角度60°±10°垂直角度45°±5°底层观众席
防护等级不小于IP56
马道吊挂安装

N②扩声扬声器：共1组，每组3只全频扬声器
最大声压级≥141dB
水平角度90°±10°垂直角度60°±5°顶层观众席
水平角度120°±10°垂直角度60°±5°中层观众席
水平角度60°±10°垂直角度45°±5°底层观众席
1只超低频扬声器
防护等级不小于IP56
马道吊挂安装

W①、W③扩声扬声器：共2组，每组4只全频扬声器
最大声压级≥141dB
水平角度90°±10°垂直角度60°±5°顶层观众席
水平角度120°±10°垂直角度60°±5°中层观众席
水平角度60°±10°垂直角度45°±5°底层观众席
水平角度60°±10°垂直角度45°±5°场地，声压≥150dB
防护等级不小于IP56
马道吊挂安装

E①、E③扩声扬声器：共2组，每组4只全频扬声器
最大声压级≥141dB
水平角度90°±10°垂直角度60°±5°顶层观众席
水平角度120°±10°垂直角度60°±5°中层观众席
水平角度60°±10°垂直角度45°±5°底层观众席
水平角度60°±10°垂直角度45°±5°比赛场地，声压≥150dB
防护等级不小于IP56
马道吊挂安装

W②扩声扬声器：共1组，每组3只全频扬声器
最大声压级≥141dB
水平角度90°±10°垂直角度60°±5°顶层观众席
水平角度120°±10°垂直角度60°±5°中层观众席
水平角度60°±10°垂直角度45°±5°底层观众席
1只超低频扬声器
防护等级不小于IP56
马道吊挂安装

E②扩声扬声器：共1组，每组3只全频扬声器
最大声压级≥141dB
水平角度90°±10°垂直角度60°±5°顶层观众席
水平角度120°±10°垂直角度60°±5°中层观众席
水平角度60°±10°垂直角度45°±5°底层观众席
1只超低频扬声器
防护等级不小于IP56
马道吊挂安装

S①、S③扩声扬声器：共2组，每组3只全频扬声器
最大声压级≥141dB
水平角度90°±10°垂直角度60°±5°顶层观众席
水平角度120°±10°垂直角度60°±5°中层观众席
水平角度60°±10°垂直角度45°±5°底层观众席
防护等级不小于IP56
马道吊挂安装

S②扩声扬声器：共1组，每组3只全频扬声器
最大声压级≥141dB
水平角度90°±10°垂直角度60°±5°顶层观众席
水平角度120°±10°垂直角度60°±5°中层观众席
水平角度60°±10°垂直角度45°±5°底层观众席
1只超低频扬声器
防护等级不小于IP56
马道吊挂安装

W①、E①扩声扬声器：共2组，每组4只全频扬声器
最大声压级≥141dB
水平角度90°±10°垂直角度60°±5°顶层观众席
水平角度120°±10°垂直角度60°±5°中层观众席
水平角度60°±10°垂直角度45°±5°底层观众席
水平角度60°±10°垂直角度45°±5°比赛场地，声压≥150dB
防护等级不小于IP56
马道吊挂安装

W②扩声扬声器：共3组，每组3只全频扬声器
最大声压级≥141dB
水平角度90°±10°垂直角度60°±5°顶层观众席
水平角度120°±10°垂直角度60°±5°中层观众席
水平角度60°±10°垂直角度45°±5°底层观众席
1只超低频扬声器
防护等级不小于IP56
马道吊挂安装

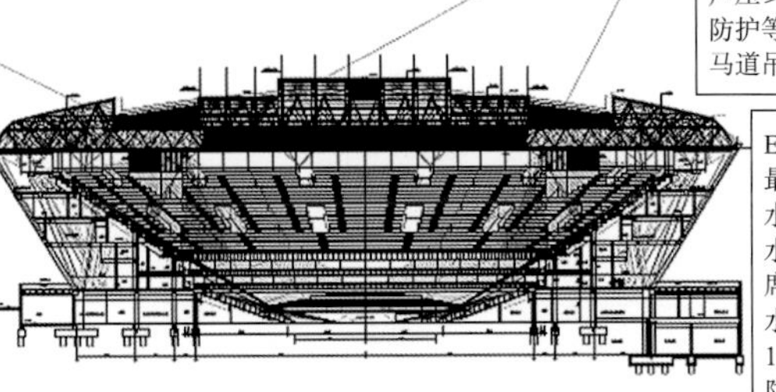

E②扩声扬声器：共3组，每组3只全频扬声器
最大声压级≥141dB
水平角度90°±10°垂直角度60°±5°顶层观众席
水平角度120°±10°垂直角度60°±5°中层观众席
水平角度60°±10°垂直角度45°±5°底层观众席
1只超低频扬声器
防护等级不小于IP56
马道吊挂安装

S②扩声扬声器：共1组，每组3只全频扬声器
最大声压级≥141dB
水平角度90°±10°垂直角度60°±5°顶层观众席
水平角度120°±10°垂直角度60°±5°中层观众席
水平角度60°±10°垂直角度45°±5°底层观众席
1只超低频扬声器
防护等级不小于IP56
马道吊挂安装

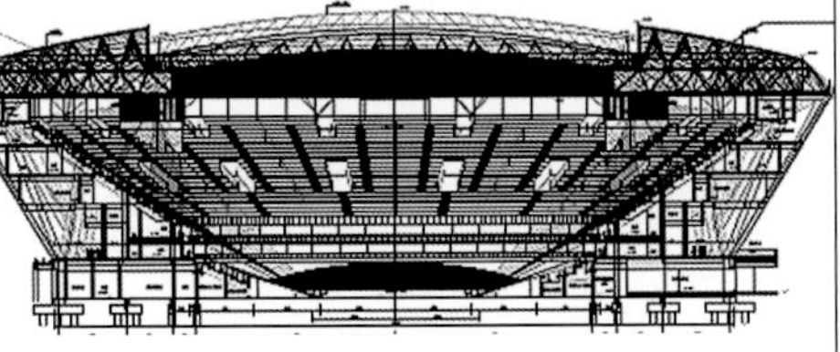

N②扩声扬声器：共1组，每组3只全频扬声器
最大声压级≥141dB
水平角度90°±10°垂直角度60°±5°顶层观众席
水平角度120°±10°垂直角度60°±5°中层观众席
水平角度60°±10°垂直角度45°±5°底层观众席
1只超低频扬声器
防护等级不小于IP56
马道吊挂安装

图7　扬声器布置平剖面图

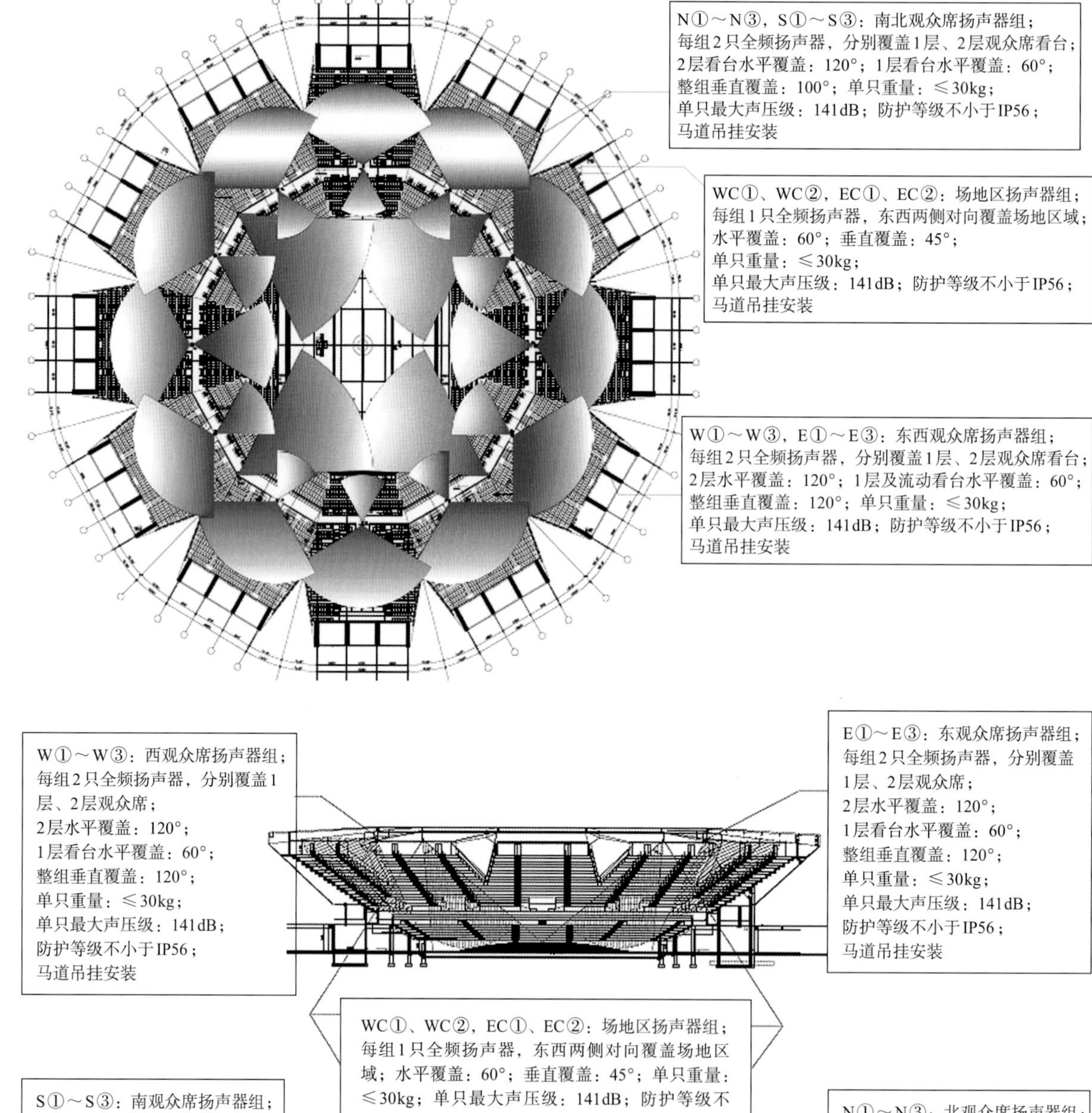

W①～W③：西观众席扬声器组；
每组2只全频扬声器，分别覆盖1层、2层观众席；
2层水平覆盖：120°；
1层看台水平覆盖：60°；
整组垂直覆盖：120°；
单只重量：≤30kg；
单只最大声压级：141dB；
防护等级不小于IP56；
马道吊挂安装

E①～E③：东观众席扬声器组；
每组2只全频扬声器，分别覆盖1层、2层观众席；
2层水平覆盖：120°；
1层看台水平覆盖：60°；
整组垂直覆盖：120°；
单只重量：≤30kg；
单只最大声压级：141dB；
防护等级不小于IP56；
马道吊挂安装

WC①、WC②，EC①、EC②：场地区扬声器组；
每组1只全频扬声器，东西两侧对向覆盖场地区域；水平覆盖：60°；垂直覆盖：45°；单只重量：≤30kg；单只最大声压级：141dB；防护等级不小于IP56；马道吊挂安装

S①～S③：南观众席扬声器组；
每组2只全频扬声器，分别覆盖1层、2层观众席看台；
2层看台水平覆盖：120°；
1层看台水平覆盖：60°；
整组垂直覆盖：100°；
单只重量：≤30kg；
单只最大声压级：141dB；
防护等级不小于IP56；
马道吊挂安装

N①～N③：北观众席扬声器组；
每组2只全频扬声器，分别覆盖1层、2层观众席看台；
2层看台水平覆盖：120°；
1层看台水平覆盖：60°；
整组垂直覆盖：100°；
单只重量：≤30kg；
单只最大声压级：141dB；
防护等级不小于IP56；
马道吊挂安装

图8　扬声器布置平剖面图

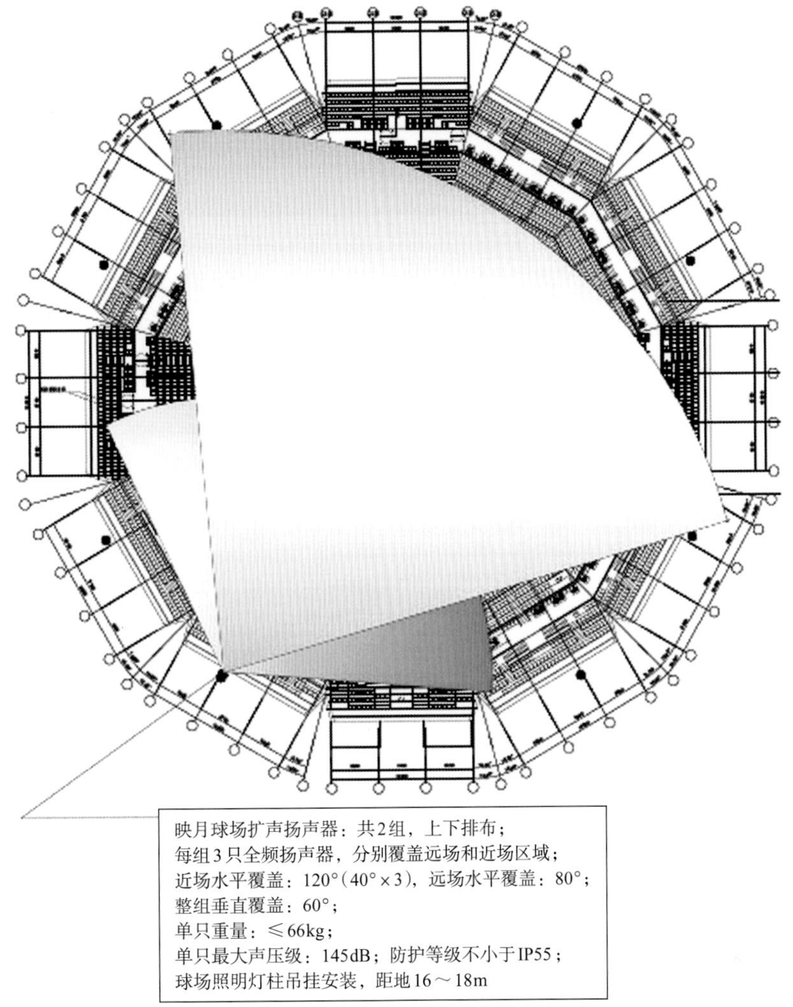

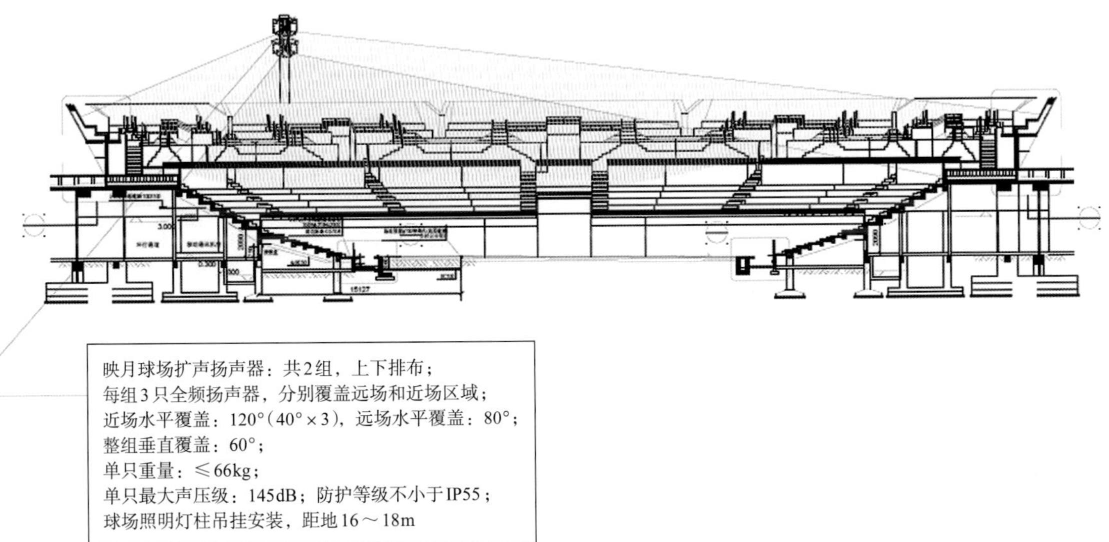

图9　扬声器布置平剖面图

成，扬声器组整体形成水平110°～130°、垂直60°的覆盖角度进行声音覆盖。近场扬声器组由3只全频扬声器组成，扬声器组整体形成水平110°～130°、垂直60°的覆盖角度进行声音覆盖（图10）。

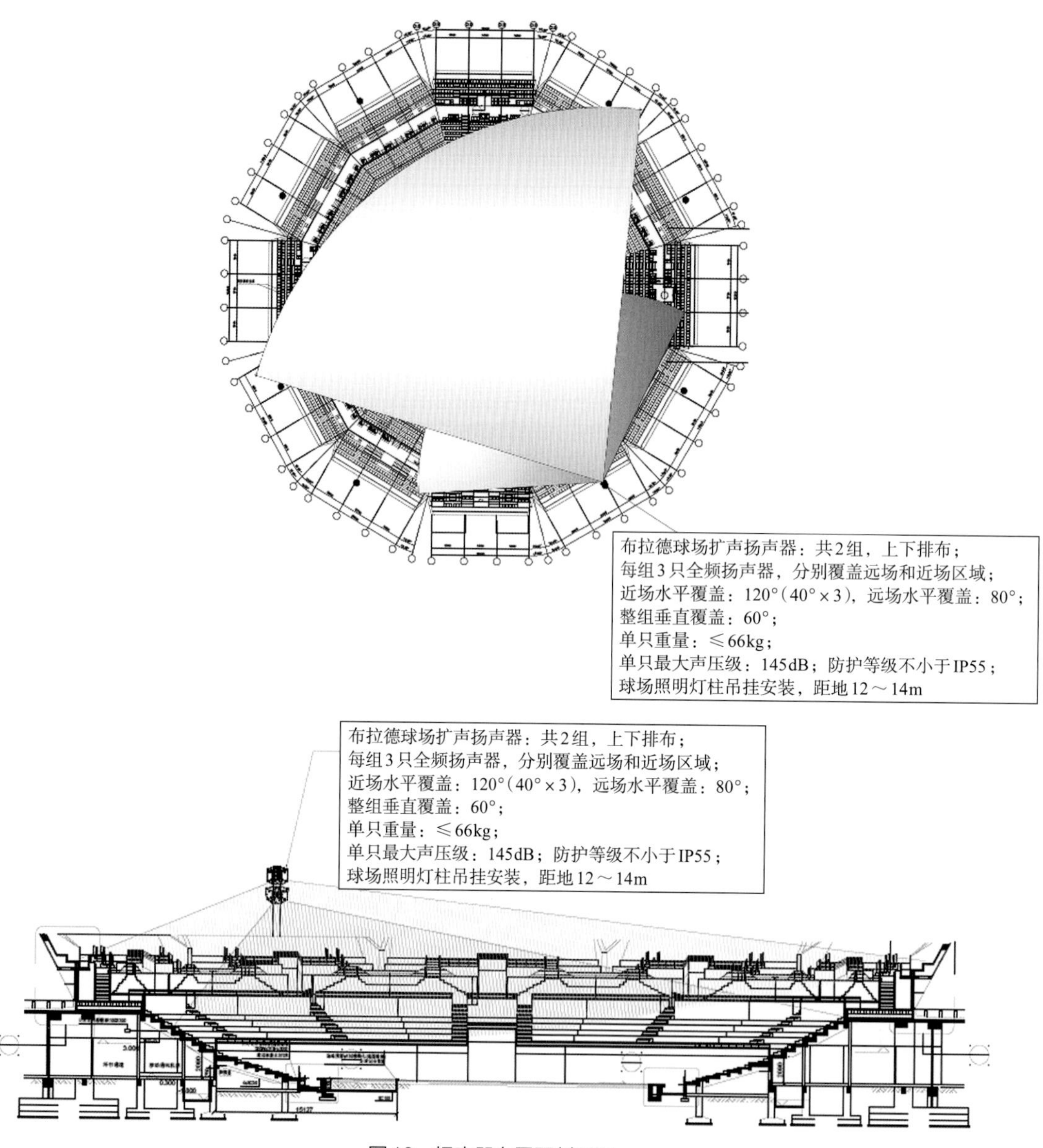

图10　扬声器布置平剖面图

2.2.5 C1～C8外围场地

为8块球场分别设计了2只全频点声源扬声器进行扩声覆盖，扬声器固定安装在裁判员对面一侧场地角部的照明灯柱上，斜向下分远场、近场对本场地进行扩声覆盖。扬声器覆盖角度形成水平90°×垂直60°的指向，斜向下覆盖，吊装高度距地4m，保证本场地的场内和两侧观众席有均匀的声音覆盖的同时，不会由于指向角度过大而导致声音扩散到其他场地，同时扬声器一侧安装，减少本场内的声干涉，同时少量扩散到隔壁场地的声信号会被本地的大声压信号掩蔽（图11）。

2.3 声学指标

声学各项指标见表1～表3。

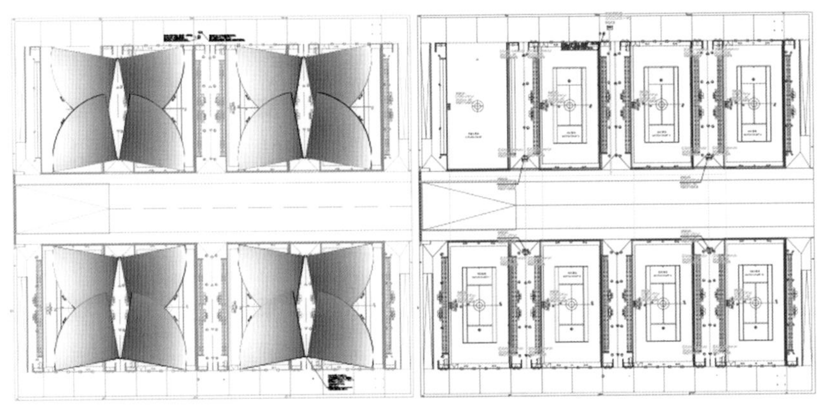

图11 扬声器平面布置管线图

钻石球场（馆）扩声系统设计指标 表1

最大声压级	传输频率特性	传声增益	稳态声场不均匀度	系统噪声
额定通带内，不小于105dB	以125～4000Hz的平均声压级为0dB，在此频带内允许范围：±4dB的变化（1/3倍频程测量）	125～4000Hz平均不小于−10dB	中心频率为1000Hz、4000Hz（1/3倍频程带宽）时，大部分区域不均匀度不大于8dB	扩声系统不产生明显可察觉的噪声干扰

莲花球场扩声系统设计指标 表2

最大声压级	传输频率特性	传声增益	稳态声场不均匀度	系统噪声
额定通带内，不小于105dB	以125～4000Hz的平均声压级为0dB，在此频带内允许范围：−6dB～+4dB的变化（1/3倍频程测量）	125～4000Hz平均不小于−10dB	中心频率为1000Hz、4000Hz（1/3倍频程带宽）时，大部分区域不均匀度不大于8dB	扩声系统不产生明显可察觉的噪声干扰

映月、布拉德及C1～C8室外球场扩声系统设计指标 表3

最大声压级	传输频率特性	传声增益	稳态声场不均匀度	系统噪声
额定通带内，不小于98dB	以125～4000Hz的平均声压级为0dB，在此频带内允许范围：−8dB～+4dB的变化（1/3倍频程测量）	125～4000Hz平均不小于−12dB	中心频率为1000Hz、4000Hz（1/3倍频程带宽）时，大部分区域不均匀度不大于10dB	扩声系统不产生明显可察觉的噪声干扰

2.4 声学测试结果

声学测试结果见表4。

扩声系统测量结果（单位：dB） 表4

场馆	类型	最大声压级		传输频率特性		传输增益		声场不均匀度			
		观众席	比赛场地	观众席	比赛场地	观众席	比赛场地	观众席		比赛场地	
								1000Hz	4000Hz	1000Hz	4000Hz
钻石	体育馆	106.6	105.9	满足	满足	均≥−7.9	均≥−8.0	7.7	7.8	7.5	7.6
莲花	体育场	105.7	105.4	满足	满足	均≥−7.3	均≥−7.5	7.6	7.5	7.8	7.7
映月	体育场	105.2	105.1	满足	满足	均≥−7.7	均≥−7.9	7.8	7.3	7.4	7.3
布拉德	体育场	105.3	105.1	满足	满足	均≥−7.6	均≥−7.8	7.9	7.7	7.8	7.8
C1～C8	体育场	100.4	100.0	满足	满足	均≥−8.4	均≥−8.8	7.6	7.3	7.5	7.2

案例提供：栗瀚，高级工程师，北京声学学会会员，北京市建筑设计研究院有限公司声学室。
张阳阳，深圳易科声光科技股份有限公司。

大连经济开发区文化中心大剧院

方案设计：加拿大CPC建筑设计咨询公司
建筑设计：大连市建筑设计研究院
项目规模：76300m^2
竣工日期：2007年

方案设计人：亚瑟·埃里克森
声学设计：北京市建筑设计研究院有限公司声学室
项目地点：辽宁省大连市经济开发区

1 工程概况

大连经济开发区文化中心由加拿大设计大师埃里克森设计。该建筑形象地反映了大连背山面海的地理位置以及对大连天然港湾形式的一种暗示。两层的公共广场嵌落在斜坡状地形的中央，图书馆、会议中心和剧院围绕着建筑的锥形地形和广场空间。图书馆和剧院从广场上拔地而起并以向外伸出的扇形屋顶结束，强调了中央广场的中心地位和埃里克森的空间的无限性理论（图1、图2）。

图1 大连经济开发区文化中心外景

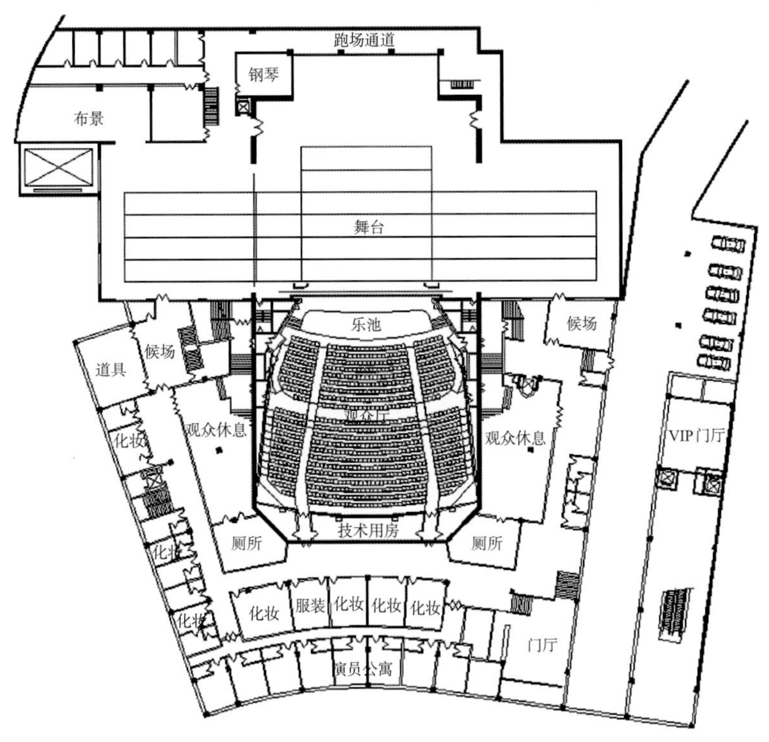

图2　大连经济开发区文化中心大剧院总平面图

2　大连经济开发区文化中心大剧院声学设计

大连经济开发区文化中心大剧院声学设计由北京市建筑设计研究院有限公司声学室负责。

2.1 概述

大剧院是大连经济开发区文化中心观演区的核心部分，其功能以自然声演出歌剧、交响乐为主，兼顾其他功能，如大型文娱演出、会议等。

观众厅最大容量1317座，固定座位1238座，其中池座788座、二层楼座120座、三层楼座330座，乐池内可容纳79个活动座位。

观众厅有效容积11318m^3，加上舞台音乐罩后增加到12668m^3，相应的每座容积分别为9.14m^{3}和10.23m^3。

观众厅最大宽度为29m。池座后墙距大幕线（垂直距离）30m，二层楼座后墙距大幕线（垂直距离）30m，三层楼座后墙距大幕线（垂直距离）33m。二层楼座挑台下开口的高深比为1∶1.35，三层楼座挑台下开口的高深比为1∶2.18（图3、图4）。

2.2 观众厅体形设计

为了使大剧院有一种比较古典的氛围和较强的环绕感，观众厅一层设计成六边形平面，二层及三层楼座设计成马蹄形跌落包厢。大剧院体形的优点是观众席可以最大限度地接近演奏区，获得较强的直达声和良好的视线。但其问题是容易产生声学缺陷，尤其是楼座的弧形栏板，其圆心位于池座观众席内，如不很好地解决，很可能产生声聚焦，影响观众厅的音质效果。为了解决这

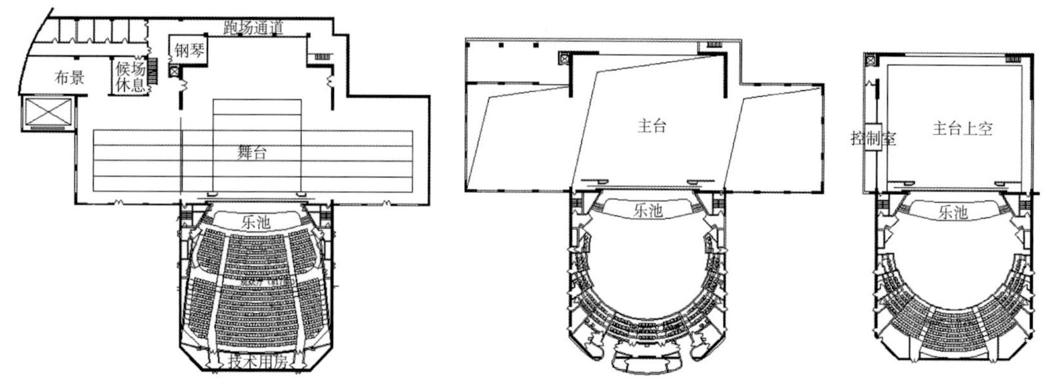

图3　大连经济开发区文化中心大剧院平面图

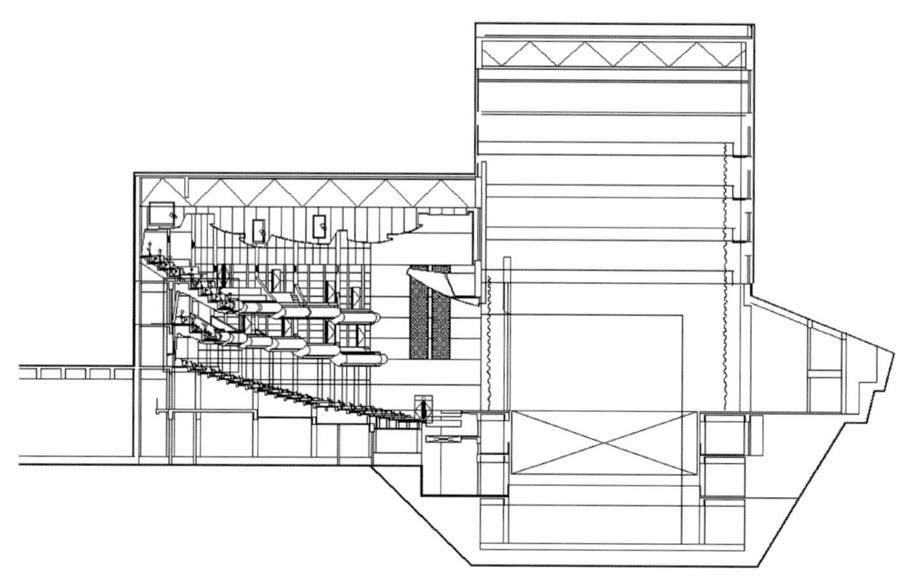

图4　大连经济开发区文化中心大剧院剖面图

个问题，采取了如下措施：

（1）将一层后墙及二、三层环绕墙面设计为具有扩散作用的凸弧形状，使得观众厅宏观上是凹弧形，而在微观上是凸弧形，既保持了有较强直达声的优点，又消除了声聚焦的缺陷。

（2）将眺台栏板纵剖面设计成凸弧形，在不影响栏板反射功能的条件下，消除了声聚焦的隐患，提高了声场的扩散度和均匀度。

2.3 声学装修设计

大剧院为多功能厅堂，必须同时满足自然声音乐、歌剧和其他文艺形式演出的声学要求。自然声音乐演出要求较长的混响时间，歌剧演出要求适中的混响时间，而以电声为主其他文艺形式的演出需要较短的混响时间。考虑到装修效果，在观众厅内没有设置转筒、百叶等幅度较大的混响调节装置，只在二、三层楼座的后墙，局部采用了帘幕式的混响调节装置，并通过在舞台上设置音乐罩，一定程度上调节了观众厅的混响时间（图5）。

图5　大连经济开发区文化中心大剧院内景

2.4 计算模拟结果

计算模拟结果如图6所示。

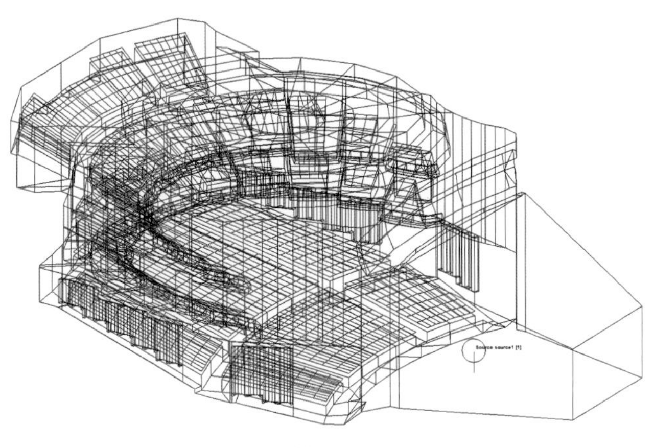

计算机模型

500Hz声场分布图

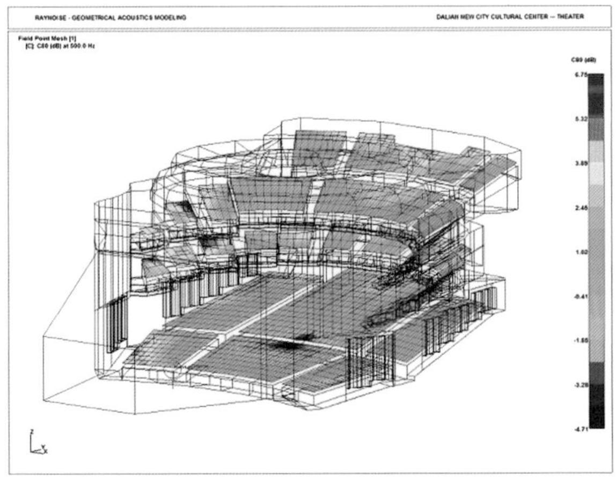

500Hz明晰度指标C分布图

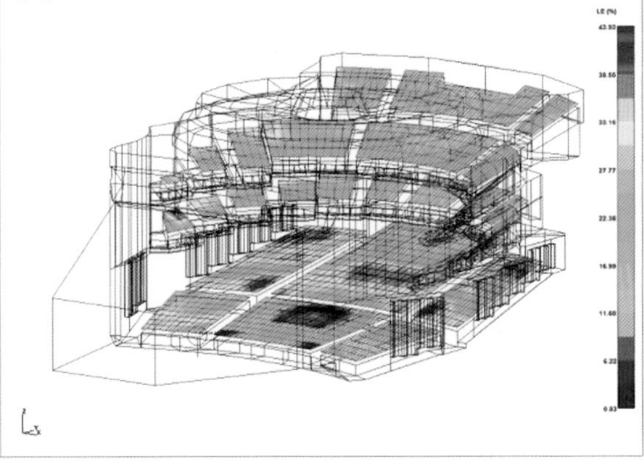

500Hz侧向反射系数LF分布图

图6　大连经济开发区文化中心大剧院计算机模拟结果

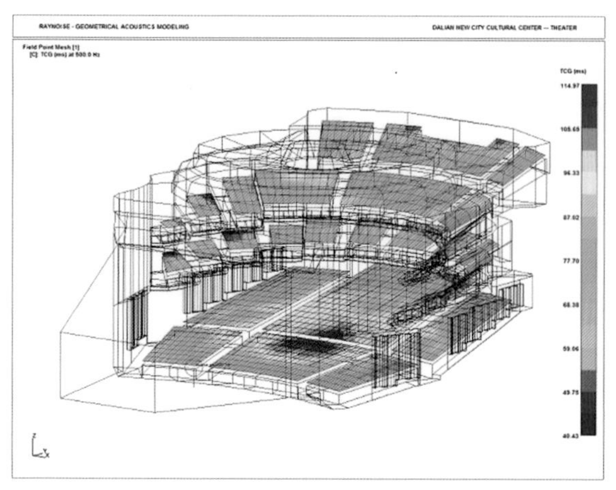

500Hz观众席的重心时间*TCG*分布

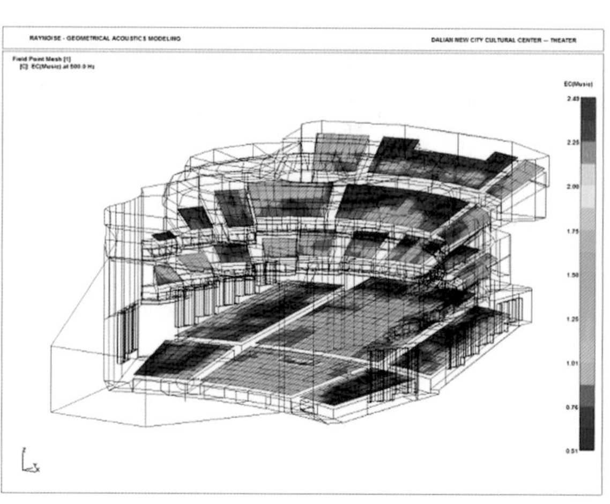

500Hz观众席的回声评价标准*EC*的分布

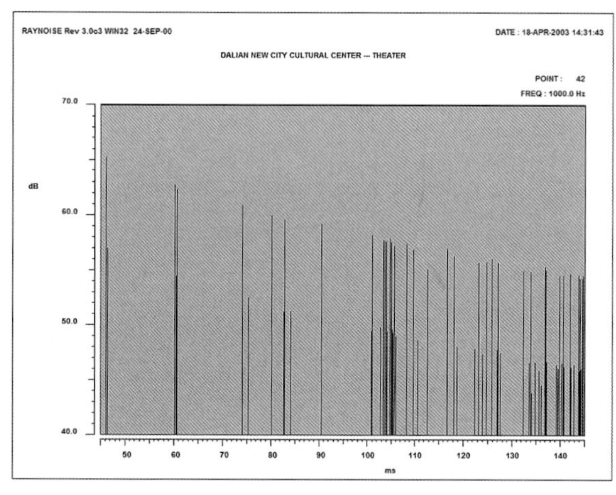

观众厅池座反射声系列图

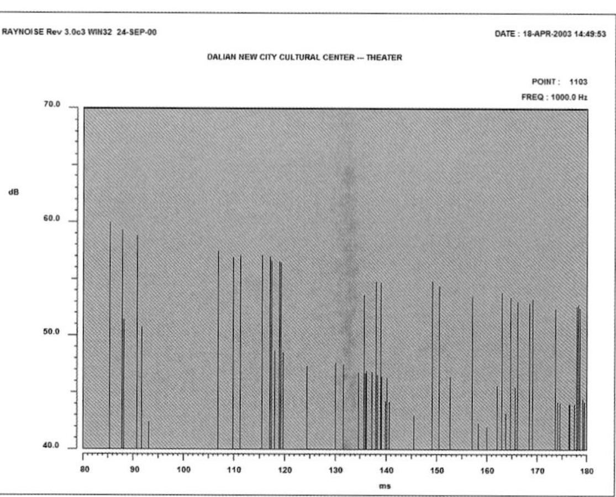

观众厅楼座反射声系列图

图6　大连经济开发区文化中心大剧院计算机模拟结果（续）

2.5 声学测试结果

声学测试结果见表1。

混响时间 T_{60} 测量结果（单位：s）　　　　**表1**

测量状态	倍频程中心频率					
	125Hz	250Hz	500Hz	1000Hz	2000Hz	4000Hz
无音乐罩	1.81	1.60	1.47	1.31	1.27	1.20
有音乐罩	1.88	1.77	1.71	1.56	1.52	1.50

案例提供：陈金京，教授级高级工程师，北京市建筑设计研究院有限公司。

南京青奥中心兼青年文化交流中心

方案设计：扎哈·哈迪德
声学装修：中孚泰文化建筑股份有限公司
项目规模：27900m^2
竣工日期：2014年
声学深化：中孚泰文化建筑股份有限公司
音（视）频集成：上海中美亚电声设备有限公司
项目地点：江苏省南京市

1 工程概况

项目位于南京市建邺区青奥轴线和滨江风光带交汇点，由世界著名建筑设计大师扎哈·哈迪德设计，两栋塔楼分别为高249.5m的会议酒店及配套设施和高度为314.5m的五星级酒店及写字楼。南京青奥会议中心项目工程具备会议、音乐、展览、商业、餐饮等功能，其设计新颖，造型独特，外装采用GRC板，内装墙面、吊顶大部分采用GRG板，内外装均采用流线型设计，自由曲面较多，其深化设计及施工难度极大，同时采用大量的新材料、新工艺，涉及舞台、扩声、会议讨论、新闻发布系统等施工内容，专业多，要求高（图1、图2）。

图1 南京青奥中心兼青年文化交流中心外观

2 深化设计

该项目主体为全钢结构，没有实体墙，中孚泰团队在大剧场深化设计时添加两道轻钢龙骨隔

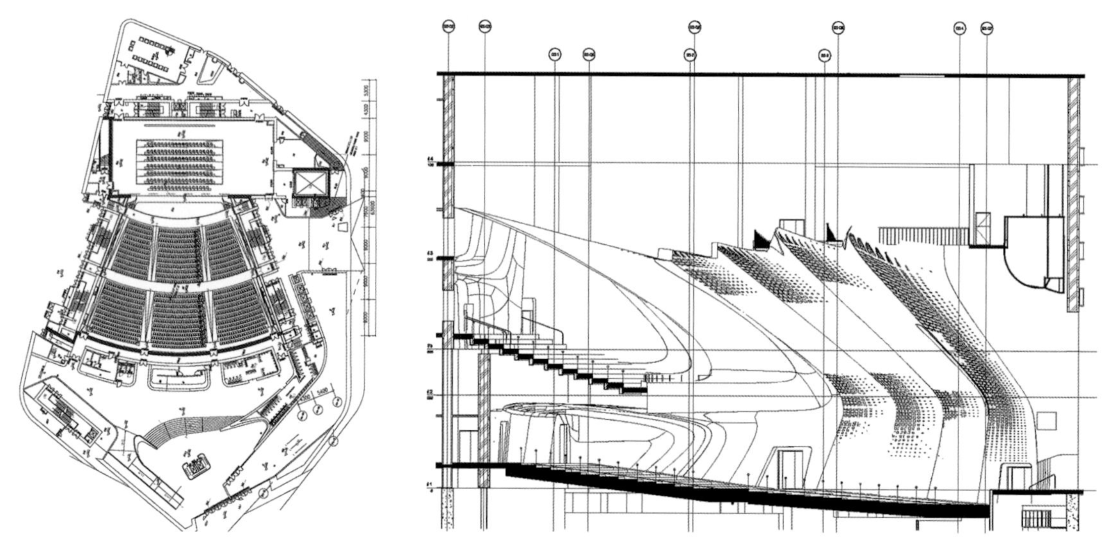

图2 南京青奥中心兼青年文化交流中心平面、剖面图

墙，同时增加内侧钢结构补充了剧场隔声措施。公共区域防火分区的设置是重要因素，为了实现墙体良好的防火效果，采用了防火石膏板等材料，同时为达到良好的隔声效果，在墙体加入阻尼隔声板及岩棉。深化设计后，不仅使整体结构得到完善，同时也使整体形式外观达到统一，形成丰富的空间层次。

3 施工工艺

3.1 材料工艺

声学要求需在观众厅后墙、侧墙的多曲面GRG板上安装透声织物是施工难点，特别是拼缝收口的处理，如果处理不好，像粘贴墙布一样硬拼，会影响整体美观效果，也满足不了声学要求。为此，通过新材料的应用并经过试验，最终完美解决了安装施工的难题，实现了声学效果与装饰美观的统一，得到了扎哈团队的高度好评（图3）。

图3 南京青奥中心兼青年文化交流中心实景照片

3.2 声光电集成

整个观众厅使用了7000余个LED灯，LED灯大小不一，按照扎哈团队及照明顾问团队的要求，灯的大小要体现出渐变效果，而不是各种型号的灯具随便使用，同时要求LED灯在排布上实现渐变，对此公司依托在灯光、音响、舞台机械配置方面的经验，合理定制，反复调试，最终实现了整体美观效果及照明要求，完美实现了设计师的想法，该工程技术在国内尚属首次。

音频系统采用的德国KLING & FREITAG扬声器系统和英国CADAC调音台，经第三方测试，各方面指标超过《厅堂扩声系统设计规范》GB 50371—2006文艺演出类扩声系统特性一级指标。本剧场运营后，中国舞台美术学会音响专业委员会组织常务委员及国内专业音响领域的系统设计、集成安装、调试和操作方面最顶尖专家学者百余名与会参观，对扩声系统进行试听品鉴。在现场听取各方介绍，现场踏勘及试听评测，对系统进行深入了解后，对系统品质及扩声质量作出全面的品鉴和评价。126位专家对南京青奥中心剧场音响系统扩声质量、产品设计集成、施工等方面满意度极高，整体评价优异，对项目所亦给予极高的评价和认可。

4 声学指标

南京青奥中心音乐厅中频满场混响时间指标为1.8～2.0s；明晰度C_{80}为−2～+2dB；强度指数G为4～5.5dB；背景噪声满足NR−15噪声评价曲线。音乐厅混响时间测试结果如图4所示。

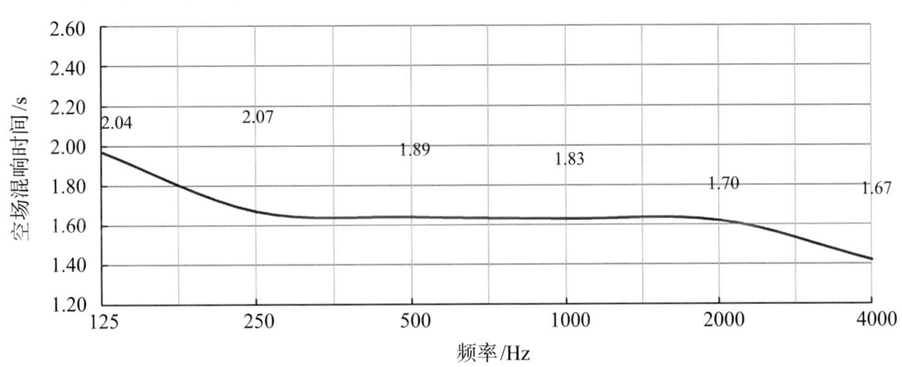

图4　音乐厅中心频率混响时间曲线图

南京青奥中心会议中心中频满场混响时间指标为1.2s ± 0.1s；清晰度D_{50} > 0.5；背景噪声满足NR−25噪声评价曲线。会议中心空场混响时间测试结果如图5所示。

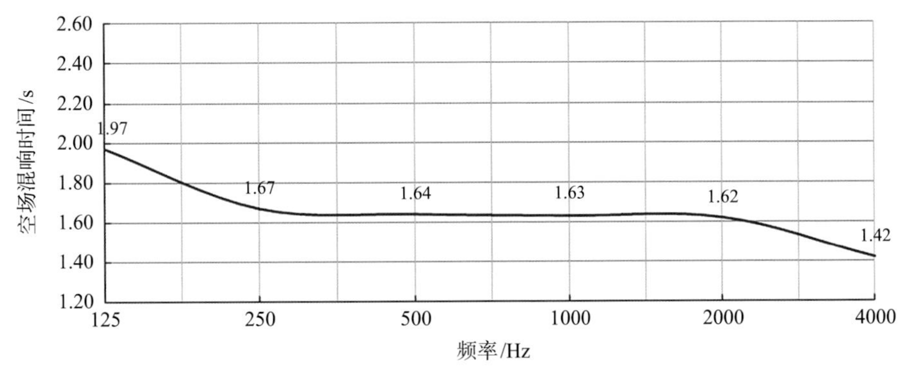

图5　多功能大会议厅中心频率混响时间曲线图

5 效果

经测试，声学指标满足设计要求。在舞台上讲话时，观众厅内各个角落均能清晰听到，实现了完美的声学效果。该项目是中国建设时间最快（26个月）的超大型文化综合体之一。建成以来，演出频率高、使用频率高，得到了业主方及南京市民的一致好评。

案例提供：谭泽斌，正高级工程师，中孚泰文化建筑股份有限公司。

浙江音乐学院大剧院

方案设计：杭州典尚建筑装饰设计有限公司
建筑设计：浙江绿城六和建筑设计有限公司
项目规模：地上总建筑面积16710m^2
竣工日期：2015年
声学顾问：杭州智达建筑科技有限公司
声学装修：浙江大丰实业股份有限公司
项目地点：浙江省杭州市

1 工程概况

浙江音乐学院于2012年7月立项建设，按全日制在校生5000人规模进行规划建设，是一所省属公办全日制本科艺术类院校。校园占地约4万m^2，总建筑面积约35万m^2，于2015年秋季全面建成并投入使用。校内包含了大量音质要求很高的建筑类型及功能用房，如剧场、音乐厅、演播厅、录音棚、琴房、排练厅（室）、报告厅和会议室等。

2 大剧院基本概况

浙江音乐学院大剧院位于校园北入口一侧。建筑地上5层，地下1层，地上总建筑面积16710m^2，含一座大剧院和8个电影厅。大剧院主要用途为歌舞、戏剧等演出，同时兼顾大型会议、报告等其他用途。

大剧院观众厅有1148座，其中池座832个（含残疾人座椅4个），一层楼座252个，四个侧包厢共64个。观众厅平面呈马蹄形，最大宽度约为30m，池座楼座后墙距舞台台口线的距离约为

图1 观众厅内景

30.8m。舞台台口宽18m、高12m，设有活动台口。舞台包括主舞台和侧舞台，舞美制作间可兼作后舞台使用。设两道耳光，两道面光。舞台设有升降台、车台和拼装式旋转舞台。升降乐池面积约为110m^2（图1～图4）。

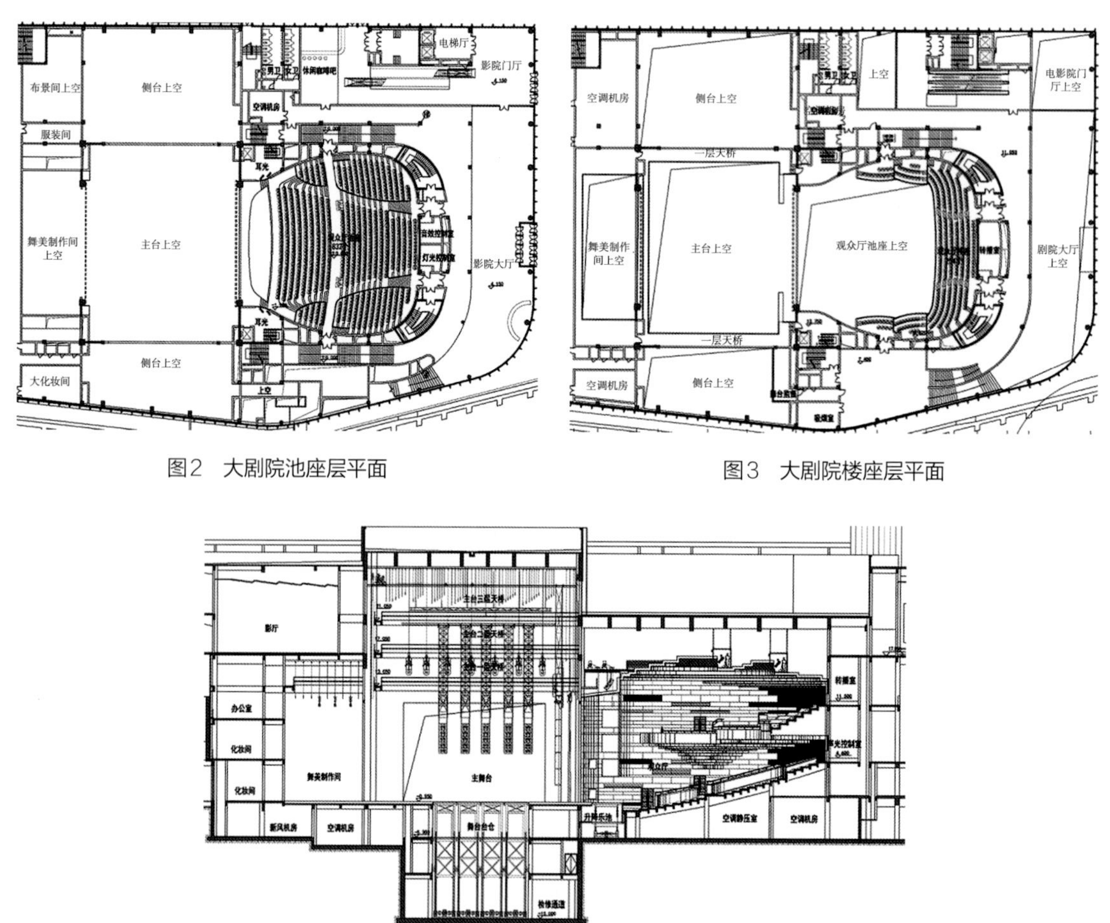

图2 大剧院池座层平面

图3 大剧院楼座层平面

图4 大剧院剖面图

3 建声设计目标

大剧院建声设计目标为：在保证清晰度的同时有良好的丰满度，满足歌剧、舞剧、话剧、地方戏曲等文艺演出等功能，同时具备大型会议、报告等用途的使用条件。厅内响度良好，声场均匀，声音亲切自然，明亮而有良好的空间感及温暖感。无声学缺陷、噪声干扰，具备自然声演出条件。

根据剧场规模及使用功能要求，确定建声设计指标如表1、表2所示。

大剧院主要音质设计指标　　表1

每座容积	9m^3	明晰度（C_{80}）	2～4dB
中频满场混响时间（RT）	1.4s	侧向反射声系数（LF_{E4}）	0.20～0.35
低音比（BR）	1.1～1.2	声场不均匀度Δp	≤ ±4dB
背景噪声（NR）	25		

围护结构隔声量要求 表2

位置	墙体空气声隔声量R_w+C	楼、屋面空气声隔声量R_w+C	楼面撞击声隔声量$L'_{nT,w}$	门隔声量R_w+C
观众厅及舞台	＞60dB	＞60dB	与电影院上下相邻楼板撞击声≤65dB	≥35dB
设备机房	四周墙体＞50dB	＞50dB	与舞台上下相邻楼板撞击声≤65dB	≥35dB
	与观众厅、舞台相邻墙体＞60dB			

4 建声设计主要特点及技术措施

4.1 观众厅形体优化和观众席组织

大剧院的形体设计，即剧场的平剖面设计直接决定了厅内反射声的时间和空间分布。建声设计在建筑方案阶段介入，合理地调整和完善了大剧院的形体设计。原大剧院观众厅平面形式（图5a）使声音大部分向观众席后区反射，视线条件最好的中前区则缺乏早期侧向反射声。图5b为调整后的池座平面。池座布置由原来的单一大片区域划分为6个区域，两侧及后部座席较中区座席略高，形成若干不同标高的区域。池座中区的两侧及后部均自然形成平均高约1.5m的栏板，为池座中心区域提供早期侧向反射声。楼座布置也从原来的简单一整片楼座调整为有高低差别和区域划分的楼座布置，两侧形成跌落式的包厢式楼座，为观众席池座区提供侧向反射声。观众席的调整也使舞台上的演员有一种被观众簇拥的感觉，拉近了观演关系。

台口两侧墙体造型原为平行墙面，为避免平行墙面形成颤动回声，将墙面造型调整为凸弧形，同时也增加了暗藏台口两侧扬声器的空间；耳光室墙面造型和侧楼座栏板造型由原方案的凹弧形调整为凸弧形，避免产生声聚焦等问题。

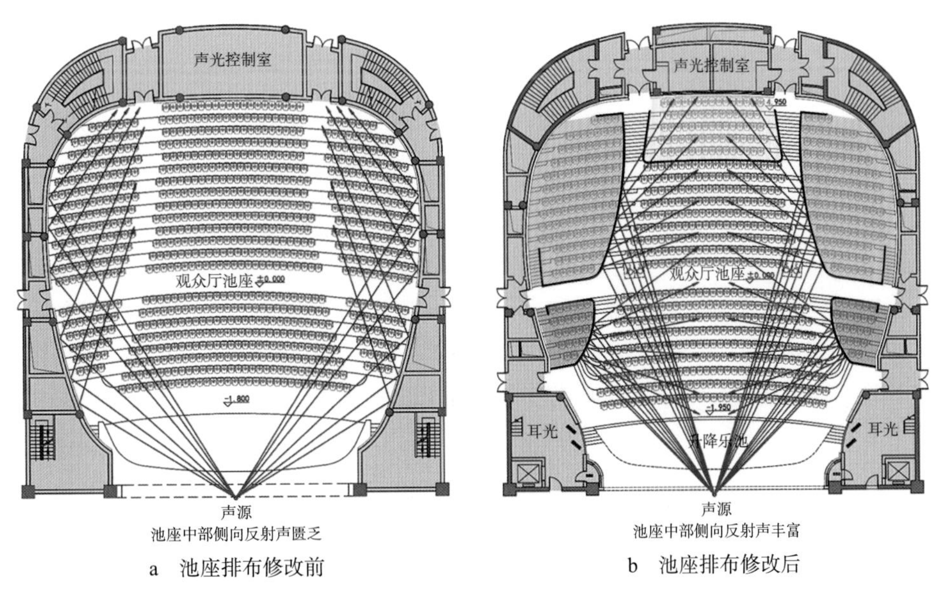

a 池座排布修改前　　b 池座排布修改后

图5 大剧院池座平面调整前后对比

4.2 声扩散设计

大剧院观众厅室内装修设计理念与建筑设计整体的曲线和“漂浮的云”的设计概念相统一，提取表演中最普遍的要素——“行云流水”般流畅的旋律，通过顺滑的曲线将观众厅的顶面和墙面连为一体。观众厅顶面、墙面呈现出高低错落的等高线造型。声学设计因势利导，在顶面、墙面和楼座下部均采用这种造型，形成了丰富的声扩散反射界面。顶面和墙面的扩散造型，相邻面高差在0.2～0.5m不等。台口上方设有宽约4.8m的反射面，为乐池及观众席前区提供早期反射声，利于乐队与舞台之间以及乐队演奏员之间的相互听闻。反射面向上倾斜7°，避免与舞台地面间形成颤动回声（图6、图7）。

楼座栏板造型设计时考虑声音的扩散反射，表面有小尺度的扩散肌理，以免台口上方扬声器声音通过楼座栏板反射至舞台或观众席区域产生回声。

观众厅吊顶和墙面均采用密度大、反射性能好的材料：吊顶采用25厚GRG板贴木纹膜，面密度达到42.5kg/m^2；墙面和栏板采用2层18厚木基层板贴木纹膜，从而避免和减少扩散造型对低频声的吸收。

图6 墙面扩散造型

图7 顶面扩散造型

4.3 混响时间控制

观众厅内不采用过多的吸声，同时达到混响时间设计值要求，控制每座容积约为9.2m^3。为调节混响时间，并避免后墙回声，观众厅部分后墙采用了透声织物外压木条的吸声结构做法，在起到吸声作用的同时，也与侧墙扩散造型统一。图8为后墙吸声结构外观，图9为吸声结构节点做法。

4.4 噪声控制措施

为满足大剧院观众厅及舞台墙体和楼面隔声量要求，在土建设计阶段即明确采用240厚KP1砌体墙，楼板厚度为150mm。若干空调机房与舞台和观众厅相邻，240厚KP1砌体墙一侧增设石膏板隔声层（图10）。剧院观众厅及舞台空间上部局部为电影厅和空调机房，转播室上部也布置有空调机房。考虑到上述空间使用时会产生较大的噪声干扰，相邻房间楼面均设置为浮筑楼面。为防止外部噪声进入观众厅，出入口均设置声闸，采用专业成品隔声门。为降低空调噪声，观众厅空调采用座椅下低速送风方式。

5 计算机软件模拟

为配合建筑设计，在建筑初步设计阶段，建声设计采用丹麦技术大学研究开发的Odeon12.0软

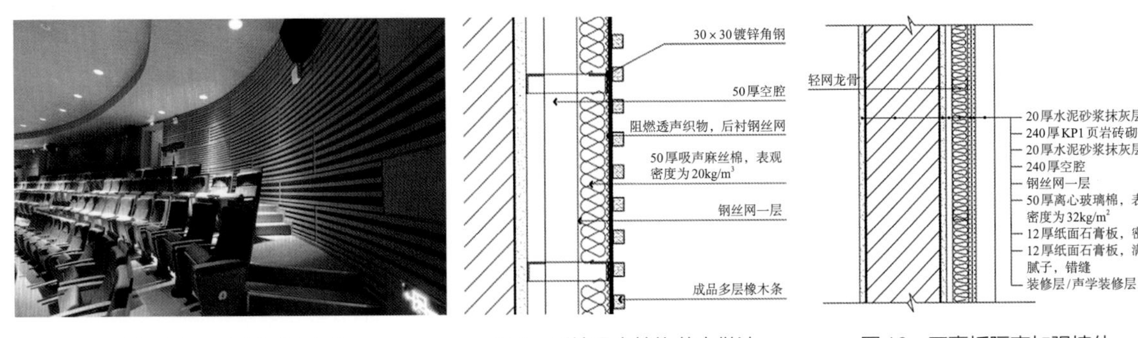

图8 观众厅后墙吸声结构　　图9 后墙吸声结构节点做法　　图10 石膏板隔声加强墙体

件对大剧院的混响时间、明晰度、响度指数等指标进行模拟。模拟结果如表3所示。根据模拟结果可知，通过建声设计调整后，观众厅混响时间及频率特性、明晰度指标符合设计要求。由于剧场空间较大，响度指数偏小，在声源功率较小时，需要采用扩声系统，以获得足够的响度。

大剧院声学指标模拟值 **表3**

频率/Hz	125	250	500	1000	2000	4000
混响时间RT/s	1.81	1.57	1.38	1.39	1.34	1.20
明晰度C_{80}/dB	2.1	3.1	3.7	4.0	4.5	5.0
响度指数G/dB	1.2	0.6	0.3	0.1	−0.4	−1.1

6 现场音质测量结果和分析

剧场内部装修完毕后，建筑声学对观众厅进行了指标的现场测量。在剧场观众厅池座和楼座共11个测点采集脉冲响应，并对脉冲响应进行了分析。空场测量中频混响时间为1.63s，预计可满足满场中频混响时间1.4s设计要求；混响频率特性曲线的走势基本平直，低频部分混响时间有一定提升，低音比约为1.2，有利于形成音乐的温暖感；C_{80}约为3.40dB，满足声学设计要求。LF_{E4}平均值达到0.35。这表明观众厅的体形调整是十分成功的，侧墙、栏板、楼座等都对获得侧向反射声起到了很好的作用。

7 结论

声学设计越早介入项目越有利于声学设计要求的落实，也越有利于获得最好的声学效果。在本项目中，建声设计在建筑方案设计的早期阶段就介入其中，将声学设计理念一开始就贯彻到建筑设计中，并贯穿整个设计、施工过程。

大剧院自正式投入使用以来，使用者均反映观众厅内语言清晰度良好，声音亲切自然，空间感良好，完全可满足演出及会议的使用要求。

案例提供：何海霞，高级工程师，杭州智达建筑科技有限公司。

南京优倍小型体育馆声学设计

方案设计：安徽缦乐声学工程有限公司
项目规模：600m^2
竣工日期：2021年
声学顾问：安徽建筑大学声学研究所
安徽省建筑声环境重点实验室
项目地点：江苏省南京市江宁区将军大道

1 工程概况

南京优倍自动化系统有限公司的小型体育馆位于南京江宁区将军大道，业主要求本场馆在满足体育运动功能的基础上，兼顾一般的会议报告及偶尔的娱乐活动功能（图1、图2）。

图1 小型体育馆设计前现场图片

图2 小型体育馆竣工后现场图片

2 体育馆声学设计

南京优倍小型体育馆音质设计由安徽缦乐声学工程有限公司负责设计，安徽建筑大学声学研究所担任声学顾问。

2.1 概述

小型体育馆长33m、宽18m、高9.6m，面积约594m^2，容积约5940m^3（图3、图4）。

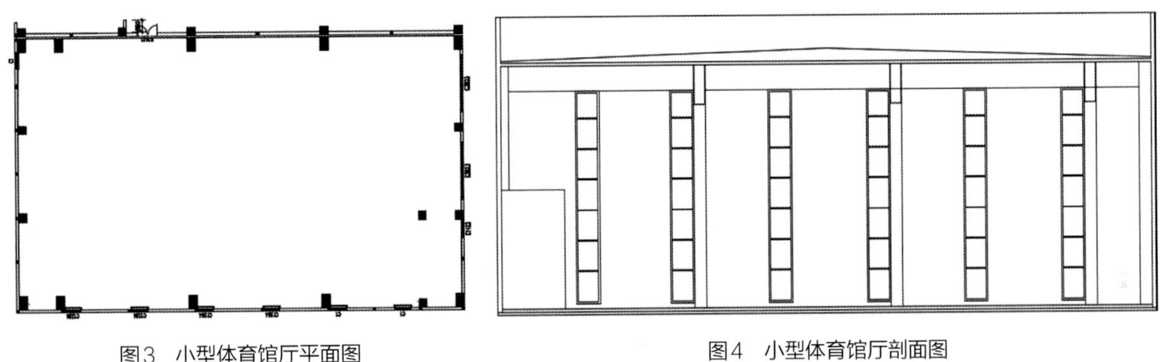

图3 小型体育馆厅平面图

图4 小型体育馆厅剖面图

2.2 体育馆的声学设计

2.2.1 设计目标

本次方案设计以“声学与美学、体育运动、会议演讲、多功能场景、实用经济”为设计核心。建筑声学设计指标见表1。

南京优倍小型体育馆建筑声学设计指标 表1

空场中频混响时间RT/s	1.5 ± 0.1
声场不均匀度/dB	≤6
空调系统噪声NR	≤NR-25

2.2.2 建筑声学设计方案措施

考虑到运动场所墙面装饰须具有较强的抗冲击性，故墙面吸声材质选用木质吸声板。这样既可以提供吸声量又可以保证墙面的抗冲击性，设计中考虑到室内声场的均匀度，保留了原有的结构柱（做好直角边的保护措施），起到了扩散板的作用，提高了室内声场的均匀度。

顶面是体育馆中可以提供大面积吸声面的区域，本次设计顶面选用分布式悬挂空间吸声体，空间吸声体的分布式悬挂，既能多重吸声还能提供适量的声反射。

（1）设计图纸（图5）

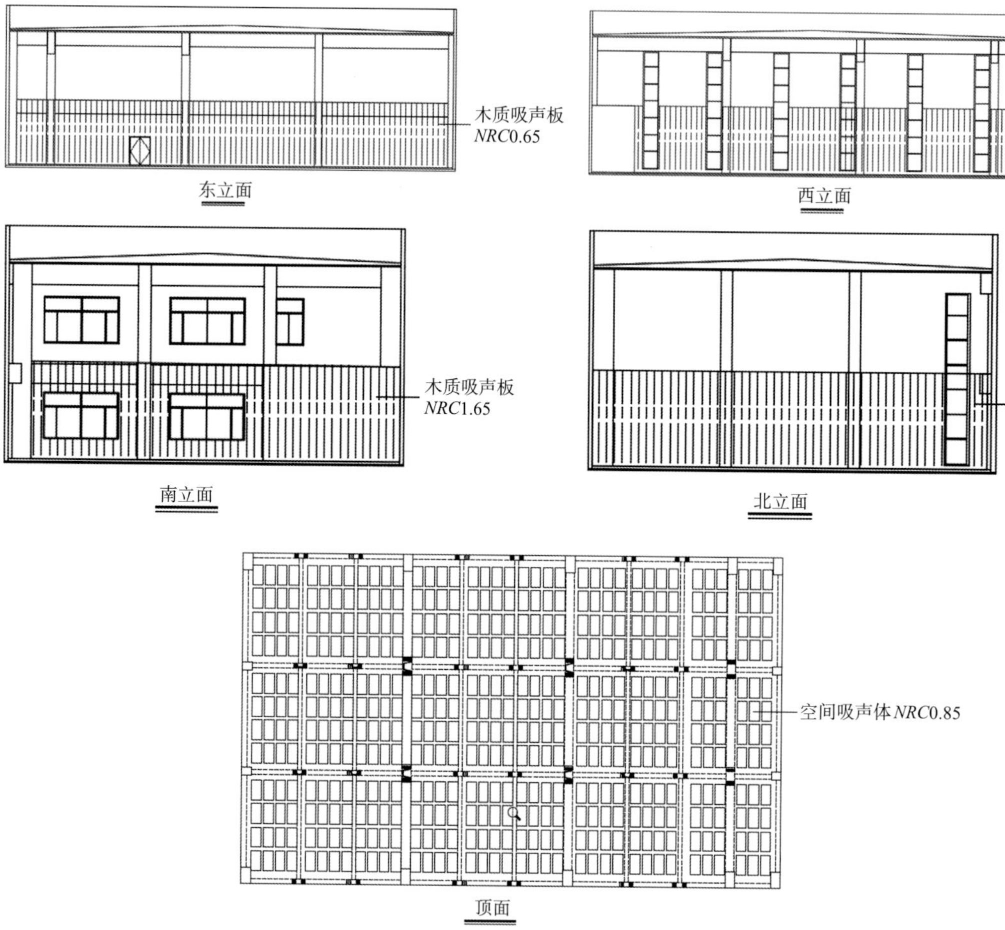

木质吸声板 *NRC*0.65

东立面

木质吸声板 *NRC*0.65

西立面

木质吸声板 *NRC*1.65

南立面

木质吸声板 *NRC*1.65

北立面

空间吸声体 *NRC*0.85

顶面

图5 部分设计图

（2）声学模拟

①模型（图6、图7）

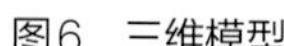

图6 三维模型

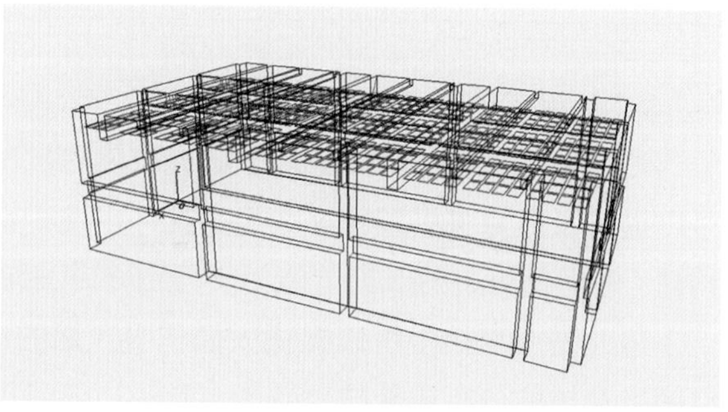

图7 声学模型

②模拟输出（图8、图9）

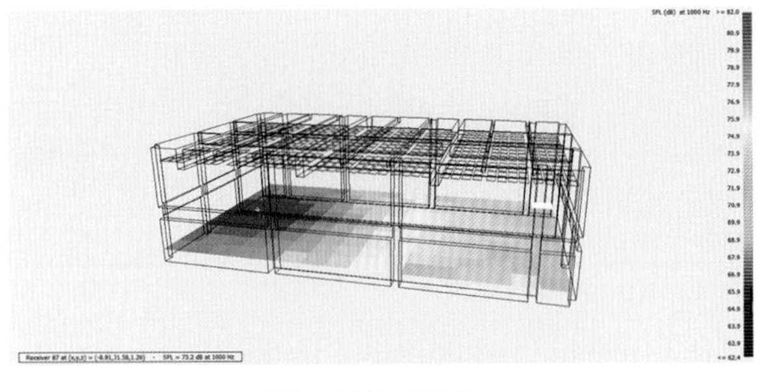

图8　SPL 1000Hz

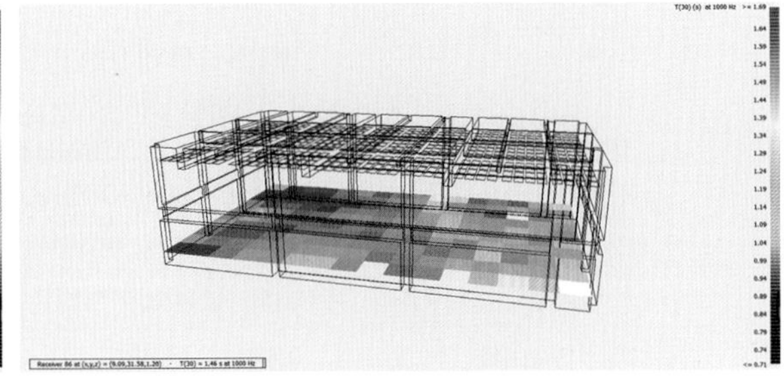

图9　混响时间1000Hz

③模拟结果

体育馆中频混响时间控制在1.5s左右，频率特性满足设计指标，符合多功能体育馆标准。既满足体育运动功能，又完全满足小型会议报告及偶尔活动功能需求；有效降低馆内噪声，保护馆内人员听力和身心健康；声场不均匀度小于6dB，声场分布均匀，保证馆内各处听声效果一致。

2.2.3 扩声系统设计方案措施

依据国家标准《厅堂、体育场馆扩声系统设计规范》GB/T 28049—2011，体育馆按照多用途类场馆扩声系统一级进行设计（表2）。

南京优倍小型体育馆扩声系统声学特性设计指标　　表2

最大声压级	105dB
传输频率特性	以125～4000Hz的平均声压级为0dB，声压级在各1/3倍频带的变化范围为： 125～4000Hz：-4～+4dB 100Hz：-4dB；5000Hz：-4dB 80Hz：-6dB；6300Hz：-4dB 63Hz：-8dB；8000Hz：-6dB
传声增益	125～4000Hz平均值≥-10dB
语言传输指数	≥0.5

扬声器采用了主扩线阵音箱与超低音箱的组合方式，分别在场地的四角悬挂，机柜放置于场地东北角。目前西面墙的两组音箱至机柜距离都超过了50m，为了保证音箱的效果，音频线从机柜地面位置敷设到音箱地面位置，再从地面敷设到音箱。为保证线路的质量和美观，音频线地面采用KBG管道，墙面采用PVC线槽进行敷设。

2.3 小型体育馆竣工后声学指标

竣工后声学指标见表3、表4。

南京优倍小型体育馆建筑声学竣工指标　　表3

空场中频混响时间*RT*/s	1.4
声场不均匀度	1000Hz：5dB 4000Hz：5dB
空调系统噪声*NR*	≤*NR*-20

南京优倍小型体育馆扩声系统声学特性竣工指标　　表4

最大声压级	105dB（A）
传输频率特性	以125～4000Hz的平均声压级为0dB，声压级在各1/3倍频带的变化范围为： 125～4000Hz：-4～+2dB 100Hz：-4dB；5000Hz：-3dB 80Hz：-5dB；6300Hz：-4dB 63Hz：-7dB；8000Hz：-6dB
传声增益	125～4000Hz平均值：-9dB
语言传输指数	0.54

技术创新：整体设计方案贯穿整个施工过程，做到一步一测试一深化，保证设计方案落实；理论计算与实际现场完全结合以达到实际使用效果与设计标准一致。顶面摒弃常规的整面吸声吊顶，采用悬挂点状分布式空间吸声体提高吸声量。

工程亮点：建声系统与扩声系统同步设计，达到声学设计一体化。空间吸声体搭配常规木质吸声板，投资省、吸声效率高、布置灵活、施工方便，整体色彩符合运动的轻快性并兼顾活动的严谨性。

经验体会：声学设计方案须严格按照设计要求施工，保证施工细节符合要求标准。竣工后现场测试与声学模拟整体吻合，但存在些许误差，设计方案需结合理论计算、声学模拟以及经验综合考虑。

案例提供：江涛、张林生，声学设计师，安徽缦乐声学工程有限公司。

梅兰芳大剧院

建筑设计：中国中元国际工程有限公司

声学设计：中国中元国际工程有限公司
　　　　　中法中元蒂塞尔声学工作室

项目规模：13000m^2

项目地点：北京市西城区

竣工日期：2007年

1　工程概况

梅兰芳大剧院地处北京市西城区核心地段、金融街与平安大街交汇之处，建筑面积13000m^2，地上5层，地下2层，设有1个1100座专业戏剧场、1个200座多功能演艺厅、1个专业录音棚及京剧演出必要的附属设施，具有演出、展示、会议、声像录制等多种使用功能。

梅兰芳大剧院是国家京剧院驻场剧院，是一座承载着中国传统艺术精髓和几代京剧人期待的为京剧量身定做的现代化演出场所（图1、图2）。

图1　梅兰芳大剧院外景

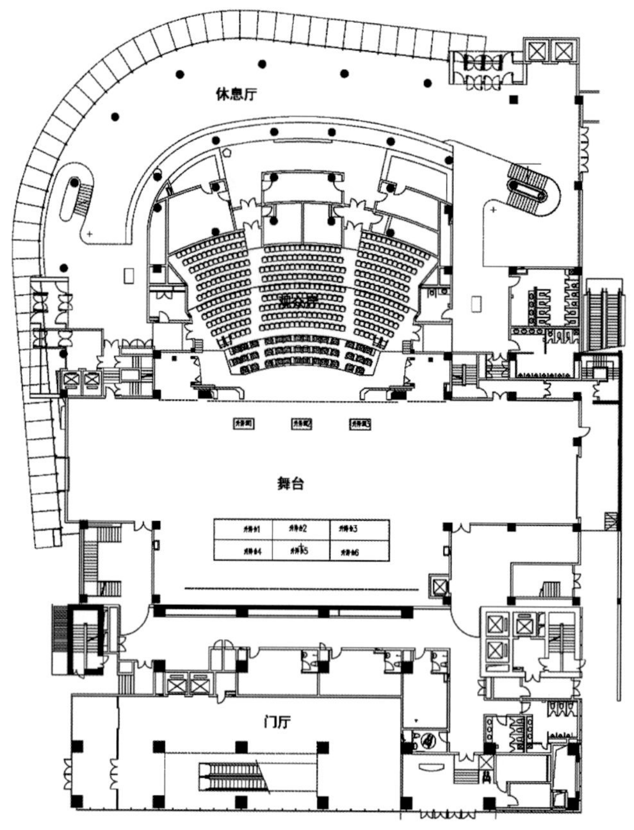

图2　梅兰芳大剧院总平面图

2　声学设计

2.1 概述

梅兰芳大剧院观众厅平面呈钟形，共有3层，一层为池座、二层为贵宾包厢、三层为楼座，可容纳观众总数1100人。观众厅最宽处约27m，最远视距约29m，进深约26m，每座容积7.5m^3。剧场使用功能以京剧演出为主，兼顾戏曲类演出，还可作为话剧、中小型歌舞、音乐会及会议等功能使用（图3、图4）。

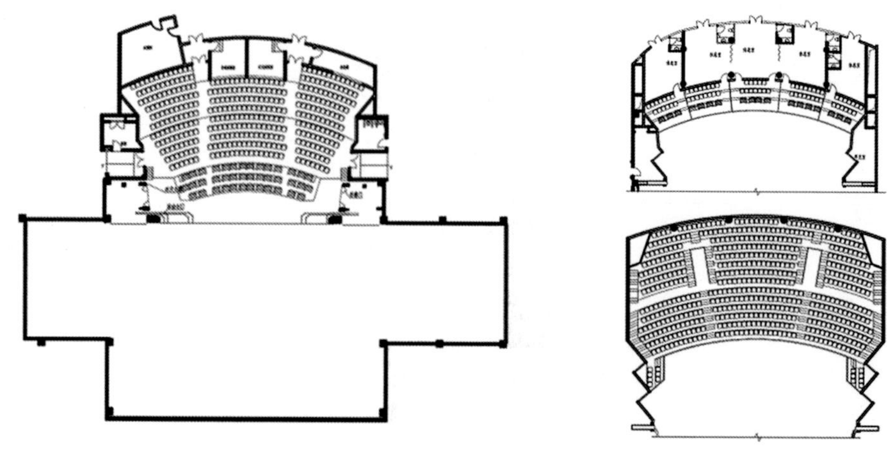

图3　梅兰芳大剧院平面图

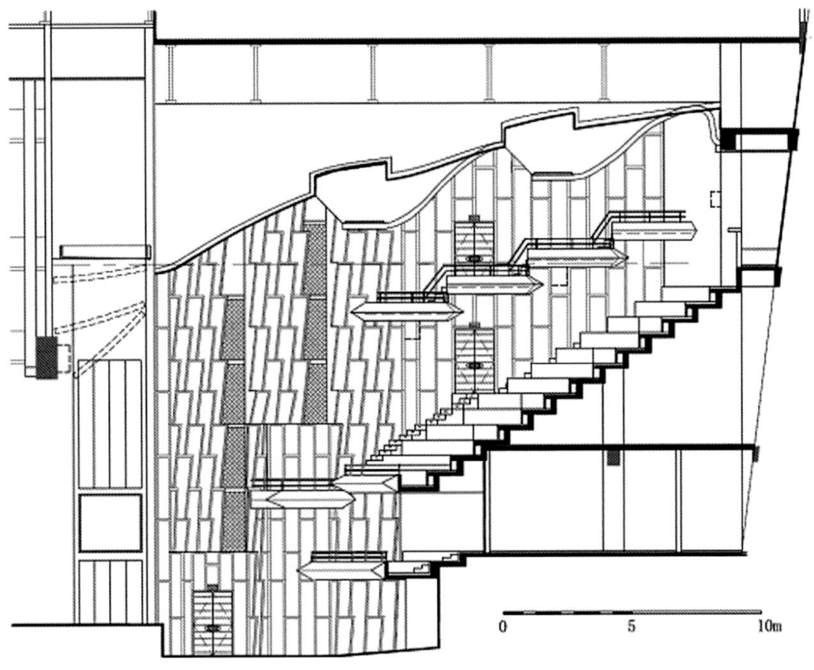

图4　梅兰芳大剧院剖面图

2.2 声学设计

梅兰芳大剧院的音质定位是以自然声演唱为主的京剧专业剧场，中频满场混响时间定为1.2s，以确保观众对京剧欣赏中唱词、念白的语言可懂度。钟形平面最大面宽控制在27m以内，并在观众厅两侧设计了向下倾斜的藻井式侧墙装饰，起到扩散反射作用，为整个观众区提供丰富的早期侧向反射声以及准确的声像定位。面光桥结合吊顶装饰采用了通透式设计，最大限度地保留自然声能，并极大改善了三层楼座的音质条件（图5、图6）。

图5　梅兰芳大剧院内景

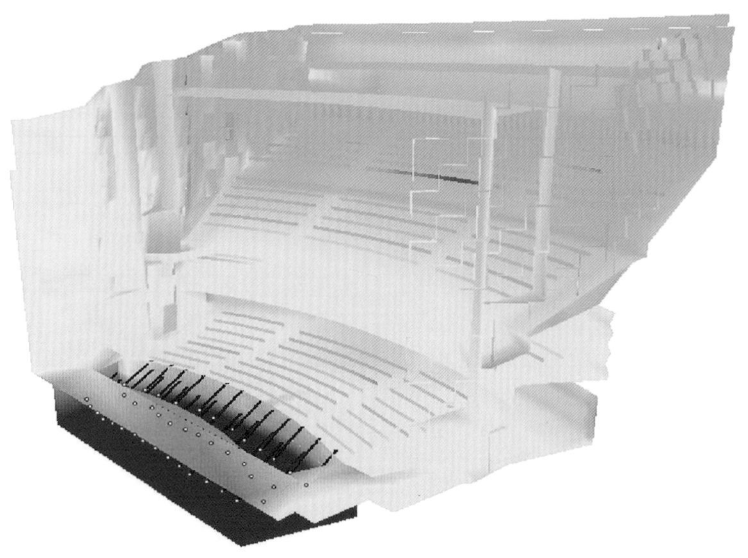

图6　梅兰芳大剧院声学模拟图[1dB(A)/色差]

2.3 声学指标测量结果

声学指标测量结果见表1。

声学指标测量结果　　表1

频率/Hz	125	250	500	1000	2000	4000
观众厅(空场)/s	1.89	1.70	1.37	1.14	1.00	0.69
舞台/s	1.83	2.04	1.88	1.40	1.25	0.79

案例提供：桂宇，高级工程师，中国中元国际工程有限公司声学室主任。Email：1969898375@qq.com

斯里兰卡国家大剧院

建筑设计：北京市建筑设计研究院有限公司　　声学设计：北京市建筑设计研究院有限公司声学室

项目规模：16100m^2　　项目地点：斯里兰卡首都科伦坡

竣工日期：2008年

1　工程概况

斯里兰卡国家大剧院是由我国援建斯里兰卡的一座大型观演建筑，位于斯里兰卡首都科伦坡。该剧院外形如一朵盛开的蓝色睡莲，寓意着斯里兰卡的国花，也象征着中国和斯里兰卡两国的友谊（图1、图2）。

图1　斯里兰卡国家大剧院外景

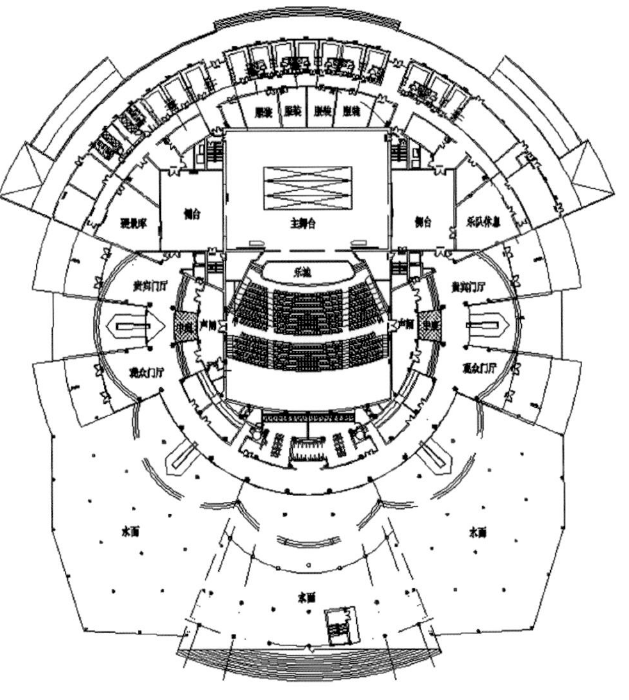

图2　斯里兰卡国家大剧院总平面图

2　斯里兰卡国家大剧院声学设计

斯里兰卡国家大剧院声学设计由北京市建筑设计研究院有限公司声学室负责。

2.1 概述

大剧院观众厅平面呈钟形，有2层楼座，并延伸至侧墙形成二层跌落包厢，可容纳观众1288人，其中一层为798座，二层为145座，三层为345座。观众厅有效容积约$9500m^3$，总内表面积约$3920m^2$，每座容积为$7.4m^3$，平均自由程为9.7m（图3、图4）。

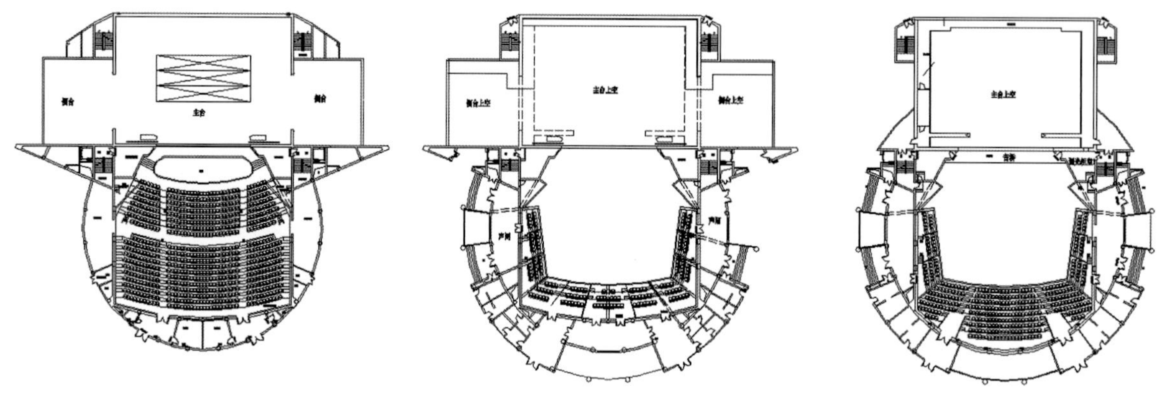

图3　斯里兰卡国家大剧院平面图

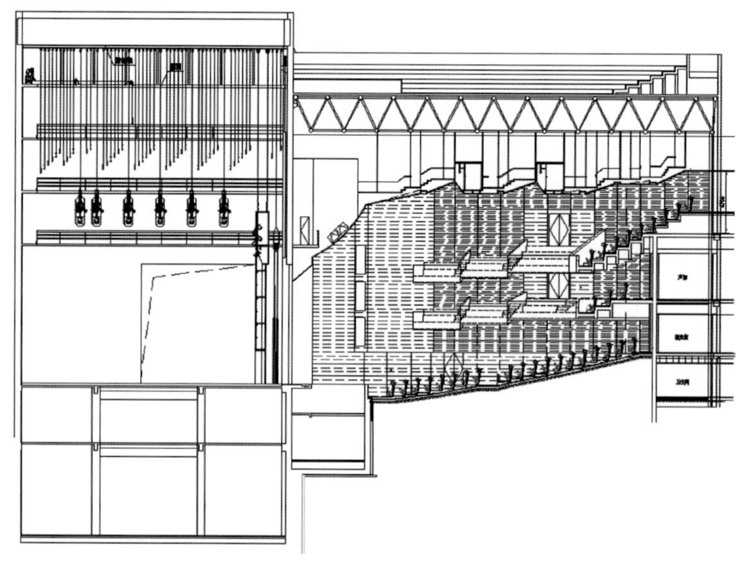

图4　斯里兰卡国家大剧院剖面图

2.2 声学设计特点

（1）反射声设计：观众厅池座的反射声主要来自舞台台口两侧设置的八字形墙面，该墙面能够为池座提供早期侧向反射声。观众厅两侧的包厢栏板也可以为池座提供反射声。另外，吊顶通过计算设计成折板形式，也可以为观众席提供反射声。

（2）扩散设计：本剧场观众厅两面侧墙为平行墙，装修风格比较简约，要求装饰面统一，并且不希望在墙面设置扩散体。而由于混响时间控制的要求，两个侧墙也不能完全进行吸声处理，这就有可能在两个侧墙之间产生颤动回声，另外，扩散效果也不理想。为了解决这两个问题，采用了交叉布置吸声和反射构造的措施，在墙面交叉布置吸声和反射构造，并且两侧墙面在布置时错开，即相同位置在一侧墙为吸声构造，在另一侧为反射构造。这既保证了墙面的扩散，又可以避免两个平行侧墙之间产生颤动回声等声学缺陷，同时，还满足了混响时间控制和装修效果的要求（图5）。

图5　斯里兰卡国家大剧院内景

2.3 声学指标

斯里兰卡国家大剧院声学指标见表1。

斯里兰卡国家大剧院声学指标　　表1

满场中频（500Hz、1000Hz）混响时间/s	1.4 ± 0.1
低频（125Hz、250Hz）混响时间/s	中频混响时间的1.1～1.2倍
高频（2000Hz、4000Hz）混响时间/s	中频混响时间的0.8～1.0倍
明晰度C_{80}	$-2dB \leqslant C_{80} \leqslant +2dB$

2.4 计算模拟

为了保证声学设计的质量，用Raynoise声学模拟软件对观众厅的声学效果进行了模拟计算，模拟结果如图6所示，显示其基本满足声学设计指标。

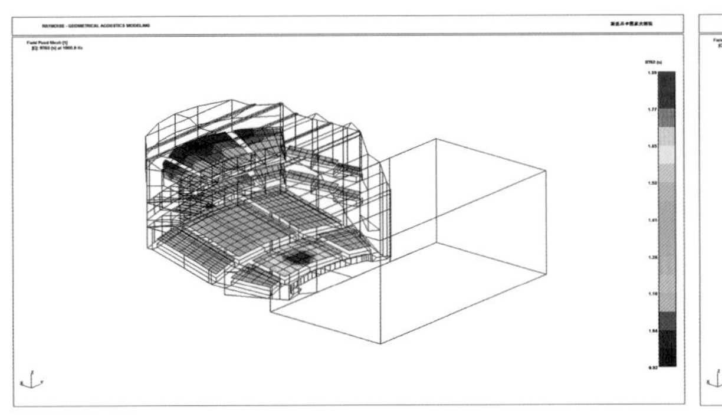

1000Hz混响时间分布图

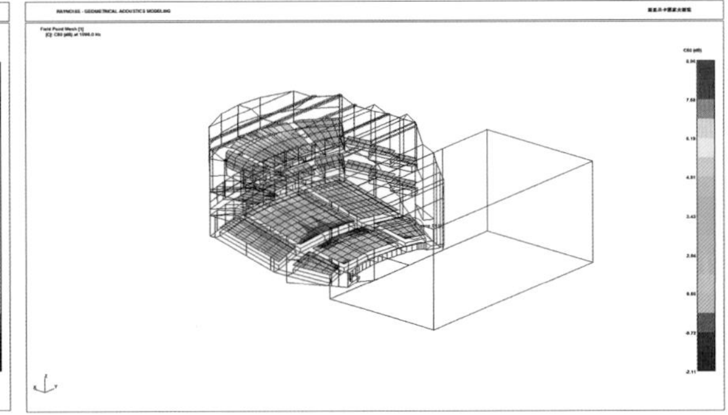

C_{80}分布图

图6　斯里兰卡国家大剧院计算模拟结果

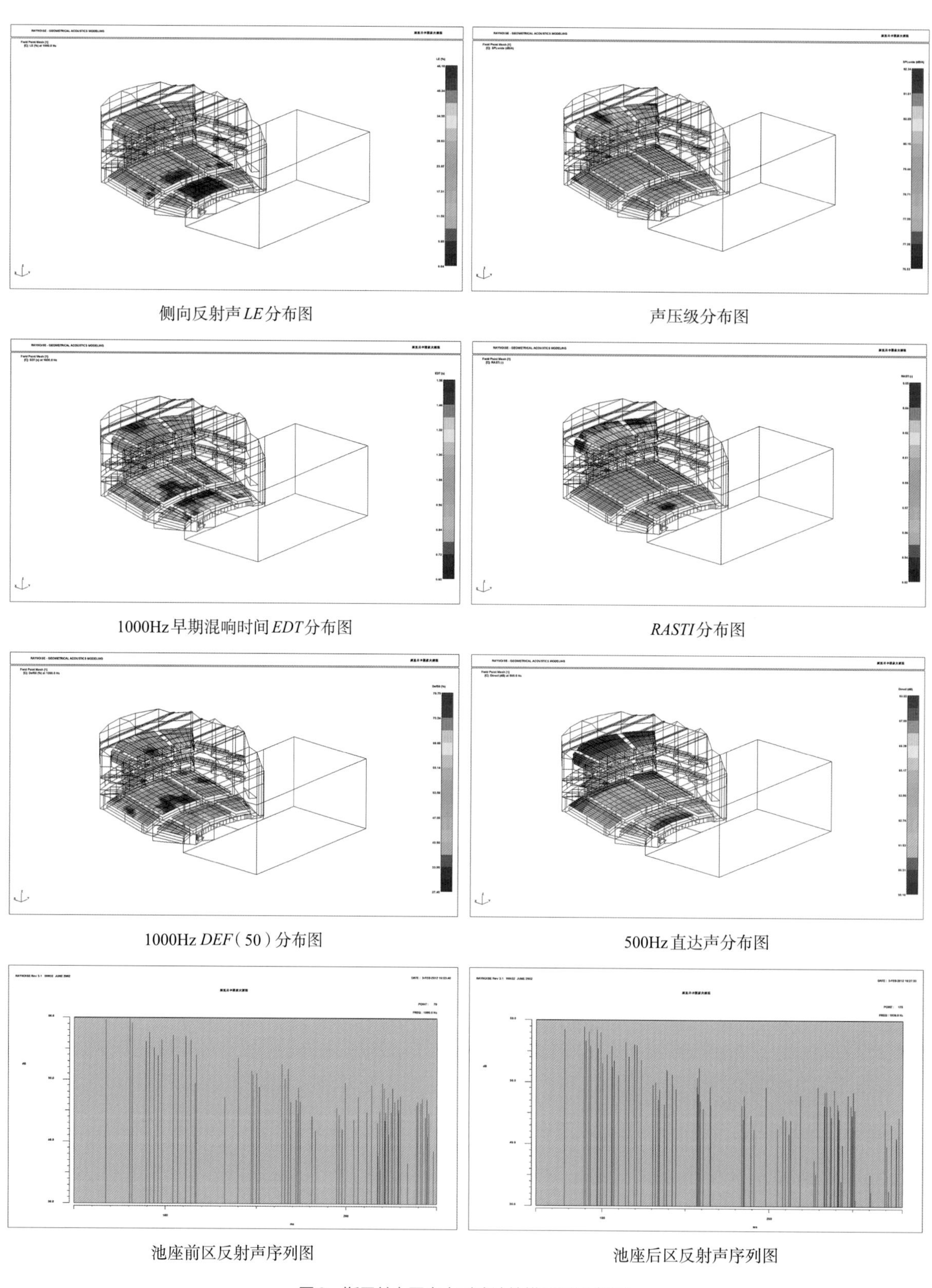

侧向反射声*LE*分布图

声压级分布图

1000Hz早期混响时间*EDT*分布图

*RASTI*分布图

1000Hz *DEF*（50）分布图

500Hz直达声分布图

池座前区反射声序列图

池座后区反射声序列图

图6　斯里兰卡国家大剧院计算模拟结果（续）

案例提供：王铮，教授级高级工程师，北京市建筑设计研究院有限公司。

威海海洋剧场

方案设计：中国建筑设计研究院
项目规模：42947m³
竣工日期：2018年

电子可变声学环境系统设计：深圳易科声光科技股份有限公司
项目地点：山东省威海市

1 工程概况

威海市群众艺术馆新馆于2018年12月正式开馆，其中多功能的海洋剧场共有座位450个，用于为市民免费举办各类专业及群众性文艺演出、文化艺术知识讲座、普及性文艺培训辅导等（图1）。因此，需满足从语言到现代流行音乐再到各类声学器乐演奏及合唱等众多使用功能的需要，功能跨度大。业主单位经综合比较后，选用了相对简单易行且高性价比的电子声学环境可变系统，最终具体选型品牌为回路嵌入式的美国E-Coustic Systems。

系统设计方保证该系统的使用效果，建议该剧场的初始建筑声以满足语言应用为主进行建设，但海洋剧场为了呈现如波纹一般的内装效果，墙面造型全部采用GRG板，这就给整体的建声实现带来了很大的考验。经过多方努力后，剧场最终实测中频混响时间达到了1.2s，虽不是十分理想，但总体来说依然较好地保证了语言清晰度。

图1　威海海洋剧场外景

2 威海海洋剧场基本情况

威海海洋剧场观众厅平面呈马蹄形，最大容量座位450座，内部造型如同波光粼粼的海面。传统的建声改变混响时间的方式会破坏内部装饰，E-Coustic电子声学环境可变系统是使用电声设备，通过电声声场控制技术来优化环境声学的系统，在不影响内部造型的情况下，E-Coustic声学系统既可修复部分建声问题，又可以改善声场听感（图2、图3）。

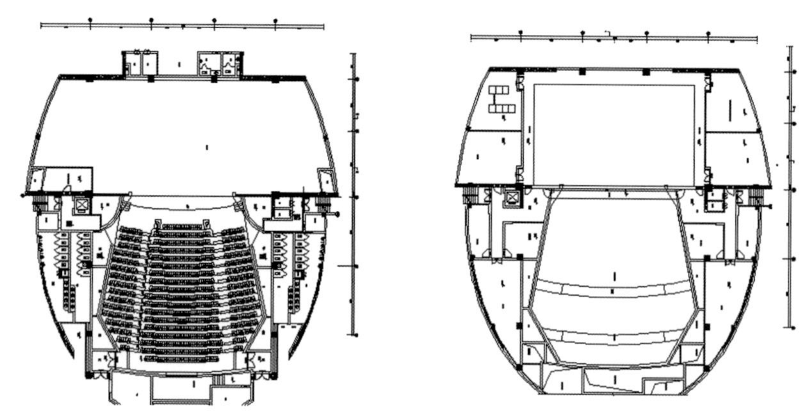

图2 威海海洋剧场平面图

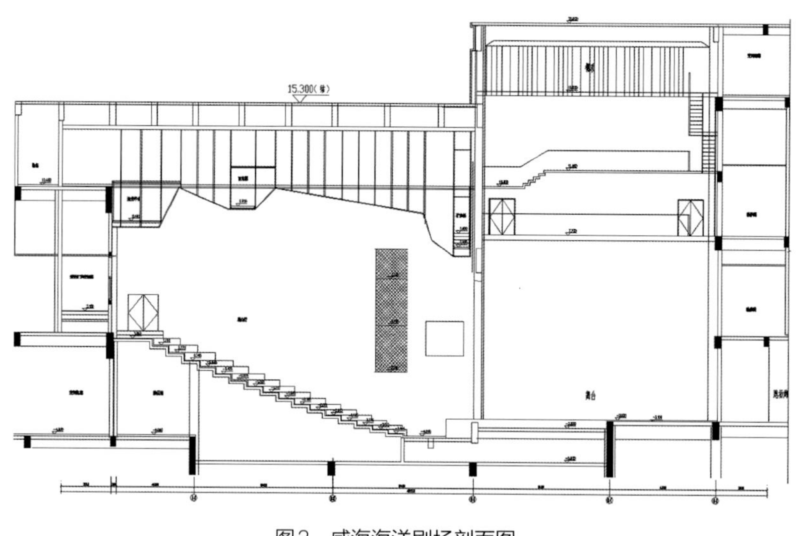

图3 威海海洋剧场剖面图

2.1 威海海洋剧场电子声学环境可变系统设计

威海海洋剧场电子声学环境可变系统设计由深圳易科声光科技股份有限公司负责。

本项目中，舞台和观众席均可通过E-Coustic系统对声学条件进行调整。整套系统共安装了6只传声器和87只扬声器，传声器全部使用德国Schoeps品牌的CCM系列心形指向性产品，其中4只位于舞台正上方，另外两只则吊挂在舞台台口外端的垂直上方位置。87只扬声器全部选用E-Coustic专门为其系统设计的声学扬声器，频率响应的一致性很高，并根据扬声器安装位置的不同，选择不同的单元尺寸，以保证扬声器在最优性价比的情况下实现最佳耦合效果。

项目总共进行了两次调试，第一次调试完成后，客户在使用过程中感觉混响时间不足以满足厅堂所有的应用场景，故又根据客户的需求进行了第二次调试，增长了混响时间。除了厅堂自身的固有声学条件外，经历了两次调试的E-Coustic系统共设置了10个混响时间预设模式，分别为1.5s、1.7s、1.9s、2.2s、2.6s、2.9s、3.2s、3.5s、4s和6s，同时，还设置了一个对厅堂本身声学问题进行了一定程度上修复的语音舒适模式。

鉴于群艺馆中群众性活动的丰富程度，一场节目中可能存在大量不同类别的演出，为方便工作人员灵活使用该电子声学环境可变系统，上述设置的所有模式均可通过中控面板或Ipad一键调用（图4），操作十分便捷。业主后期使用时，可以在彩排以及不同种类节目表演的衔接过程中切换不同的模式，选取最合适的声学环境。此系统模式设置多样，操作简便，再加上使用者具有一定的音乐素养，所以很好地保证了表演最终的呈现效果，以至于此套系统的使用率极高。尤其是它在声学乐器或是人声合唱表演中的应用，效果十分明显。本项目调试后期也邀请了专业的音频技术人员、音乐人、声学专家等进行了现场试听，大家普遍认为此套系统听感十分自然，且效果明显，对于改变厅堂的声学环境是十分有效的。

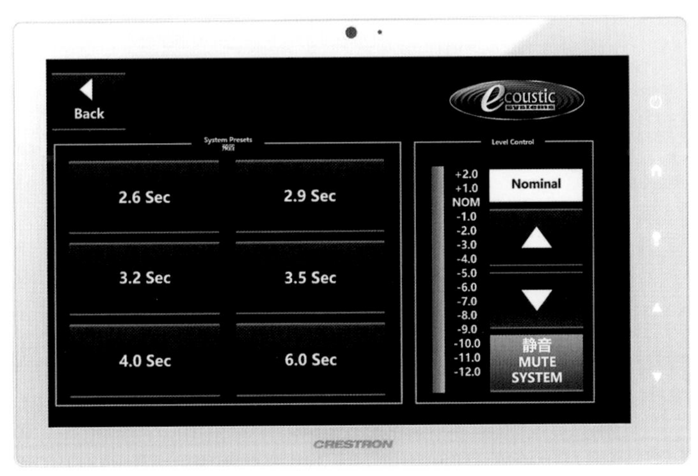

图4 威海海洋剧场E-Coustic系统控制触摸屏

E-Coustic系统拥有强大的数字处理能力，可以精确模拟出各种关键声学参数，为厅堂提供了一个较好的再生听感。E-Coustic先进的时变技术，也很好地保证了系统的稳定性。本系统中，传声器与扬声器的距离很近，但很好地抑制了声反馈和声染色的问题。同时系统使用较少的传声器—扬声器通路，既能达到改变声学环境的效果，也在很大程度上降低了施工难度，这也是回路嵌入式系统的固有优势之一。

2.2 威海海洋剧场声学测试结果和装修效果

威海海洋剧场固有混响时间测量结果见表1，内景见图5。

混响时间 T_{60} 测量结果（单位：s） **表1**

测量状态	倍频程中心频率						
	125Hz	250Hz	500Hz	1000Hz	2000Hz	4000Hz	8000Hz
无电子声学环境可变系统	1.50	1.39	1.27	1.23	1.19	1.05	0.87

图5　威海海洋剧场内景

海洋剧场电子声学环境可变系统在完成现场调试后，选取了1.5s、1.7s及3.5s预设进行了实地测量，T_{30}的测量结果如图6所示。此外，系统本身对初始时间间隙、早期反射声、混响能量等声学参数均可单独调节，极大地丰富了系统的综合调控能力，使整个声学空间的真实感和内部参数间的适配度得以有效提升。

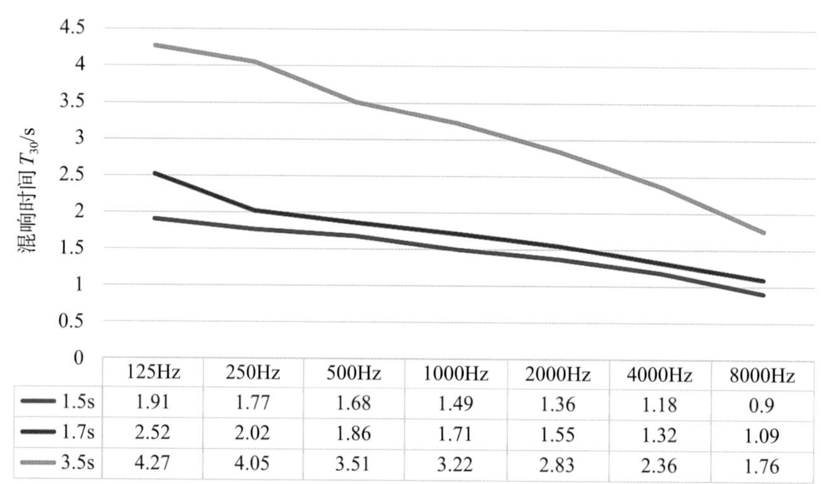

	125Hz	250Hz	500Hz	1000Hz	2000Hz	4000Hz	8000Hz
1.5s	1.91	1.77	1.68	1.49	1.36	1.18	0.9
1.7s	2.52	2.02	1.86	1.71	1.55	1.32	1.09
3.5s	4.27	4.05	3.51	3.22	2.83	2.36	1.76

图6　威海海洋剧场E-Coustic系统三种混响预设状态下T_{30}频率特性曲线图

案例提供：范文磊，高级工程师，深圳易科声光科技股份有限公司。

天津茱莉亚学院

方案设计：Diller Scofidio + Renfro
建筑设计：华东建筑设计研究院有限公司
上海章奎生声学工程顾问有限公司
竣工日期：2020年9月
声学顾问：Jaffe Holden
项目规模：总建筑面积约4.5万m^2
项目地点：天津市滨海高铁站以西、海河东岸

1 工程概况

从大洋彼岸到海河之滨，天津茱莉亚学院是茱莉亚学院第一所海外分院，也是中国首个颁发美国认证的音乐硕士学位的艺术机构，2015年11月正式落户天津滨海新区，由茱莉亚学院、天津音乐学院、天津经济技术开发区管委会及天津新金融投资有限公司共同推动创建及发展。学院提供由纽约茱莉亚学院颁发的音乐硕士学位，共设有管弦乐表演、室内乐表演、钢琴艺术指导三个硕士专业（图1）。

图1 天津茱莉亚学院外景照片

天津茱莉亚学院项目主体由音乐厅（约700座）、演奏厅（约300座）、黑盒剧场（约250座）、乐团排练厅、3个大排练厅、2个小排练厅、录音室，以及130多间极高声学标准的音乐教室和办公室组成，呈不规则多面体外形。建筑分A、B、C、D四个单体，各单体间由5条大跨度折线形空中连廊联结而成，底部为公众展览空间，全天候对外开放，与海河及周边绿化公园融为一体，具备学院教学、资料阅览、办公、排练及附属配套设施等相关功能。

2 工程亮点

2.1 稳妥的建筑整体隔振结构体系

本项目地块属于文教类区域，按照国家标准《城市区域环境振动标准》GB 10070—1988中的相关规定，该区域垂向加速度振级应满足：昼间≤70dB，夜间≤67dB。考虑到规避未来规划地铁线的振动干扰，以及各厅之间的噪声相互隔绝，音乐厅和演奏厅内盒均采用大型阻尼弹簧减振器对建筑整体进行隔振，与外盒完全脱开，具有完整的盒中盒构造。图2为音乐厅剖面图，结构弹簧位于内盒与外盒之间。隔振器在主体结构、装修施工完成、主要设备安装结束后进行释放。为保证减振效果，隔振机构完全由隔振器支撑，与周边及下部机构完全脱开。管线敷设时尽可能避开隔振层，必须穿越隔振层的设备管线采用软连接处理。

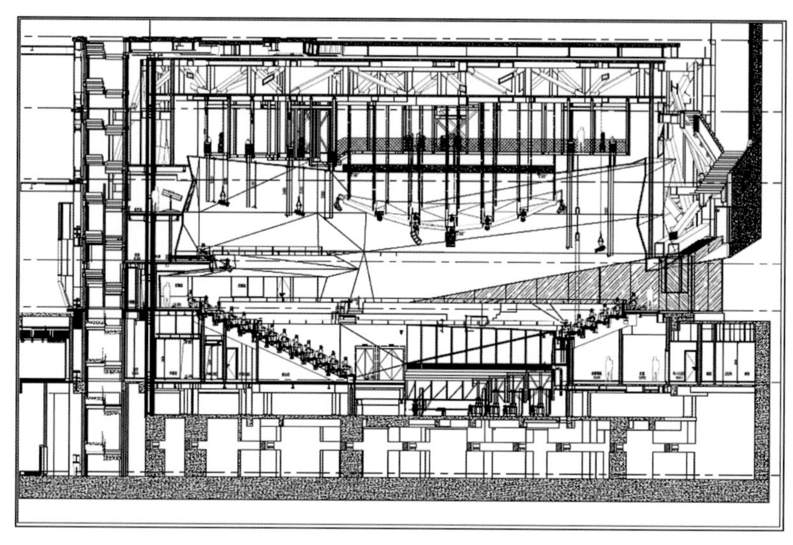

图2 天津茱莉亚学院音乐厅剖面图

2.2 大范围的室内吸声可调设计

作为世界顶尖音乐学院，天津茱莉亚学院除了要满足对外专业演出的需求外，还需要重点满足作为一个专业音乐学院的教学功能要求，因此声学专业在多个音质重要厅堂设计了可调吸声帘幕，其中音乐厅、演奏厅、黑盒剧场和3个大排练厅采用电机升降式双层帘幕，录音室采用手动平开式单层帘幕。由于所采用帘幕吸声性能优异，降噪系数达到0.80以上，各厅室内混响时间均可实现大范围调节（图3～图6）。

现场实测音乐厅中频空场混响时间可从1.45s左右调整至2.45s左右，预计中频满场混响时间调节范围可涵盖1.3～2.2s，满足电子音乐、讲座、电影放映、交响乐、合唱团等多种演出要求。现场实测演奏厅中频空场混响时间可从0.95s左右调整至1.95s左右，预计中频满场混响时间调节范围可涵盖0.8～1.8s，满足电子音乐/实验音乐、讲座、室内乐、巴洛克管弦乐队和合唱团等多种演出要求。现场实测黑盒剧场中频空场混响时间可从1.30s左右调整至1.75s左右，预计中频满场混响时间调节范围可涵盖1.1～1.6s，满足打击乐、讲座、电影放映、小型室内乐团、弦乐四重奏、木管五重奏、铜管五重奏和钢琴演奏等多种教学与演出要求。

图3 天津茱莉亚学院音乐厅内景照片

图4 天津茱莉亚学院演奏厅内景照片

图5 天津茱莉亚学院黑盒剧场内景照片

图6 天津茱莉亚学院乐团排练厅内景照片

此外，在乐团排练厅中采用了书本式可翻折吸声体，合上时是低吸声强反射的木饰面，翻开时是强吸声的阻燃织物吸声板，降噪系数达到0.80以上。现场实测乐团排练厅中频空场混响时间可从1.20s左右调整至2.40s左右，可满足从高清晰度到非常活跃等多种演出模式的排练需求。

2.3 极高的声学设计标准和完成度

天津茱莉亚学院定位为世界一流水准的艺术中心，对室内音质和声环境要求严格，需创造一个极其安静舒适的声环境；同时对空间私密性要求极高，各噪声敏感房间同时使用时不能相互干扰。现场实测音乐厅、演奏厅、黑盒剧场、乐团排练厅、3个大排练厅、2个小排练厅和录音室在空调系统正常运行的条件下，背景噪声均满足*NC*–15噪声评价曲线的要求。连廊教室、教学工作室和练习室等130多间用房的室内背景噪声均满足*NC*–25噪声评价曲线的要求。

连廊区域有118间教学工作室、练习室和教室，多数房间存在乐器演奏的需求，使用时声级较大，并且这些房间左右或上下相邻，声学处理难度很大，除了要加强暖通空调系统管路的消声外，还需要着重解决围护结构的隔声问题。为此，包括黑盒剧场、录音室和排练厅在内，以及连廊音乐教室等147个房间采用了房中房构造，均具有浮筑楼板、双层墙体构造、高隔声量的玻璃幕墙和隔声门，以及弹簧吊钩悬挂的隔声吊顶（图7）。

图7　天津茱莉亚学院连廊练习室内景照片

3　主要建声技术措施

历经4年多时间，设计团队顺利完成了室内音质计算机模拟计算、1:10声学缩尺模型试验、多次样板房声学测试、数十次现场声学巡查和竣工验收声学测试等多项工作，为实现世界顶级声学设计和建造标准的目标提供了有力的技术支持。

3.1 室内音质计算机模拟计算

对音乐厅、演奏厅、黑盒剧场和排练厅等重要声学房间的混响时间进行控制计算，确定室内吸声、扩散声学材料的性能要求和布置面积；并对音乐厅、演奏厅、黑盒剧场等重要声学房间进行室内音质计算机模拟计算，直观预测不同吸声帘幕条件下的室内音质情况，获得较准确的室内混响可调范围，为声学方案提供数据支持（图8）。

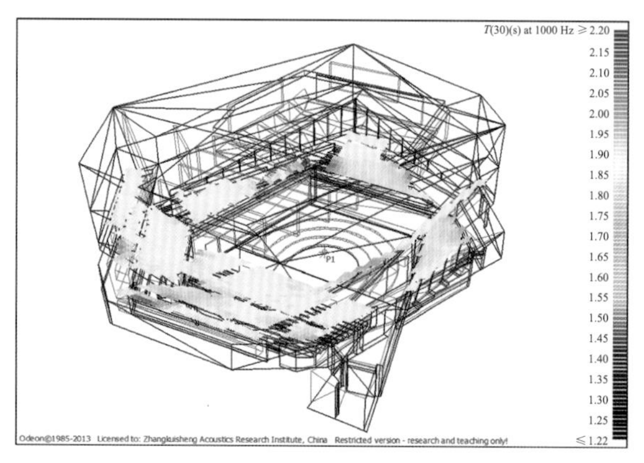

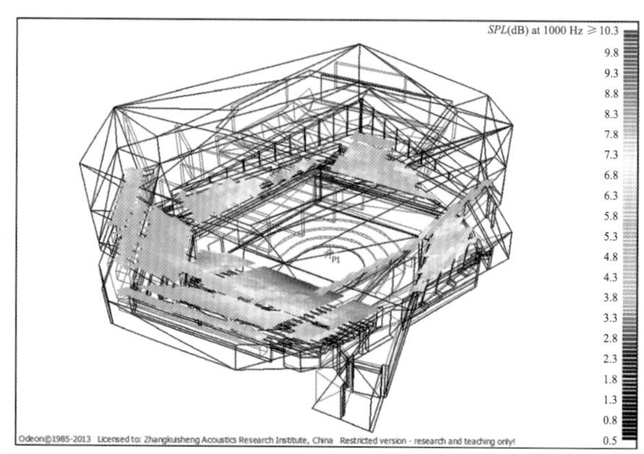

图8　天津茱莉亚学院音乐厅声场模拟计算分布图

3.2 音乐厅声学缩尺模型试验

在室内施工图设计阶段，制作了音乐厅1:10声学缩尺实物模型，制作过程中进行三维扫描，确保模型精度满足试验要求。模型制作备选材料（包括座椅）均在1:10缩尺混响室中进行了检测，从中选取吸声性能最佳匹配材料。通过对音乐厅进行声学缩尺模型试验，可以对比不同吸声帘幕条件下的室内音质指标变化情况，为最终完善的音乐厅声学设计提供数据支撑，并更准确地预测建成后音乐厅的实际音质效果（图9）。

图9 缩尺混响室和天津茱莉亚学院音乐厅1:10声学缩尺模型照片

3.3 样板房声学检测

本项目样板房声学检测主要发现和解决了一些隐蔽的施工质量问题，比如浮筑楼板浇筑不规范、结构缝未完全断开、隔声门未调节到位、管线穿墙或吊顶的隔声封堵不完全等，在对连廊练习室进行样板房测试的时候，发现幕墙中间竖向空心龙骨导致上下层音乐房间的串声。首先通过对立柱进行隔声包覆处理后再次测试确定了问题源头，最后通过在立柱底面加钢盖板解决了该问题，楼板空气声隔声量*NIC*由58提高到71。此外，还在本工程前期建造过程中对音乐厅和演奏厅的盒中盒构造进行振动测试，以判断结构缝处是否完全断开，确保音乐厅和演奏厅有完整的房中房构造。

3.4 现场声学巡查

设计团队在施工过程中对项目现场进行了几十次巡查和声学施工交底，用通俗易懂的沟通语言把声学技术要点和重点关注事项传达给现场施工人员。对于现场发现的施工质量或技术问题，均立即建立待整改问题清单，提出解决问题的具体方案，并在后续巡查过程中监督施工单位落实到位。竣工验收声学测试结果表明，声学设计方案得到高质量落地实施。

案例提供：余斌，高级工程师，注册环保工程师，上海章奎生声学工程顾问有限公司。Email：13918797767@163.com

重庆国际马戏城

建筑设计：北京市建筑设计研究院有限公司
声学设计：北京市建筑设计研究院有限公司声学室
音频系统集成：深圳易科声光科技股份有限公司
项目地点：重庆市南滨路弹子石
项目规模：35171m^2
竣工日期：2016年

1 工程概况

重庆国际马戏城，坐落于重庆市主城区弹子石组团A标准分区，A10-7/03地块（紧邻南滨路），建成后将成为西部唯一的国际马戏城，成为重庆市"两江四岸"又一个标志性建筑（图1）。马戏城以杂技、马戏演出为主，是集办公、业务生产、培训、文化展示、文化交流、休闲娱乐、旅游于一体的大型综合性文化设施。建筑面积为35171m^2，地上22750m^2，地下12421m^2。主表演馆1498座。

图1 重庆国际马戏城外景

2 声学设计

重庆国际马戏城声学设计主要包括主表演馆的建筑声学设计和舞台工艺设计，均由北京市建筑设计研究院有限公司声学室负责。

2.1 概述

重庆国际马戏城为专业马戏表演场所，主表演馆的表演舞台为圆形，半径约为9m，观众席1498座，呈半圆形布置，半径约为34m，平均高度约28m（至网架下弦）（图2、图3）。由于马戏表演的特殊需要，马戏城内表演区域延伸到观众席内，表演区与观众席连为一体，而且观众厅没有吊顶，所以马戏城内每座容积很大，约45m^3。

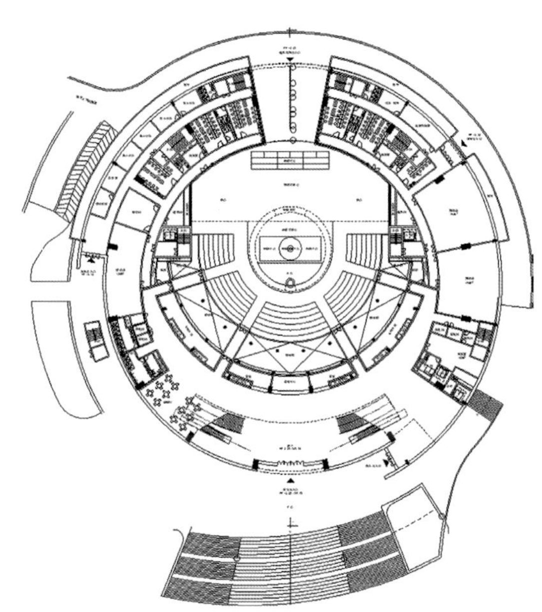

图2 主表演馆平面图

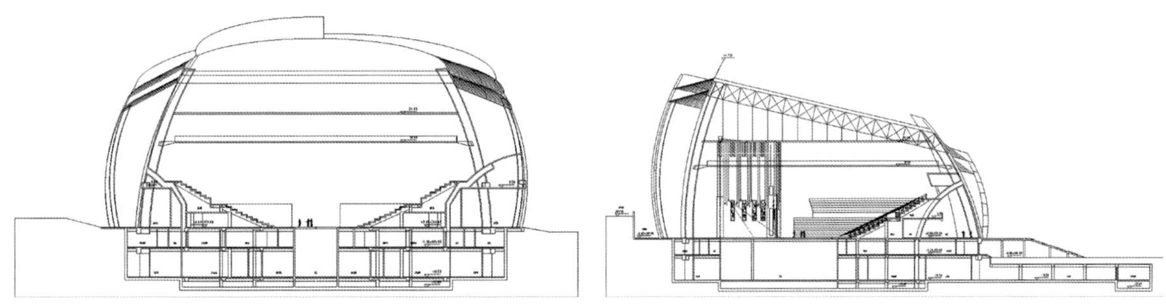

图3 主表演馆剖面图

2.2 建声设计方案

2.2.1 室内音质

（1）屋面和围护幕墙的吸声处理

屋面和幕墙内表面必须进行强吸声处理，吸声构造的平均吸声系数应大于0.8，因此在屋顶和幕墙内表面采取穿孔铝板强吸声构造：穿孔铝板（穿孔率大于20%）→无纺吸声布→50mm厚离心玻璃棉板（密度40K）→大于150mm厚空气层。

（2）马道下皮吸声处理

观众席上空有较多的马道，而且暴露于观众厅之内，可以利用马道下皮进行吸声处理，具体采用了穿孔铝板强吸声构造：穿孔铝板（穿孔率大于20%）→无纺吸声布→50mm厚离心玻璃棉板（密度40K）→50mm厚空气层→钢板马道。

（3）观众厅墙面的吸声处理

主表演馆内的墙面根据装修效果的要求，在观众看不到的舞台后墙采用了造价较低穿孔FC板吸声构造，在观众可以看到的墙面采用了装饰效果较好的木制吸声板吸声构造、木丝吸声板吸声构造等。

（4）舞台墙面的吸声处理

舞台墙面也必须进行吸声处理，但由于舞台墙面对装修效果的要求较低，所以可以采用如下强吸声构造：穿孔FC板（穿孔率大于20%）→无纺吸声布→50mm厚离心玻璃棉板（密度40K）→50mm厚空气层→舞台墙面。

（5）座椅用吸声量较大的软椅。

2.2.2 围护结构隔声

（1）屋面为轻结构，其隔声性能较差，尤其防雨噪声方面比较容易出现问题，所以屋面必须做隔声构造。

（2）由于观众与表演区域直接对外，没有休息空间的环绕，所以其围护结构的隔声性能应满足$R_w+C_{tr}>45$dB的要求。

（3）观众厅所有的出入口均设置声闸，声闸内墙面和吊顶均应进行强吸声处理，观众厅的疏散门采用防火隔声门，每道门的隔声性能应满足$R_w+C_{tr}>30$dB的要求。

2.2.3 空调通风系统消声隔振

（1）气流速度

空调通风系统（包括送风和回风）的气流速度应满足：主风道风速小于6.0m/s，支风道风速小于4.5m/s；普通风口风速小于2.0m/s；座椅送风风口风速小于0.2m/s。

（2）送回风比

主表演馆要求有较好的封闭性，所以送风系统送进的风基本要通过回风系统送出，为了保证回风系统的风速不会增大，要求送回风比为1:1。

（3）消声器的布置与构造

从空调通风机组的出风口和回风口到主表演馆内的每一个送风口（包括静压箱的进风口）和回风口之间的管道系统中应至少保证有两级消声器，其中一级为阻抗复合式消声器，主要消除中低频噪声；另一级为折板式消声器，主要消除中高频。

2.3 电声设计方案

2.3.1 功能需求

（1）满足马戏表演；

（2）满足其他类型大型演出；

（3）满足大型会议的需求。

2.3.2 调音台及音频网络

共配置2张调音台，数字调音台选用ALLEN&HEATH ILIVE，主要用作现场扩声；模拟调音台作为主调音台的系统备份使用：数字和模拟调音台可同步工作，主台或数字音频链路出现故障，可热备份方式切换到模拟调音台或模拟音频链路，一模、一数调音台也可以满足前来演出调音师的使用习惯（图4、图5）。

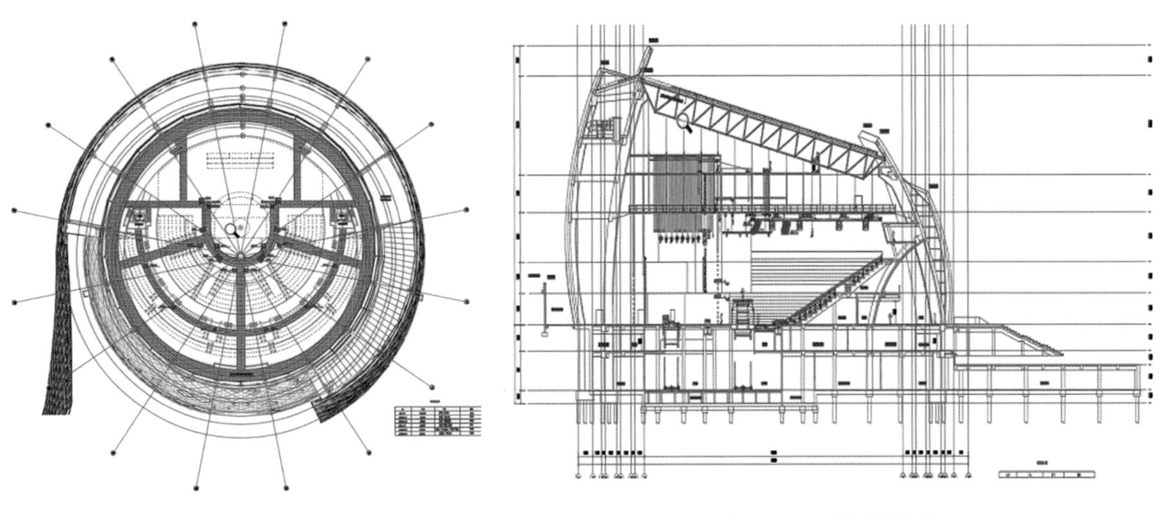

图4　扬声器布置平面图

图5　扬声器布置剖面图

（1）主扩声扬声器系统

主扩全频扬声器EAW KF740三分频线性阵列扬声器，分4组安装在马道下方，每组5只。主扬声器组水平覆盖角度90°～100°，垂直覆盖角度不大于12°；单只扬声器最大声压级为141dB。

超低频扬声器EAW SB1002数量8只，分4组安装在马道下方，单只最大声压级≥141dB。

（2）台唇扬声器声扬声器系统

为覆盖前排观众席重要区域，设置3只EAW KF394台唇扬声器。

（3）观众厅效果声扬声器系统

在观众厅墙壁为配合剧目内容的演出需要，实现特殊声音的声场与效果，在观众厅墙壁配置10只EAW CR72效果声扬声器，观众厅顶棚配置10只EAW VFR159效果声扬声器。

（4）返送扬声器系统

舞台内侧区域顶部设置4只EAW MK5364固定返送扬声器，舞台表演区域设置6只EAW LA215流动地板返送监听扬声器。

2.3.3 功率放大器

意大利POWERSOFT I系列以及M系列功率放大器，数字功放需具备强大的DSP处理能力，包含压限、均衡、延时等音频处理模块，内置EAW厂家音频调试数据，达到更加理想效果以及对后期设备进行保护。数字功放强大的DSP处理能力及网络监控功能，以及具备远程监控功能，在声控室能够很直观地检测调整功率放大器的工作情况，实时检测工作电压、输入电平、温度、过载等各种状况。

数字功放输入信号链路具有无缝备份切换功能（数字调音台数字输出信号和备份模拟调音台模拟信号同时送入POWERSOFT数字功放，当数字信号链路出现故障时可自动切换到模拟信号链路，保证信号的不中断）。

2.4 声学指标

建筑声学指标见表1。

建筑声学指标 表1

场馆	满场中频混响时间 T_{60}	背景噪声限制	语言清晰度
主表演馆	≤1.4s	≤*NR*–35（空调使用工况时）	>60%

2.5 声学测试结果

混响时间 T_{60} 测量结果见表2。

混响时间 T_{60} 测量结果（单位：s） 表2

测量状态	倍频程中心频率					
	125Hz	250Hz	500Hz	1000Hz	2000Hz	4000Hz
主表演馆	1.9	1.9	1.7	1.7	1.8	1.8

扩声系统测量结果见表3。

扩声系统测量结果（单位：dB） 表3

场馆	最大声压级		传输频率特性		传输增益		声场不均匀度			
	观众席	表演台	观众席	表演台	观众席	表演台	观众席		表演台	
							1000Hz	4000Hz	1000Hz	4000Hz
主表演馆	106.4	105.4	满足	满足	均≥–7.5	均≥7.8	7.5	7.7	7.1	7.3

案例提供：栗瀚，高级工程师，北京声学学会会员，北京市建筑设计研究院有限公司声学室。

盛京大剧院

方案设计：华建集团上海建筑设计研究院有限公司
声学顾问：华东建筑设计研究院声学所
声学装修：深圳市洪涛装饰股份有限公司
音视频集成：北京奥特维科技发展有限公司
项目规模：85509m^2
项目地点：辽宁省沈阳市
竣工日期：2014年

1 工程概述

盛京大剧院原名沈阳文化艺术中心，2014年9月改名为盛京大剧院。沈阳是著名的皇城古都，如果把浑河比作皇袍上的腰带，那么坐落在浑河岸边的盛京大剧院就好比腰带上的宝石，是整个城市形象的点睛之笔。这块镶嵌在自然草坪上的钻石，将成为浑河两岸及沿河带状景观联系的亮点、沈阳的最新地标建筑（图1、图2）。盛京大剧院位于沈阳五爱浑河隧道以西，青年大街以东，浑河北岸，沈水路（南二环路）以南，占地面积65143.47m^2，建筑面积85509m^2，包括主体建筑面积6.7万m^{2}和大平台下建筑面积1.8万m^2，主体建筑地下1层、地上7层，建筑高度为60m。2011年6月开工建设，2014年9月全部完工，总投资约10亿元。

图1　外景效果图

图2　外景照片

2 功能及建筑概况

盛京大剧院位于沈阳浑河北岸，形似巨大的钻石，主体建筑内设1200座音乐厅、1800座综合剧场、500座多功能厅三个演出场所，整个建筑的平剖面图见图3和图4。

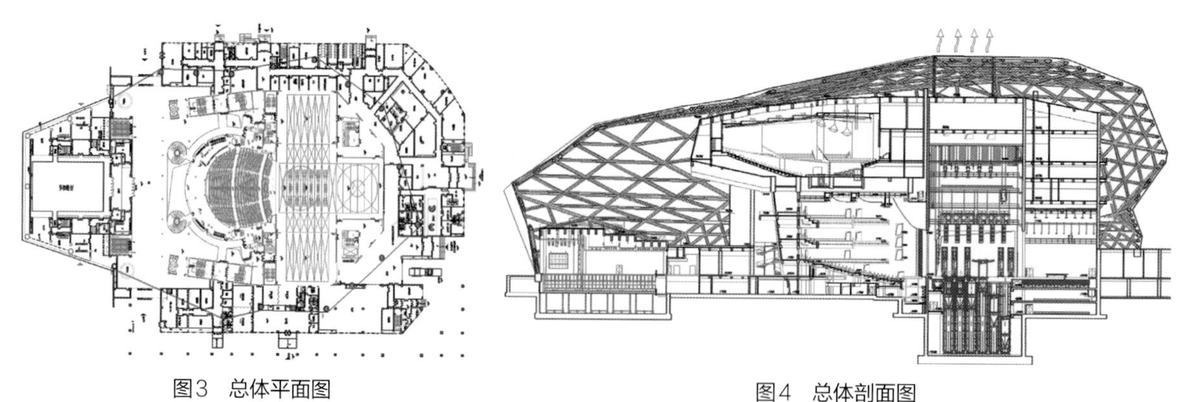

图3　总体平面图　　　　图4　总体剖面图

2.1 音乐厅

音乐厅平面呈梯田形，舞台平面呈扇形，采用“岛式”舞台设计。舞台前宽约19.7m，后宽约11.9m，深约14.6m；舞台面比观众区第一排地面高0.65m；舞台后墙至观众区后墙水平距离约36.8m。演奏台的上空设计悬挂透明反射板，使观众厅的前中区听众获得较多的早期反射声，同时能够增加指挥与乐队、乐师与乐师之间的相互听闻（图5、图6）。

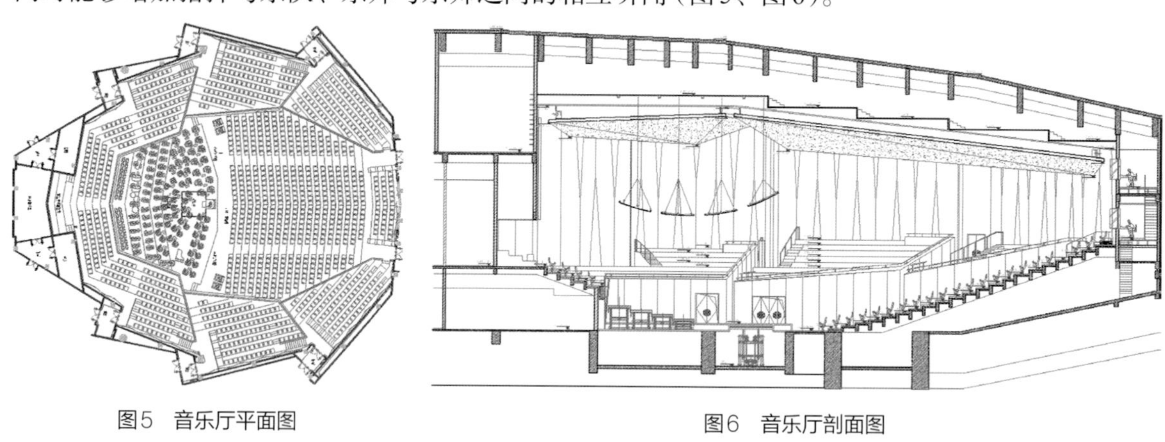

图5　音乐厅平面图　　　　图6　音乐厅剖面图

2.2 综合剧场

共1810座，其中池座1110人、一层楼座360人、二层楼座340人（图7、图8）。

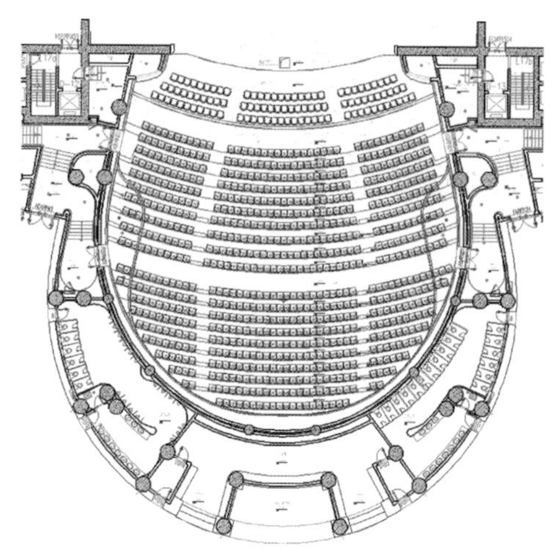

图7　综合剧场池座平面图

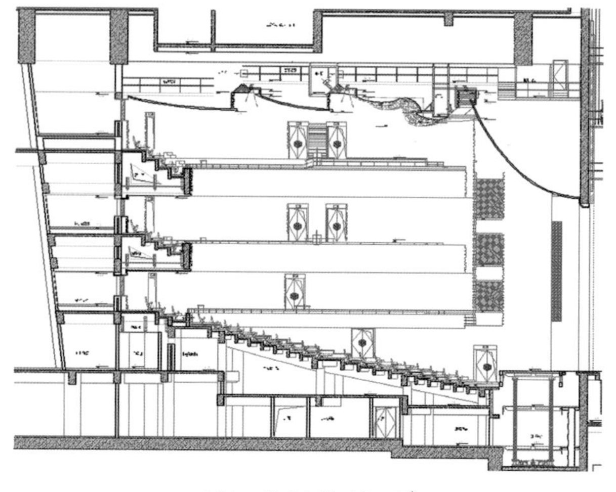

图8　综合剧场剖面图

2.3 多功能厅

多功能厅共500座，建筑平面呈矩形。舞台平面总面积约为181m²。舞台包括1个主舞台，2个侧舞台：主舞台宽度18m，深约8.6m，面积154m²；侧舞台宽度8.4m，深约8.4m，面积70.5m²。舞台面比观众区第一排地面高0.3m。观众席分为升降活动座椅，池座为全台阶形式，共19排，前后高差（总起坡）为5.1m。音控室、灯控室、同声传译室、放映室在后墙上部（图9、图10）。

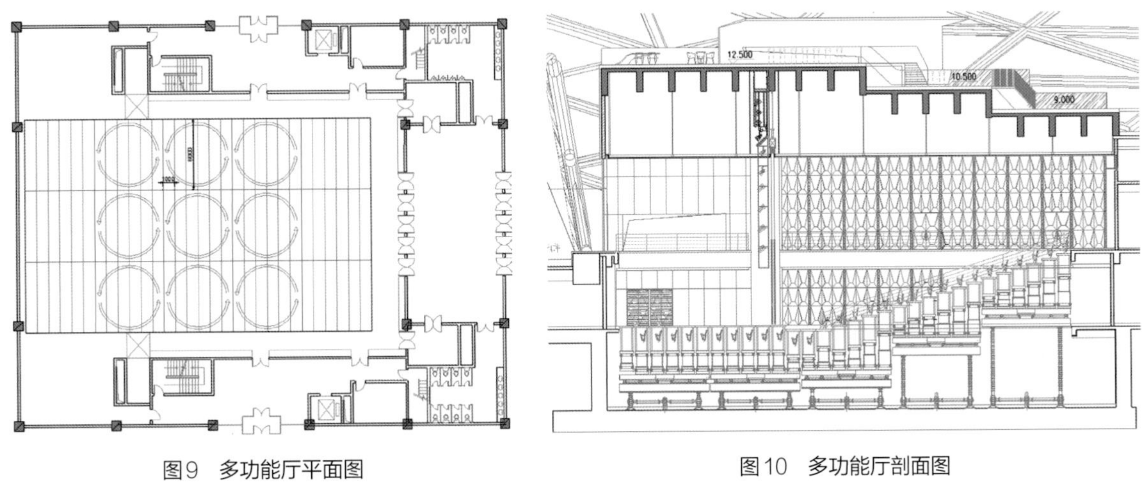

图9 多功能厅平面图

图10 多功能厅剖面图

3 三个演出场所主要功能和建声设计指标

音乐厅满足各种类型的大型交响音乐会；综合剧场主要供大型歌舞剧（含芭蕾舞剧）、综艺节目演出及会议，兼演话剧、戏曲等；多功能厅主要供综艺节目演出及会议，兼演话剧、戏曲等。三个演出场所的具体建声设计指标详见表1。

三个演出场所主要建声设计指标 **表1**

使用模式	建声设计技术指标
音乐厅	1.中频混响时间 RT（满场）：2.0s ± 0.1s 2.音乐明晰度 C_{80}（3）：-3～2dB 3.声场力度 G_{mid}：1.5～5.5dB 4.舞台支持度因子 STI：≥-14dB 5.本底噪声：NR-25 6.每座容积：9～11m³
综合剧场	1.中频混响时间 RT（满场）：1.5s ± 0.1s 2.声场力度 G_{mid}：-1.0～2.0dB 3.本底噪声：NR-25 4.每座容积：7～8m³
多功能厅	1.中频混响时间 RT（满场）：1.2s ± 0.1s 2.本底噪声：NR-25 3.每座容积：3.5～5.5m³

4 观众厅表面装修用材的声学设计要求

经过音质计算和模拟分析，建声设计的观众厅各部位装修用料、配置及构造如下。

4.1 观众厅内地坪及走道

音乐厅和综合剧场的观众厅内地坪采用木地板。龙骨间隙填实以避免地板共振吸收低频。

4.2 墙面

音乐厅和综合剧场的观众厅墙面选用GRC板、GRG板或木装修，面密度为50kg/m^2。音乐厅墙面为50kg/m^{2}的桦木饰面板，做扩散处理，矮墙面板向前略倾，有利于声能向观众区反射；综合剧场的观众厅墙面为50kg/m^{2}的GRG板。多功能厅墙面为木装修，做扩散和穿孔吸声处理。

4.3 顶棚

顶棚在声音上起到重要的前次反射声作用，因此要求在屋架荷载允许的条件下，尽可能采用较为厚重的反射型顶棚，避免过多的低频声能被吸收。音乐厅和综合剧场的吊顶采用面密度为50kg/m^{2}的GRG板，其中音乐厅吊顶表面有三角锥体的微扩散处理。多功能厅为镂空的钢格栅，结构楼板底部做吸声喷涂处理。

4.4 舞台墙面

由于舞台包括主舞台、侧舞台，空间体积比较大。为了避免舞台与观众厅空间之间因耦合空间而产生的不利影响，舞台空间内的混响时间应基本接近观众厅的混响时间。因此，在舞台（包括主舞台、侧舞台）一层天桥以下墙面做吸声处理。具体做法为：25厚防撞木丝吸声板（刷黑色水性涂料）+75系列轻钢龙骨（内填50厚48kg/m^{3}离心玻璃棉板，外包玻璃丝布）+原有粉刷墙体。

5 建声测试结果

综合剧场空场和满场声学参量的测试结果汇总见表2。

大剧院空场声学参量的测试数据　　　　表2

参量	倍频程中心频率					
	125Hz	250Hz	500Hz	1000Hz	2000Hz	4000Hz
T_{30}/s	2.44	1.95	1.76	1.81	1.75	1.51
EDT/s	1.75	1.63	1.49	1.57	1.55	1.27
C_{80}/dB	1.29	1.59	2.29	2.20	2.43	3.64
D_{50}	0.34	0.44	0.50	0.48	0.49	0.55
G/dB	4.73	4.47	4.14	4.40	4.39	4.13
LF	0.13	0.17	0.26	0.24	0.26	0.27

续表

参量	倍频程中心频率					
	125Hz	250Hz	500Hz	1000Hz	2000Hz	4000Hz
亲切感	29ms					
本底噪声	*NR*–25					

（1）音乐厅空场声学参量的测试结果汇总见表3。

音乐厅空场声学参量的测试数据 **表3**

参量	倍频程中心频率					
	125Hz	250Hz	500Hz	1000Hz	2000Hz	4000Hz
T_{30}/s	2.55	2.38	2.30	2.25	2.11	1.66
EDT/s	2.37	2.28	2.20	2.15	2.00	1.57
C_{80}/s	–2.37	–2.12	–0.65	–0.08	–1.08	0.72
D_{50}	0.25	0.29	0.37	0.40	0.32	0.42
G/dB	7.79	7.14	6.76	6.68	6.01	5.23
LF	0.11	0.11	0.14	0.14	0.19	0.19
亲切感	23ms					
ST early	–10.21	–13.45	–14.23	–13.19	–13.82	–13.69

（2）多功能厅（剧场模式）空场声学参量的测试结果汇总见表4。

多功能厅（剧场模式）空场声学参量的测试数据 **表4**

参量	倍频程中心频率					
	125Hz	250Hz	500Hz	1000Hz	2000Hz	4000Hz
T_{30}/s	1.18	1.00	1.06	1.05	1.00	0.89
EDT/s	1.20	1.11	0.85	0.86	0.93	0.82
C_{80}/s	2.95	3.50	5.85	6.05	4.52	5.56
D_{50}	0.47	0.56	0.68	0.69	0.61	0.63
G/dB	3.13	2.85	4.07	3.07	1.88	1.65

案例提供：杨志刚，教授级高级工程师，华东建筑设计研究院有限公司。

宁夏大剧院大剧场

方案设计：中联筑镜建筑设计有限公司
建筑设计：中联筑镜建筑设计有限公司
项目规模：大型甲等剧场，总建筑面积4.9万m^2
竣工日期：2015年
声学顾问：杭州智达建筑科技有限公司
声学装修：海南海外声学装饰工程有限公司
项目地点：宁夏回族自治区银川市

1 工程概况

宁夏大剧院地处宁夏回族自治区银川市金凤区城市核心区内，建筑面积约4.9万m^2，总投资达4.5亿元，建成后成为银川市的标志性建筑。该大剧院包括大剧场、多功能厅（报告厅）及三个排练厅，功能完备，设施齐全，是银川市重要的文化建筑。本文对其中大剧场的音质设计进行介绍。

宁夏大剧院大剧场主要用于歌剧、戏剧等演出，也可用于各种音乐演出，同时可兼顾大型会议、报告等其他用途。

大剧场观众厅的最大容座为1553座（含乐池），其中池座914座（含残疾人座椅4座），一层楼座336座，二层楼座303座。观众厅有效容积约13900m^3，每座容积为9m^3。观众厅平面呈马蹄形，观众厅最大宽度为30.8m，池座及楼座后墙距台口线（水平投影距离）均为31.7m。舞台口宽18m、高10m，设有活动台口。台口前部为升降乐池，面积约为87m^2，可容纳双管乐队演出。

大剧场观众厅平面图如图1、图2所示。

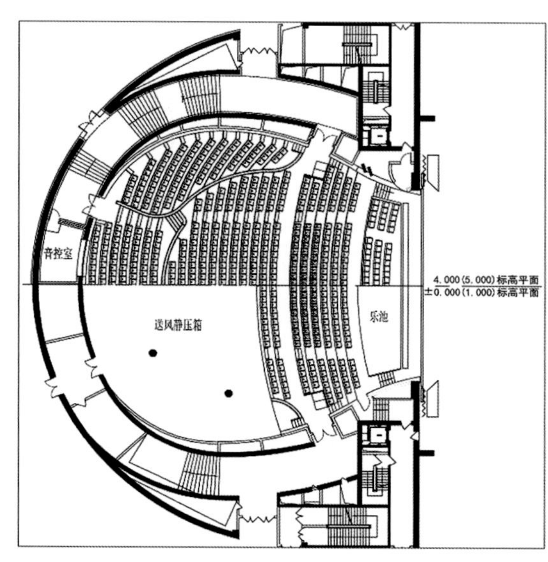

图1　大剧场观众厅平面图1

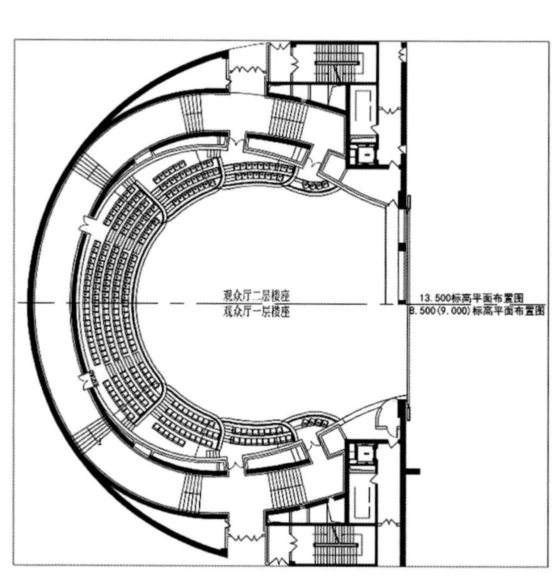

图2　大剧场观众厅平面图2

2 大剧场音质设计

针对大剧场的多用途功能，音质设计不仅要保证观众厅内有一定的丰满度以满足演出的需要，还要考虑会议时对语言清晰度的要求。本项目建筑声学设计从初步设计阶段开始配合，历经数次修改，以下对大剧场的音质设计过程做简单介绍。

2.1 大剧场体形设计

对于大剧场而言，音质设计中的体形设计主要涉及观众厅的墙体和吊顶造型。在本项目中，建筑师非常注重舞台和观众的一体感，采用了两层楼座包围着观众厅的形式，耳光室内嵌，观众厅墙体曲线完整。不仅营造出舞台和观众之间的亲密氛围，还增加了观众之间的交流，创造出友好的观演气氛。而且，池座座椅排列紧凑，在池座区内设置的栏板连同两层楼座的栏板一起，成为有效的声反射面，以增加池座前区的早期反射声。观众厅平面声线分析如图3所示。

在第一版的建筑图纸中，观众厅吊顶采用的是传统的三片式。为了增强观众厅的围合感，与墙体造型一致，形成一种聚合向上的效果，经多次深化后，本项目观众厅吊顶改为集中式。从观众厅剖面声线分析图（图4）中可以看出，调整后的集中式吊顶作为主要的反射面，其形状满足给整个观众席提供早期反射声的需要，同时也有利于歌唱演员与乐池内的乐队以及乐队演奏员之间的相互听闻，有利于把乐队声适当地反射给观众席。

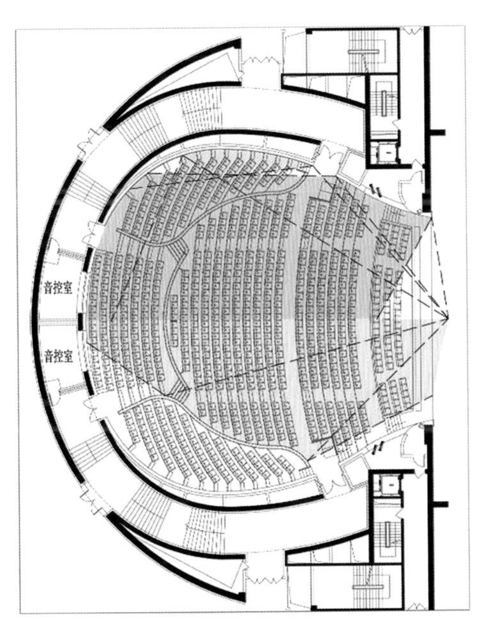

图3 大剧场观众厅平面声线分析图

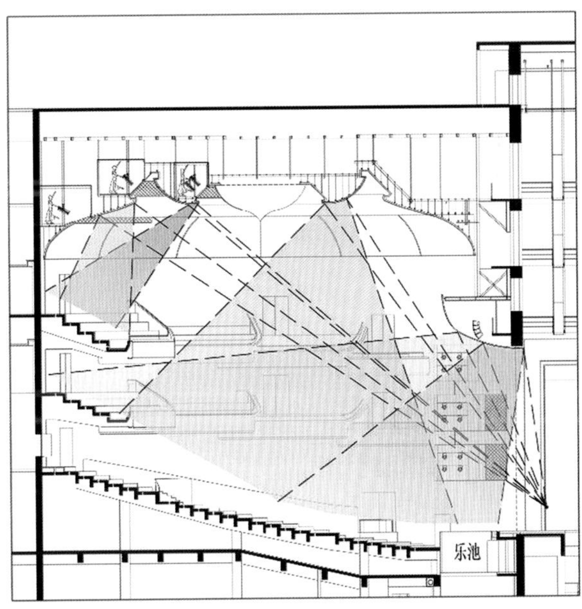

图4 大剧场观众厅剖面声线分析图

2.2 大剧场音质设计指标

参考我国《剧场建筑设计规范》，宁夏大剧院大剧场属于大型剧场建筑，根据使用功能，同时参考国内外规模相当剧场的混响时间，确定该剧场中频满场混响时间设计值为1.5s，低音比约为1.1；明晰度C_{80}为0～4dB。由于本剧场安装扩声系统，对于声源功率小、不具备自然声演出条件的节目，采用扩声系统，因此G值不作特殊要求。表1为大剧场观众厅各频率混响时间设计值。

大剧场观众厅倍频程混响时间设计值　　表1

中心频率/Hz	125	250	500	1000	2000	4000
混响时间T_{60}/s	1.7	1.6	1.5	1.5	1.4	1.3

2.3 大剧场声场计算机模拟

为配合建筑设计，根据调整后的集中式吊顶造型，采用Odeon室内声场计算软件对大剧场观众厅的几个客观指标进行了模拟，模拟时考虑了设置声反射罩的情况，具体结果见表2。

大剧场观众厅接收点倍频程模拟平均值　　表2

中心频率/Hz	125	250	500	1000	2000	4000
混响时间T_{30}（有声反射罩）/s	2.05	1.94	1.80	1.78	1.75	1.53
混响时间T_{30}（无声反射罩）/s	1.85	1.67	1.51	1.48	1.44	1.30
明晰度C_{80}（有声反射罩）/dB	−0.3	0.1	0.5	0.6	0.6	1.2
明晰度C_{80}（无声反射罩）/dB	2.0	2.9	3.9	4.1	4.1	4.5

可以看出，在满场未使用声反射罩的情况下，混响时间T_{30}与C_{80}的模拟平均值基本与设计值相符。当设置声反射罩后，T_{30}值较未设置声反射罩的情况约有0.2s的提升，C_{80}均值基本在0dB左右，说明此时大剧场的丰满度提高，适合音乐会等对声音丰满度有要求的情况下使用。

2.4 大剧场室内设计深化

确定了大剧场观众厅体形之后，如何在满足装饰效果和声学要求之间取得平衡，成为本项目音质设计的重点。由于观众厅墙面呈马蹄形，会引起声聚焦、声场分布不均匀等缺陷。解决的办法主要是把墙面做成扩散形式使声波散射，或者墙面做成强吸声结构。

受观众厅混响时间设计值所限，观众厅墙面做法应以扩散为主，强吸声结构为辅。经计算分析，强吸声结构主要布置在池座及一层楼座后墙，面积约为184m^2；二层楼座后墙为强吸声＋扩散结构，面积约为120m^2；其余墙面均为扩散结构。

通过与建筑师多次讨论，最终决定在观众厅墙面采用数论扩散结构（MLS扩散体）。为了达到观众厅墙面整体美观的要求，建筑师希望全部墙面肌理采用同一种布置方式。但是根据科技文献，虽然MLS扩散体具有声扩散的功能，还具有一定的吸声作用，以及具有较强的频率选择性，但并不适合在本项目上大面积采用。因此，声学设计提供了最基本的MLS扩散体结构布置方式，建筑师在此基础上进行适当变形增加到7种做法，最终经声学设计确认采用其中的3种，交替组合用于观众厅墙面造型，图5即为根据声学意见深化后的大剧场观众厅侧墙细部照片。

由于观众厅吊顶为集中式，采用了穹顶的造型，这就使得靠近后墙处的吊顶易产生声聚焦。因此对该处吊顶也做了吸声处理，吸声面积约为155m^2，图6为吸声吊顶细部照片。

图5　大剧场观众厅侧墙细部

图6　大剧场观众厅吸声吊顶细部

3　大剧场完工后现场测试

2015年11月，宁夏大剧院大剧场声反射罩安装到位，对现场进行了声学测量。通过测量观众厅内13个不同位置的脉冲响应进行分析，得出观众厅混响时间及明晰度的测量结果，具体见表3。

大剧场观众厅倍频程空场测量值　　**表3**

中心频率/Hz	125	250	500	1000	2000	4000
混响时间T_{60}（有声反射罩）/s	1.75	1.70	1.66	1.60	1.59	1.31
混响时间T_{60}（无声反射罩）/s	1.83	1.72	1.66	1.62	1.57	1.33
明晰度C_{80}（有声反射罩）/dB	-0.96	-0.83	-2.52	-3.05	-2.51	-1.3
明晰度C_{80}（无声反射罩）/dB	0.68	-0.37	-1.79	-1.71	-1.29	-0.4

根据空场混响时间测量结果，推算观众厅满场中频混响时间约为1.5s，与设计值基本相符。

观众厅明晰度指标C_{80}有声反射罩时，均值在-3～-1dB之间；无声反射罩时，均值基本在-2～1dB之间。根据文献资料，该指标与混响时间T_{60}高度（负）相关。观众厅满场状态下，混响时间T_{60}值降低，则该指标将增大。根据白瑞纳克的研究资料，对于一个交响乐音乐厅，C_{80}设计的目标应取得0～-4.0dB值，而应尽量避免+1.0dB和更高的值。据此推断，当采用声反射罩实现大剧场音乐类演出功能时，本项目可满足该类演出的音质要求。同时，本项目满场中频1.4～1.5s的混响时间，配合采用指向性强的扩声系统，语言清晰度的要求也可以得到满足。

通常情况下，当剧场舞台使用活动声反射罩时，由于隔离了舞台吸声空间，有利于增长观众厅混响时间。但从表3可以看出大剧场舞台声反射罩使用前后，观众厅混响时间并未有明显变化。主要原因是测量时舞台声反射罩距离台口距离过大。为充分发挥舞台声反射罩作用，建议后续正式使用时根据声学意见对舞台声反射罩的安装位置进行调整。

图7～图10为大剧场观众厅现场照片。

图7 从一层楼座看向观众厅

图8 从池座中部看向舞台

图9 从舞台台口看向观众厅

图10 大剧院外景

4 结论

2007年宁夏大剧院项目立项，2008年完成初步设计，2015年竣工验收。历经8年，在建设、设计、施工等各方的共同努力下，终于圆满建成，图10为完工后的宁夏大剧院外立面照片。

在国内众多的大剧院中，类似宁夏大剧院大剧场中的这类集中式吊顶以及墙面的MLS扩散体布置方式，时至今日也不多见。以下几点供相关设计人员参考：

（1）集中式吊顶，尤其是穹顶造型，对易产生声聚焦的凹弧面必须做强吸声处理，吸声量应结合墙面吸声统一考虑。

（2）为保证MLS扩散体的扩散效果，该扩散体需要足够的厚度，建筑设计在考虑装修层厚度时，应为其留出足够的安装空间。同时，MLS扩散体不宜大面积采用。

（3）舞台声反射罩的正确使用与观众厅音质直接相关，需要给予足够的重视。

案例提供：李程，高级工程师，杭州智达建筑科技有限公司。
张三明，副教授，浙江大学。

索尼公司音频实验室建声设计

设计单位：上海章奎生声学工程顾问有限公司
施工单位：上海宝卜装饰工程有限公司
项目规模：35m^{2}音视频研发测试用实验室
项目地点：上海市浦东新区居里路361号
竣工日期：2020年1月

1 工程概况

索尼公司音频实验室项目位于索尼（中国）有限公司上海分公司张江办公室二层，业主计划在开放式办公区内新建一个音频实验室，室内有效尺寸为长7.0m、宽5.3m、高2.7m，功能定位为音频设备的设计和开发、客户试听产品及媒体演示。图1为音频实验室及其周边用房的平面布局。

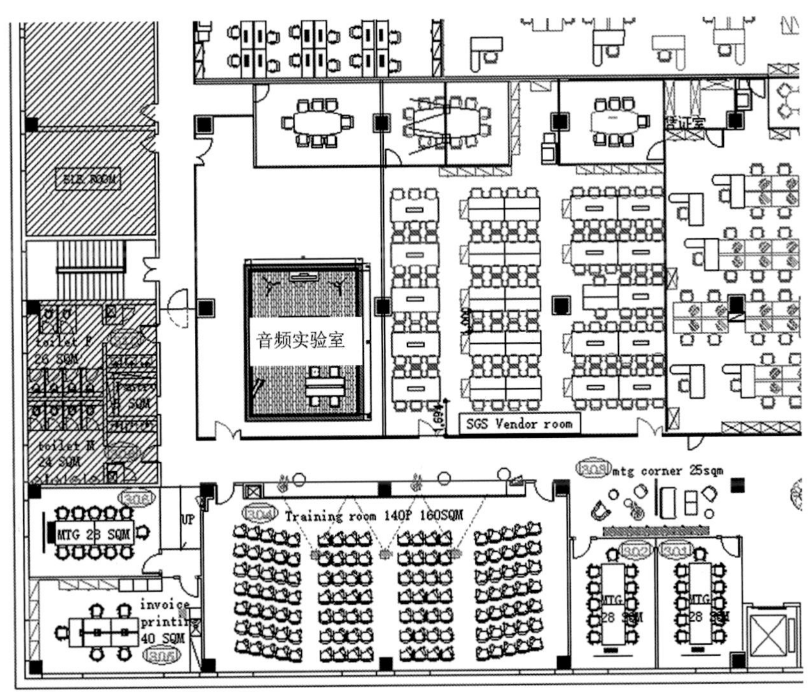

图1 音频实验室及周边办公区平面布局

上海章奎生声学工程顾问有限公司于2019年8月开始担任该音频实验室项目的建声设计工作，主要工作内容包括音频实验室的声学指标确定、围护结构隔声设计、空调系统消声设计以及室内音质设计。音频实验室项目于2020年1月竣工后，对其进行了声学测试与验收，验收结果表明该音频实验室达到了预期的声学效果。

2 建声设计指标

根据音频实验室的使用功能以及业主方要求，最终确定的声学技术指标如下：

（1）对于混响时间及其频率特性，要求中频平均混响时间为0.80s ± 0.10s，频率特性曲线基本平直。

（2）在通风空调系统正常运行的情况下，室内背景噪声符合*NC*–25噪声评价曲线。

（3）门的隔声要求达到*STC* 50，墙体隔声要求达到*STC* 55。

要求经过建筑声学设计后的音频实验室混响时间及频率特性符合设计要求，无颤动回声等声学缺陷，背景噪声低，围护结构隔声性能优良，实验室与办公区产生的噪声不相互干扰，声学材料的布置能够兼顾视觉效果与声学性能，且易于安装与拆卸。

3 工程亮点

3.1 轻质高隔声围护结构设计

音频实验室位于办公楼二层的开放式办公区，因此在满足隔声要求的前提下，建声设计中应尽量采用轻质体系围护结构。音频实验室的墙体与顶采用龙骨支撑、多层复合隔声板内填岩棉、中间留空腔的轻质隔声构造，以尽可能降低结构荷载。

该音频实验室所在的办公楼人员活动频繁，其同层及上下层均为办公区域，音频设备在使用过程中也会产生较高声级与低频振动。为了降低音频实验室与外界之间噪声与振动的相互影响，提高固体声隔声性能，围护结构的空气声隔声量在满足要求的同时，音频实验室与上下层楼板之间均采用弹性连接。地面在原结构楼板的基础上增设轻质弹性浮筑地板，在面层和结构楼板之间设5mm厚浮筑弹性垫层；顶与上层楼板之间使用48个吊式减振器进行连接；墙体直接通过龙骨固定于结构楼板。详细的围护结构体系构造如图2所示。

考虑到平面尺寸的限制，音频实验室的入口门未采用声闸，而是采用单道专业隔声门。业主要求隔声门须配有观察窗，带观察窗的隔声门加工工艺要求较高，为保证隔声效果达到设计要求，隔声门从专业厂家进行定制。最终采用的隔声门如图3所示。

3.2 室内音质设计

为保证音频实验室内达到平直的混响时间特性，且声场均匀分布，经过音质计算，在三面墙的乳胶漆装饰表面上排布了若干成品阻燃定型吸声板，每块吸声板尺寸为1.0m（宽）× 1.6m（长）× 0.25m（厚），共配置9块吸声板，面积共14.4m^2。音频实验室的地面采用了木地板实贴，顶面根据业主需求，采用白色乳胶漆粉刷，并在外围一圈布置窗帘盒轨道，四角布置出风口与回风口。

考虑到业主潜在的混响可调的需求，特意将墙面的吸声板设计为可拆卸形式。为此，墙体与吸声板均内置磁铁，方便吸声板的拆卸与安装。通过安装吸声板的数量来调节室内混响时间，由于房间较小，吸声面积的变化能够显著改变室内混响时间。模拟显示，室内混响时间可以在0.80s到1.60s之间变化，满足多种场景的使用需求。吸声材料平面布置如图4所示。

以上吸声材料的配置均匀而又分散，能够使音频实验室的各界面对音频设备发出的声能进行

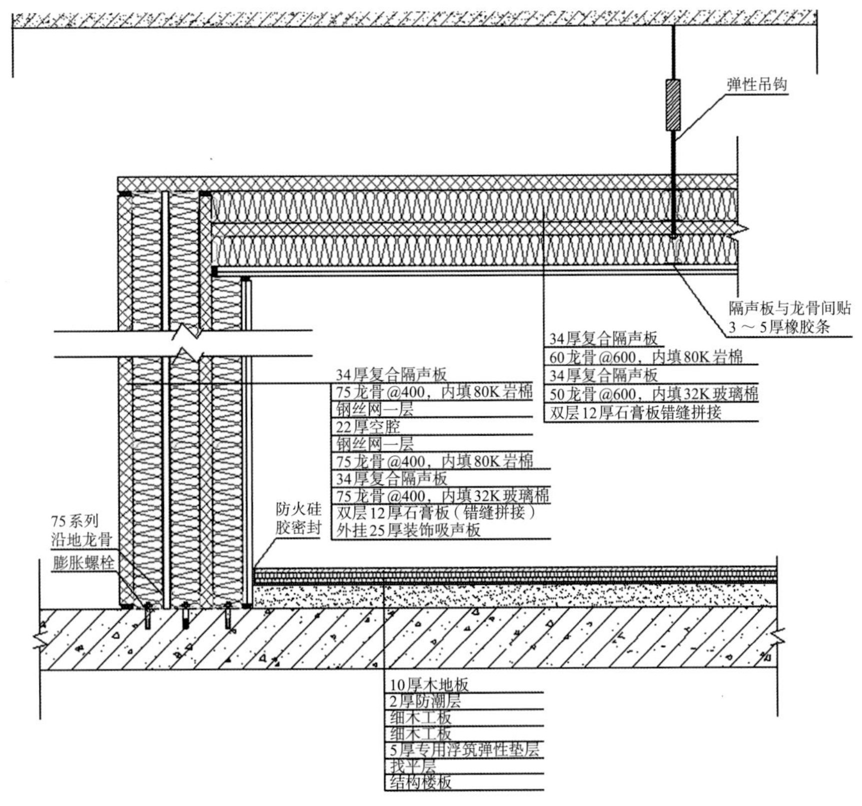

图2　音频实验室围护结构体系构造详图

图3　音频实验室隔声门

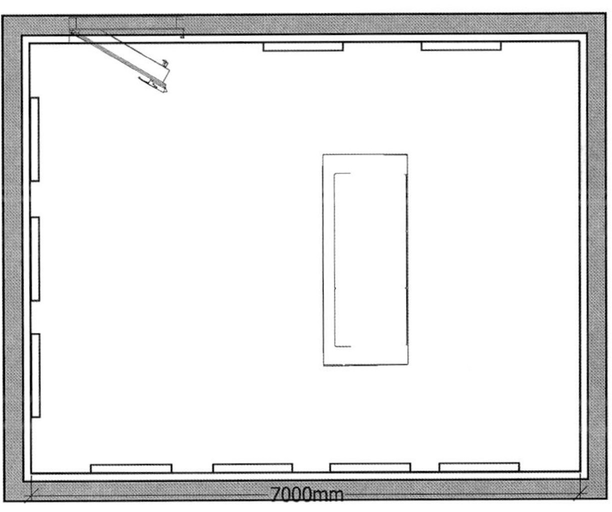

图4　音频实验室吸声材料布置平面图

更加均匀的反射、吸收和扩散，也能够兼顾简洁的装修设计效果，且吸声板易拆卸的特点也符合业主的可调混响的需求。

3.3 双空调系统的消声设计

在音频实验室采用双空调系统进行空气调节。为了实现特殊季节（如超高温或超低温天气）的快速制冷或制热，室内安装了大功率的壁挂式空调，此空调在实验室正常实验期间不开启，因此，对此空调不做消声处理。为了保证音频实验室实验期间的安静，对音频实验室中央空调系统的送、回风管道均进行了消声处理。经过消声计算，在送、回风管路上配备了一定数量的消声器，并且对各风管与风口的气流速度进行了限制，避免因为气流再生噪声影响消声器的消声效果，导致室内背景噪声超标。

4 项目评价

索尼公司音频实验室项目于2020年1月竣工，竣工后的现场内景如图5所示。随后进行了现场建筑声学测量与验收工作，测试内容包括室内背景噪声、室内混响时间、门和墙体的空气声隔声性能。测试主要结果如下。

图5 音频实验室内景照片

（1）室内背景噪声。在音频实验室内设置6个测点，分别于中央空调系统开启与关闭状态下对室内背景噪声进行了测量，测量结果如表1所示。

室内背景噪声测量结果 **表1**

测试项目/Hz	125	250	500	1000	2000	4000	*A*	*NC*
室内背景噪声（空调系统开启）/dB	43	36	20	17	13	12	31	25
室内背景噪声（空调系统关闭）/dB	43	35	18	10	11	12	29	25

（2）室内混响时间。音频实验室的最短混响时间测量结果如表2所示。

混响时间测量结果 **表2**

测试项目/Hz	125	250	500	1000	2000	4000
混响时间/s	1.21	1.06	0.93	0.71	0.74	0.79

（3）空气声隔声。表3反映了音频实验室的门与墙体的标准化声压级差测量结果。

从现场测量结果可见，音频实验室的背景噪声在中央空调系统开启或关闭的情况下均符合*NC*-25噪声评价曲线，达到原始设计要求。门和墙体的空气声隔声性能也与原始设计指标相符，

空气声隔声量测量结果 表3

测试项目/Hz	125	250	500	1000	2000	4000	*STC*
门的空气声隔声/dB	44	43	49	53	54	59	51
墙体的空气声隔声/dB	48	46	54	56	63	65	55

分别达到*STC* 51与*STC* 55。

对于混响时间及其频率特性，音视频实验的中频平均混响时间为0.82s，与设计指标相符，高频混响时间也在业主要求的指标范围内；低频（125 ～ 500Hz）混响时间较设计要求略长。原声学设计方案的可调混响期待通过离墙一定距离安装不同数量的带空腔的吸声体的方式来实现，但施工方及业主觉得带空腔的吸声体过于复杂，且凸出墙面过多，如果内嵌于墙面，则又不能实现吸声变化。因此，业主方在接受低频混响偏长的风险下将带空腔的吸声体改为吸声板。为了便于拆卸与安装，特意在吸声板与墙面内置磁铁，安装时吸声板实贴于墙面，此做法在拆装便捷的同时，低频吸声不足，进而导致低频混响时间偏长。虽然业主对最终的音质效果比较满意，但作为设计师，能够完全满足设计要求的创意方案没有得以完全实施，还是略显遗憾。

案例提供：胡凯莉，硕士，工程师，上海章奎生声学工程顾问有限公司。Email：asong1102@163.com

佛坪县旅游文化服务中心剧院

方案设计：西安长安大学工程设计研究院有限公司
声学设计：长安大学建筑声光研究所
施工单位：江苏光耀演艺装饰工程有限公司
项目地点：陕西省汉中市佛坪县
项目规模：建筑面积为7585m²
竣工日期：2016年12月

1 工程概况

佛坪县旅游文化服务中心集文化展览、休闲娱乐、活动演出于一体，建筑主体功能有游客接待服务厅、3D影院、旅游纪念品及土特产品展销厅、多功能剧场、非物质文化遗产（民俗）陈列馆等。

位于佛坪县旅游文化服务中心三、四楼的多功能剧院，是整座建筑最重要的功能场所。除文艺演出外，该剧场同时具备会议和电视演播等其他功能。

剧场观众厅呈鞋盒形，观众厅相对标高为±0.000m，绝对标高为9.6m，舞台完成面相对标高为0.900m，绝对标高为10.5m。剧场规模及建筑各参量详见表1。

剧场规模及建筑各参量一览表　　表1

<table>
<tr><th rowspan="2">项目概况</th><th rowspan="2">容座</th><th colspan="3">剧场观众厅建筑尺寸</th><th colspan="4">剧场舞台建筑尺寸</th></tr>
<tr><th>长/m</th><th>宽/m</th><th>高/m</th><th>位置</th><th>宽/m</th><th>深/m</th><th>高/m</th></tr>
<tr><td rowspan="2">剧场规模</td><td>745人</td><td rowspan="2">21.1</td><td rowspan="2">23.8</td><td rowspan="2">3.2～11.4</td><td>台口</td><td>14.5</td><td>—</td><td>8.7</td></tr>
<tr><td>其中：池座510人
楼座235人</td><td>主舞台</td><td>28.0</td><td>9.7</td><td>11.6</td></tr>
<tr><td>观众厅面积</td><td>422m²</td><td colspan="2">舞台面积</td><td>308m²</td><td colspan="2">每座容积</td><td colspan="2">5.3m³</td></tr>
</table>

图1为剧场的平面布置图，图2为多功能剧场剖面视线分析图。

2 声学设计

佛坪县旅游文化服务中心剧场音质设计由西安长安大学建筑声光研究所指导设计，室内声学装饰设计方案由西安长安大学工程设计研究院有限公司设计，并指导陕西建安实业有限公司完成施工。

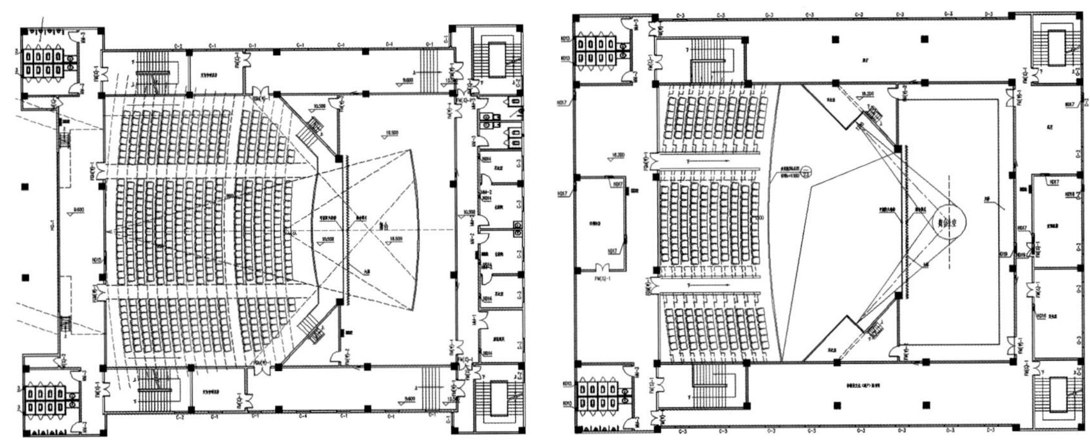

图1　佛坪县文化旅游服务中心多功能剧场平面布置图

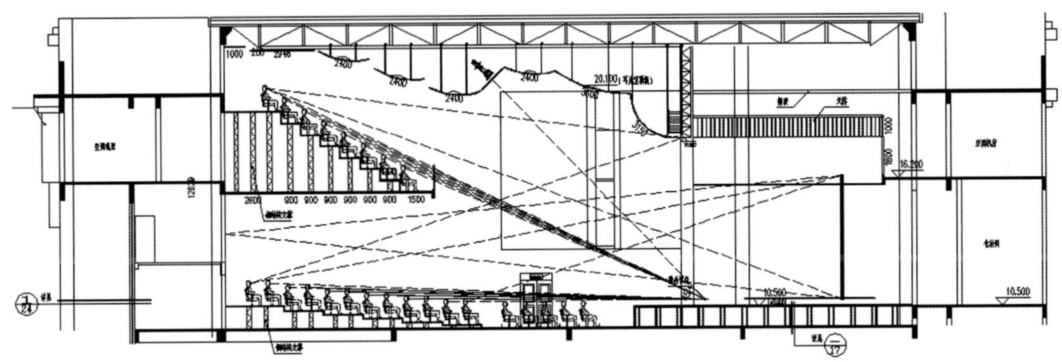

图2　佛坪县旅游文化服务中心剧场剖面视线分析图

2.1 声学设计指标

依据《剧场、电影院和多用途厅堂建筑声学设计规范》GB/T 50356—2005、《剧场建筑设计规范》JGJ 57—2016和《厅堂扩声系统设计规范》GB 50371—2006及业主方对项目的功能使用需求，该剧场主要为满足文艺演出、会议交流功能，考虑非自然声演出空间，建声与电声设计密切配合，本项目声学特性设计指标见表2。

剧场声学设计指标一览表　　表2

声学特性	设计指标
混响时间（500～1000Hz）	1.2s ± 0.1s
声场不均匀度	± 4dB
清晰度	＞0.5
背景噪声	≤ *NR*-35

2.2 声学装饰设计

剧场室内装饰设计结合建筑风格、地域文化等，在艺术与功能的完美契合下，将声学功能融入其中，不动“声色”地为观众呈现出别具一格的视听盛宴。剧场内各界面材质介绍见表3。

剧场各界面材质一览表 表3

空间位置	界面位置	界面材质	界面属性
剧场观众厅	吊顶	纸面石膏板刷白色乳胶漆	反射
	地面	2厚橘红色塑胶地板	反射
	墙面	25厚GRG造型板（侧墙）	反射
		800宽枫木硅酸钙板（八字墙）	反射
		可控吸声体（后墙）	吸声
剧场舞台	吊顶	无机喷涂	吸声
	地面	25厚深咖色舞台专用木地板	反射
	墙面（8.3m以下位置）	25厚木丝板喷深灰色（间隔使用）	吸声
		25厚深灰色弹性吸声板（间隔使用）	吸声

3 验收测试

项目于2017年3月17日进行了验收测试。测试均在空场情况下进行，主要包括传输频率特性、传声增益、混响时间以及背景噪声等声学指标。所用测试仪器为B&K2260D精密声学分析系统、B&K4296无指向球面声源、B&K2716功率放大器和MICROPHONE4189德国话筒。测试结果如下：

3.1 传输频率特性（表4）

剧场传输频率特性测试结果 表4

中心频率/Hz	100	125	160	200	250	315	400	500	630	800	1000	1250	1600	2000	2500	3150
各测点声压级/dB	89.6	91.3	91.4	93	92.2	89.2	88	87.1	90.1	88.1	87.3	86.6	85.9	87	86.8	84.9
各点平均值/dB	87.7															
传输频率特性/dB	1.9	3.6	3.7	5.3	4.5	1.5	0.3	−0.6	2.4	0.4	−0.4	−1.1	−1.8	−0.7	−0.9	−2.8

3.2 传声增益（表5）

剧场传声增益测试结果 表5

中心频率/Hz	125	250	500	1000	2000	4000	8000
各点平均值/dB	91.8	92	87.5	87.8	87.7	85.6	78.6
距测试声源0.5m处/dB	90.6	93.5	87.7	87.7	86.8	84.3	76.1
各频点传声增益/dB	1.4	−1.4	−0.1	0.2	1.2	1.7	3.1

3.3 背景噪声（表6）

剧场背景噪声测试结果 表6

中心频率/Hz	125	250	500	1000	2000	4000	8000
背景噪声/dB	44.4	40.3	35.5	33.9	29	22.4	14.1

3.4 混响时间（表7、图3）

剧场混响时间测试结果 表7

中心频率/Hz	125	250	500	1000	2000	4000	8000
观众厅平均混响时间 T_{60}/s	1.17	1.07	1.07	1.12	1.10	0.92	0.61
舞台平均混响时间 T_{60}/s	1.32	1.22	1.24	1.16	1.07	0.90	0.59

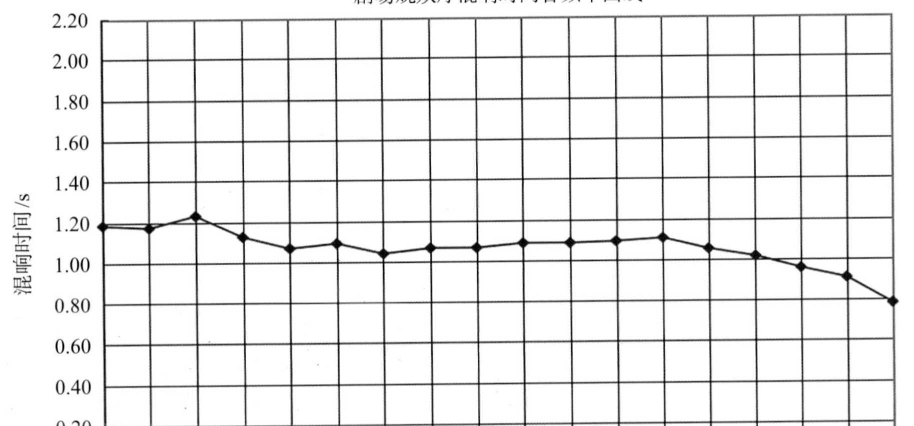

剧场舞台区混响时间各频率曲线

混响时间/s

2.20 2.00 1.80 1.60 1.40 1.20 1.00 0.80 0.60 0.40 0.20 0.00

100 125 160 200 250 315 400 500 630 800 1000 1250 1600 2000 2500 3150 4000 5000

频率/Hz

图3 佛坪县旅游文化服务中心剧场各频率混响时间曲线图

4 工程亮点

在室内设计上提取佛坪传统文化元素，将佛坪特有的竹子元素提取设计在侧墙上，将佛坪特有建筑形式“花房子”中的纹样元素提取出并用于观众厅吊顶上，体现出当地民族特色。室内设计巧妙结合生态景观和传统文化，塑造一个特色的文化体验殿堂。室内设计方案如图4所示，现场拍摄照片如图5所示。

图4 佛坪县旅游文化服务中心剧场室内设计方案效果图

图5 佛坪县旅游文化服务中心剧场现场拍摄照片

5 设计总结

通过对佛坪县旅游文化服务中心多功能剧场建声环境分析与测试，回顾初期设计指标，均满足规范标准及设计要求，表明该多功能小剧场声场总体分布均匀，混响时间适宜，可以达到预期的使用需求。

案例提供： 李国华，副教授，长安大学建筑声光研究所常务副所长。

穹顶体育馆的声学改造实践

声学设计：中信建筑设计研究总院有限公司
项目地点：河南省郑州市西亚斯国际学院
项目规模：总容积54700m^3
竣工日期：2019年5月

1　工程概况

西亚斯国际学院体育馆为矩形，长约87m、宽约52m，屋面中部为凹曲面穹顶，屋面两侧均为膜结构，室内总体积约54700m^3，最大容座2333座。该馆主要功能用于学生平时体育活动，但需兼顾会议及文艺演出的功能需要。

经对该穹顶体育馆室内音质进行现场主观试听与测试，发现该馆虽采用了较大面积的吸声材料，但由于未根据体形特点及膜结构特性进行针对性的声学设计，导致室内声场分布不均匀，音质效果较差。扩声系统布局不合理，不仅未能减弱音质缺陷的不利影响，反而进一步加剧了声缺陷的程度，影响了使用效果（图1）。

图1　改造前现场实景

2 体育馆声学改造

2.1 改造重难点分析

根据现场测量数据并结合主观感受，应重点解决下列几个问题：

（1）改善混响时间频率特性，解决“起包”现象。改造前该体育馆空场混响时间f=1000Hz时为4.1s，且在此频率位置曲线出现峰值。空场各频段混响时间实测值详见表1。

改造前体育馆空场混响时间实测结果　　表1

频率/Hz	125	250	500	1000	2000	4000
T_{60}/s	1.8	3.1	3.7	4.1	3.5	1.7

（2）凹曲面穹形顶棚存在声聚焦现象。由于原有凹曲面顶棚未考虑吸声和扩散处理，声线聚焦位置恰在人耳高度附近。根据实测结果可知，在无指向性声源作用下，聚焦点位置的平均声压级（线性计权）比其他位置高2.5dB。

（3）室内光滑平行界面较多，存在颤动回声的缺陷。如大面积的玻璃墙面之间、膜结构与地面之间将导致声能往复反射，从而导致令人不适的“嗡嗡”声。

（4）扩声系统定位及投射方向、覆盖角等参数不合理，将直达声能在中部汇聚，进一步加剧了声学缺陷造成的不利影响。

2.2 改造设计方案

对此，在改善声学效果同时兼顾装饰、经济性的前提下，团队针对性地提出了相应的改造方案。

改善频率特性（消除“起包”）可结合声聚焦问题一并考虑。由于需选择性地降低某些频率的混响时间，同时尽可能消除中低频聚焦产生的不良影响，对于材料吸声特性的选择及吊挂形式提出了相应的要求。具体措施如下：在保持原有膜结构的情况下将局部凹曲面吊顶拆除，并按阶梯状悬挂平板空间吸声体，空间吸声体单元厚100mm，平面投影尺寸为1125mm × 620mm。单元之间采用30 × 30 × 2.5镀锌角钢固定，并采用ϕ6镀锌钢丝绳固定于网架下弦杆上。

对于体育馆内其他可能造成颤动回声的平行界面则做了针对性处理，如将原有贵宾包厢玻璃窗拆除，同时后墙面做吸声处理。为了和其他界面装饰效果保持统一，改造的后墙面采用槽木吸声板，正面开槽，槽宽4mm，条面宽28mm；背面开孔，孔径10mm，孔距沿长边方向16mm，沿短边方向32mm；板后空腔100mm，内填50mm厚32kg/m^{3}玻璃棉；原有窗帘拆除，采用200%打折密度较高吸声性能较好的天鹅绒窗帘，同时将玻璃墙面上方的玻璃挡板拆除，进一步降低颤动回声的不利影响。

2.3 竣工后声学测试

在项目竣工后又对该体育馆进行了建筑声学测试。由于现场扩声设备已安装完毕，故采用安装完毕的扬声器作为声源输出声信号。

混响时间现场测量采用中断声源法，即稳态噪声停止发声后，记录室内声压级衰变10dB、

20dB、30dB所经历的时间，再推算出衰变60dB所经历的时间。声聚焦的测量则是在声源稳定发声的情况下，采用手持式信号分析仪记录聚焦点和非聚焦点一定时间内各频段的平均声压级，并计算线性计权等效声压级来判断聚焦的程度。

从对比改造前后的混响时间测试值可以看出，250Hz、500Hz、1000Hz、2000Hz混响时间均有明显降低，混响时间频率特性改善效果显著。改造后混响时间测试值与计算值在中高频段吻合较好。由声压级测量结果可知，聚焦点和非聚焦点线性计权等效声压级相差约2dB。声压级差异是由于聚焦点靠近指向性扬声器声轴，扬声器直达声对测量结果产生影响（图2、表2）。

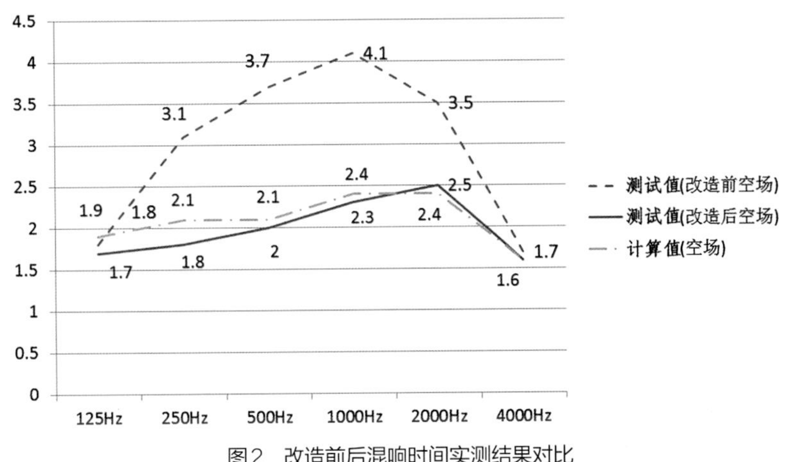

图2 改造前后混响时间实测结果对比

改造后聚焦点和非聚焦点声压级测量结果 表2

频率/Hz	125	250	500	1000	2000	4000
聚焦点/dB	77.7	73.1	62.9	55.6	49.5	44.4
非聚焦点/dB	75.2	73.8	63.5	56.7	48.8	44.4

2.4 构造节点及计算机模拟仿真

构造节点及计算机模拟仿真如图3～图6所示。

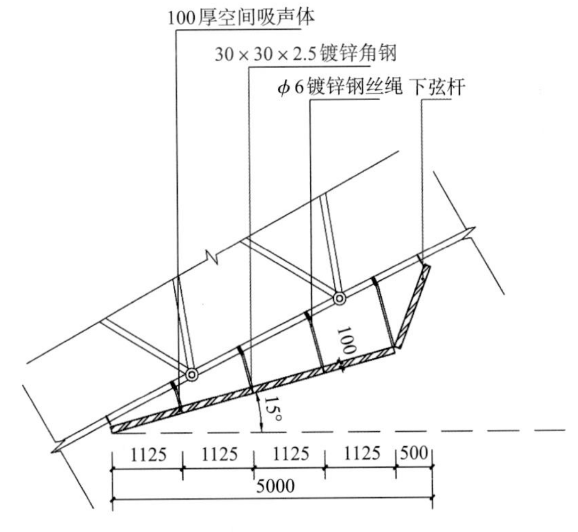

图3 吸声体安装节点

图4 顶棚吸声体吸声系数混响室测量

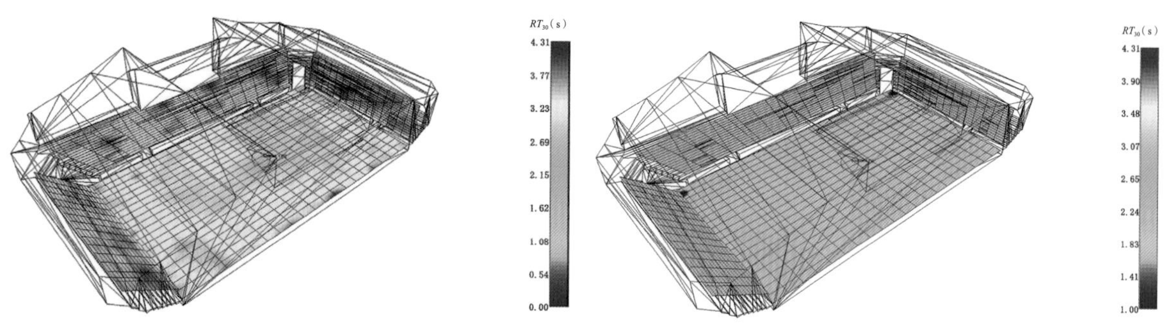

图5 改造前RT_{30}（f=1000Hz）听音面模拟云图　　图6 改造后RT_{30}（f=1000Hz）听音面模拟云图

2.5 工程实景照片

工程实景照片如图7所示。

图7 竣工测试现场照片

3 技术创新及工程亮点

空间吸声体中棉的特性及整体制作工艺对于其声学性能具有关键性作用。为了保证吸声体能够针对性地解决该体育馆的声学缺陷，在确定材料各项参数后由专业的检测机构在混响室中测量吸声体单元的吸声系数，并以此修正计算结果。吸声体混响室各频段吸声系数实测值如表3所示。由此可知，500Hz吸声系数高达2.08，1000Hz吸声系数高达1.71，低频和高频吸声系数相对较低，可见该吸声体吸声频率特性可选择性大幅度降低某些频率的混响时间，完全适合该体育馆的声学要求。

吸声体吸声系数混响室测量结果　　表3

频率/Hz	125	250	500	1000	2000	4000
α	0.38	1.37	2.08	1.71	1.45	1.35

重新调整扩声扬声器的定位及辐射角度。利用原有灯光吊杆吊挂9只箱式点声源扬声器，合理选择扬声器的指向性，避免直达声能在凹曲面顶棚下方汇聚，确保直达声可均匀覆盖比赛场地和观众席。

4 经验体会

该体育馆声学改造有效克服了穹顶膜结构所固有的声场不利因素，通过试听、模拟、现场实测、扬声器布置等多种手段综合考虑声学改造措施，最终取得了令人满意的效果。对于膜结构的高大空间，合理的声学设计策略应建立在对室内声场准确的分析之上，对症下药方能达到预期的设计目标。

案例提供： 张龙，工程师，中信建筑设计研究总院有限公司。
胡小明，工程师，中信建筑设计研究总院有限公司。Email：742582459@qq.com

陕西历史博物馆序言大厅

方案设计：西安长安大学工程设计研究院有限公司
施工单位：陕西建安实业有限公司
竣工日期：2019年12月
声学设计：长安大学建筑声光研究所
项目规模：建筑面积1196m²
项目地点：陕西省西安市雁塔区陕西历史博物馆

1 工程概况

陕西历史博物馆是一座综合性的历史类博物馆，中国首批“AAAA”级旅游景点，位于西安大雁塔西北侧，筹建于1983年，1991年6月落成正式开放，也是国内第一座大型现代化国家级博物馆。博物馆建筑群由张锦秋大师主持设计，整座场馆占地65000m²，建筑面积56600m²，文物库区面积8000m²，展厅面积11000m²。

陕西历史博物馆游客游览部分平面为前厅式布置，图1为展厅前厅改造区域，改造区域面积为1196m²，吊顶高度约5m，改造区域空间体积近6000m³。改造前馆内声环境问题主要是背景噪声大、混响时间过长，导致语言清晰度较低，室内扩声系统播报信息的清晰度受阻，声环境亟待改善。

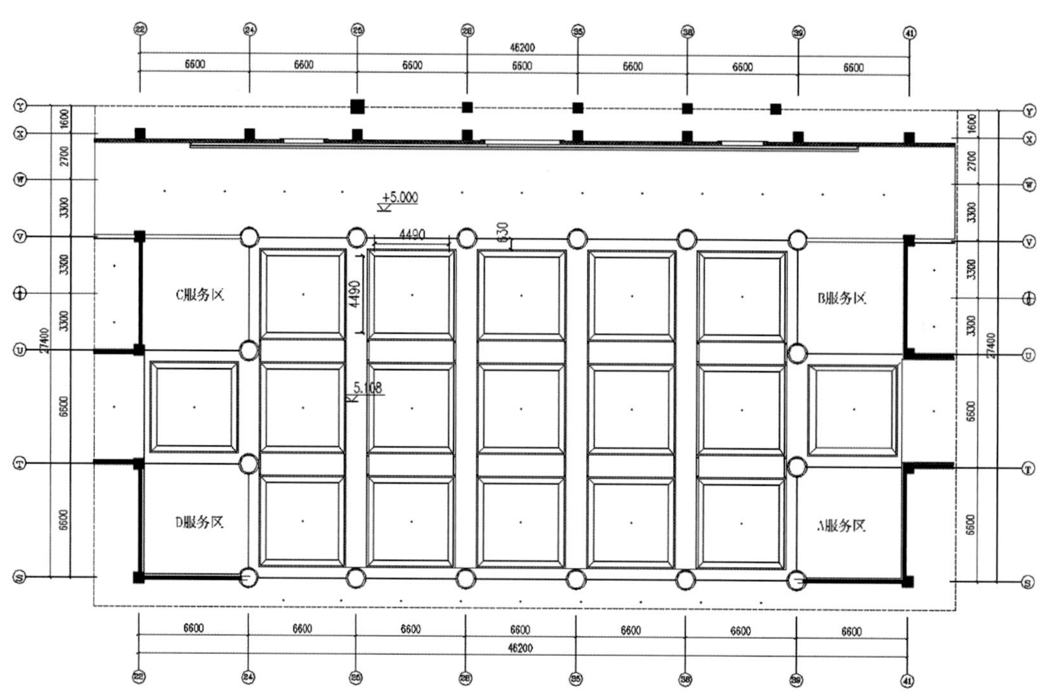

图1 陕西历史博物馆序言大厅平面图

2 声学设计

2.1 声学设计指标

（1）混响时间。此厅有效容积约为5500m^3，设计中频混响时间RT为1.6～1.8s，其值可上下浮动10%。

（2）语言清晰度。基于前厅的使用功能为公共大厅，人流量较大，东西向走廊为连通开敞空间，因此快速语言清晰度指标$STI\geqslant0.45$即可。

2.2 声学设计方案

陕西历史博物馆序言大厅内各界面材质介绍见表1。

陕西历史博物馆序言大厅各界面材质一览表　　表1

空间位置	界面位置	改造前界面材质	改造后界面材质	备注
序言前厅正厅	吊顶	纸面石膏板刷白色乳胶漆藻井造型顶	藻井内部改15厚白色轻质微粒吸声板（板厚100空腔）	藻井横纵向材质未变
	地面	石材	—	未变
序言前厅内侧走廊	吊顶	纸面石膏板刷白色乳胶漆平顶造型	20厚白色岩棉板	
	墙面	壁画	吸声壁画（未实施）	进场前业主已订购漆画
	柱子	石材	—	未变
序言前厅四周服务台	吊顶	纸面石膏板刷白色乳胶漆平顶造型	—	未变
	墙面	石材	50厚定制布艺吸声板	
	服务台上方展板	槽木吸声板（板后无吸声棉）	定制铝框布艺吸声画	

鉴于现场已完成所有装饰施工，本着吸声性能良好、经济高效、轻质易安装等因素考量，对藻井吊顶下方的方形平顶、序言前厅内侧走廊上方的平顶和展厅一侧墙面、4个服务台内的墙面进行吸声处理。

在正式提出投标方案之后，得知业主对序言前厅内侧走廊壁画墙已单独订购漆画，壁画墙面面积约160m^2，原设计方案中的吸声壁画无法实现，进而与业主协商，调整中标设计方案内容。

2.3 计算机声场仿真模拟

本项目利用计算机仿真模拟软件Odeon，对陕西历史博物馆内部的声场状况进行前后模拟对比分析。

2.3.1 改造前声场模拟结果

（1）混响时间。吸声改造前，博物馆序言大厅空场混响时间中频（500Hz）平均为3.8s左右，混响时间较长，语言清晰度较差（图2）。

（2）语言传输指数STI。模拟结果显示，空场时厅内该指数仅在声源附近大于0.45，绝大多数数值小于0.4，表明厅堂内扩声系统的失真度较高。

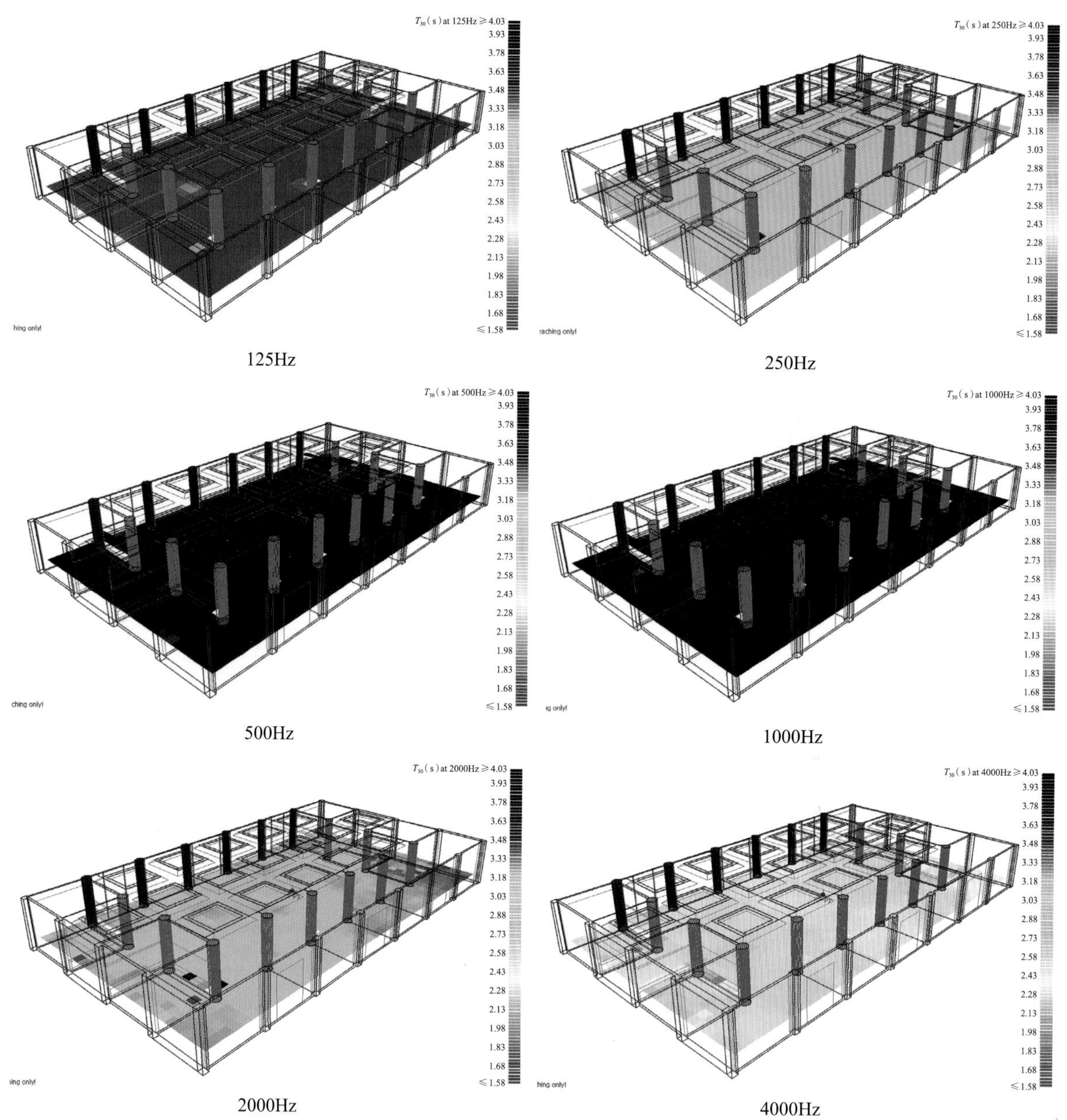

图2 陕西历史博物馆序言大厅改造前声场状况模拟分析

2.3.2 改造后声场模拟结果

（1）混响时间。吸声处理后，博物馆序言大厅空场混响时间中频（500Hz）平均为1.65s左右，混响时间符合《博物馆建筑设计规范》JGJ 66—2015中的声学设计要求，音质提升效果显著（图3）。

（2）语言传输指数*STI*。改造后，模拟结果显示空场时大厅语言传输指数最小值为0.44，大部分均在0.5以上，表明厅堂内声场保真度良好，达到了初期改造效果，公共广播系统扩声听音清晰。

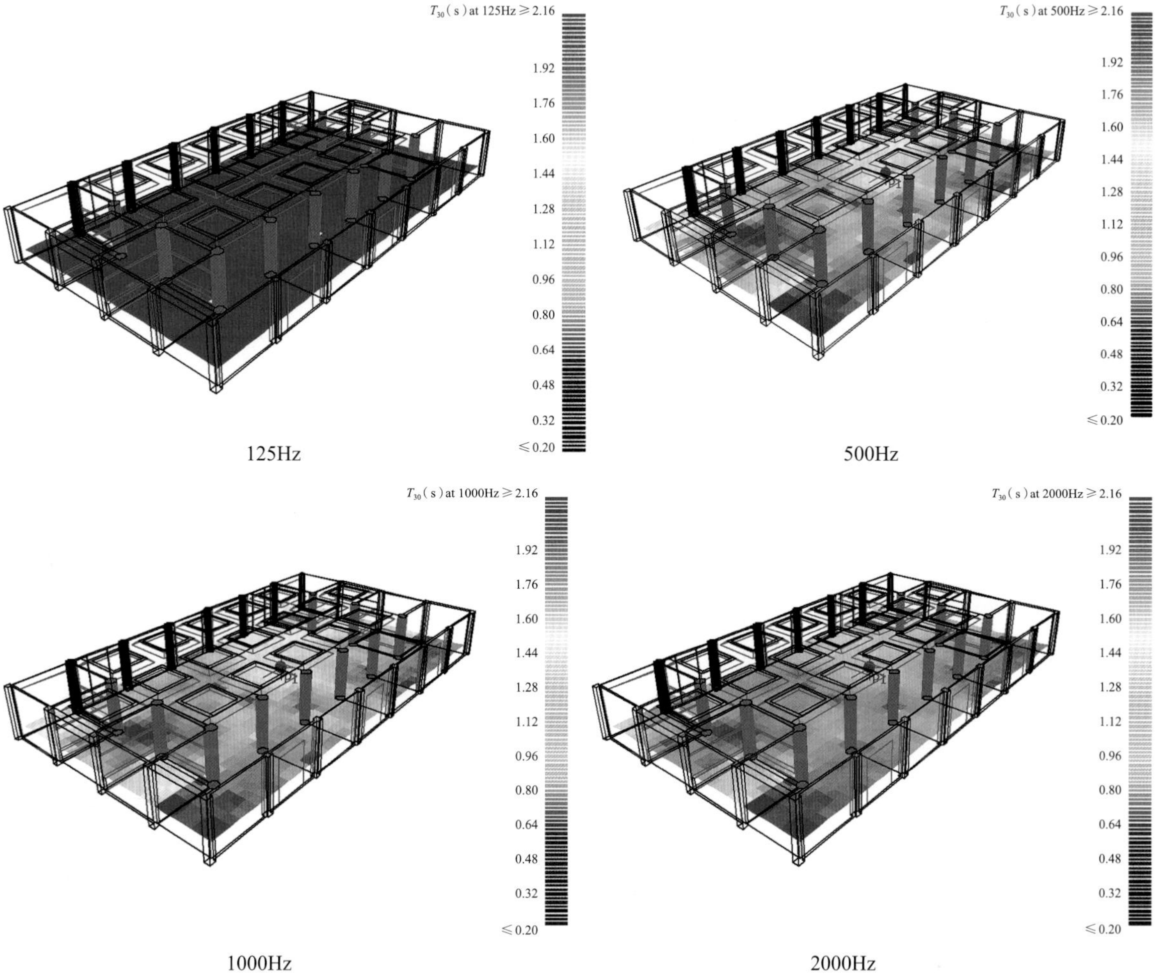

T30(s) at 125Hz ≥2.16
1.92
1.76
1.60
1.44
1.28
1.12
0.96
0.80
0.64
0.48
0.32
≤0.20
125Hz
T30(s) at 500Hz ≥2.16
500Hz
T30(s) at 1000Hz ≥2.16
1000Hz
T30(s) at 2000Hz ≥2.16
2000Hz

图3 陕西历史博物馆序言大厅改造后声场状况模拟分析

3 验收测试

项目于2019年12月中旬进行了验收测试。测试均在空场情况下进行。测试结果主要包含混响时间、清晰度等指标。测试结果见图4，现场检测照片及竣工照片如图5、图6所示。

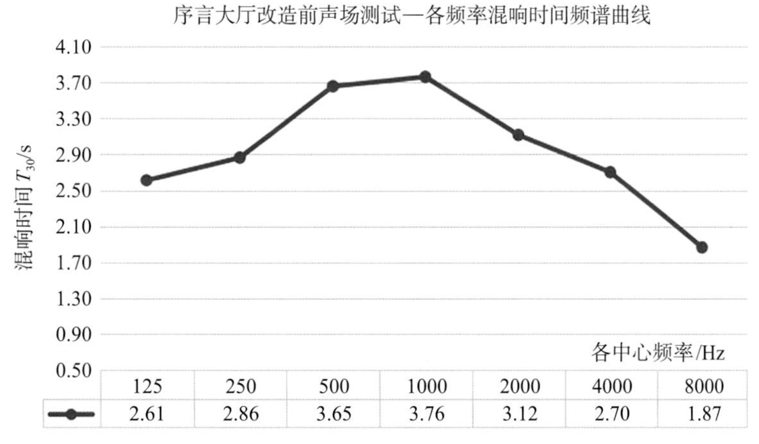

序言大厅改造前声场测试—各频率混响时间频谱曲线
4.10
3.70
3.30
2.90
2.50
2.10
1.70
1.30
0.90
0.50
混响时间T30/s
各中心频率/Hz
125 250 500 1000 2000 4000 8000
2.61 2.86 3.65 3.76 3.12 2.70 1.87

图4 陕西历史博物馆序言大厅混响时间频谱曲线对比分析图

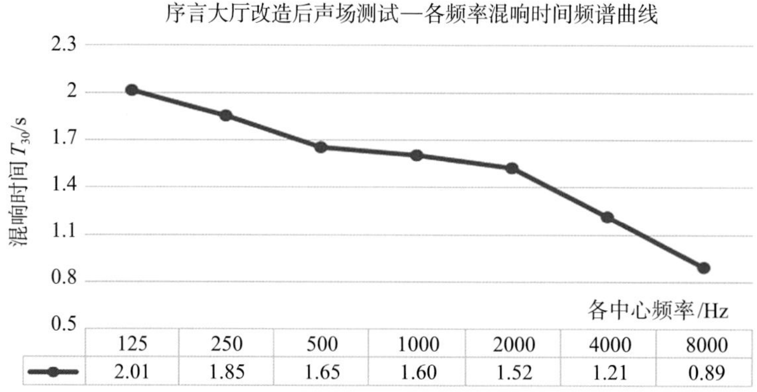

	125	250	500	1000	2000	4000	8000
—●—	2.01	1.85	1.65	1.60	1.52	1.21	0.89

图4　陕西历史博物馆序言大厅混响时间频谱曲线对比分析图（续）

图5　陕西历史博物馆序言大厅现场检测照片

图6　陕西历史博物馆序言大厅竣工现场照片

案例提供：李国华，副教授，长安大学建筑声光研究所常务副所长。

柳钢集团文化中心剧场改造

方案设计：柳州市高度风装饰有限公司
声学装饰：柳州市高度风装饰有限公司
项目规模：1946m^2
竣工日期：2021年6月
声学顾问：广州声博士声学技术有限公司
声学材料提供：广州声博士声学技术有限公司
项目地点：广西柳州市柳北区北雀路117号

1 项目概况

柳钢集团文化艺术中心剧场位于柳州市柳北区北雀路117号，2015年1月建成投入使用，剧场面积约1946m^2，其中观众厅940m^2，厅内净容积约16109m^3（软件建模计算），设1035个席位，平均容积约15.56m^3。舞台392m^2，侧台614m^2，建筑高度23m。

剧场主要用于大型会议和各种文艺演出，是柳州市主要的剧场之一，本项目对声学环境和扩声系统进行改造升级。

1.1 观众区

观众区有二层眺台，前排最低处离顶棚高度约14.2m，池座纵深约35.5m、宽约26.3m，楼座纵深约9.2m、宽约26.3m，楼座和池座均为阶梯形座位，每层台阶高度均为0.28m，座椅为扇形分布。

墙面平装聚酯纤维吸声板。墙面平直，无凸面造型，无声扩散结构。

顶棚为半封闭状，由4条宽3m倒V形造型构成，高度分别为13.7m、15m、16m、16m。

1.2 舞台

舞台高度1m，台口宽16m、高9m，舞台纵深约18.7m，表演区面积约300m^2，两侧副台面积分别为352m^2、418m^2。两侧墙面贴聚酯纤维吸声板，背景墙贴50mm厚聚酯纤维吸声棉，高度9000mm。集装箱有四道帷幕，台唇上方有弧形声桥，台口两侧为八字墙造型。

1.3 扩声系统

采用RCF有源音箱进行扩声：主扩声的3组 5 只12寸线性阵列音箱，安装在声桥造型内，有2只12寸音箱拉声像、2只双18寸超重低音箱、4只10寸台唇音箱、8只12寸舞台返听音箱。

2 存在问题及分析

2.1 存在问题

本剧场存在声学环境较差、音质效果差、扩声设备及线路老化问题，系统噪声大，故障率高。

（1）音响师反映低频过多并混乱，*EQ*做了很多衰减，鼓声轮廓不清，节奏感差，动态不够。

（2）现场聆听时感觉声压级足，声音的平衡度差，清晰度明亮度不够；节奏感差，没有感染力。

（3）使用PHONIC PAA6进行测量

①*RTA*测量：峰谷现象明显，63～250Hz和4000～8000Hz两段出现声峰，1000～2000Hz出现声谷，峰谷值差最大43dB。

②RT_{60}测量：观众厅空场情况下背景器噪声为43.6dB，取7点测量，测量声源为气球，测量中心频率为125Hz、250Hz、500Hz、1000Hz、2000Hz、4000Hz，混响时间测量结果见图1。

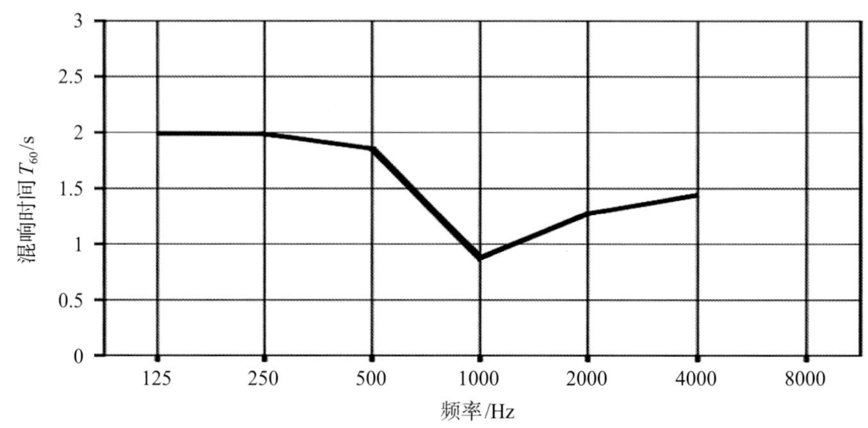

图1 改造前观众厅混响时间频率特性曲线图

2.2 问题分析

采用大量单一种吸声材料——聚酯纤维板进行吸声处理：9厚聚酯纤维板直接铺贴在15厚的孔木吸声板上，主要吸声频率为1000～3000Hz，对500Hz以下吸收很少。两侧墙面平直，无凸面造型，无声扩散结构。

（1）使用大量单一的吸声材料做吸声处理，造成某一频段声音成分缺失，由于1000～3000Hz这段频率过多被吸收，音色松散且脱节，声音朦朦胧胧。

（2）300～500Hz是语音的主要音区频率。这段频率吸收少，幅度过大，相对来说低频成分少了，高频成分也少了，因此语音显得很单调。

（3）100～150Hz频率影响音色的丰满度。这段频率成分过强，音色显得浑浊，语音的清晰度变差。

（4）60～100Hz频率影响声音的浑厚感，是低音的基音区。这段频率过强，出现低频共振声，有轰鸣声的感觉。

（5）两侧墙面平直，大面积的平行墙面造成颤动回声。

（6）整个剧场墙面顶棚无凸面造型，无声扩散结构。声音缺乏细节表现，呆板，没有鲜活度。

3 声学环境改造

3.1 声学设计目标

演出（会议）时观众厅内任何位置上不得出现回声、多重回声、声聚焦各共振等可识别的声缺陷。混响时间控制在《剧场建筑设计规范》JGJ 57—2016中多用途剧场混响时间范围内（图2）。语言清晰，圆润；音乐动态足，细节丰富，有感染力。

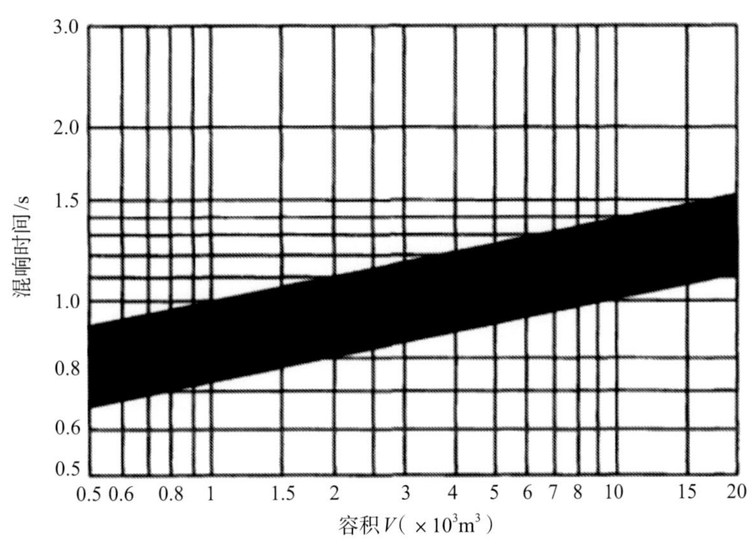

图2 多用途剧场不同容积（V）观众厅，在频率500～1000Hz时合适的满场混响时间（T）范围

3.2 声学设计

采用EASE声学软件进行设计：将真实准确的建声数据和信息输入EASE软件中，通过计算机进行相关声学参量运算，从而对实际工程安装进行预判断和分析。

本项目采用录入EASE数据库内的声博士品牌声学材料，数据准确，保证设计结果可靠。

（1）混响时间（T_{60}）模拟

混响时间是目前音质设计中能定量估算的重要评价指标。它直接影响厅堂音质的效果。房间的混响长短是由它的吸声量和体积大小所决定的，体积大且吸声量小的房间，混响时间长；吸声量大且体积小的房间，混响时间就短。混响时间过短，声音发干，枯燥无味，不亲切自然；混响时间过长，会使声音含混不清；混响时间合适时声音圆润动听。

EASE混响时间模拟结果：观众厅听声面上混响时间在1.30～1.40s，设计结果在《剧场建筑设计规范》JGJ 57—2016中多用途剧场混响时间范围内（图3）。

（2）语言传输指数（*STI*）模拟

语言传输指数是一个定位于0～1之间的数字，从调制传输函数的另一组数字计算得出，考虑从声源至接收点传输如何影响不同频段和那些频段对语言可懂度的贡献，详见*AURA*中*RASTI*中的评价标准（表1）。*STI*代表传声过程中语言信息量的保真度，是观众厅内电声扩声的基础指标。一般小于0.2被认为信息严重失真，较好的数值应大于0.45。

语言传输指数（*STI*）模拟设计结果：显示语言传输指数在观众厅内所有区域数值均在0.45以

上，说明声场信息保真度良好（图4）。

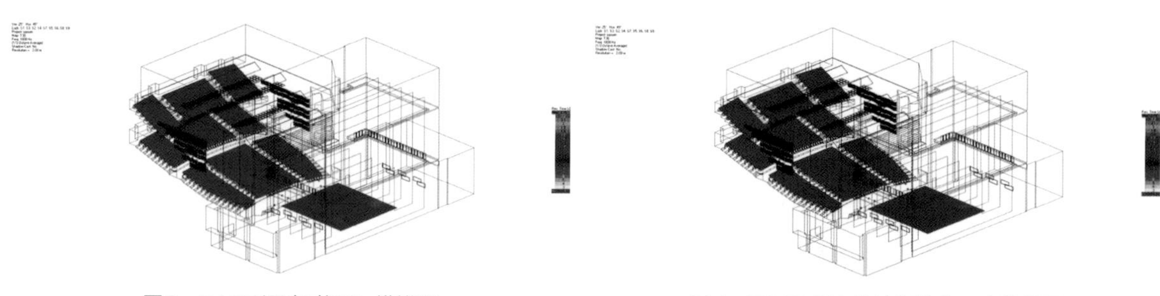

图3 EASE混响时间T_{60}模拟图　　图4 EASE语言传输指数（*STI*）模拟图

***AURA*中*RASTI*评价标准**　　**表1**

参考值	评价
0.00～0.30	不可接受
0.30～0.45	满意
0.45～0.60	好
0.60～0.75	非常好
0.75～1.00	优秀

3.3 实施方案

（1）平衡吸声，混响时间设计为1.2s ± 0.1s。增加不同频率特性的吸声材料和结构，以达到平衡吸声的目的。

①观众厅在两侧墙面原聚酯纤维板上安装声博士黑客吸声板CK-1，约1000m^2，吸收125～500Hz频率，保留后墙立面原聚酯纤维板85m^2。

②舞台区增加吸声材料，保证舞台区混响时间与观众厅混响时间基本一致。

舞台天桥栏杆上安装40m^{2}空间吸声体T50X，主要吸收630～5000Hz频率的声音。天桥下吊挂声学障板——声博士AQ1000H16片，规格为2000mm × 800mm × 100mm（含扩散凸面）。双面结构：A面为全频强吸声，B面为HIPS一次成型MLS扩散面。扩散面向舞台，吸声面向侧台。

（2）增加声扩散。控制回声，避免声聚焦，降低声染色，提高声场的均匀度、声音的饱满度和空间感。

①在原顶棚造型中间安装云扩散体——声博士CLOUD 2C，使原半封闭的顶面相对闭合（图5），同时进行声扩散处理。

②观众区两侧墙面安装声博士波浪声学体PEAK2000D，加强声扩散。PEAK2000D规格：长2000mm、宽800mm、高250mm，每边48块，分3组排列。

③观众厅池座和楼座后墙立面安装MLS扩散体。

3.4 降噪控制

基层龙骨与龙骨之间，饰板与龙骨之间加减振胶垫。用5mm × 30mm的粗纹自攻螺钉固定。

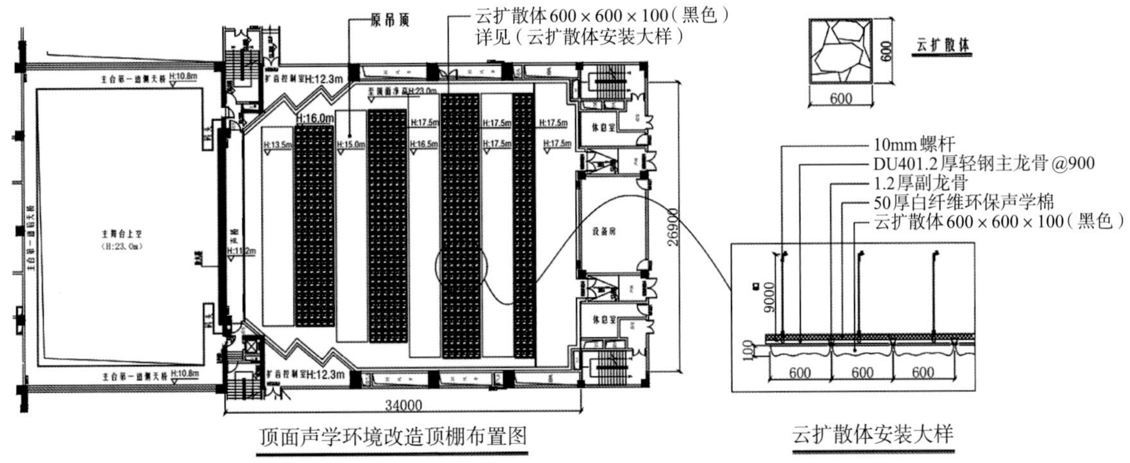

图5 原吊顶造型中间增加云扩散体

4 扩声系统升级

（1）扩声系统配置：扩声形式为左中右主扩+补声覆盖全场。主扩声选用d&b增强型线阵列扬声器ALi90，每组扬声器含4只ALi90垂直吊挂安装覆盖全场，两边八字墙内各安装1只双18寸低频扬声器B22-SUB用于降低低频下限；低频扬声器上放置1只12寸全频扬声器12S作为左右拉声像扬声器，用于拉低声像和前场补声；台唇配置4只5寸全频扬声器5S用于前场补声；舞台配置4只流动返听扬声器MAX2和4只固定返听扬声器12S，用于演员获取声音反馈。

（2）ArrayCalc软件声场模拟计算结果：通过ArrayCalc声场设计软件的计算，各频段直达声压级（Direct SPL）见表2。

各频段直达声压级数值　　　　表2

频率/Hz	63	125	250	500	1000	2000	4000	8000
声压级最高值/dB	118.3	110.6	108.4	103.3	103.3	104	102	103.5

剧场最大总直达声为110.4dB，最小声压级110.4−6=104.4（dB），且分布均匀，考虑到混响声（+3dB），最终总声压级≥107.4dB，达到剧场声压级国家一级标准。

5 项目改造升级结果

（1）现场实测

在空场情况下进行声学测量：测量声源采用无指向性的12面球体声源，放置在舞台中心内3m处，距离地面高1.5m。在池座取7个测量点，楼座取3个测量点。测量点高度1.2m，测量信号采用扫频信号（e-sweep）。测量结果见表3。

（2）综合分析

观众厅空场测量混响时间为1.35s，预估满场时混响为1.2s，舞台区空场测量混响时间为1.33s，均混响时间值符合《剧场建筑设计规范》JGJ 57—2016中多用途剧场混响时间标准，且两个区域混响时间基本一致。各中心频率的混响时间比值不大，混响时间频率特性曲线比较平坦。

剧场声学指标测量结果 表3

建声技术指标	现场实测结果
观众厅空场混响时间 RT_{60}	1.35s
舞台空场混响时间 RT_{60}	1.33s
声场不均匀度 ΔLp	≤5dB
语言清晰度 D_{50}	0.58

观众厅内声场不均匀度≤5dB，优于多用途厅堂一级声学特性指标。

清晰度 D_{50} 参数主要用于评价观众厅内的语言清晰度，本剧场测得 D_{50} 值为0.58，表明会议或演出中，观众厅内具有较好的语言清晰度。

测量指标均达到或优于设计目标。

工程亮点：采用声博士便捷建声系统Easy acoustic system，便捷安装，去工程化，大幅缩短了工期，降低了成本。

案例提供： 覃庆松，高级声学工程师，广西柳州市高度风装饰有限公司。

佛山黄岐苏荷酒吧建筑声学设计

声学设计：广州聚茂声学科技有限公司
施工单位：广州聚茂声学科技有限公司
项目规模：1200m^2
项目地点：广东省佛山市南海区黄岐广佛路城际大厦一楼
竣工日期：2015年12月

1 工程概况

本项目位于广佛交界娱乐酒吧街，项目原址是79吧。酒吧前期装修时隔声装修工程处理不理想，因噪声问题而被楼上、周边的居民投诉，多方面原因导致其未能继续营业。

通过现场实地考察，结合酒吧的实际情况，为投资方进行了专业的隔声吸声方案设计并负责整体隔声吸声工程施工，投资方的信任最终得到了回报，酒吧营业后隔声环保达到预期效果，从试营业起就场场爆满。

（1）甲方诉求

酒吧正常营业声压级为120dB，不影响楼上酒店客房及周边的居民正常生活作息，达到国家《社会生活环境噪声排放标准》GB 22337—2008的要求，树立了良好的环保公众形象。

（2）现场勘查

酒吧位于酒店一层，有地下室，同建筑四、五层为酒店客房，与周边相邻住宅小于100m。

（3）施工区域

房中房结构，顶棚、四周墙体、地面低频隔声减振处理。

2 相关项目工程设计图、实景照片

项目设计平面图、隔声设计图如图1、图2所示。

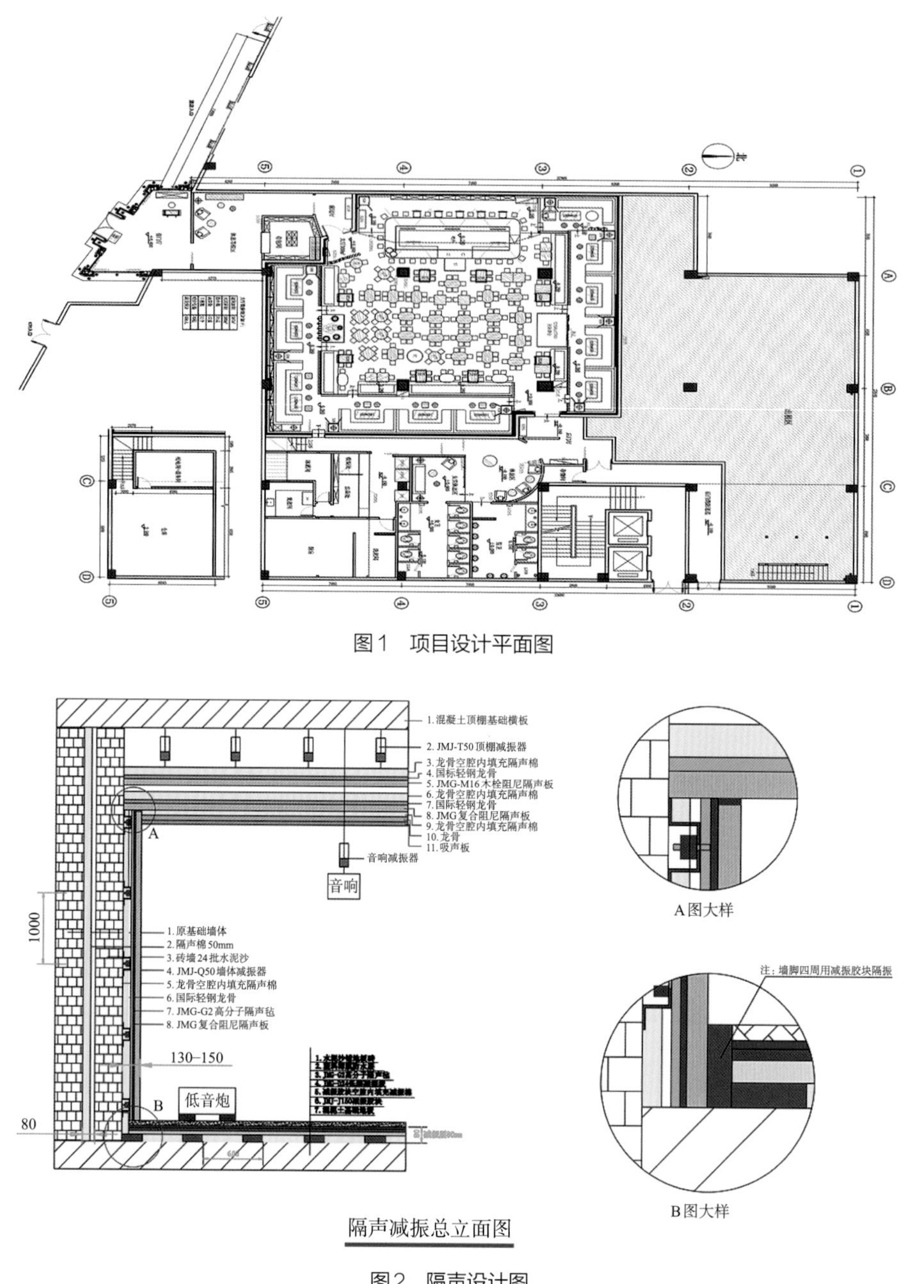

图1　项目设计平面图

图2　隔声设计图

3　技术创新

本项目采用JMG-D24低频减振隔声板、JMG-M16木栓阻尼隔声板、JMJ-T50顶棚减振器、JMJ-Q50墙身减振器、48K及80K离心玻璃纤维棉板、JMG-W2高分子隔声毡等隔声减振产品。

4　工程亮点及解决方案

JMG-D24低频减振隔声板，是根据声音的传播特性设计而成，三层材料组成为6+10+8共24mm厚，阻尼层选用10mm软木层，声音在软木中传播的速度仅为500m/s，大约是水泥和钢铁中传播速度的1/10。面层设计厚度采用不同的6+8而不是6+6或者8+8，则是充分考虑了声音在同样材质中的传播穿透性和折射性能，两边面层采用不同的厚度来组合，显然优于同样的厚度；这样由不同面层和优异的阻尼质复合而成的材料能够有效地阻隔声音的传播（图3、图4）。

图3　现场施工图

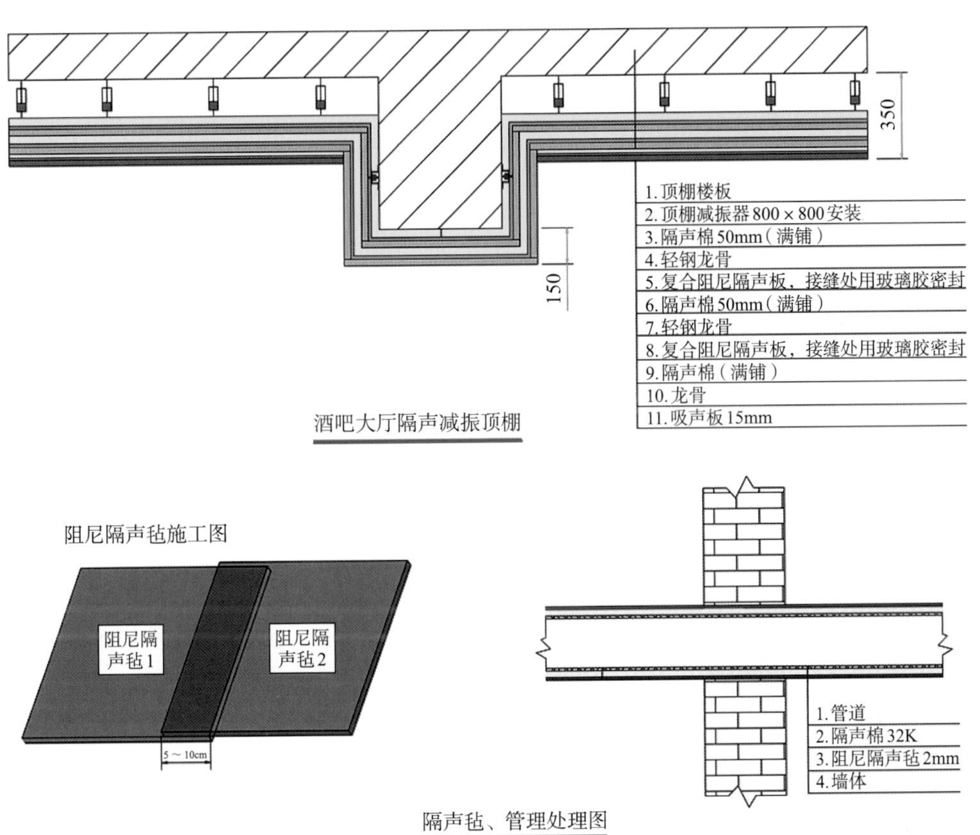

图4　解决方案设计图

JMG-D24低频减振隔声板的隔声性能，经华南国家计量测试中心（广东省计量科学研究院）测试，检测结果证明，单张板的综合隔声量达到44dB。

适用范围：酒吧、KTV、家庭影院、电影院、会议室、录音棚等。

施方法工：可锯、可钻孔、自攻螺钉。

基面处理：可贴墙纸、玻璃、瓷砖、水泥板等。

5 经验体会

本案例是娱乐酒吧，特点是声压级大，声音频率丰富，同栋建筑有住宅酒店，因此最大难点在于噪声控制中的低频处理，工程师经过反复计算，利用声学原理进行设计并应用最先进的隔声材料、减振材料，实现强隔声和低频减振，解决了投资方的噪声困扰问题。

在传播途径上，音响可以通过悬挂吊杆、墙面、管道、门窗、排气口、下水管道四处传递声波，产生与音乐频率谐振的撞击，进而以固体传声的形式以弹性波传至楼上、周边居民。当声波入射到抹灰的墙、混凝土等刚性壁面时，大部分声能都会被反射回来。在大厅顶部采用50mm璃纤维隔声棉板48K+无纺布保护层+A1级防火吸声板，从而当声波入射到一些多孔、透气或纤维性的材料时，进入材料的声波会引起材料的细孔、狭缝中的空气和纤维发生振动，由于摩擦和黏滞阻力以及纤维的导热性能，一部分声能转化为热能而耗散，达到较好的声场，让专业音响设备达到最佳效果。

噪声控制部分，采用JMG-D24低频减振隔声板、JMG-M16木栓阻尼隔声板等隔声材料。而共振区的宽度取决于隔声板材的材质、形状、板的支撑方式和板体自身的阻尼大小。随着声波频率的提高，共振的影响逐渐消失，板材的振动速度开始受板材惯性质量（单位面积质量）的影响，即进入质量控制区。在质量控制区，板材面密度越大，受声波激发的振动速度越小，隔声量越大；频率越高，隔声量亦越大。通常采用隔声结构降低噪声，也就是利用板材的质量控制的特性，一般情况下应根据噪声的频率特性和降噪需要来选择隔声材料或结构，以发挥质量控制作用，使其在相当的频率范围内取得有效的隔声效果。

隔振就是将振动源与地基等结构或机器设备之间装设隔振器或隔振垫层，用弹性连接代替刚性连接，以隔绝或减弱振动能量的传递，从而实现减振降噪的目的。采用JMJ–T50顶棚减振器、JMJ–Q50墙身减振器，从而达到弹性装置的隔振作用，设备产生的干扰力便不能全部传递给地基，只传递一部分或完全被隔绝。振动传递被隔绝，固体声被降低，因而就能取得降低噪声的效果。

广州聚茂声学科技有限公司和广州声工场技术有限公司的专业隔声团队通过低频共振方式，从各个点、面都进行必要的减振隔声，达到设计要求。经过几个月的共同努力，酒吧降噪效果十分显著，经所在地环保部门监测，均达到国家环保标准（表1、图5～图8）。

完工噪声分贝测试 表1

A点	B点	C点	D点	E点
120dB	56.2dB	53.3dB	43.5dB	36.7dB

图5 完工结果图

图6 完工结果图

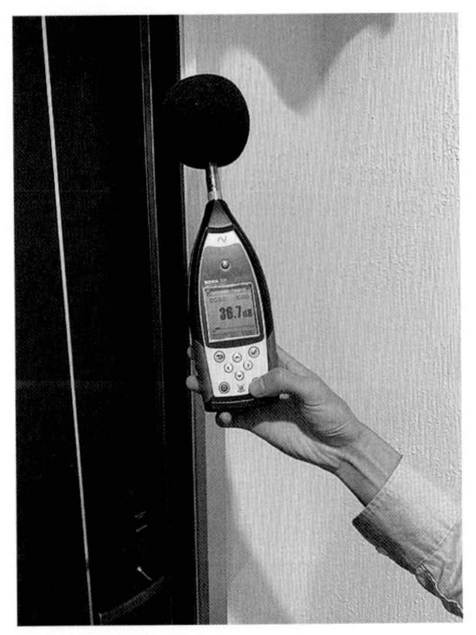

图7 完工噪声分贝测试

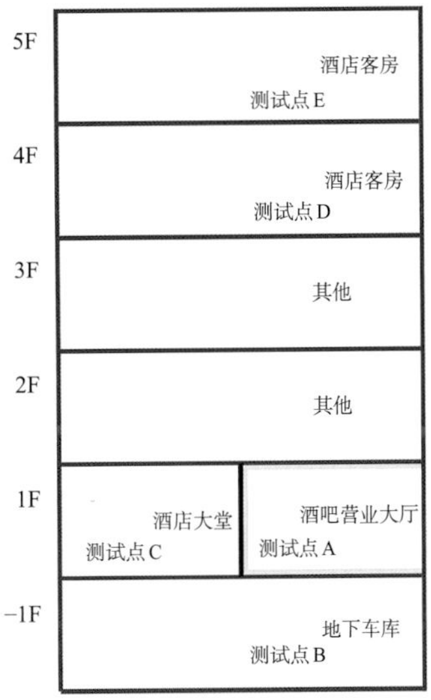

5F	酒店客房 测试点E	
4F	酒店客房 测试点D	
3F	其他	
2F	其他	
1F	酒店大堂 测试点C	酒吧营业大厅 测试点A
−1F	地下车库 测试点B	

图8 完工噪声测试点

案例提供：何伟亮，技术总监，广州聚茂声学科技有限公司。

南京心印·中华门

方案设计：良业科技集团股份有限公司
建筑设计：明朝-工部
项目规模：15168m²
竣工日期：2021年

声学顾问：北京北方安恒利数码技术有限公司
声学设计：良业科技集团股份有限公司数字文旅院
项目地点：江苏省南京城正南门

1 工程概况

中华门为南京城正南门，位于内外秦淮河之间，原名聚宝门。中华门始建于五代十国杨吴时期，曾是南唐国都江宁府和南宋陪都建康府的南门。中华门城堡是中国现存最大的城堡式瓮城，也被认为是世界上保存最完好、结构最复杂的古城堡堡垒瓮城。城门规模宏大，设计巧妙，结构复杂，被国务院列为全国重点保护文物。有“天下第一瓮城”之称。中华门布局严整、构造独特，分为内外两组城墙，内部设有瓮城，形成了独特的“目”字形结构(图1～图3)。

图1 南京中华门外景

大型沉浸式光雕艺术演出《心印·中华门》以中华门的历史为轴线，通过创新方式，将其建筑价值、精神价值与文化价值一一传递给观众，引出众心之愿、国魂之尊、德才和众三大主题，点颂出“和合中华”的理念，再现中华门的前世今生。

《心印·中华门》包含三个篇章《中华门之源》《中华门之尊》和《中华门之光》，共12个故事。

中华门瓮城有三重门，每进入一重门，就是一个场景，现场观众移步换景，宛如置身于露天的3D剧院。在这里，现代文明化身机灵可爱的“小元宝”，历史文明则幻化为守城人、风者、雨者、文者和武者，以及历史人物朱元璋、沈万三和刘伯温，他们展开了一场跨越时空的对话。

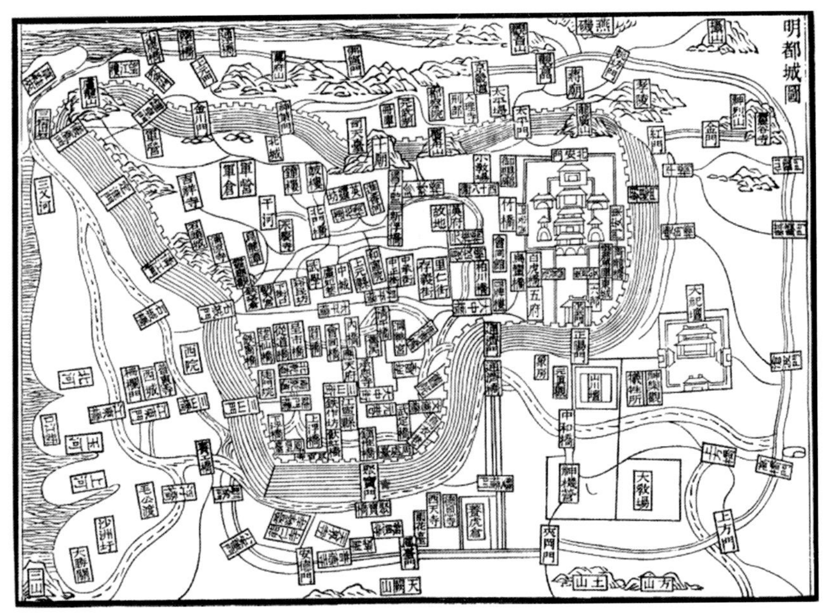

图2 明都城图

图片来源:(明)陈沂《金陵古今图考》

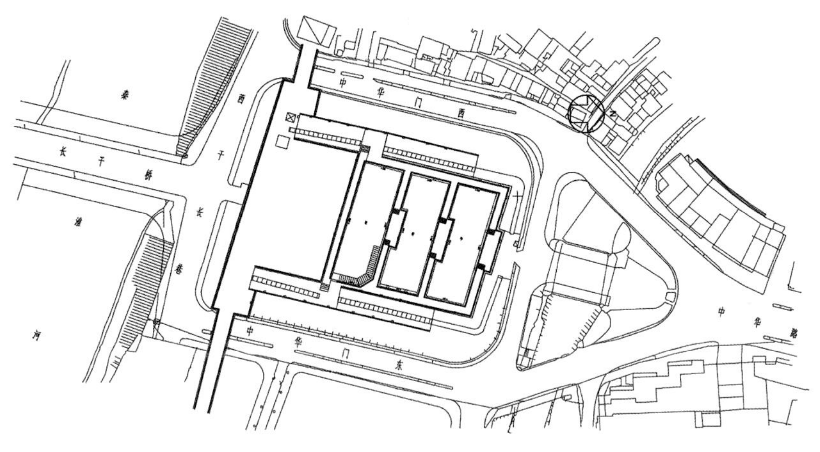

图3 中华门顶层平面图

2 瓮城声学设计

心印·中华门音频设计由良业科技集团旗下文旅院技术中心负责，音质控制由北京北方安恒利数码技术有限公司声学工作室负责。

2.1 概述

中华门瓮城东西宽118.5m，南北长128m，占地15168m^2，由主城台、三道内瓮城、27个藏兵洞、东西马道，以及一条登城曲道组成，从上往下看，整体呈“目”字形结构。中华门主城台是南京十三座都城城门中唯一一座两层结构的城台，其中一层正中为城门通道，两侧各设置3个藏兵洞，二层设置7个藏兵洞，加上东西马道下还各有7个藏兵洞，共计27个藏兵洞，据估算可以藏兵三千，藏粮万担(图4、图5)。

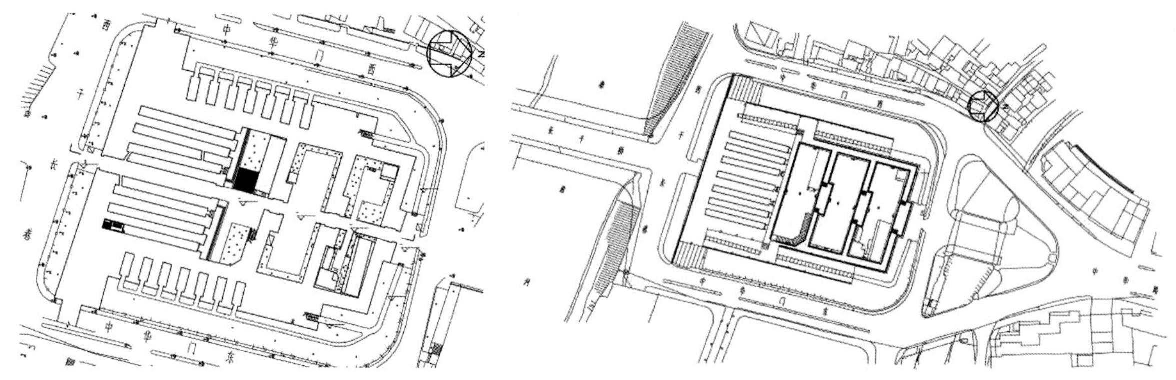

图4　中华门一、二层平面图

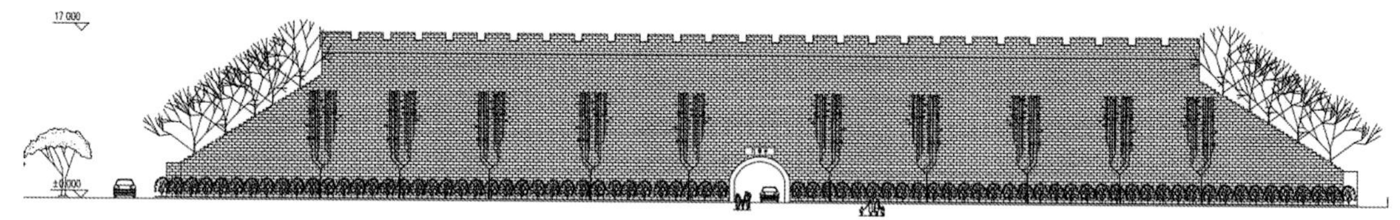

图5　中华门南面剖面图

2.2 瓮城的声学设计

2.2.1 城墙声学设计

序幕为北城门进口处，是游客进入夜游演绎的第一道城门，是吸引住游客的第一个场所，出色的声场能把游客快速带入演绎场景，同时考虑到扬声器安装应不影响整体视觉效果，采用ENNE Aries5-WP扬声器。ENNE Aries5-WP扬声器是全天候扬声器，同时具有体积小、声压级大的特点，在城门两侧绿化带中分别布置扬声器，达到立体声效果。

2.2.2 第一瓮声学设计

第一瓮城为第一幕演绎，主要为三面投影，在每处主投影画面处设置1只12寸ENNE Aries2-WP全频扬声器，同时另外设置1只18寸ENNE Aries8-WP超低频扬声器。以做到声像的一致和覆盖的均匀，同时低频的补充让声音成分更加充足。

2.2.3 第二瓮声学设计

第二瓮城为第二幕演绎，在城墙两条长边底部各设置2只12寸ENNE Aries2-WP全频扬声器，两条短边底部各设置1只12寸ENNE Aries2-WP全频扬声器，同时在长边的城墙城檐外各设置2只ENNE Horizen100A横向音柱扬声器作为效果扬声器，另外搭配3只ENNE Aries8-WP超低频扬声器，可以达到多声道的效果。

2.2.4 第三瓮声学设计

第三瓮城为第三幕演绎，在瓮城中两侧树下各设置1只ENNE Aries2-WP全频扬声器，并在西侧树下设置1只ENNE Aries8-WP超低频扬声器，暗藏在树下落地安装，达到立体声效果。

2.2.5 藏兵洞声学设计

第四幕位于第三瓮城的5处藏兵洞及中央门洞中，在每个洞中分别设置4只小体积的ENNE T104V扬声器，作为演出特效声使用。

2.2.6 城墙上声学设计

第五幕位于南城墙上，场地开阔，在城墙四角各设置1只ENNE Aries5-WP全频扬声器，达到立体声或者4声道环绕效果。

2.2.7 动线背景音乐声学设计

在第二处、第三处门洞中，各设置2只ENNE T104V扬声器；在第四幕至第五幕动线中沿途设置ENNE T106V扬声器，设置8处，左右交错安装。

每个表演区有独立的Dante转换器，由于每个表演区之间的距离较远，利用转换器传输可以减少信号的衰减和方便后期安装调试（图6）。

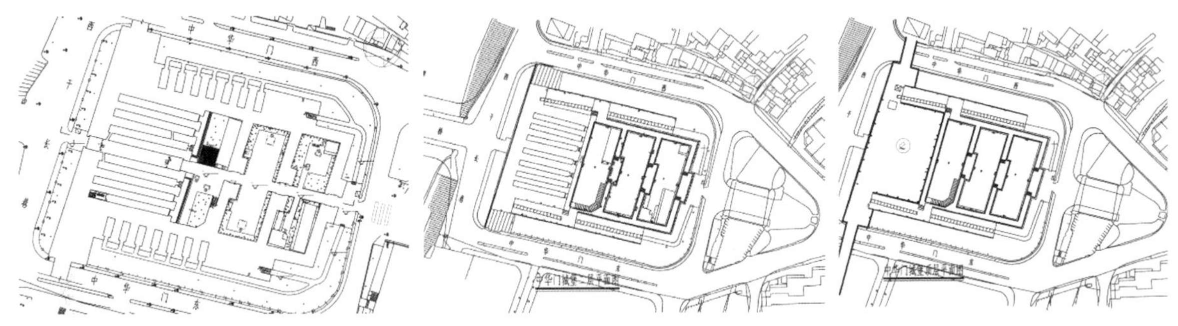

图6 中华门产品定位图

2.3 瓮城声学指标

瓮城声学指标见表1。

瓮城声学指标 表1

最大声压级（峰值）	≥106dB
传输频率特性 （以80～8000Hz的平均声压级为0dB）	-4 ～ +4 dB
传声增益（100～8000Hz ）	≥-8dB
稳态声场不均匀度	100Hz：≤10dB 1000Hz：≤6dB 8000Hz：≤8dB
系统总噪声级	≤*NR*-20
总噪声级	≤*NR*-30

3 技术创新

本项目系统采用数字音频系统传输，控制室与室外机柜之间采用光缆连接，减少古建筑布线工程量，同时扬声器选用体积小动态大的型号，安装精心设计，争取不在古砖石上打入一钉一铆，在满足项目扩声要求的前提下，尽最大努力保护古代精华建筑。

4 工程亮点

（1）本扩声系统满足背景音乐音效播放、各表演区演出扬声器播放。

（2）本扩声系统充分考虑用户能方便灵活操作系统设备来满足不同播放功能。

（3）全场声场均匀，声音清晰悦耳、低噪声。

（4）本扩声系统充分考虑系统的实用性、安全性、可靠性和人性化，并且包含系统在应急状态下的解决方案。

（5）所有扩声设备及系统设计达到国内先进水平，质量价格比合理。系统设计要求考虑到设备升级换代的可能。对于各种品牌的设备都要求具有可靠有效的销售服务系统。

（6）主扩声系统有多路的模拟音频及数字音频输出供不同使用功能需要。

（7）数码音频处理及控制系统采用数字网络设备作为整个扩声系统的信号分配、处理及控制的主要设备，系统集均衡、限幅、分频、噪声门、延时、输入/输出、增益调整、自动噪声调整、音频矩阵及功放监测、控制等功能于一体。

5 经验体会

瓮城的搭建材料也由起初的泥土垒筑，发展为外包砖体，再发展为大型石块、砖体通过石灰粘结等以坚实建筑。进行声学设计时，深感挑战与创新的并存。以下是项目实施过程的经验体会：

（1）了解材料特性：大青石的瓮城具有独特的材料特性，比如它的重量、坚硬度以及吸声性能等。这些特性在设计中需要被充分考虑，以便能选择最适合这种材料的声学策略。

（2）尊重原有结构：在设计过程中，尽量保持瓮城的原有结构，避免大规模的改动。因为大规模的改动可能会破坏瓮城的整体结构，同时也会影响到它的声学特性。

（3）利用声学原理：了解到声音的传播原理，包括反射、折射和吸收等。在设计中尽量利用这些原理，比如通过改变瓮城的内部布局和结构来控制声音的反射和折射，以及通过使用吸声材料来增加对声音的吸收。

（4）考虑人的感受：声学设计不仅仅是要让声音听起来好，更重要的是要让人感到舒适。在设计中非常注重人们的体验，希望通过设计能让人们在瓮城中感到舒适和放松。

（5）持续测试与改进：设计是一个反复迭代的过程，在设计过程中进行了多次测试和改进。通过不断的测试和改进，才能更好地了解大青石瓮城的声学特性，从而做出更好的设计。

案例提供：郭平，高级工程师，良业科技集团股份有限公司数字文旅院院长。
侯亮，高级工程师，良业科技集团股份有限公司数字文旅院声学总监。Email：13699260171@139.com

杭州奥体中心主体育馆

建筑设计：北京市建筑设计研究院有限公司
　　　　　杭州市建筑设计研究院有限公司
声学设计：北京市建筑设计研究院有限公司声学室
音频系统：宁波音王集团有限公司
项目地点：浙江省杭州市萧山区博奥路2657号
项目规模：74470m^2
竣工日期：2021年

1 工程概况

杭州奥体中心为2022年杭州亚运会主会场。包括体育场“大莲花”、体育馆/游泳馆“化蝶”双馆、网球中心“小莲花”、综合训练馆“玉琮”，可举办世界性、洲际性综合运动会。体育馆/游泳馆包含两个场馆：体育馆、游泳馆；采用双馆合一的设计理念，为连体式建筑；总用地面积22.79hm^2，总建筑面积396950m^2，是世界上最大的两馆连接体非线性造型。两个场馆有10m高度差，游泳馆高35m，体育馆高45m；体育馆地上为五层，游泳馆地上为三层（图1～图3）。

双馆主体结构体系为现浇钢筋混凝土框架–剪力墙结构，两馆钢结构屋盖为一整体结构，屋面采用铝镁合金板，覆盖体育馆、游泳馆、中厅三部分，呈自由双曲面造型。独特的流线造型，结合双层非全覆盖银白色金属屋面和两翼张开的平台形式，形成“化蝶”的杭州文化主题。

图1　奥体中心全景

图2 体育馆内景

图3 游泳馆内景

体育馆可进行篮球、羽毛球、排球、乒乓球、手球、竞技体操、拳击、武术、室内足球等比赛，为2022年杭州亚运会篮球比赛场馆。

游泳馆包含游泳池和跳水池，游泳池共8条泳道，跳水池水深6m，是一个集游泳跳水比赛和训练于一体的专业运动场馆，可承办各类游泳、跳水等国际赛事，为2022年杭州亚运会游泳、跳水、花样游泳比赛场馆；是仅次于北京“水立方”的全国第二大游泳跳水馆。

2 声学设计

杭州奥体中心体育馆、游泳馆的声学设计由北京市建筑设计研究院有限公司声学室负责。

2.1 概述

体育馆平面呈矩形，观众席为环绕式布置，比赛大厅总长度约136m，总宽度约105m，比赛场地未布置活动座椅时长约78 m，宽约47m，总建筑面积74470m^2，共18000座（固定座15000个，可伸缩看台的活动座3000个）。屋顶为椭球面，比赛场距屋顶最高处的高度约35m。比赛大厅与观众休息大厅连为一体，有效容积（不包括观众休息大厅）约46300m^3，容纳约1.8万名观众（包括活动座席），每座容积为25.7m^3（图4）。

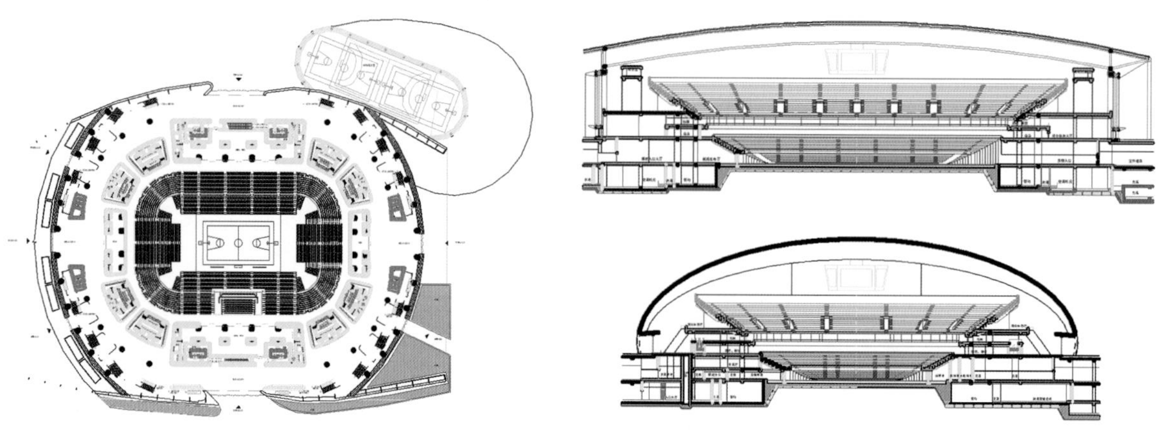

图4 体育馆平、剖面图

游泳馆平面呈矩形，观众席布置在场地两侧，比赛大厅总长度约108m、宽约87m，比赛场长约108m、宽约41m，总建筑面积53959m^2，共6000座。游泳馆的屋顶为椭球面，比赛场距屋顶最高处的高度约35m。游泳馆的比赛大厅有墙体与观众休息大厅分隔，有效容积约241500m^3，容纳约6100名观众，每座容积为39.5m^3（图5）。

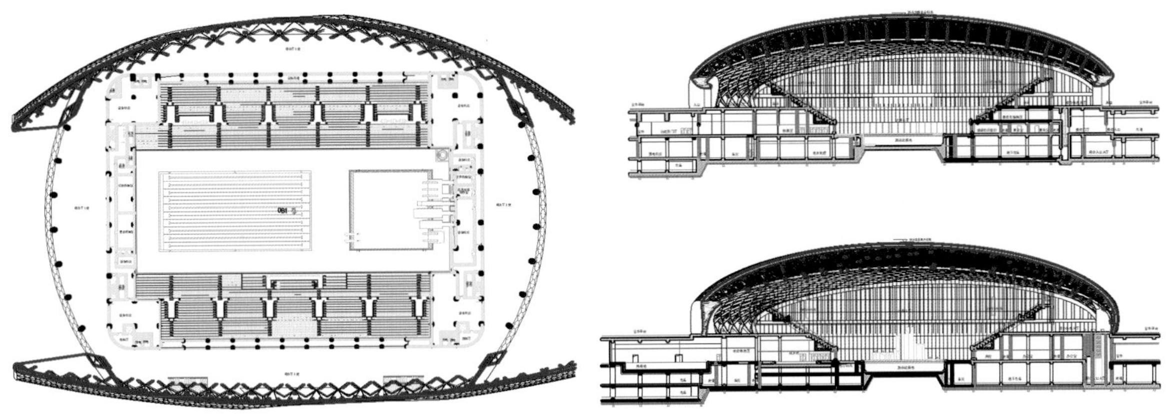

图5　游泳馆平、剖面图

2.2 设计方案

2.2.1 体育馆比赛大厅

（1）体育馆和游泳馆又称“化蝶”双馆，体育馆的屋盖和游泳馆一样呈凹弧面，而且也是整个体育馆中最大的界面。所以要在比赛大厅屋盖的凹弧面上设置强吸声构造，具体构造同游泳馆屋盖吸声构造。

（2）观众席区标高8.00～11.3m处为实体墙，充分利用该墙面进行强吸声处理，采用穿孔板吸声构造，具体构造如图6、图7。

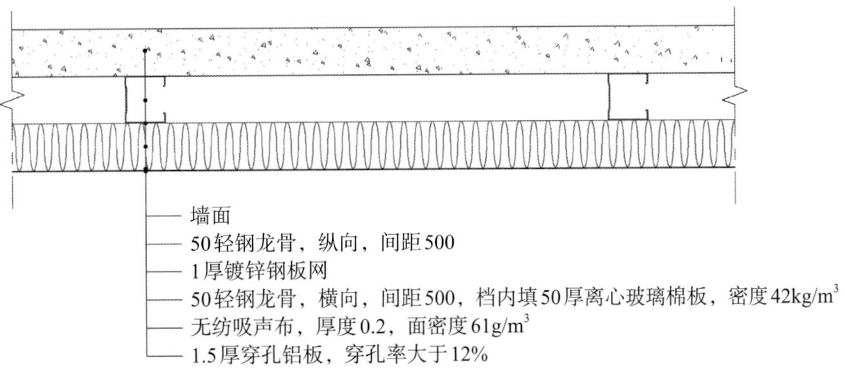

图6　墙面吸声构造示意图

2.2.2 游泳馆比赛大厅

由于游泳馆的建筑造型呈椭球形，椭球形的屋盖是整个游泳馆中最大的界面，所以其吸声性能就成为游泳馆比赛大厅混响时间控制的至关重要的环节。然而，椭球形的曲面是对室内音质不利的形状，极易产生声聚焦等声学缺陷，所以对椭球形屋盖的声学处理就是非常重要的。故椭球面屋盖采用了强吸声构造来消除声缺陷同时控制混响时间（图8），具体构造如下：

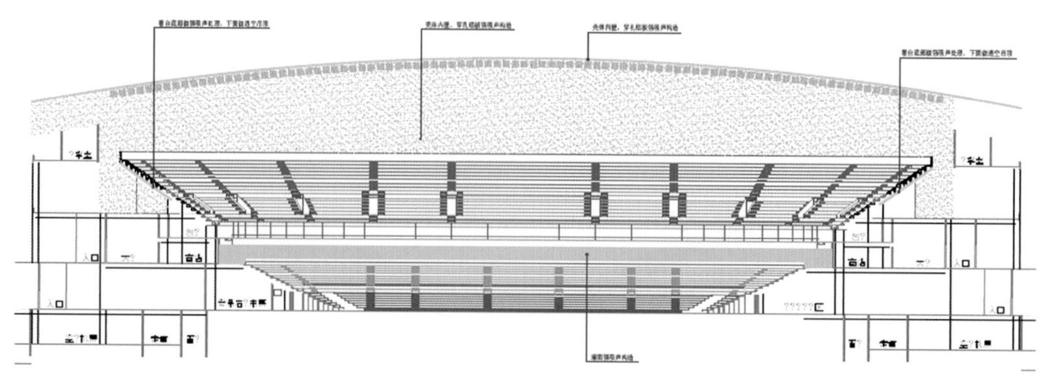

图7 体育馆吸声材料布置图

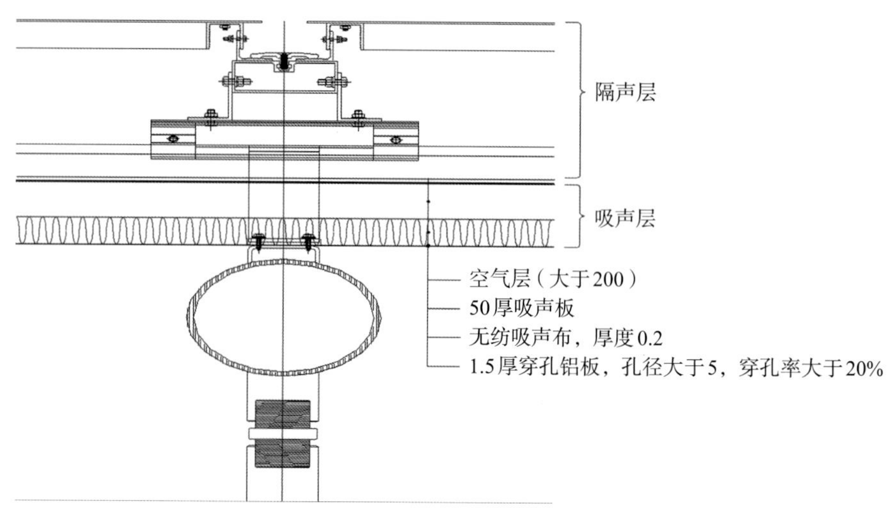

图8 屋盖吸声构造示意图

（1）椭球面最下层为孔径不小于5mm、穿孔率不小于20%的穿孔铝板，穿孔铝板后贴敷一层无纺吸声布。

（2）穿孔铝板后设置厚度不小于50mm、密度为32kg/m^{3}的拒水膜吸声板。拒水膜吸声板具有防潮防腐、吸水性小、吸声性能受湿度影响小等性能，多用于高潮湿环境。

（3）拒水膜吸声板后面留有不小于200mm的空气层。

虽然游泳馆的每座容积很大，但由于其没有那么高的室内音质要求，混响时间设计指标相对较长，而且其比赛大厅四周均有墙面可以布置吸声构造。在比赛大厅四周墙面设置强吸声构造，吸声材料选用拒水膜吸声板（图9）。

3 音响系统

体育馆作为亚运会的重要场馆之一，参照国际篮球比赛场馆进行设计。音频系统需能满足所有规格的国际国内赛事需求。在亚运会期间，这座体育馆承担篮球比赛的重任。为了确保扩声系统能够稳定地工作，同时满足语言清晰度和声场覆盖均匀度的要求，采用了集中式线阵列扬声器的布局模式。通过这种方式，可以有效地解决声压级的覆盖和语言清晰度之间的矛盾，并将场馆内的音箱进行分区扩声设计。采用强指向性全号角的设计，低声与高声单元同轴安装，从而更好

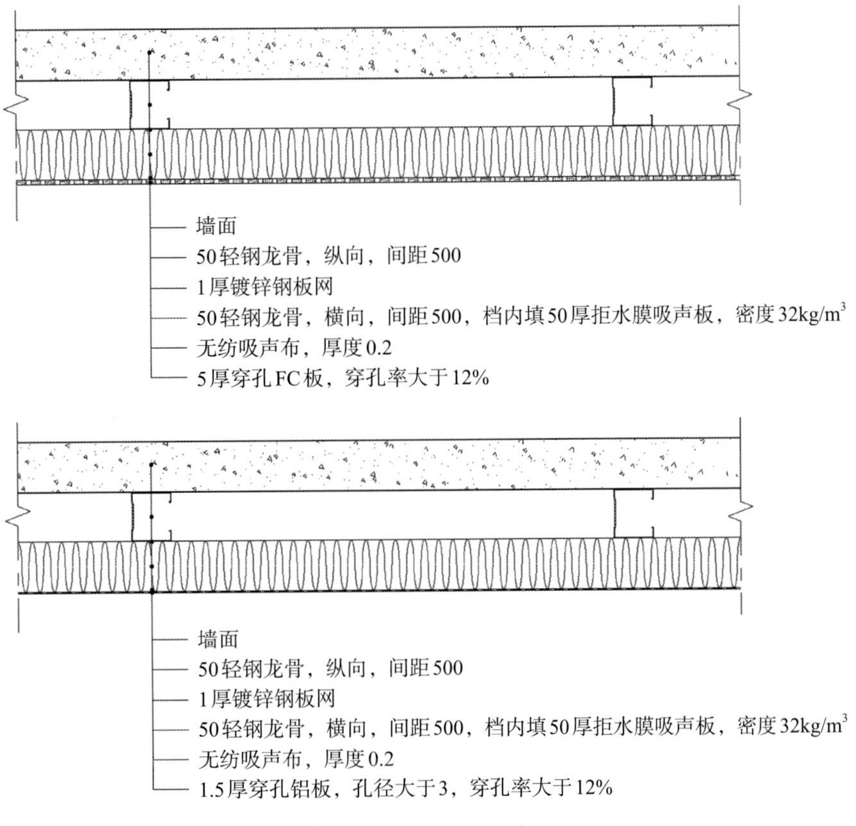

图9　墙面吸声构造示意图

地延伸了频响特性。此外，同轴式的结构消除了高低声之间的干扰现象，恒指向性的号角则保障了整个覆盖区声场频响的一致性。这些特点使得音箱能够提供更加清晰、稳定和均匀的声音效果，为观众带来全新的听觉体验（表1）。

音响系统各项指标　　**表1**

等级	最大声压级	传输频率特性	传声增益	稳态声场不均匀度	语言传输指数*STIPA*	系统总噪声级
一级	≥105dB	125～4000Hz的平均声压级为0dB，在此频带内允许范围：-4～+4dB；83～125Hz和4000～8000Hz的下限-4～-10dB	125～4000Hz的平均值≥-10dB	1000Hz、4000 Hz时≤8dB	≥0.5	*NR*-30

4　声学指标

4.1 混响时间

混响时间声学指标见表2。

声学指标　　**表2**

场馆	满场中频混响时间T_{60}/s	背景噪声限制
体育馆	≤1.9	≤*NR*-35
游泳馆	≤2.5	≤*NR*-40

4.2 计算机模拟结果

计算机模拟结果见表3。

混响时间 T_{60} 测量结果（单位：s） 表3

测量状态	倍频程中心频率					
	125Hz	250Hz	500Hz	1000Hz	2000Hz	4000Hz
体育馆	2.38	2.15	2.01	1.98	1.85	1.76

案例提供： 栗瀚，高级工程师，北京声学学会会员，北京市建筑设计研究院有限公司声学室。

大庆市文化中心大剧院

建筑设计：中国建筑设计研究院有限公司
声学设计：清华大学建筑技术科学研究所
项目规模：建筑面积 23426 m^2
项目地点：黑龙江省大庆市开发区
竣工日期：2007年

1 工程概况

大庆市文化中心大剧院位于大庆市开发区，毗邻大庆市博物馆、图书馆和大庆石油学院。是大庆市开发区建设的一部分，建筑面积约23426m^2，包括一个1498座的剧场、一个3500m^2的展厅及贵宾室、化妆室、排练厅及设备机房等相关配套设施（图1）。

图1 大庆歌剧院外景

剧院池座平面近似于马蹄形，设有两层楼座。室内总容积14000m^3，每座容积9.8m^3。观众席吊顶距地面最高19.1m，池座部分距舞台最远视距34m。

2 建筑声学设计

2.1 声学指标的确定

剧院观众厅的声学指标是参考国内外的经验、结合国情，并经业主组织各方专家研究讨论认定，各项指标为：

（1）混响时间。综合大剧院各项用途，最终确定混响时间在中频（500Hz）为1.4s ± 0.1s，使用音乐反射罩，厅内混响时间增加0.2s左右。混响时间频率特性中高频曲线平直，低频相对于中频提升1.2倍。

（2）声场不均匀度。观众厅内声场不均匀度（ΔLp）在125～4000Hz频率范围满足不大于8dB要求。

（3）噪声级。观众厅背景噪声满足*NR*–20指标要求。

2.2 体形设计

对于自然声演出的歌剧院来说，体形设计至关重要，它要解决响度、声场分布、声扩散、早期反射声的分布和消除音质缺陷等问题。

大剧院平面、剖面如图2所示。

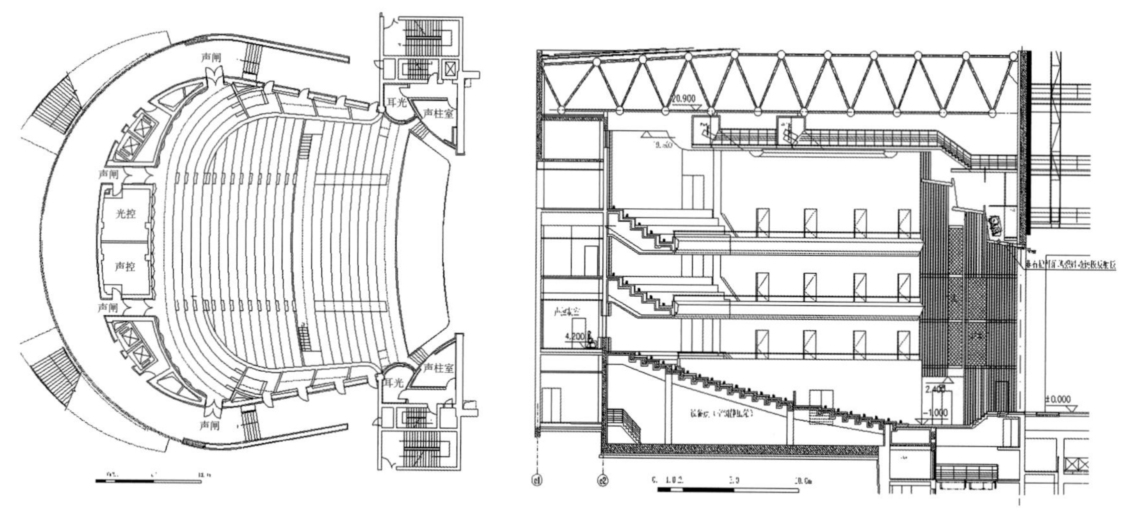

图2　大剧院平面、剖面图

大剧院的室内设计采用古典主义设计手法，吊顶一反常规圆弧形折板方式，改为平板吊顶，中间设置圆弧形装饰灯带。给声学专业设计提出了挑战，吊顶距离地面最高达到19.1m，不能够向观众厅提供近次反射声，影响观众厅的音质。为弥补以上缺点，声学设计专业和装修设计专业协调，在台口升降乐池上方增加三层跌落式反射板，为观众席前区提供近次反射声。在观众席后部圆弧形墙面增加凸弧形吸声扩散结构消除声聚焦（图3）。

2.3 声学模拟

为对声学设计进行验证，同时确定反射板的尺寸和角度，对大剧院观众厅进行了计算机模型和1/10缩尺模型实验两种实验手段进行室内音质预测。

计算机模拟通过建立三维模型，通过计算机模拟软件对大剧院观众厅的室内音质进行模拟分析（图4、图5）。

观众厅1/10缩尺模拟声学实验是加工1/10大小而形状完全相同的实体模型。模型墙面、顶棚及吸声材料的声学性能与实际用料的声学性能相当。声源使用微型球面声源，接收采用微型电容传声器。在试验中特别采用了由日本引进的双耳模型人工头，进行模拟听音评价实验，在人工头的双耳内安装话筒，从两个方向同时测量，对两组数据进行分析，修正了单话筒测量时方位感

图3　观众厅舞台反射板

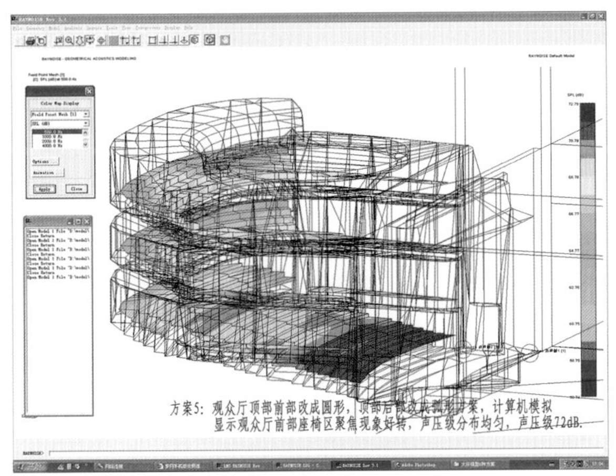

图4　平顶造型室内声场分布1

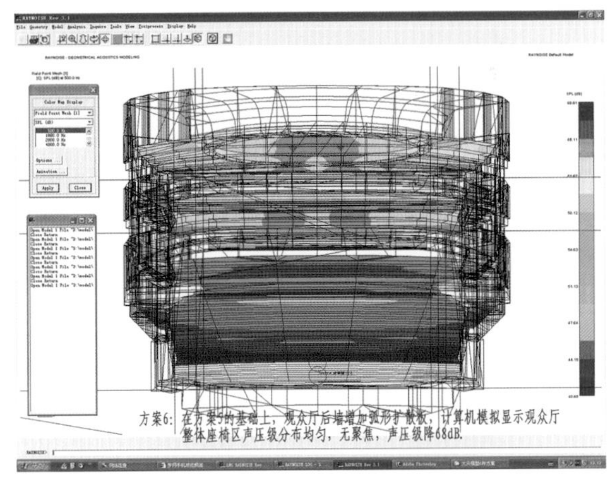

图5　平顶造型室内声场分布2

不强的缺陷（图6、图7）。

图6　1/10缩尺模型实验1

图7　1/10缩尺模型实验2

2.4 舞台声学设计

舞台的声学条件会对演出产生很大影响。如果舞台的声学条件不佳，演员和乐师将难以控制演唱的力度和演奏的平衡。因此良好的舞台声环境对剧院的正常使用至关重要。舞台的声学设计包括控制混响时间和消除音质缺陷两方面内容。

主舞台、侧台和后台均进行吸声处理，使舞台混响时间接近观众厅混响时间。同时还有舞美设计等，此类物品的吸声量都会影响到舞台的混响时间。音乐演出时，在舞台上面设置活动音乐反射罩，它的功能是隔离舞台、节约声能，为乐师创造良好的相互听闻环境，同时为观众厅提供更多的早期反射声，从而增加亲切感。

3 验收测试

大剧院于2007年12月进行竣工验收，声学验收测试指标包括混响时间、声场分布、脉冲响应和背景噪声测定。测试结果完全达到设计指标。

3.1 混响时间测定

空场混响时间测试值与计算值见表1。

测试空场混响时间　　表1

混响时间	频率					
	125Hz	250Hz	500Hz	1000Hz	2000Hz	4000Hz
观众厅/s	2.11	1.69	1.59	1.53	1.42	1.34

说明：采用RTA840测试系统。

3.2 声场分布测定

声场分布测试结果见表2。

声场分布测试结果　　表2

声场分布	频率					
	125Hz	250Hz	500Hz	1000Hz	2000Hz	4000Hz
观众厅/dB	5.7	6.0	4.5	2.6	4.6	2.8

说明：采用RTA840测试系统。

3.3 厅内噪声水平测定

观众厅内的噪声级在无空调运行状态下，实测值满足*NR*–20要求；有空调运行状态下，实测值满足*NR*–25要求，舞台满足*NR*–25要求。

3.4 脉冲响应相关指标测试

通过脉冲响应测试观众厅内清晰度、明晰度等指标。座席区语言清晰度指标均在0.5以上。

观众厅座席区池座、楼座音乐明晰度指标均在-4～1dB以内。观众席快速语言传输指数*RASTI*代表了传声过程中语言信息量的保真度，检测结果为0.6，表明声场信息保真度良好，达到声学设计要求。

4 结语

如何进行剧院的声学设计，是声学界一直在探讨的一个问题。大庆市文化中心大剧院的声学设计、竣工验收和试用主观评价结果显示，声学工程中声学设计、试验、施工图设计和工地巡查应贯穿整个工程，全面控制影响室内声环境的各种要素，最终才能创造出一个良好的声环境。大剧院的声学设计为以后厅堂的设计提供了一个良好范例（图8）。

图8 观众厅内景

案例提供：张海亮，高级工程师，清华大学建筑技术科学研究所。

凉山民族文化艺术中心

建筑设计：中国建筑设计研究院有限公司
施工单位：中国华西建设集团
项目地点：四川省西昌市凉山民族文化公园内
声学设计：清华大学建筑技术科学研究所
项目规模：建筑面积20000m²
竣工日期：2019年12月

1 工程概况

凉山民族文化艺术中心位于凉山州西昌市凉山民族文化公园内“火把广场”的东侧，是一座以演艺中心为主体，融学术交流、展览、商业、休闲、娱乐为一体的多功能文化建筑。艺术中心总建筑面积为2万m²，功能包括一个固定座席850座的大剧场，一个小剧场（250座），两个电影院（分别为223座和127座），一个多功能厅，一个歌舞厅，三个展厅，以及一条商业街等（图1）。

图1 凉山民族文化艺术中心外景

民族文化艺术大剧场属于民族歌舞类综艺节目兼顾与语言要求的多功能厅堂。大剧场设计要求中频500Hz混响时间1.3～1.4s，声场不均匀度为±3dB，背景噪声为*NR*-25。

2 观众厅建筑声学设计

凉山民族文化艺术中心剧院观众厅主要用于民族综艺类节目演出，建声设计主要考虑民族歌舞演出使用，观众厅演出要求以电声为主。艺术中心观众厅的体形是接近圆的圆弧形，建筑设计结合当地彝族火把节文化，其形态围绕日月同辉的天文意境和天文崇拜，贴合西昌市“月城”“太阳城”“中国航天城”的城市主题。

2.1 观众厅容积的确定

室容积的大小会影响音乐的混响感及响度。大剧场观众厅建筑平面为圆弧形，为防止声聚焦，弧形墙面上需布置适量GRG扩散体及吸声体。最终确定顶棚高度15.5m，观众厅体积10690m^3，每座容积12.7m^3（图2）。

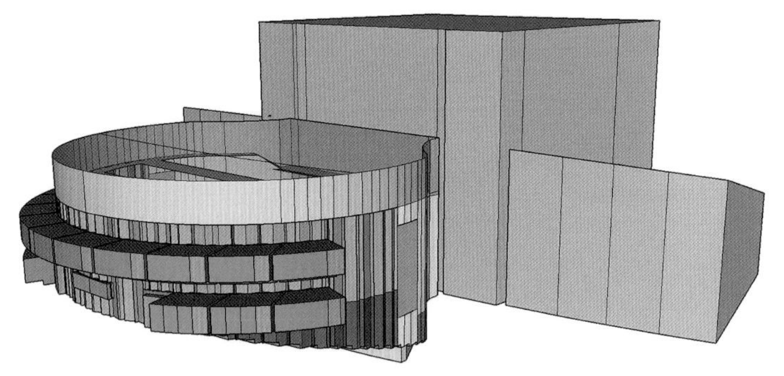

图2 凉山民族文化艺术中心计算机模型

2.2 大剧场观众厅材料布置

观众厅吊顶及墙面的近次反射声，决定了声场的分布状况。观众厅的型体和表面材料的声学性质决定了室内的音质。圆弧形的剧场声学上先天存在声场聚焦和声场不均匀问题，要求声学设计处理好观众厅内的扩散和吸声，弧形墙面上需布置适量扩散体及吸声材料。

观众厅侧墙采用透声装饰木格栅，装饰目的是接光，创造良好的视觉感观，同时掩遮声学痕迹，保证良好的装饰效果。剧院观众厅前部顶棚采用弧形反射板，为座席中前部提供均匀扩散的近次反射声。经过声学处理的观众厅整场声压级分布均匀，声场不均匀度≤6dB。

舞台顶部和舞台墙面布置吸声材料，声学设计要求舞台空间内的混响时间接近观众厅的混响时间，避免舞台空间与观众厅空间之间因耦合空间而产生不利影响。观众厅包厢内后墙和侧墙布置吸声材料，控制包厢内的混响时间，给包厢内听众提供良好音质。乐池内的墙面布置木槽吸声板，利于伴奏声有效地辐射至观众厅，同时兼顾乐队演奏时的相互听闻（图3）。

2.3 声线分析

通过声线分析，调整了原设计方案平面及剖面图（图4、图5）。

修改内容：在大剧院观众厅耳光以后侧墙部分和后墙部分，布置随机排列的GRG扩散体（标志红色区域），尺寸形状不同的扩散体在更宽的频带上取得更好的扩散效果，经过声学处理的观众厅整场声压级分布均匀，较好地改善了声场聚焦缺陷。

修改内容：观众厅前部顶棚修改为弧形吊顶，提供给观众席有益的近次反射声（图6、图7）。

2.4 声学设计指标

（1）观众厅的混响时间设计指标

为了满足综艺类节目演出需要较好的音质丰满度，同时兼顾会议使用良好的语言清晰度，观

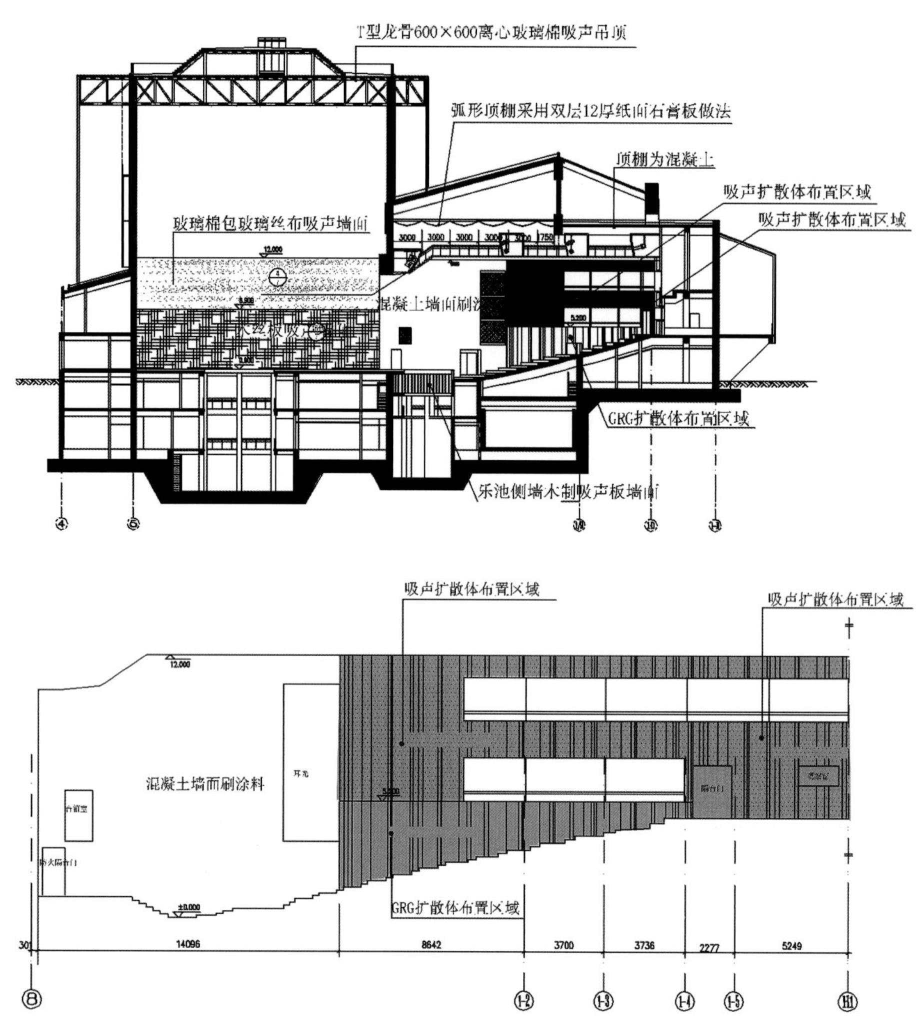

图3　大剧场观众厅材料布置

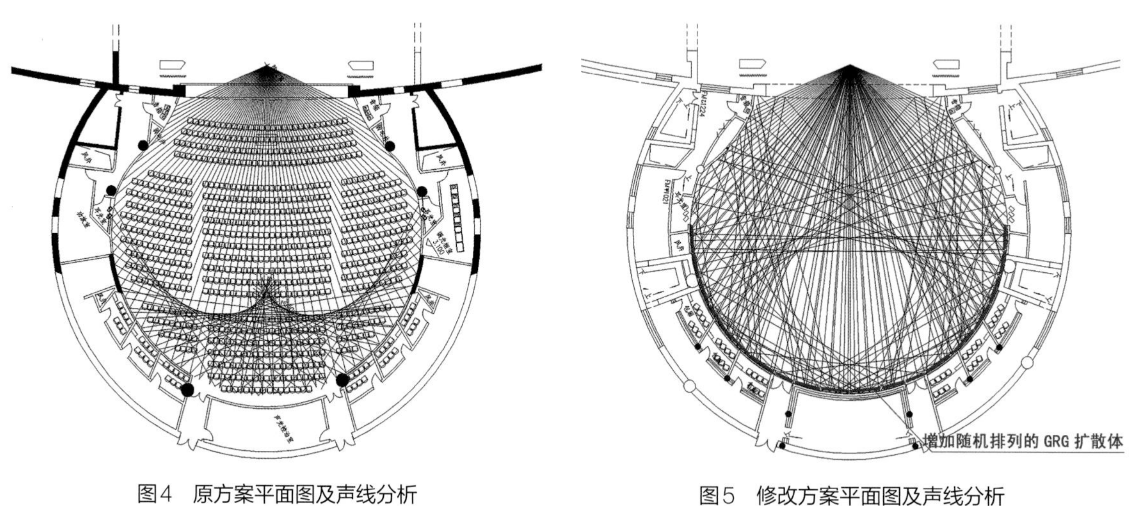

图4　原方案平面图及声线分析　　　　图5　修改方案平面图及声线分析

众厅混响时间设计指标中频500Hz混响时间为1.3s ± 0.1s，混响时间频率特性曲线允许低频有15%～20%的提升，高频有10%～15%的降低。

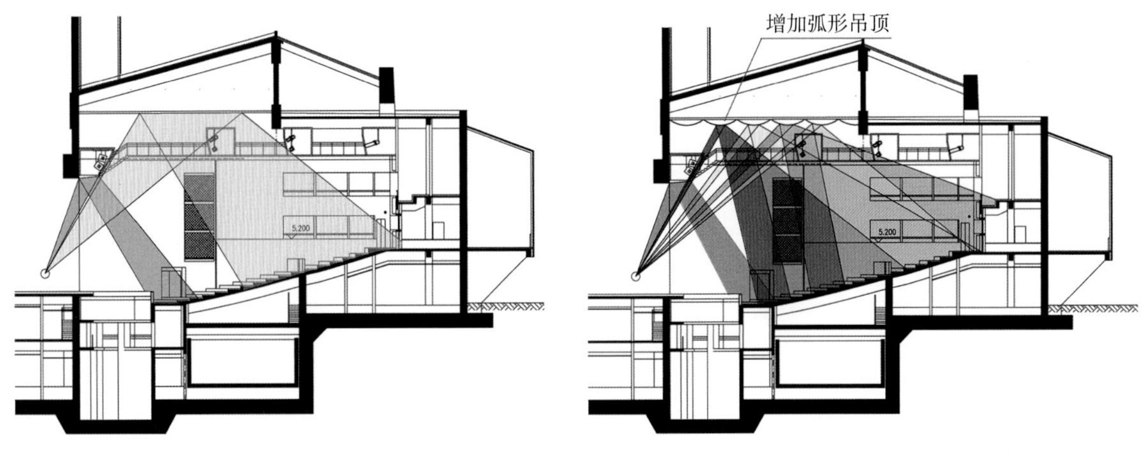

图6　原方案顶棚剖面图及声线分析　　图7　修改方案顶棚剖面图及声线分析

（2）背景噪声

观众厅背景噪声的大小，将对听音产生非常大的影响。根据我国现行剧场设计规范，确定大剧场观众厅背景噪声小于*NR*–25噪声评价曲线（表1）。

剧场各项音质指标的数值范围　　**表1**

背景噪声*NR*噪声评价曲线	混响时间*T*/s	强度指数*G*/dB	明晰度*C*/dB
≤25	1.3±0.1	≥0	$-1 \leqslant C \leqslant 4$

3　观众厅计算机模拟分析

在观众厅声学设计中进行了计算机音质模拟分析。本分析采用比利时声场模拟软件系统RAYNOISE，软件计算仿真和展示大剧场声场的主要内容有：

★ 室内混响声场的最大声压级和声场分布（不均匀度）；

★观众厅混响时间分布RT_{30}；

★ 观众厅音乐明晰度指标C_{80}；

★观众厅语言清晰度指标D_{50}；

★观众厅侧向声能*LE*；

★观众厅声场力度*G*值；

★ 语音传输指数（*RASTI*）损失。

通过计算机音质分析，对比分析观众厅侧墙和后墙处理前和处理后，侧墙布置随机排列的GRG扩散体和吸声体，顶棚前部增加弧形吊顶后，观众厅内声场分布均匀，计算机模拟显示声场不均匀度在6dB以内（图8、图9）。

4　声学测试

艺术中心大剧场室内装饰部分完成后座椅安装前（图10），进行了中期测量。全部完工后，进行了终期验收现场测量。主要测量观众厅内混响时间（表2）。

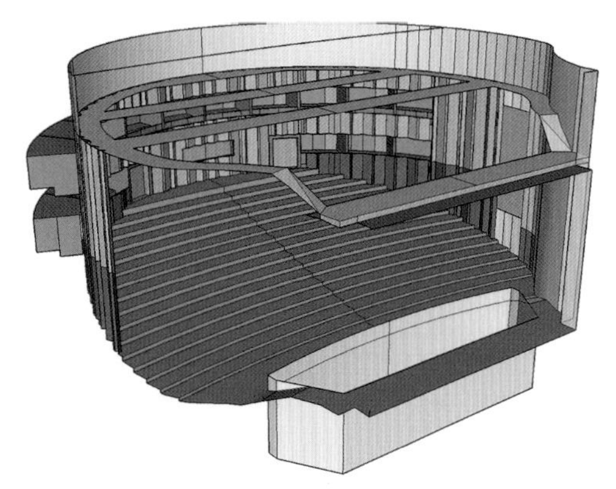

图8　大剧场观众席模型

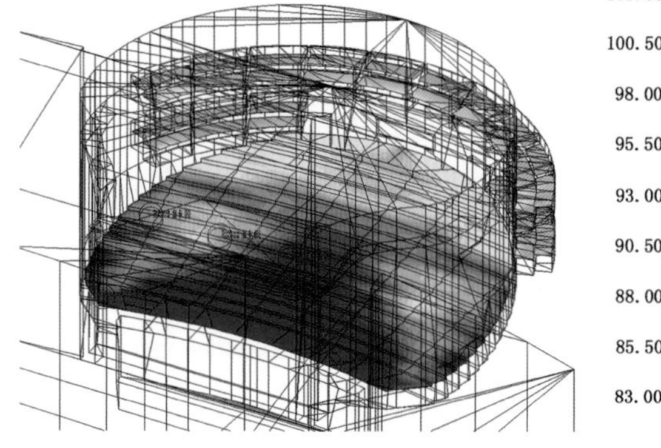

图9　大剧场观众席500Hz声压级分布图

声学测试效果　表2

频率	125Hz	250Hz	500Hz	1000Hz	2000Hz	4000Hz
设计指标/s	1.8	1.6	1.4	1.4	1.4	1.4
中期测试数据（无座椅）/s	2.64	2.77	2.88	2.67	2.37	1.88
终期空场测试数据/s	1.73	1.48	1.48	1.40	1.28	1.13

图10　观众厅内景

案例提供：张海亮，高级工程师，清华大学建筑技术科学研究所。

滑南师范学院音乐厅

设计单位：北京市建筑设计研究院有限公司
项目规模：1168m³
竣工日期：2016年
声学设计：北京市建筑设计研究院有限公司声学室
声学材料提供：青岛福益声学产品有限公司
项目地点：陕西省渭南市

1 工程概况

渭南师范学院音乐厅原为陕西省渭南市渭南师范学院实训大楼内报告厅，根据渭南师范学院艺术学院举办演出、教学、排练和会议的使用要求，将改造为小型音乐厅，并成为学院音乐文化活动的标志性场所（图1）。

图1 渭南师范学院音乐厅室内效果

2 音乐厅声学设计

渭南师范学院音乐厅声学设计由北京市建筑设计研究院有限公司声学室负责，声学改造及装修设计由北京市建筑设计研究院有限公司复杂结构研究院与声学室共同完成。

2.1 改造前建筑概况

渭南师范学院音乐厅原为陕西省渭南市渭南师范学院实训大楼内500座报告厅，厅内空间长33m、宽21m、高8m，讲台面积为105m²。原报告厅座位区为单层，逐级升高的座位台阶分为前区和后区，至最后排总升起高度为2.9m。讲台两侧疏散出口通向办公区走廊，座位后排疏散出口则通向门厅。原建筑两侧为抹灰墙面，并有大面积的采光窗（图2）。

图2 报告厅室内原状

2.2 音乐厅声学设计的难点

通过对原建筑的分析，如要实现音乐厅的声学功能，声学设计需解决以下几个难点：

(1)原建筑基本满足“鞋盒”式音乐厅的空间条件，但存在音质缺陷的可能。

(2)两侧平行的墙面容易形成颤动回声。

(3)由于侧墙间距较大，前区中部的座席明显缺少早期侧向反射声。

(4)顶棚过高使座位区来自顶棚的早期反射声不足。

(5)报告厅讲台尺寸与乐队布置不协调，且缺少使演奏台声音传出的反射墙面。

因此为满足音乐厅的视听要求，需要制定合理的声学指标，并从内部空间到室内装饰材料进行全方位改造。

2.3 声学设计方案

根据设计条件，音乐厅采取了以下几项主要措施：

(1)空间布局设计。调整观众席分区，通过将两侧观众席抬高，形成围合底层观众席的侧墙，增加早期侧向反射声(图3)。

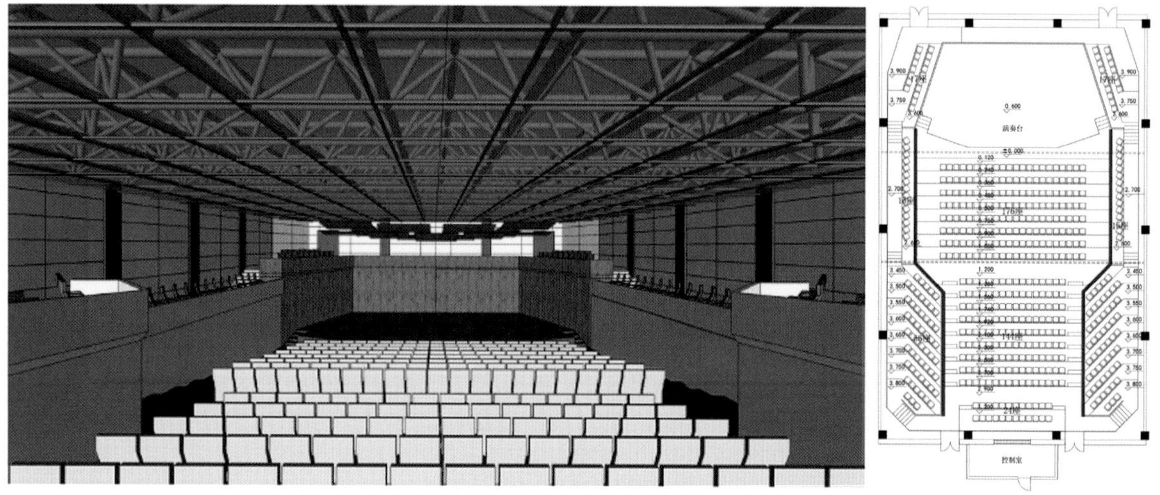

图3 底层观众席侧墙

（2）调整演奏台形状，外八字形墙面为观众席提供更充分的反射声（图4）。

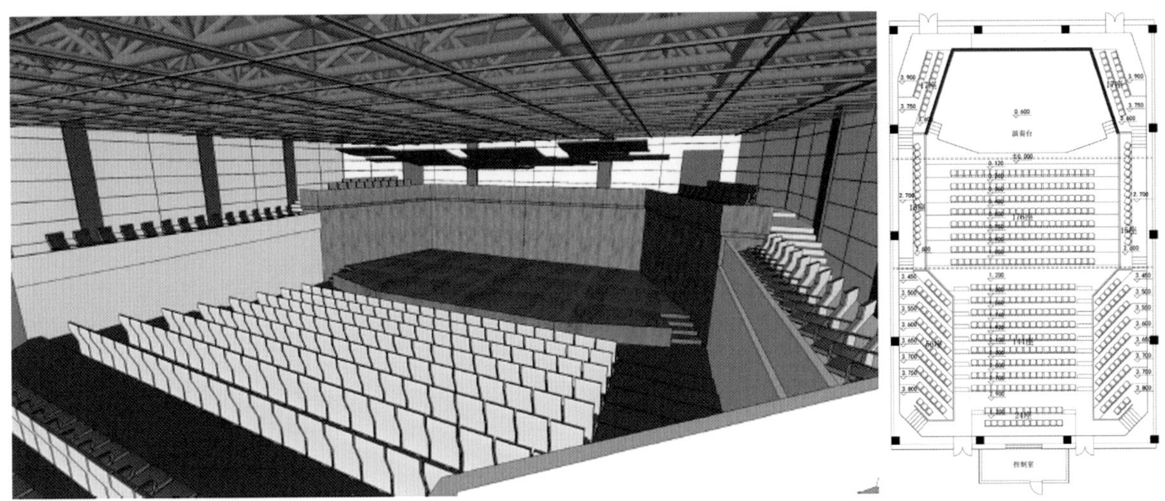

图4　八字形演奏台后墙

（3）顶棚设计。顶棚采用吊顶方式降低高度以提供顶棚反射声，但不封闭，确保足够的容积维持合理的混响时间。改造后的音乐厅座位数为520座，厅堂容积为4151.47m^3，每座容积为7.98m^3，达到小型音乐厅适宜的空间指标。

（4）反声板设计。演奏台上方采用弧形的浮云板为观众席提供反射声，并提高乐队的听闻效果。板的尺寸、弧度、高度经计算得出，并在安装后进行调试，以达到最佳的反射效果（图5）。

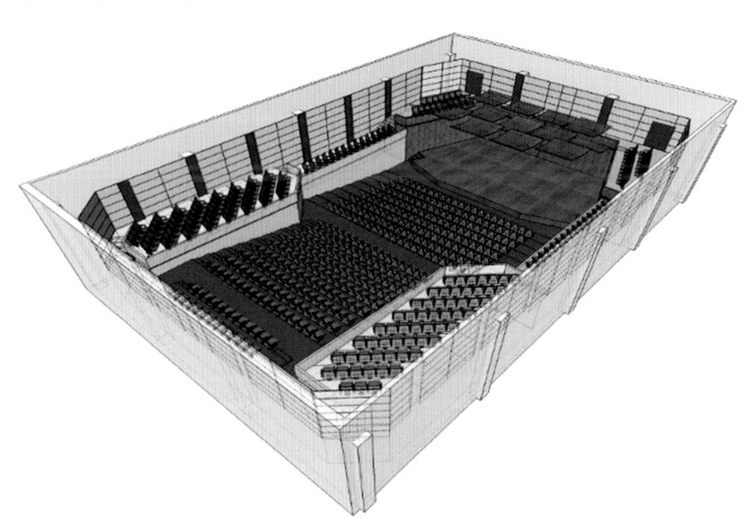

图5　演奏台上方浮云板

（5）扩散设计。希望厅内获得良好的声扩散，但又不要求完全扩散，因为听众在要求乐声来自各方的同时，还希望有一定的方向感，即乐声来自演奏台。因此扩散采用布置MLS（Maximum Length Sequence）扩散体在首层观众席侧墙位置。MLS扩散体是以二进制最大长度序列作为一系列深度相等的沟槽宽度的扩散结构，能够在防止侧墙颤动回声的同时，提高乐声的扩散度，并保持乐声的方向感（图6）。

（6）可调混响设计。为适应会议使用需要，在上部侧墙各安装10面电动可调吸声帘幕（图

7)，在使用语言及扩声功能时，降低混响时间，保证语言清晰度及扩声系统的运行环境。

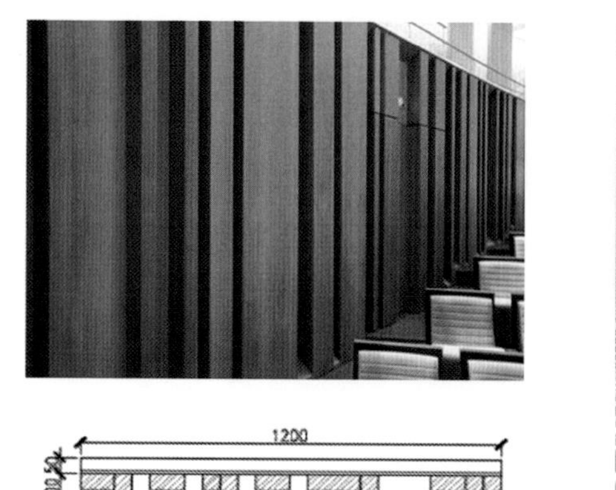

图6　MLS扩散体

图7　可调吸声帘幕

2.4 声学测试结果和装修效果

在音乐厅装修竣工后进行了声学指标测试，以评估音乐厅改造后的室内音质效果。测量接收点为根据音乐厅空间和座椅布置选取的12测点，测量在两种状态下进行，状态1为自然声音乐演出状态（两侧墙壁上的吸声帘幕收起，露出反射墙面，为长混响状态），状态2为语言扩声会议状态（两侧墙壁上的吸声帘幕垂下，覆盖反射墙面，为短混响状态）。

表1为两种状态下各测点混响时间测量数据的平均值，其中调节量为状态1时的混响时间减去状态2时的混响时间，即两个侧墙上的吸声帘幕对整个音乐厅混响时间的调节作用。表2为两种状态下各测点明晰度测量数据的平均值。

混响时间测试结果　　表1

状态	倍频程混响时间/s							
	63Hz	125Hz	250Hz	500Hz	1000Hz	2000Hz	4000Hz	8000Hz
状态1	1.42	1.37	1.36	1.33	1.35	1.35	1.27	0.95
状态2	1.27	1.27	1.24	1.19	1.18	1.15	1.10	0.82
调节量	0.15	0.10	0.12	0.14	0.17	0.20	0.17	0.13

明晰度 C_{80} 测量结果　　表2

项目	倍频程中心频率							C_{80}/dB	平均/dB
	125Hz	250Hz	500Hz	1000Hz	2000Hz	4000Hz	8000Hz		
状态1	1.90	2.09	2.18	1.91	2.22	2.98	6.24	2.11	2.79
状态2	3.32	3.70	5.02	4.48	5.13	5.26	8.13	4.88	5.01

本音乐厅设计中频混响时间（500～1000Hz）自然声音乐演出状态下RT为1.3s，语言会议状态下为≤1.2s，测量结果显示，闭合、打开吸声帘幕可分别满足两种使用功能要求。

表中C_{80}为500Hz、1000Hz、2000Hz三个频段的平均值，为125～8000Hz的平均值。从测量结果看，两种状态下的C_{80}基本可以分别满足自然声音乐演出和语言会议两种使用功能的要求。

测量早期反射声序列主要是观察观众席内不同位置处反射声的分布情况，图8、图9给出了其中2个测点的反射声序列图，反射声序列图中横坐标为时间，总时长为100ms，纵坐标为声压级。

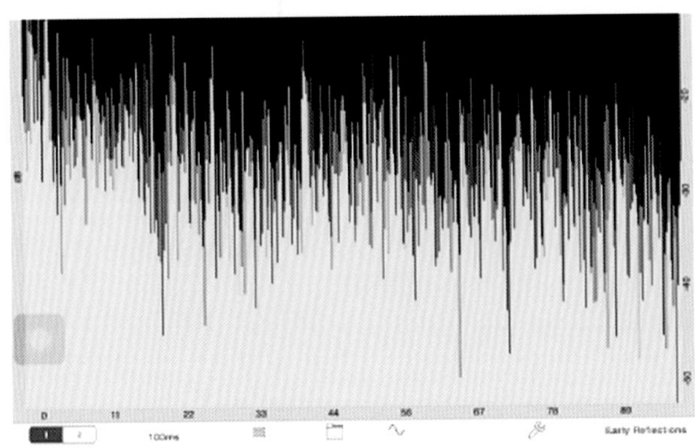

图8 测点1反射声序列图

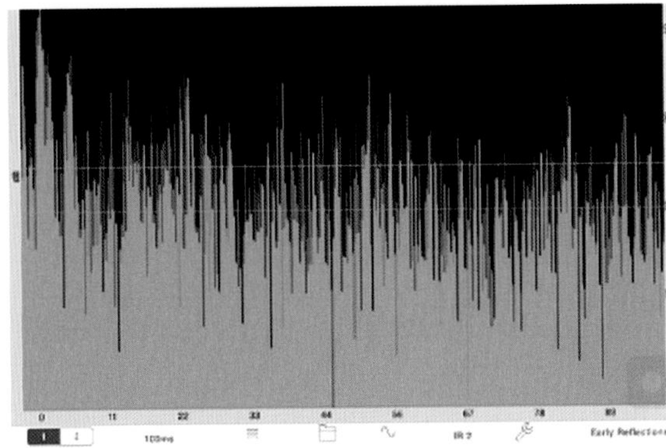

图9 测点2反射声序列图

从各测点的早期反射声序列图可以看出，各测点在100ms内有较丰富的早期反射声，且分布均衡，而丰富的早期反射声在自然声音乐演出中是良好音质的有力保障（图10）。

图10 竣工后的音乐厅全景

案例提供：武舒韵，高级工程师，北京市建筑设计研究院有限公司声学室。

第二部分 噪声与振动控制

北京地铁6号线减振降噪改造试验段

主管单位：北京市轨道交通建设管理有限公司
改造施工：中国中铁三局集团有限公司
项目规模：160m，360m
实施日期：2019年，2021年
声学顾问：北京九州一轨环境科技股份有限公司
声学材料提供：北京九州一轨环境科技股份有限公司
项目地点：北京地铁6号线相关试验段
检测单位：铁科院城市轨道交通中心等单位

1 项目概况

北京地铁6号线是北京市第一条时速为100km的重要地铁线路，起于金安桥站，途经石景山区、海淀区、西城区、东城区、朝阳区、通州区，止于潞城站，连接首钢老工业区、金融街、CBD商务中心区、内城商业旅游区、定福庄边缘集团、运河商务区和北京城市副中心，大致呈东西走向，全地下方式敷设，共设35座车站，全长52.9km，在北京市地铁线路中排名第三；采用长客研制的B型DKZ47列车（图1），轴重14t，接触网供电，“六动两拖”8节编组，全列定员1976人，比普通6B编组列车多承载400人；是北京市第15条开通运营的地铁线路，2012年12月30日开通运营一期工程（海淀五路居站至草房站），2014年12月30日开通运营二期工程（草房站至潞城站），2018年12月30日开通运营西延伸段（海淀五路居站至金安桥站）。

北京地铁6号线的开通运营显著缓解了北京市东西向交通压力、促进了沿线地区的经济发展，但其运行中产生的振动与噪声影响也给沿线居民日常生活和车内乘客体验带来了较大的困

图1 8B编组DKZ47列车

扰，甚至成为乘客通勤噪声投诉热点和环保督察重点。为切实解决北京地铁6号线振动噪声问题，还市民安静的生活环境，在市政府和各级领导的直接统筹领导下，开展了两轮减振降噪整改试验。首先是2019年在物资学院路站—通州北关站区间，针对钢轨异常波磨和车内噪声投诉问题，市领导部署在6号线二期开展钢轨阻尼减振降噪试验；在建管公司设备管理总部的组织下，经过调研和多轮方案研究论证，确定采用轨腰阻尼减振装置，对钢轨进行可调谐减振降噪并延缓波磨发生的实验验证。

其次是2021年在建管公司设备管理总部主导下，以环境振动噪声影响投诉严重的花园桥站—白石桥南站区间、苹果园站—杨庄站区间作为正线减振降噪改造试验段，进行分阶段减振降噪综合治理改造，并同步开展振动噪声跟踪监测。试验的主要目的是获得线路各阶段减振降噪改造前后的振动源强以及轮轨噪声改良数据，对噪声振动控制措施的效果进行评判，并为后续北京地铁减振降噪综合治理的实施提供技术依据。

2 试验测试依据

（1）《浮置板轨道技术规范》CJJ/T 191—2012；
（2）《声环境质量标准》GB 3096—2008；
（3）《机械振动列车通过时引起铁路隧道内部振动的测量》GB/T 19846—2005；
（4）《城市区域环境振动测量方法》GB 10071—1988；
（5）《城市区域环境振动标准》GB 10070—1988；
（6）《城市轨道交通引起建筑物振动与二次辐射噪声限值及其测量方法标准》JGJ/T 170—2009；
（7）《城市轨道交通（地下段）结构噪声监测方法》HJ 793—2016；
（8）《环境影响评价技术导则 城市轨道交通》HJ 453—2018；
（9）《北京地铁6号线钢轨波磨整治工程可行性研究报告》（2019年3月）。

3 减振降噪改造试验简介

3.1 钢轨TRD阻尼减振试验

试验段位于R=800m的曲线上，轨道结构超高100mm，超高方式为半超高；采用1/30轨底坡，DTVI2-T型扣件、布置间距600mm；列车在该试验段的实际运行速度为86～92km/h。TRD安装段里程为上行K32+680～K32+840，对比段里程为上行K32+500～K32+650。在对试验段进行钢轨打磨、消除轨面异常波磨状况后，于轨腰安装TRD可调谐阻尼减振器。钢轨打磨里程为上行K32+491～K32+931，即整个曲线范围。试验段现场照片见图2。

在TRD安装前后，分别开展一次钢轨波磨测量和振动加速度、钢轨振动衰减率测量，并以安装后第一次测试为起始日期，每月跟踪测量一次，持续跟踪3个月，共进行5次测量。波磨测量里程为上行K32+450～K32+950。减振改造前试验段钢轨波磨状态见图3。

实测证明，安装钢轨阻尼减振装置能有效降低钢轨振动源强，其中钢轨垂向振动加速度级降低7.0dB，钢轨横向振动降低8.3dB；道床垂向振动降低4.4dB，道床横向振动降低9.9dB；隧道壁垂向振动降低4.7dB；详见表1。钢轨振动1/3倍频程加速度级对比详见图4。

图2 地铁6号线TRD改造试验段现场

图3 减振改造前试验段钢轨波磨状态

安装前后振动加速度有效值分析结果　　表1

测点位置	钢轨TRD安装前		钢轨TRD安装后		前后差值
	加速度有效值/(m/s^2)	加速度级/dB	加速度有效值/(m/s^2)	加速度级/dB	加速度级/dB
钢轨垂向	64.04	156.1	28.56	149.1	-7.0
钢轨横向	36.28	151.2	13.93	142.9	-8.3
道床垂向	5.17	134.3	3.12	129.9	-4.4
道床横向	4.71	133.5	1.52	123.6	-9.9
隧道壁垂向	0.0218	86.8	0.0128	82.1	-4.7

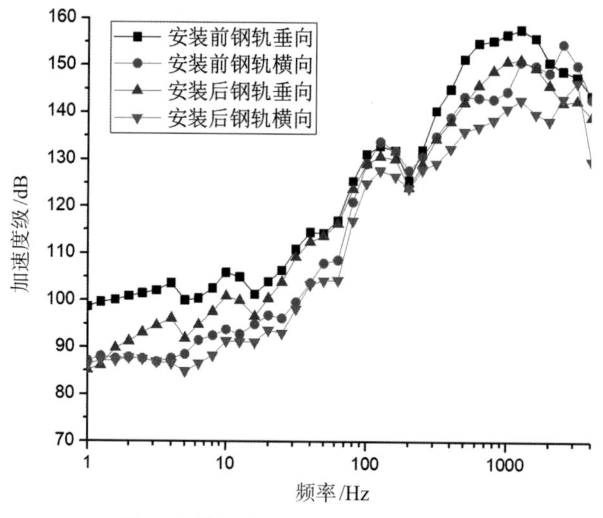

图4 钢轨振动1/3倍频程加速度级对比

钢轨振动衰减率测试按BS EN 15461：2008+A1：2010要求进行，包括垂向及横向测试，垂向传感器选择布置在轨头正上方，水平向传感器布置在轨头侧向，使传感器主轴垂直于轨头侧面，如图5所示；钢轨振动衰减率测试的锤击点位置如图6所示。钢轨振动衰减率测量包括100～2000Hz的1/3倍频程加速度，其中安装前后钢轨垂向振动衰减率对比见图7。

取7:00—9:00高峰时段20趟车的轨旁噪声数据作为高峰时段噪声分析依据，取21:00—23:00时段20趟车的轨旁噪声数据作为平峰时段噪声分析依据。首先分析每一趟列车通过时段的轨旁噪声等效值，然后计算得到20趟列车通过时段的平均值，以此做对比分析。测试结果表

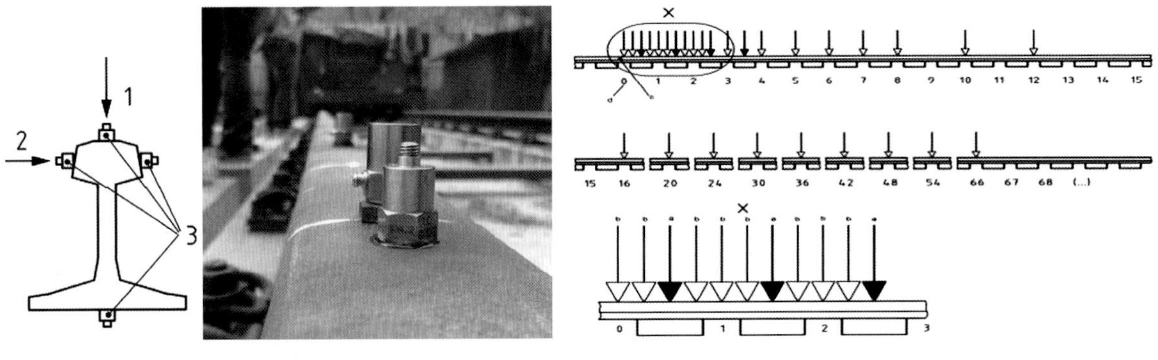

图5　钢轨振动衰减率测试传感器布置图

图6　钢轨振动衰减率测试锤击点布置图

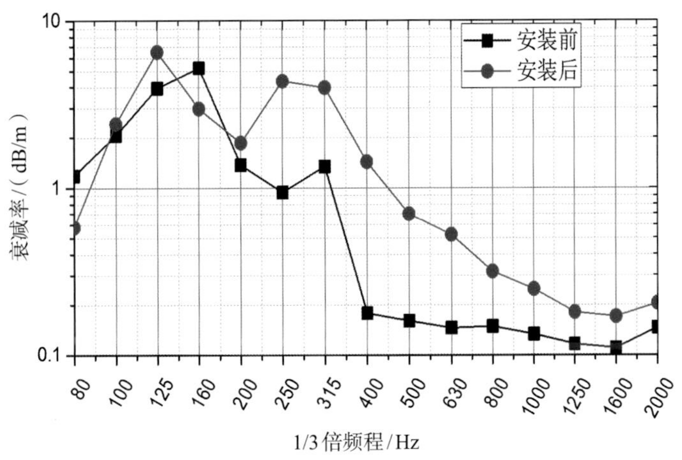

图7　安装钢轨阻尼装置前后钢轨垂向衰减率对比

明：安装TRD钢轨阻尼减振装置能明显降低轨旁噪声，安装前轨旁噪声为112dB(A)，安装后为105dB(A)，减振降噪效果达7dB(A)。高峰与平峰时段噪声频谱见图8、图9。

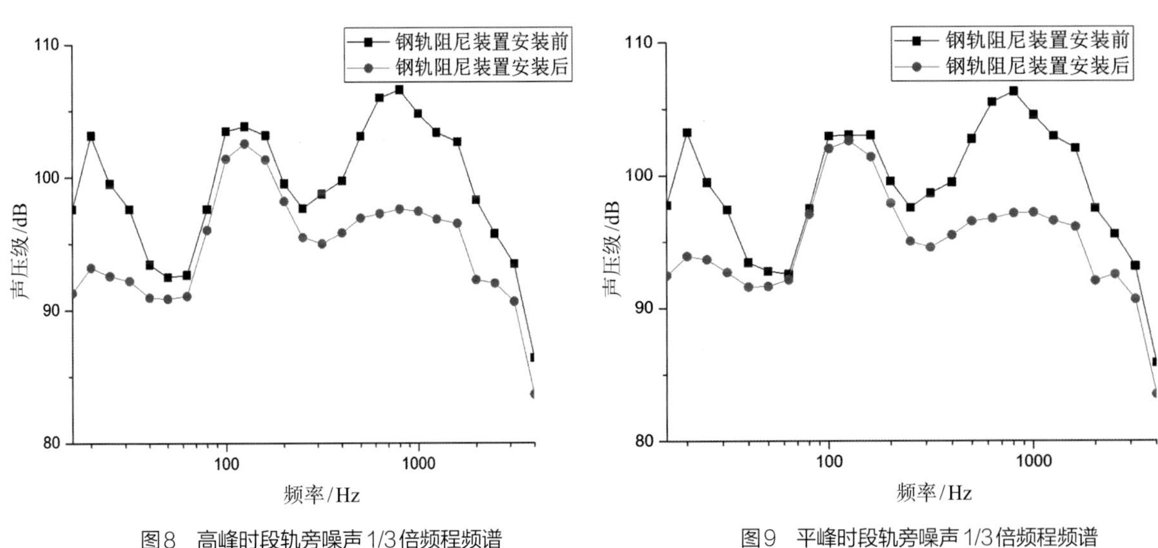

图8　高峰时段轨旁噪声1/3倍频程频谱

图9　平峰时段轨旁噪声1/3倍频程频谱

3.2 正线减振降噪改造试验段

2021年由北京市轨道交通建设管理有限公司主导，对环保投诉严重的两段正线轨道开展减振性能提升改造试验，由北京九州一轨环境科技股份有限公司提供技术咨询服务与改造材料，并全程进行振动噪声跟踪监测。

3.2.1 试验段分布

试验段（一）位于花园桥站—白石桥南站区间，（含车站）里程为K3+075.756～K4+477.546，其中右线K3+700～K3+981.25敷设的减振轨道类型为梯形轨枕，其余均为普通道床。

试验段（二）位于苹果园站—杨庄站区间，（含车站）里程为XK2+012.414～XK3+124.250，其中岔2-1岔心里程为左线XK2+028.714（对应道岔范围：XK2+195.703～XK2+224.757）。左、右线的里程范围XK2+260～XK2+644和K2+910～K3+450均敷设梯形轨枕，其余地段为普通道床。

3.2.2 前期踏勘

针对6号线环境振动扰民问题进行前期现状踏勘，发现试验段内钢轨不论直线段还是缓和曲线段表面均有明显的波磨病害（波浪状磨损）存在，其波长约50mm，对应波磨频率在300~400Hz。同时伴有轨道形位精度差及扣件老化等问题。

3.2.3 方案设计与实施

鉴于试验段波磨等病害多元化显现，项目组决定将减振降噪改造划分为三个阶段：

第一阶段（K3+075.756～K4+477.546）首先开展线路精调，提高线路平顺性和行车平稳性、减少轮轨冲击振动，随后进行钢轨打磨去除钢轨表面缺陷及焊接接头不平顺。

第二阶段（K3+290.00～K3+650.00）局部更换高等级减振扣件减少振动传递。

第三阶段（K3+290.00～K3+650.00）加装针对波磨频率设计的RD重型钢轨阻尼减振装置，延缓波磨的再产与发展，同时降低轮轨振动激励的噪声辐射。

第四阶段（K3+290.00～K3+650.00）扣件改造：将普通道床对应敏感点范围的普通扣件更换为减振扣件（左线采用DT Ⅷ型扣件，右线采用嵌套式减振扣件），将减振道床与敏感点对应区段以外（K3+075.756～K3+290.00；K3+650.00～K4+477.546）的普通线路的轨下弹性垫板和板下弹性垫板更换为新的橡胶弹性垫板。部分措施现场实施照片参见图10。

在各阶段改造前后及时获取各段波磨状态、隧道壁振动等相关数据，对整治措施的实施效果进行研判，为后续相关整治措施的实施提供决策支持；在第三阶段钢轨阻尼降噪装置安装前后获取左线轮轨噪声数据。各阶段改造还必须注意落实如下要求：

（1）线路精调工作除需满足精调合同中的相关要求外，需对影响区段低接头进行打磨处理，精调不得损坏线路既有设备。

（2）打磨后的相关要求必须满足北京地铁工务维修规则的相关要求。

（3）更换弹性垫板后需要做到与既有线使用的扣件垫板高度相同，同时注意橡胶垫板材质符合相关要求。

（4）更换的减振扣件要与既有线扣件等高、同钉孔距，并征得设计单位认可方可实施。由设计单位负责提供相关的减振扣件方案图纸。

（5）重型RD钢轨阻尼减振装置应针对敏感点区段的具体情况进行调谐设计，不仅要延长钢轨波磨再现周期，还要起到消减既有线波磨主频峰值和降噪的综合作用。

图10 打磨车、扣件更换、RD钢轨阻尼减振装置等现场照片

3.2.4 试验段减振降噪性能提升效果

北京地铁6号线正线减振性能提升改造试验段，在不影响地铁正常运营的基础上，有序实施了“轨道精调-钢轨打磨-加装钢轨阻尼减振装置-更换扣件垫板和减振扣件”综合治理措施。取得了基本符合预期的减振降噪效果，实测隧道壁振动最大Z振级总共降低13.5dB，轮轨噪声总共降低6.1dB(A)，对钢轨波磨频率范围内的钢轨振动控制效果达3dB以上。

4 技术创新与工程亮点

针对试验段波磨特征频率，准确设计研制重型可调谐RD钢轨阻尼减振装置；结合现场勘测、仿真建模分析和在线监测，实现“理论指导下的实践”，利用“窗口”时间在不影响地铁正常运营的前提下，有的放矢循序渐进地实施减振降噪性能提升综合改造工程。

案例提供： 邵斌，教授级高级工程师，北京九州一轨环境科技股份有限公司。Email：shaobin_nv@163.com
孙方遒，高级工程师，北京九州一轨环境科技股份有限公司。
李腾，高级工程师，北京九州一轨环境科技股份有限公司。
郝晨星，工程师，北京九州一轨环境科技股份有限公司。

煤矿矿井主通风机系统噪声治理工程

设计单位：陕西工大福田科技工程有限公司
项目规模：300万元
竣工日期：2020年
声学材料提供：陕西工大福田科技工程有限公司
项目地点：内蒙古自治区鄂尔多斯市

1 工程概况

煤矿矿井主通风机系统噪声治理工程是马泰壕煤矿及选煤厂环境治理（降噪）工程的一个重要单项工程，该项目位于内蒙古自治区鄂尔多斯市。该煤矿矿井采用防爆抽出式对旋轴流主通风机作为主要通风设备，用于矿井系统通风。主通风机扩散塔露天放置于室外，噪声超过100dB（A），对煤矿西厂界噪声贡献较大，西厂界噪声超标约20dB（A）。主通风机区域与西厂界的位置关系示意图如图1所示。该工程通过在扩散塔外安装封闭式隔声罩、在排风口安装消声器，使西厂界噪声达到《工业企业厂界环境噪声排放标准》GB 12348—2008中2类标准要求。

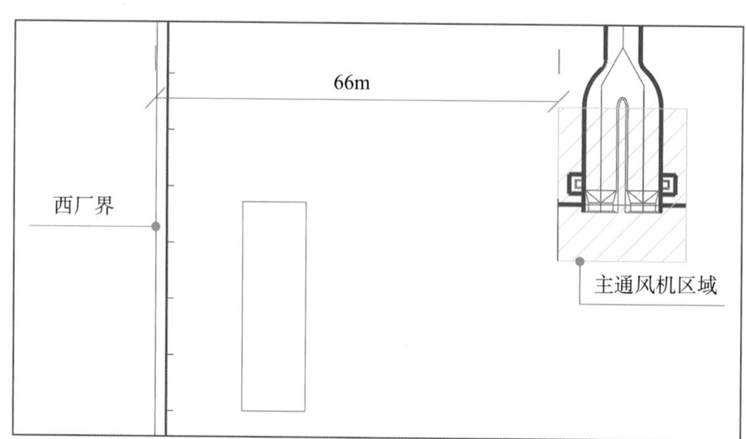

图1　主通风机区域与西厂界位置关系示意图

1.1 现场情况

两台主通风机并列放置，一备一用。单台风机的最大风量Q_{max}=17460m^3/min，平均风量Q_{mea}=13710m^3/min，风机全压P=3678 Pa。主通风机扩散塔露天放置于室外，距煤矿西厂界约66m，扩散塔处噪声超过100dB（A），低频噪声明显，对煤矿西厂界噪声贡献较大，西厂界噪声超标约20dB（A）。主通风机扩散塔现状及噪声情况分别如图2、图3所示。

图2 主通风机扩散塔现状图

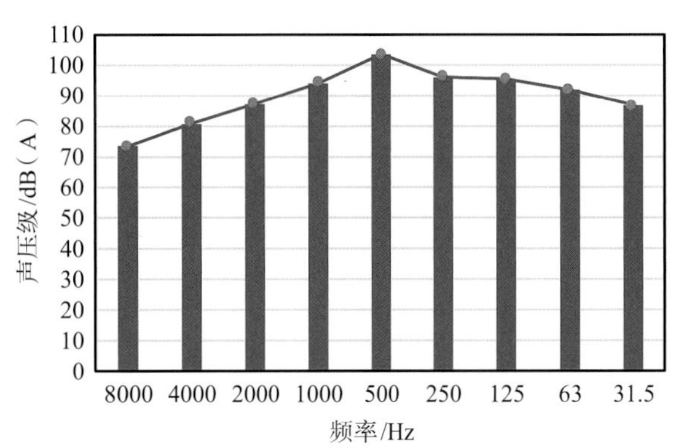

图3 扩散塔外1m处噪声监测结果频谱图

1.2 降噪设计

(1)降噪量确定

利用Cadna/A噪声预测软件，对主通风机扩散塔及厂界噪声现状进行模拟，用面声源模拟排风口噪声，用垂直面声源模拟塔壁噪声，建模尺寸与实际尺寸比例为1:1。噪声现状模拟结果如图4所示。

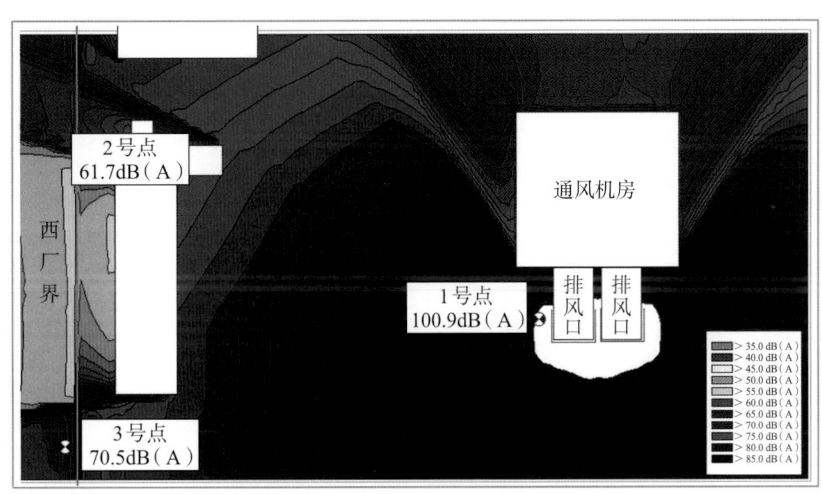

图4 主通风机扩散塔及西厂界噪声现状模拟图

从图4可知，1号点、2号点、3号点噪声模拟结果分别为100.9 dB(A)、61.7 dB(A)、70.5 dB(A)，与对应点实际测量结果相差不超过0.3dB(A)。因此，现状模拟结果符合实际情况，模型建立合理。

利用以上模型，噪声达标结果预测如图5所示。

从图5可知，主通风机扩散塔外1号点噪声值为77.0dB(A)，西厂界外3号点噪声值为49.3dB(A)。预测结果满足《工业企业厂界环境噪声排放标准》GB 12348—2008中2类标准要求，即昼间≤60dB(A)，夜间≤50dB(A)。

因此，排除厂区其他噪声源的影响，为使主通风机扩散塔对西厂界的噪声贡献达标，主通风机排风口处目标降噪量为18dB(A)，扩散塔塔壁处目标降噪量为24dB(A)。

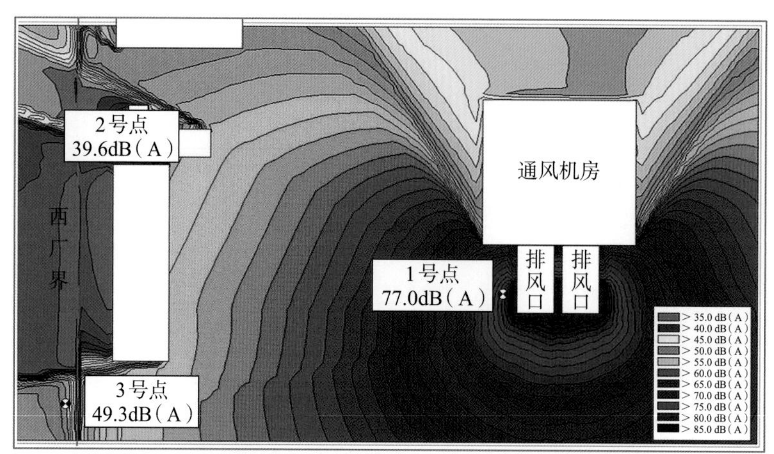

图5　主通风机扩散塔对应西厂界噪声达标结果预测图

（2）产品设计

扩散塔塔壁辐射噪声可通过管道包扎、声屏障、隔声罩等隔声措施加以控制。但由于管道包扎和声屏障的降噪量有限，为达到24dB（A）的目标降噪量，必须采用加装隔声罩的措施。根据隔声性能的基本原理，隔声罩墙体隔声量与墙体材料的面密度及噪声频率有关。因此，在保证质量、控制成本的同时，应设计面密度较高的墙体结构。隔声罩立面设计图纸及墙体现场施工照片如图6、图7所示。

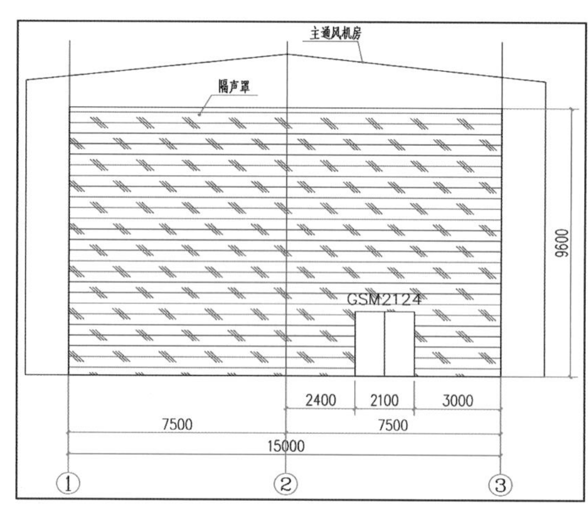

图6　隔声罩立面设计图纸

图7　隔声罩墙体现场施工照片

主通风机排风口因通风面积大，多采用阻性消声器。阻性消声器具有较宽的消声频率范围，在中高频段消声性能显著。综合考虑主通风机排风口的噪声特性，阻性消声器的消声特点，并结合工程经验，设计在排风口安装阻性片式消声器，通过设计消声器片厚及片间距离，更好地消减排风口的低频噪声，满足排风口目标降噪量的要求。

阻性片式消声器的剖面设计图及施工现场照片如图8、图9所示。

隔声罩墙体采用200mm厚复合结构，即100mm厚隔声板+100mm厚复合墙面。根据双层板隔声量经验公式$R=16\lg[(M_1+M_2)\times f]-30+\Delta R$，并根据《建筑隔声评价标准》GB/T 50121—2005中空气声隔声评价标准，计算隔声罩墙体隔声量为38.4dB。

单套阻性片式消声器尺寸为7500mm×9000mm×2000mm，设计为两套并列放置，便于施

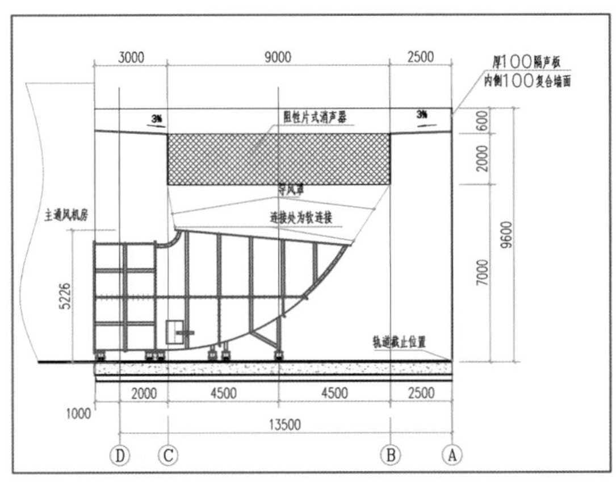

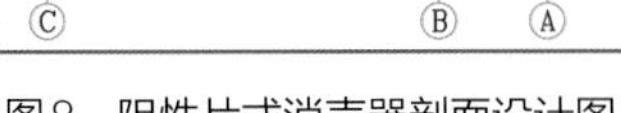
图8　阻性片式消声器剖面设计图

图9　阻性片式消声器施工现场照片

工。根据阻性消声器消声量计算公式，$\Delta L = 2\phi(a_0)\dfrac{a+h}{ah}l$，计算得出阻性片式消声器理论消声量为26 dB（A）。同时，该阻性片式消声器压力损失约为30 Pa，由于主通风机的全压为3678 Pa，该阻性片式消声器的压力损失对主通风机的正常运行影响很小。

阻性片式消声器与排风口之间用导风罩连接，将抽出的气体直接导向消声器，有利于排风。同时，减少排风口噪声与塔壁噪声的叠加，降低隔声罩内的混响噪声。导风罩与排风口部位采用柔性连接，降低导风罩振动产生噪声对隔声罩内声环境的影响。

1.3 治理效果

项目完工后，经第三方检测单位检测，主通风机对应西厂界监测点昼间噪声值为45.4 dB（A），夜间噪声值为46.5 dB（A），满足《工业企业厂界环境噪声排放标准》GB 12348—2008中2类标准要求，厂界环境噪声排放达标。主通风机扩散塔治理后实景图如图10所示。

图10　主通风机扩散塔治理后实景图

2　技术创新

主通风机排风口降噪设计在考虑通风安全的前提下，满足产品的降噪性能。降噪设计分为两部分，分别是阻性片式消声器和导风罩。

阻性片式消声器通常采用厚度为50～100mm的消声片。此次设计中，由于主通风机排风口噪声大、低频噪声明显、对西厂界影响大，因此采用200mm片厚的消声片，以增加消声器对低频噪声的消减。

导风罩采用一定厚度的钢板保证其支撑作用，并在导风罩与排风口采用柔性材料连接，避免刚性接触，降低钢板因振动产生的噪声。同时，在导风罩表面安装吸声材料，使原本仅有导风作用的罩体，兼具阻性管道消声器的性能，与阻性片式消声器串联，增长消声通道，增加排风口噪声的降噪效果。

3 工程亮点

3.1 材料应用

煤矿矿井井下生产会不断产生一氧化碳、氮氧化物、二氧化硫、硫化氢、氨气等有害气体。由于以上气体遇水溶解，根据《煤矿安全规程》中对应的浓度限值要求，并结合以上气体的溶解性，经计算可知，主通风机抽出的气体，最终遇水形成酸性物质，会腐蚀降噪产品，降低其使用寿命。

因此，对于直接与气体接触的阻性片式消声器框架采用铝合金代替镀锌板，以延长产品使用寿命。

3.2 隔声罩结构

隔声罩墙体采用100mm+100mm的双层结构，在合理设计隔声罩墙体结构重量的同时，增加墙体的厚度，提高隔声罩对低频噪声的隔声性能。隔声罩墙体在125～2000Hz中心频率的理论隔声量如表1所示。可知，125Hz处理论隔声量为24.1dB，低频隔声效果明显。

隔声罩墙体对各中心频率的隔声量一览表　　表1

频率/Hz	125	250	500	1000	2000
理论隔声量/dB	24.1	28.9	33.7	38.5	43.3

4 经验体会

主通风机是煤矿矿井主要通风设备，亦是煤矿主要的噪声源设备。主通风机扩散塔采取加装隔声罩的措施后，经塔壁辐射的噪声能够得到有效控制。排风口噪声传播具有较明显的指向性，并且排风口噪声治理直接影响主通风机的通风量，严重时可能影响设备正常运行，影响井下工作人员生命安全。因此，合理设计阻性片式消声器的结构，使消声量和压力损失达到平衡，有效控制排风口噪声很有必要。

案例提供：刘伟锋，高级工程师。
张少平，工程师。陕西工大福田科技工程有限公司。

石油钢管热处理生产线电磁噪声防治工程

方案设计：陕西工大福田科技工程有限公司
声学材料提供：陕西工大福田科技工程有限公司
项目规模：100万元
项目地点：四川省资阳市
竣工日期：2020年

1 工程概况

石油钢管热处理生产线电磁噪声防治工程，主要是对外防腐厂房内热处理生产线上中频调质热处理设备及其辅助元件进行噪声治理。中频调质热处理设备主要用于石油钢管的加热，基于电磁感应原理，通过钢管自身产生热量，具有升温速度快、加热效率高的特点。在正常工作时，产生较高的电磁噪声，使其对厂房内噪声贡献值满足《工作场所物理因素测量 第8部分：噪声》GBZ/T 189.8—2007中不超过85dB(A)的要求。热处理生产线局部现状如图1所示。

图1 热处理生产线局部现状图

1.1 噪声情况

在设备正常运行状态下，对热处理生产线上中频调质热处理设备的噪声情况进行监测，结果显示，中频调质热处理设备1m外噪声高达91.5dB(A)。中频调质热处理设备在250～8000Hz频率范围内对应噪声超过80dB(A)，中、高频噪声明显，对厂房内噪声贡献较大。具体噪声频谱图如图2所示。

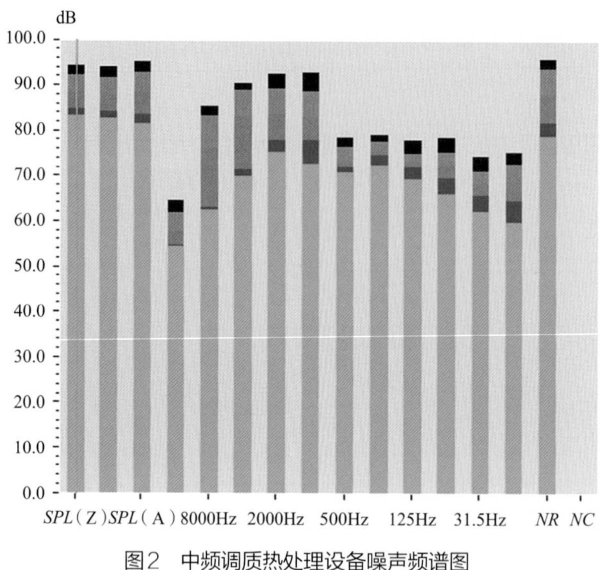

图2 中频调质热处理设备噪声频谱图

1.2 治理方案

依据中频调质热处理设备的噪声情况，结合热处理生产线上现有粉末喷涂间结构及设备安装布局，本次噪声治理的措施如表1所示。

热处理生产线噪声治理措施表 **表1**

治理区域	治理措施	安装位置
热处理生产线	加装隔声罩	中频调质热处理设备及粉末喷涂间

由于热处理生产线上设备产生噪声对厂房内噪声有直接影响，为达到噪声贡献值≤85dB(A)的标准，经过噪声软件模拟，生产线加装隔声罩长度不应小于19m。隔声罩及辅件设计效果如图3所示。

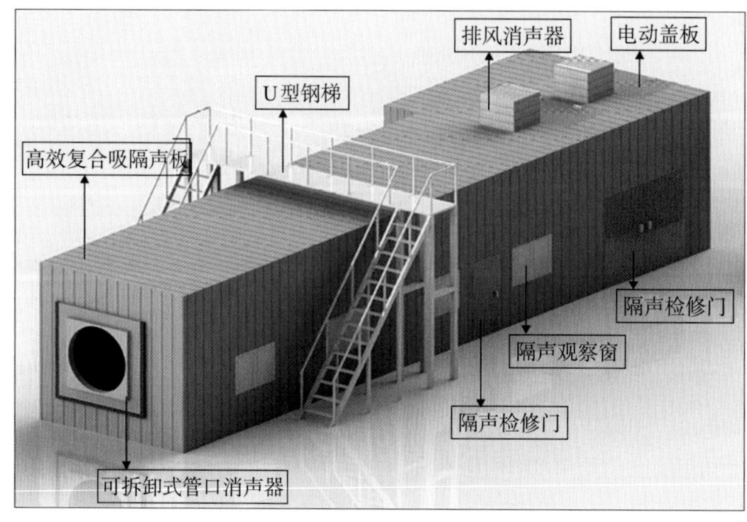

图3 隔声罩及辅件设计效果图

隔声罩底部安装进风通风消声器，进风通风消声器消声量不小于25dB（A），并保证降噪结构不影响设备正常运行。

隔声罩顶部安装主动排风轴流风机，轴流风机配套安装排风消声器，在保证设备正常通风散热的前提下，同时满足降噪效果要求；轴流风机排风消声器消声量不小于25dB（A）。

根据钢管不同规格直径，在隔声罩进出管口安装管口消声器，以减少隔声罩内部设备噪声向外泄漏，管口消声器消声量不小于20dB（A）。

为满足后期设备的检修及零部件更换，在隔声罩上安装平开隔声检修门和推拉隔声检修门，在中频调质热处理设备正上方留洞口并安装盖板，以满足不同管径中频加热设备的更换；隔声检修门选用3级隔声门，隔声量为30dB≤R_w＜35dB。

隔声罩上安装隔声观察窗，以便于对设备日常工作情况的观察，隔声观察窗选用2级隔声窗，隔声量为25dB≤R_w＜30dB。

隔声罩主体结构采用高效复合吸隔声板+钢结构组成，所有降噪设备颜色、外形、结构与主厂房协调一致，保证厂房内美观大方。

1.3 治理效果

完工后经第三方监测，中频调质热处理设备产生噪声对厂房噪声的贡献值为81dB（A），满足《工作场所物理因素测量 第8部分：噪声》GBZ/T 189.8—2007中不超过85dB（A）的要求。项目完工后效果如图4所示。

图4 隔声罩完工效果图

2 技术创新

管口消声器根据钢管尺寸设计，每种钢管设计一种对应尺寸的管口消声器，管口消声器安装方式为插入式，更换快捷、密封良好。管口消声器完工效果如图5所示。

图5　管口消声器完工效果图

3　工程亮点

3.1 电动盖板

隔声罩顶部电动盖板设置于中频线圈正上方，作为更换不同规格线圈的起升通道，盖板的尺寸设计满足现有最大规格线圈通过的要求。盖板采用双向平开式，通过减小盖板的重量，便于自动开启和关闭。盖板的材料与隔声罩墙板具有同样的隔声效果。电动盖板现场安装情况如图6所示。

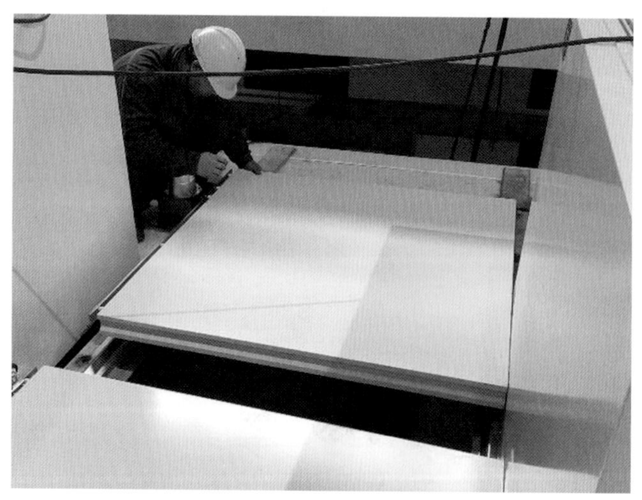

图6　电动盖板现场安装图

3.2 低导磁性罩体

由于中频调质热处理设备在对钢管进行电磁感应加热时，会引起附近隔声罩体金属面板加热，因此，在中频调质热处理设备附近采用不锈钢代替镀锌板作为罩体面板材料，以降低电磁感应加热对面板的影响，提高隔声罩的使用寿命。

3.3 在线监测系统

为监测隔声罩内钢管的运行状况，在罩体内安装无线高清摄像头，通过网络、POE录像机与主机室专用液晶监视器连接，实现对隔声罩内运行工况的实时监测。

4 经验体会

室内设备降噪多受安装位置、运行状态、连续生产线等因素的影响，达不到完全密封的条件，从而影响降噪效果。因此，常常采用扩大降噪范围的方式来达到降噪目的。此工程中由于热处理生产线上连续的钢管加工处理工序，隔声罩两侧必须预留孔洞允许钢管通过，无法做到对中频调质热处理设备完全密封。因此，通过加长隔声罩长度、尽可能缩小管口消声器与钢管之间的间隙来达到目标降噪效果。

案例提供：张锐锋，工程师；张丽娜，工程师。陕西工大福田科技工程有限公司。

宁波国际赛车场赛道与看台降噪工程

设计单位：上海环境保护有限公司
项目规模：折檐式声屏障；吸声照壁及吸声吊顶
竣工日期：2019年8月

施工单位：雅生活明日环境发展有限公司
项目地点：浙江省宁波市北仑区春晓镇

1 工程概述

宁波国际赛道位于宁波市北仑区春晓爬山岗区域，赛道邀请世界知名赛道设计师和建造师阿兰·威尔逊担纲总设计。宁波国际赛道依据原有山坡地形地貌，因地制宜地打造了山坡看台。大看台建筑面积逾15000m^2，共有12000个固定座位，由上中下三层相互独立看台、贵宾区构成。全赛道总长4.01km，宽度为12～18m。赛道为逆时针行驶方向，共有22个弯，最大高度落差24m。赛场东侧为沿海中线；南侧为大海线；西北、东北侧为海陆村爬山岗。治理前敏感点噪声83dB（A）；看台噪声93dB（A）。敏感点噪声采取折檐式声屏障隔声，看台采用吸声吊顶和吸声照壁消声（图1）。

图1 项目治理后鸟瞰图

2 设计概述

2.1 设计评价工程效果的依据

（1）采用的标准或设计规范

《道路声屏障结构技术规范》DG/TJ08—2086—2011；

《声屏障声学设计和测量规范》HJ/T 90—2004；

《钢结构设计标准》GB 50017—2017。

（2）项目声学指标

声屏障降噪效果估算值，吸声吊顶及吸声照壁的吸声性能分别如表1、表2所示。

声屏障降噪效果估算值　　表1

声屏障噪声衰减/dB（A）	可行程度	对声能量的衰减/%
10	简单	68
15	可达到	90
20	非常困难	97
25	几乎不可能	99

吸声吊顶和吸声照壁　　表2

产品名称	产品规格/mm	板材面质量/（kg/m^2）	防火等级	环保等级	吸声性能	适应部位
高强度吸声板	600 × 1200 × 8	13.6	A级不燃	E级	*NRC* 0.7 ～ 0.9	吸声墙
	600 × 1200 × 20	34				
轻质吸声板	600 × 1200 × 15	6.5	A级不燃	E级	*NRC* 0.7 ～ 0.9	吸声吊顶

2.2 声学设计

宁波国际赛道工程设计由上海环境保护有限公司负责，声学材料和项目施工由雅生活明日环境发展有限公司负责。

（1）折檐式声屏障

本工程采用折檐式声屏障，如图2所示，一般用于降噪要求较高但声屏障高度又有一定限制的场合。把声屏障上部折向道路方向，面向道路的一侧做成吸声表面，屏障内侧加衬吸声材料，可以达到很好的降噪效果。同时，折檐式声屏障可增加声程差，提高降噪效果。声屏障的支撑件采用H型钢，屏障板采用插入式，有利于更换且节约用地。

（2）看台吊顶及墙面的降噪措施

本工程看台的吸声吊顶和吸声照壁内采用的吸声材料为微粒吸声板，微粒吸声板是由精选的天然砂粒通过胶凝材料聚合起来形成特定目数的硬质穿孔板，可根据多孔材料及微孔共振吸声机理，通过调整孔隙大小、板材厚度及板后空腔大小，实现其频率特性可调的功能，满足不同频段的吸声设计要求，如图3所示。

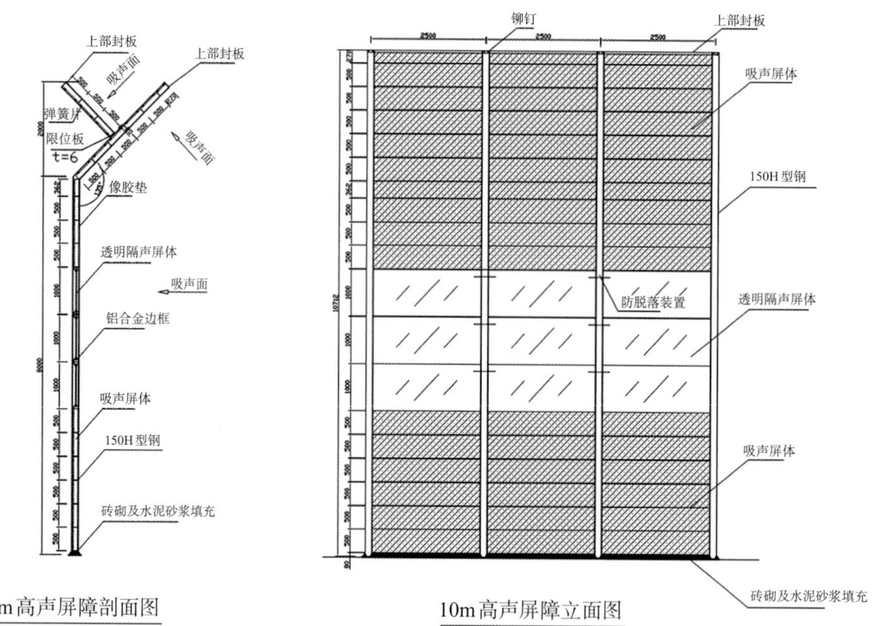

图2 一期看台至冠军桥南侧的折檐式声屏障

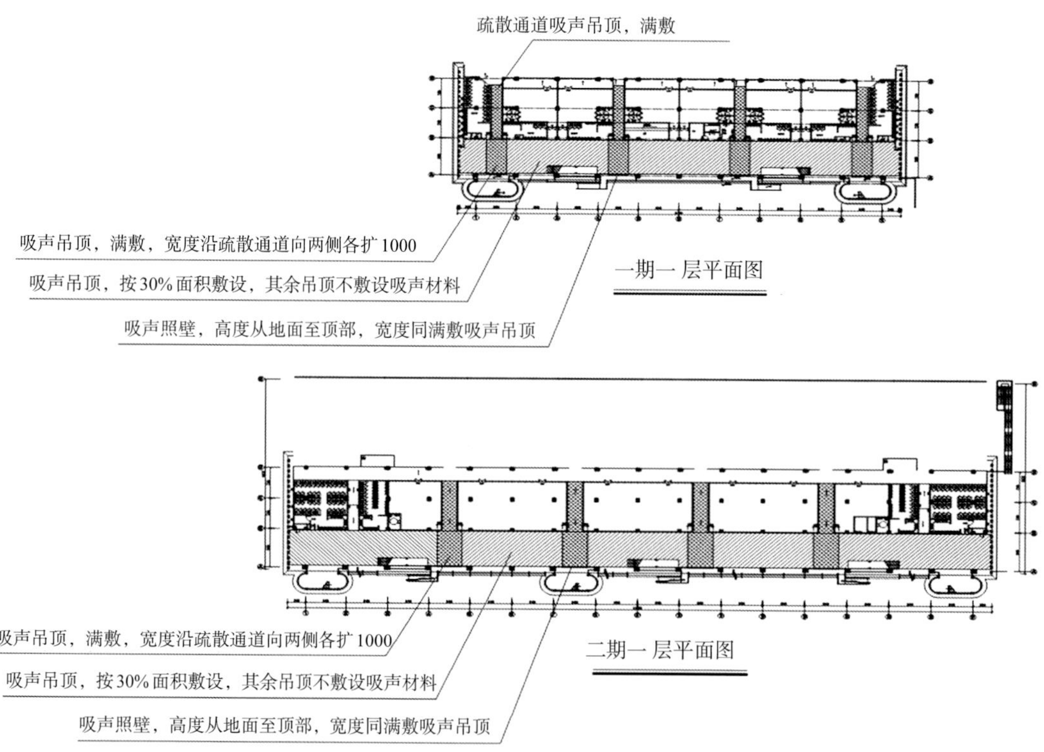

图3 看台吊顶及墙面分别采用吸声吊顶和吸声照壁

3 工程效果

本工程治理效果非常显著，敏感点位置噪声污染得到有效控制，尽管看台区域高频噪声污染仍然较高，但低频噪声得到有效控制，观众整体反映身心舒适度有明显改善。声屏障降噪效果如表3所示。

声屏障降噪效果 表3

位置	治理前噪声/dB(A)	治理后噪声/dB(A)
声屏障后1m处	98	78
敏感点	86	73
看台区	92	83

4 相关项目工程实景照片

相关项目工程实景照片如图4、图5所示。

图4 折檐式声屏障的实景照片

图5 看台采用吸声吊顶及吸声照壁实景照片

5 技术创新

本项目采用的折檐式声屏障，因顶部折檐几何尺寸足够大，可有效控制通过顶部绕射的噪声，最大限度降低对周围环境的噪声污染。折檐式声屏障较半封闭、全封闭声屏障有着占地少、成本低的显著特点，同时能满足相应的设计指标要求。

6 工程亮点

降噪效果：折檐式声屏障隔声量可达20dB，传统声屏障隔声量仅为10～15dB。

观赏效果：折檐式声屏障能有效融合周围环境，增加环境的观赏性。

安全效果：结构坚固，经久耐用，具有防水性、抗紫外线性。

微粒吸声板作为建筑装饰吸声结构，可支持大面积无缝安装，不仅有着优异的声学性能，同样拥有整体美感和表面装饰质感。由于微粒吸声板的无味无毒及绿色环保，多孔吸声结构+共振吸声结构，A级不燃特性助力消防安全，使整场看台环境处于一个非常健康的状态，环境美学也体现得淋漓尽致。

7 经验体会

设计初期曾参考交通噪声治理措施采用常规声屏障，半封闭、全封闭结构。但考虑到项目的经济性、实用性，同时本项目容易在赛道区域形成大面积阴影区，容易遮挡赛车手视线，造成安全隐患。因此为了保证足够的采光和安全，声屏障中间区域设置了通透隔声板。

声屏障降噪效果主要取决于吸隔声材料的选择，同时现场施工安装也尤为重要，施工时提高了声屏障的定位精度，对于所有刚性接触和缝隙位置均设置密封装置，保证了声屏障的整体隔声效果。

赛车声源位置超低，以中高频噪声为主。其中800～2000Hz对A计权影响较大，声屏障可以针对高中频段进行有效的噪声治理，从而降低对声影区的噪声污染强度。吸声吊顶及吸声照壁也可有效降低看台（疏散通道）区域的环境噪声，从而使赛车噪声在一定程度上得到有效控制。微粒吸声板的性能优异、绿色环保，在道路声屏障和室内降噪等领域值得大力推广。

案例提供：刘洪海，工程师，雅生活明日环境发展有限公司。Email：306778122@qq.com

华润水泥（封开）有限公司噪声治理工程

方案设计：上海坦泽环保集团有限公司

声学顾问：中船第九设计研究院工程有限公司

声学装修：上海坦泽环保集团有限公司

声学材料提供：上海坦泽环保集团有限公司

项目规模：工程量15000m^2，投入资金1150万元

项目地点：广东省肇庆市封开县长岗镇长岗工业园

竣工日期：2021年3月22日

1 工程概况

华润水泥控股有限公司成立于2003年，是华润集团一级利润中心和华南地区领先的水泥及混凝土生产商，也是国家重点支持的大型水泥企业集团之一。华润水泥（封开）有限公司是华润水泥控股有限公司旗下全资子公司，公司经营范围包括生产销售水泥、商品熟料、水泥制品、其他新型建筑材料以及水泥技术咨询与设备安装等。华润水泥（封开）有限公司1号、2号码头水泥运输线运行时噪声源复杂、噪声值高；厂区内有6条产量为5000t/d生产线，生产线众多，规模庞大，噪声源复杂，设备开启时噪声值高，且部分噪声源距离厂界较近，致使噪声排放超标，影响周边居民的声环境，现需要对部分区域进行相应的噪声治理（图1）。工厂领导高度重视噪声问题和员工工作环境，特邀我公司到现场踏勘，并提供相应的降噪方案。

2 设计概述

2.1 声学设计要求

（1）采取噪声总量降低，局部控制的原则，按照分点分步治理的思路进行综合治理；

（2）噪声综合治理工程措施的实施不得影响及改变工艺的使用功能要求，不得影响及改变设备的使用功能和外观；

（3）采用主动降噪与被动降噪相结合的综合降噪处理方式，即综合治理原则；

（4）设计必须满足国家相关噪声限值排放标准的要求；

（5）指标的设计值应在满足噪声排放要求的前提下，尽量采用经济性的措施；

（6）所用的工程材料应采用环保、无毒、防火型材料；

（7）设计方案要求在保证降噪效果前提下，尽量采用可操作性强，施工简单、安全的工艺；

（8）设计在保证声学效果的同时，尽量使用美学设计，使降噪的工程设施能较好地与所处环境相融合，达到较好的景观效果。

图1 华润水泥（封开）有限公司噪声治理前实景照片

2.2 噪声控制

（1）噪声治理区域

华润水泥（封开）有限公司噪声治理区域分为5个高噪声区域，分别是：

①水泥磨区域；

②水泥库区域；

③水泥包装、汽车袋装、散装区域；

④1号～5号码头输送区域；

⑤1号～6号熟料库顶。

以上5个高噪声区域内的高噪声设备量大面广。通过对主要噪声源的声压级、声频谱、声距离、声纬度四要素的测量，对5个高噪声区域内的噪声有了全面的理解。公司对现场踏勘及实测数据整理分析后，总结出的高噪声区域图如图2所示，噪声测点分布图如图3所示，通过对本项目噪声源的梳理与分析，使降噪措施设计更有针对性。

（2）Cadna/A声学环境模拟和现场实测相结合

采用专业声场模拟分析软件对新建项目的声场进行预评价是近年来噪声控制领域先进的分析方法之一。运用软件模拟评价，结合理论计算与类比修正，可准确预判噪声排放污染情况。软件的准确预评价关键在于声学模型的建立及工程实践经验。

图2　华润水泥（封开）有限公司高噪声区域图

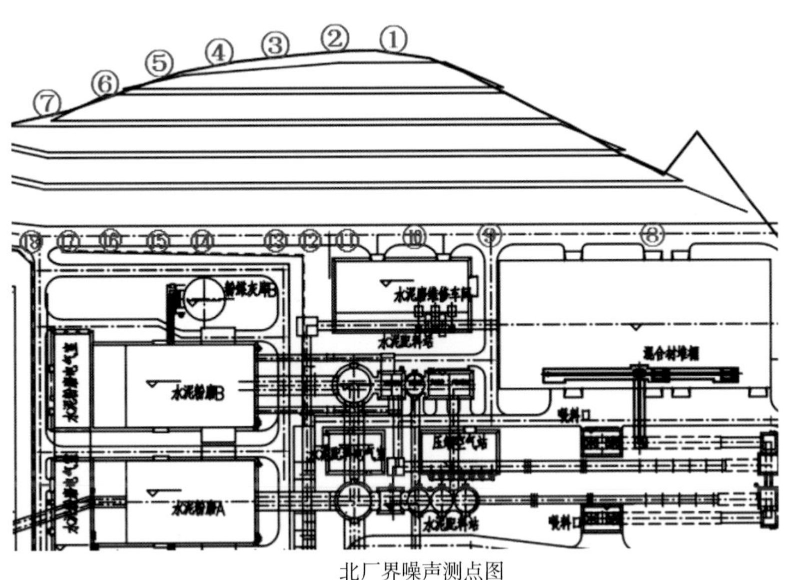

北厂界噪声测点图

图3　华润水泥（封开）有限公司噪声测点分布示意图

采用Cadna/A声学环境预测软件，该项目噪声治理前的声环境模拟见图4。

通过Cadna/A软件模拟后可知，1号～5号码头降噪处理后，北厂界1号测点噪声值为59.3dB（A），比降噪前噪声值降低3.2dB（A）。1号～5号码头区域，水泥袋装、汽车散装区域降噪处理后，北厂界1号测点噪声值为57.3dB（A），相较之前噪声值降低2dB（A）。

各区域经过降噪治理后，在排除背景噪声干扰的情况下，北厂界1号测点处声级为54.8dB（A），水泥磨办公室门口1m处噪声级为79.7dB（A），各测点噪声级均已满足本次招标的治理目标，如图5所示。厂区内部的噪声级也得到了降低，声环境得以改善，工人职业健康和参观人员的体验得到保障。

（3）噪声治理设计方案

华润水泥（封开）有限公司噪声治理设计方案如图6所示。

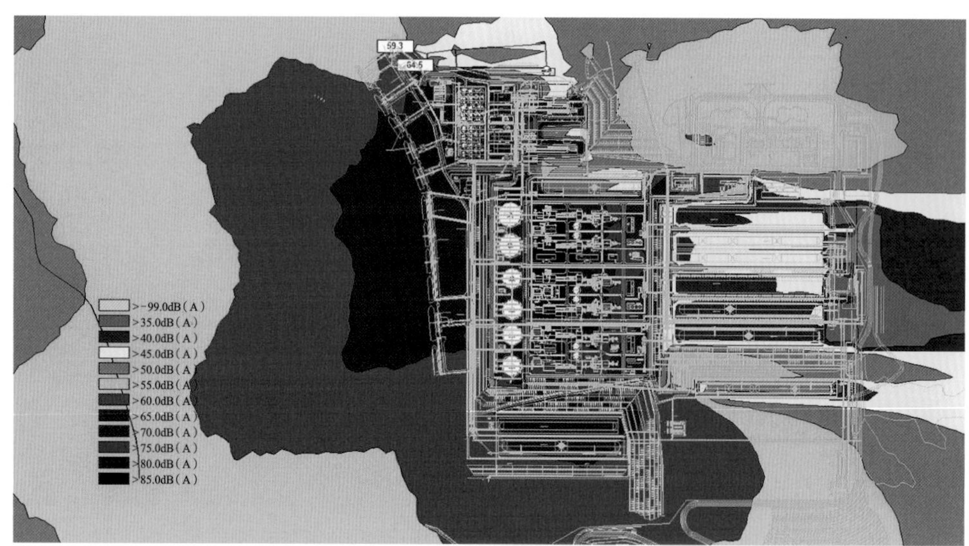

图4　治理前声环境模拟图

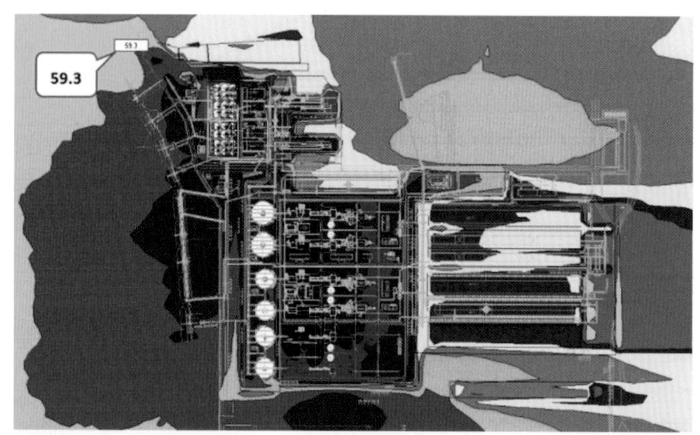

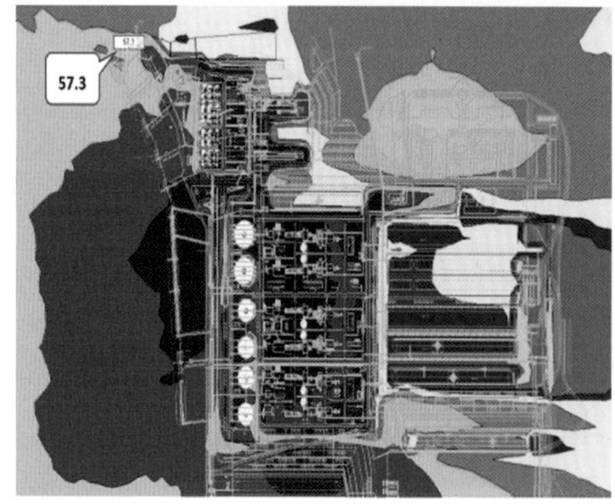

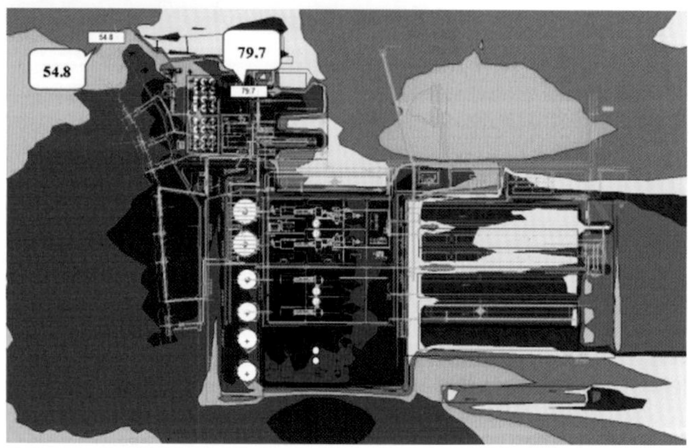

图5　治理后声环境模拟图

3　工程效果

全厂降噪治理后各区域降噪数据汇总表如表1所示。

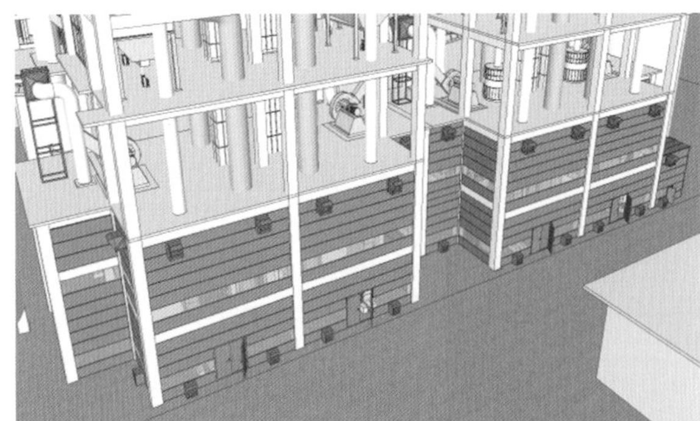
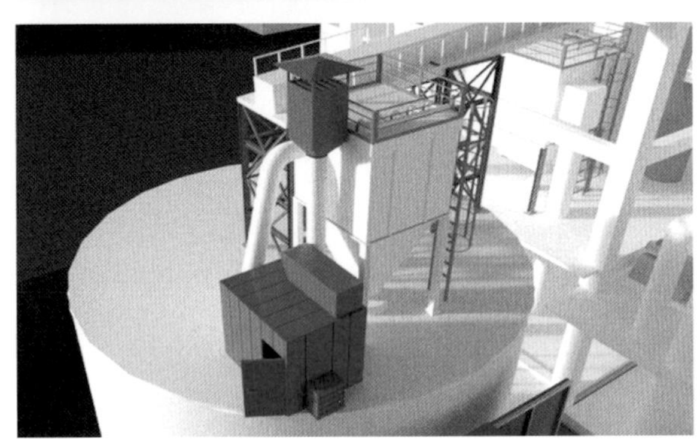

图6　华润水泥（封开）有限公司噪声治理设计方案图

全厂降噪治理后各区域降噪数据汇总表　　表1

序号	测点	治理前/dB(A)	治理后/dB(A)	降噪值 /dB(A)
1	环保局1号测点	60	55	5
2	环保局2号测点	63.6	55	8.6
3	环保局3号测点	67.6	55	12.6
4	江对岸郁南县江边测点	57.3	55	2.3
5	西厂界区域	58.5	55	3.5
6	水泥磨办公室门口	85.3	75	10.3
7	篦冷风机群降噪设备外1m	93.4	80	13.4
8	煤磨房降噪设备外1m	96.2	80	16.2
9	熟料库顶排风烟囱消声器外1m	100	75	25

备注：检测验收时，凡受背景噪声影响，均按国家标准进行修正。

4　技术创新

(1) 帮助客户更方便地了解方案内容：效果图可以很直观地表示出降噪方案，便于客户理解并提出要求，从而确定更准确的方案。

(2) 立体视角有助于方案的精准设计：对方案设计提供直观的帮助，有助于拿出合理有效的降噪方案。

(3) 有利于施工难度的预判：效果图充分还原了现场的基本情况，可在设计阶段根据效果图对施工的难度进行预判并想方设法通过设计阶段避免和降低施工难度。

5 工程亮点

5.1 烟囱消声器安装位置及防雨措施

烟囱消声器安装位置在烟囱管道的顶部，这样不仅可以降低离心风机从烟囱管道传出的机械噪声，也可以降低烟囱排气时由于风速过快产生的气动噪声，一举两得。同时在降噪烟囱消声器上安装防雨帽，可以达到防雨的效果。

公司设计安装的烟囱消声器为可拆卸式消声器，业主方可定期拆卸，清洗消声器内部的消声插片，以延长消声器的使用寿命，保证消声器长久的降噪效果。

5.2 噪声源设备与钢结构产生共振问题的解决方案

斜槽风机噪声呈低频特性，绕射、透射能力强，衰减速率慢。同时，斜槽风机与原码头输送廊道刚性连接数量众多，且未进行减振处理，设备开启时与输送廊道的钢结构框架形成共振，噪声以结构噪声的形式传播，传递效率高；整体形成面声源辐射，距离衰减慢，直接影响厂界噪声值达标。

为保证厂界1号测点噪声值达标，需对1号～4号码头输送廊道上的斜槽风机采取减振措施。

此类结构噪声主要由斜槽风机通过壳体及基座向四周传递。此类低频固体噪声传递是治理的主要方向，也是技术难点。针对症结所在，经过计算，并结合现场条件对斜槽风机进行减振改造，在设备底部增加LFG型落地式弹簧橡胶复合减振器+橡胶减振器+限位的复合减振结构进行隔振处理，断开其与输送廊道的刚性连接，使结构噪声大幅度消减。

5.3 斜槽风机输送风管改造

斜槽风机风管与输送廊道也是刚性连接，未进行任何隔振处理，噪声通过风管大量传递至廊道的其他区域，风管成为主要的传声途径，因此需要采用软连接的方式进行隔振。

我们在原有输送风管处加装管道软连接，将斜槽风机与输送廊道从刚性连接变为柔性连接，降低振动传递效率，彻底隔断振动噪声由管道向四周传递。

通过以上两项措施对斜槽风机采取减振处理，配合公司其他治理方案，能够达到厂界1号测点昼间噪声值≤65dB(A)、夜间噪声值≤55dB(A)的降噪目标。

5.4 隔声门与屏体/隔声罩之间的连接方式

隔声门与屏体/隔声罩之间采用不锈钢铰链连接的方式，铰链连接更加牢固可靠，能够在门关闭时带来缓冲功能，最大限度地让门能够自然平滑地旋转开启，延长隔声门的使用寿命；同时在外观上也更加大气美观。

5.5 隔声罩通风散热性能的保证

公司安装的通风散热型隔声罩都将配备静音排风机及温控系统，保证隔声罩内的温度要求，若温度过高，排风机将自动开启，保证通风散热的同时也会节省效能。

6 经验体会

6.1 水泥厂生产流程噪声设备梳理

治理设计过程中，我们对水泥厂噪声源设备的分布应有清楚了解，有针对性地对水泥厂进行降噪治理，确保治理方案精准高效。水泥厂生产流程中噪声源设备如表2所示。

水泥厂生产流程中噪声源设备梳理　　表2

序号	生产流程	噪声源设备
1	原料石运输加工	皮带廊、破碎机
2	配料站	落料、风机、除尘器、皮带廊
3	配料及研磨	提升机、大型循环风机、立磨、斜槽风机
4	生料库	风机、除尘器、大型循环风机
5	回转窑	散热风机
6	篦冷风机房	离心风机、罗茨风机
7	熟料库	风机、除尘器、大型循环风机
8	球磨房、煤磨房	辊压机、球磨、大型离心风机、斜槽风机
9	水泥库	罗茨风机、除尘器、提升机
10	包装	皮带运输、提升机、除尘器、车辆

6.2 按照噪声源高低归纳分类

表3给出按噪声源高低排列的设备分类，其中Ⅰ类噪声源特点主要是设备数量多、分布广、声压级高、频谱复杂，Ⅱ类噪声源在高降噪标准的环境下需要考虑处理。

按噪声源高低排列的设备分类表　　表3

<table>
<tr><th>序号</th><th>影响程度</th><th colspan="2">噪声源设备</th><th>发声位置</th><th>噪声特性</th></tr>
<tr><td>1</td><td rowspan="8">Ⅰ类</td><td rowspan="5">风机</td><td>大型离心风机</td><td>电机</td><td>中低频</td></tr>
<tr><td>2</td><td>小型离心风机</td><td>排风烟囱</td><td>视风速和风管直径</td></tr>
<tr><td>3</td><td>罗茨风机</td><td rowspan="2">进出风口</td><td rowspan="2">中低频</td></tr>
<tr><td>4</td><td>篦冷风机</td></tr>
<tr><td>5</td><td>斜槽风机</td><td>进出风口及电机</td><td>中低频</td></tr>
<tr><td>6</td><td colspan="2">球磨</td><td>电机及球磨</td><td>中高频</td></tr>
<tr><td>7</td><td colspan="2">立磨</td><td>电机及立磨</td><td>中高频</td></tr>
<tr><td>8</td><td colspan="2">除尘器</td><td>风机、脉冲阀</td><td>宽频带</td></tr>
<tr><td>9</td><td rowspan="2">Ⅱ类</td><td colspan="2">皮带廊</td><td>提升机</td><td>宽频带</td></tr>
<tr><td>10</td><td colspan="2">落料</td><td>落料击打</td><td>高频</td></tr>
</table>

案例提供：郑婷婷，技术工程师，上海坦泽环保集团有限公司。

某500kV地下变电站排风竖井的噪声控制

方案设计：中船第九设计研究院工程有限公司　　施工单位：上海新电环境工程有限公司
项目地点：上海市　　建设时间：2009年

1　项目概述

为解决大城市高负荷的用电需求，在中心城区建设超高压地下变电站是城市电网的一项关键措施。地下变电站主要特点是变配电设备（如变压器、电抗器等）及通风散热设备（如冷却塔、送风机、排风机等）都安装于地下封闭空间中，地上部分一般仅设进风竖井、排风竖井和控制室。

由于地下变电站的变配电设备均安装在地下封闭空间中，设备数量多、容量大、散热量大，因此地下变电站通常采用自然进风和机械排风的通排风系统。地下变电站的进排风分别采用进风竖井和排风竖井的形式，因此排风竖井是地下变电站产生噪声传播影响的主要场所，会对变电站周边环境产生一定的噪声污染，是地下变电站设计及运行中不可忽略的问题。

2　排风竖井内的主要噪声源

某500kV地下变电站根据冷却系统的区域设有1号～4号共4个排风竖井，排风竖井的平面尺寸约23m×7m，排风竖井的顶部伸出地面约7.5m，排风竖井分为四层，标高分别为-16.5m、-11.5m、-6.5m和-2m。地上部分排风竖井的侧墙基本都为百叶窗，如图1所示。

图1　地上部分排风竖井实照

该500kV地下变电站的排风系统包括主变压器排风系统、电抗器排风系统、GIS室排风系统、电缆室排风系统、冷却装置排风系统等，共有59台不同类型的排风机。这些排风机基本都布置在设备机房内，排风管道均通向排风竖井并折弯后竖直安装在排风竖井内，排风系统的排风口基本都设置在标高-2m层。排风竖井的部分层面有时也会布置几台小型的排风机。因此排风竖井内的主要噪声源是各排风系统排风口的风动力噪声以及部分安装在排风竖井内的排风机噪声。

该500kV地下变电站的排风机数量多（其中2号排风竖井有20台）、风量大（其中2号排风竖井总的排风量达61万m^3/h），运行时产生的噪声强度较高，噪声大多呈中低频特性。根据噪声实测数据，大部分排风机组的噪声级在85～88dB（A）。

3 排风竖井内噪声向外传播的简要分析

地下变电站各排风系统的排风机噪声（包括气流再生噪声）将伴随排风在排风管道中传播。排风管道的材质基本为镀锌钢板或玻璃纤维板，管壁的吸声系数低，噪声将在管道中基本无衰减地传播。

地下变电站中的变压器、电抗器及冷却设备等运行时也会产生一定强度的噪声，但这些噪声仅通过风口沿管道向外传播，传播的能量较小，影响有限。

地下变电站各排风系统的噪声通过管道、排风口向排风竖井内传播，这些噪声经排风竖井壁面反射（一次或多次）后形成混响噪声。

地下变电站的排风噪声最后将通过排风竖井的百叶窗向变电站外环境传播，其传播形式有两种：一种是排风竖井内的噪声直接通过百叶窗向竖井外传播，称为直达声；另一种是排风竖井内的噪声经壁面反射（一次或多次）后通过百叶窗向竖井外传播，称为混响声。通过竖井向外传播的噪声是直达声和混响声叠加后的结果。图2为地下变电站排风噪声的传播示意图。

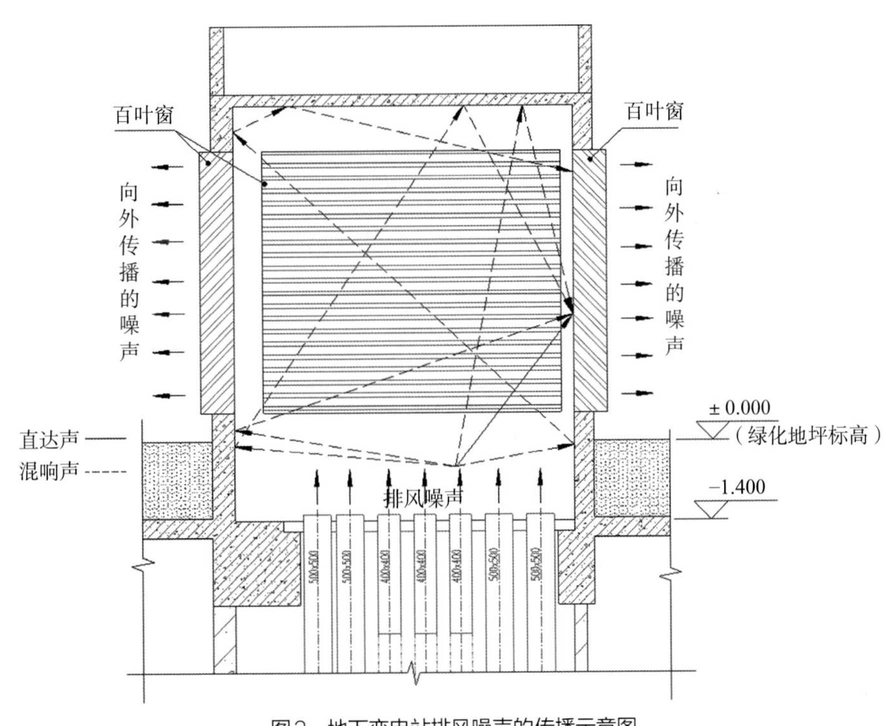

图2 地下变电站排风噪声的传播示意图

每个排风竖井的排风量大，所需的排风面积大，因此排风竖井的多个侧墙上都装有大面积百叶窗，该500kV地下变电站每个排风竖井的百叶窗面积约250m^2。从噪声的传播特性分析，排风竖井的每个侧墙可以近似地看作一个面声源，噪声从这一大面积的面声源向外传播，距离衰减慢。再加上排风竖井高度较高，因此噪声从排风竖井向外传播的距离远，影响范围大。

4 地下变电站排风竖井的噪声控制措施

4.1 排风系统安装排风消声器

地下变电站噪声主要通过排风系统向外传播，设计中在排风系统的合适位置处安装排风消声器，可有效降低排风噪声。排风消声器的消声量可根据具体的降噪要求确定，由于消声量与压力损失是一对矛盾关系，设计时应合理确定消声器的消声量。

4.2 排风竖井吸声处理

通过前文对噪声在排风竖井中的传播分析可知，噪声在排风竖井中传播时会因壁面的反射作用产生混响噪声，增加竖井内的总噪声级，设计时应在竖井内采取适当的吸声处理措施。吸声措施包括安装吸声顶和墙面吸声结构，根据排风竖井内的噪声强度和降噪要求，有时还可在排风竖井的顶部吊装一些空间吸声体，提高吸声降噪效果。

4.3 排风竖井百叶窗消声处理

排风竖井内的噪声最后通过百叶窗向外环境传播，设计时可利用通风消声窗替代普通的百叶窗，既可以起到通风的作用，也可降低竖井内噪声向外传播的强度。但需注意的是，通风消声窗的通流面积会打折扣，会影响到总的通风面积。

5 排风竖井的噪声控制设计简介

该500kV地下变电站是一座全地下结构的市区变电站，地面仅设1个进风竖井和1号～4号共4个排风竖井。排风竖井伸出地面约7.5m，长×宽约23m×7m，排风竖井的多个侧墙上都装有大面积的百叶窗，排风竖井的顶为混凝土顶。每个排风竖井内布置有多个排风系统的排风口，其中2号排风竖井内排风口最多，达20个。表1是2号排风竖井内各排风系统的主要技术参数，图3是2号排风竖井内排风口的布置图。

2号排风竖井内各排风系统的主要技术参数　　表1

序号	设备名称	单位	数量	风量/m^3·h^{-1}	全压/Pa	风管尺寸/mm	风速/m·s^{-1}	噪声级（计算值）/dB(A)
1	500kV主变压器室排风机	台	3	40180	350	1250×1000	8.9～6.0	85
2	2号区域电缆室排风机	台	1	28170	600	1250×1000	6.3～4.2	88
3	500kV GIS开关室排风机	台	1	14718	420	800×630	10.2～6.1	82
4	2号区域电缆室（二）排风机	台	1	13085	300	630×500	11.5～5.8	79
5	66kV电抗器室排风机	台	4	5580	420	500×500	6.2～3.1	78

续表

序号	设备名称	单位	数量	风量 /m³·h⁻¹	全压 /Pa	风管尺寸 /mm	风速/m·s⁻¹	噪声级（计算值）/dB(A)
6	1号～3号站用变压器室排风机	台	3	4844	257	400×400	8.4	77
7	220kV GIS开关站排风机	台	2	17020	680	630×630	15.0～9.0	87
8	2号区域辅助设备房排风机	台	1	12300	300	630×500	10.9～5.5	78
9	冷却塔排风机	台	4	88560	290	2000×1500	8.2	87

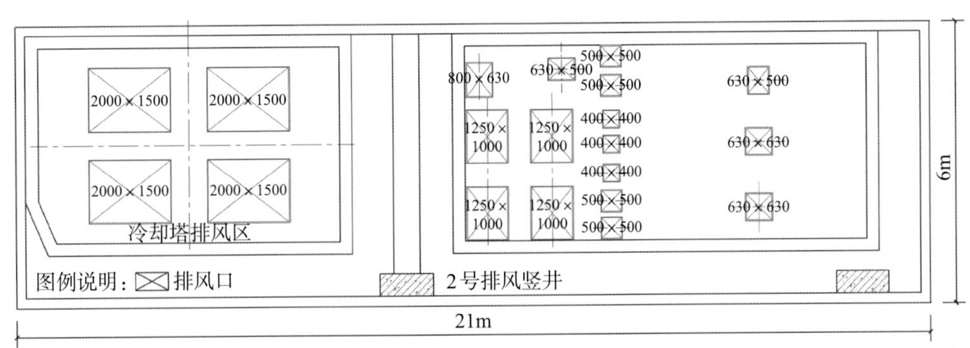

图3 2号排风竖井排风口的布置图

5.1 排风消声器的设计

（1）排风消声器设计的难度分析

①排风噪声的特点

排风竖井的排风量大（最大排风量为617153m³/h），噪声级高（单个排风口最高超过88dB（A））。每个排风竖井内均布置有十几个排风设备的排风口，这些风口同时排风时，排风噪声将相互叠加，加大竖井内的总噪声级。

地下变电站风机种类较多，风机的风量、风压有所不同，所产生噪声的频率范围也有所不同，从而使得变电站排风噪声呈中低频突出的宽频带特性，消声难度较大。

②压力损失与消声量的矛盾剖析

该500kV地下变电站排风风量大，且对压力损失有严格的要求，宜优先选用片式阻性消声器。在片式阻性消声器的设计中，消声量与压力损失是一对矛盾关系。

压力损失与气流速度的平方成正比，气流速度与通流面积成反比，所以当气流通道越大时，通流面积越大，压力损失越小。而消声量与气流通道宽度成反比，当气流通道越大时，消声量就越小。另外，消声器的截面变化，会明显地提高消声量，但同时又增大了消声通道的局部阻力。因此消声量和压力损失之间的矛盾是排风系统消声设计的一个难点。

③消声器安装空间问题

该500kV地下变电站各排风管道之间的距离较小，尤其是当各排风管道接至排风竖井时，距离更小，最小的间距不足10cm，这给消声器设计时外形尺寸的选择带来限制，同时也给消声器的安装带来困难。

此外，该500kV地下变电站设计时，忽视了变电站的噪声影响问题，导致变电站设计过程中漏掉声学专业，在风管安装结束后才进行噪声控制的设计，这给排风消声器的设计和安装带来了很大的困难。

（2）排风消声器类型

综合考虑排风竖井内各排风系统的排风量、排风噪声强度、允许压力损失及降噪要求等多种因素，该500kV地下变电站排风消声器采用阻性片式消声器。阻性片式消声器压力损失小、消声频带宽，适合大风量排风系统。

（3）排风消声器理论消声量及有效长度

根据噪声排放标准要求和建设方的相关意见，该500kV地下变电站的降噪目标是排风竖井百叶窗外1m处的噪声级低于60dB（A）。

根据排风竖井内各排风系统的噪声级、管道衰减及噪声控制要求，确定各排风系统排风消声器的理论消声量和有效长度。排风口噪声级小于80dB（A）时，排风消声器的理论消声量大于15dB（A），有效长度为1500mm；排风口噪声级为80～85dB（A）时，排风消声器的理论消声量大于20dB（A），有效长度为2000mm；排风口噪声级为85～90dB（A）时，排风消声器的理论消声量大于25dB（A），有效长度为2000mm。

（4）排风消声器的消声片形式

综合考虑消声量、通流面积率、压力损失等多重因素，该500kV地下变电站排风消声器采用"等厚"和"厚薄相间"片式消声器。排风管道截面尺寸小于630mm×630mm时，排风消声器采用"等厚"片式消声器；排风管道截面尺寸不小于630mm×630mm时，排风消声器采用"厚薄相间"片式消声器。"厚薄相间"片式消声器可以增大消声器的通流面积率，同时兼顾中低频噪声的消声性能，具有较宽的消声频带，并且可以减小消声器的外形尺寸，节约成本，有利于消声器的运输和安装。图4所示为"厚薄相间"片式消声器，图5所示为"等厚"片式消声器。

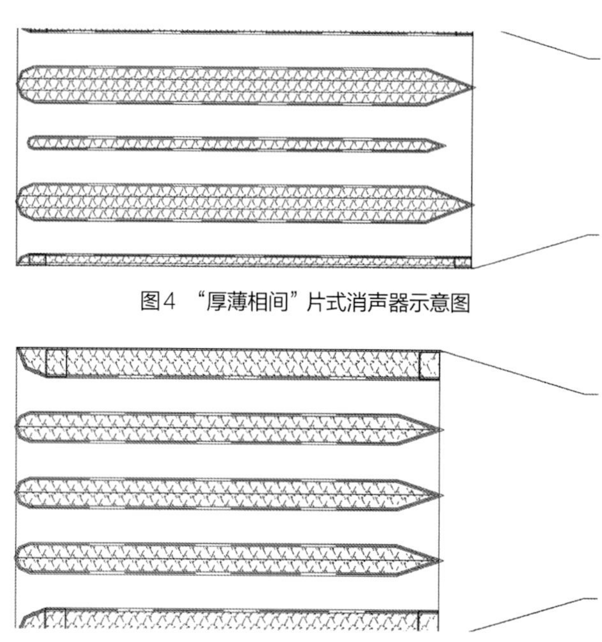

图4 "厚薄相间"片式消声器示意图

图5 "等厚"片式消声器示意图

（5）排风消声器的消声频带

消声器的消声频带是消声器的一个重要声学参数，消声器的上限失效频率f_c按下式计算：

$$f_c = 1.85\frac{c}{D}$$

将声速c、消声器通道断面直径（当量直径）D代入上式，可知各排风系统排风消声器的上限失效频率均大于1400Hz，可满足排风系统消声要求。

（6）消声通道内风速及压力损失

气流通过消声器时，由于气流与消声器结构的相互作用，会产生气流再生噪声，气流再生噪声的大小主要取决于气流速度v，因此消声器消声通道中气流速度的高低是影响实际消声效果的主要因素之一。气流再生噪声L的半经验半理论公式如下：

$$L=(18 \pm 2)+60\lg v$$

为控制气流再生噪声，同时兼顾消声器的外形尺寸，设计时将消声器消声通道内的气流速度控制在7m/s以下，即将气流再生噪声控制在65dB（A）左右，与排风系统的消声量相匹配。

消声器压力损失的大小与消声通道内气流速度的高低有关，设计时将气流速度v控制在7m/s以下，可将各排风系统排风消声器的理论压力损失控制在60Pa以下，满足压力损失控制要求。为尽可能降低压力损失，设计时所有消声片前后均设置导流件。

（7）排风消声器的结构形式

根据排风竖井内排风口的布置情况，排风消声器的结构形式分为“组合式”和“单体式”。对于冷却塔排风管道及部分集中布置的管道，由于管道间距较小，设计时采用“组合式”消声器。对于间距大，能够单独安装消声器的管道，则采用“单体式”消声器。“组合式”消声器利用消声隔断分隔为多个消声单元，每个排风管道的变径管分别与对应的消声单元进风口相连接。因此实际上每台冷却塔的排风区仍是相互独立、排风互不影响的。图6所示为2号排风竖井冷却塔排风消声器实照。

图6　2号排风竖井冷却塔排风消声器实照

（8）排风消声器的制作工艺及安装

常规消声器都是在工厂制作装配成型后再运至现场进行安装，但该工程排风消声器设计时，排风竖井的所有门及百叶窗等围护结构都已安装结束，装配成型的消声器无法进入现场。设计时把消声器设计为部件组装式，把消声器外壳、消声片及支承结构进行合理分解，分别单独进场，然后现场组装，利用螺栓和铆钉固定。

由于大部分排风管道间距较小，再加上管道材质为无机玻璃钢，强度较低，若直接将消声器安装在管道上，施工难度较大。因此在排风消声器的组合设计时，根据排风竖井现场的具体情况，将所有排风消声器支承在排风竖井已有的地坪面上。

5.2 排风竖井吸声处理设计

为降低排风竖井内的混响噪声和噪声向外传播的强度，在排风竖井内安装全吸声顶和一定面积的墙面吸声结构。由于排风竖井侧墙上设有大面积的百叶窗，因此可供安装吸声结构的面积不多，为保证吸声降噪效果，裸露的墙面上均安装吸声结构。吸声顶采用吸声降噪效果好的离心玻璃棉板+穿孔护面板的结构，墙面吸声结构采用适合于变电站吸声降噪的XDX型复合吸声结构。

5.3 排风竖井降噪效果分析

该500kV地下变电站2号排风竖井内的各排风消声器、吸声措施均于变电站试运行前施工完毕。变电站稳定运行期间，对变电站排风竖井外的噪声情况进行了实测，实测2号排风竖井百叶窗外1m处的噪声级在60dB(A)以下，降噪量超过10dB(A)，可见各排风消声器、吸声措施的降噪效果达到了预期的设计要求。

案例提供：冯苗锋，研究员，中船第九设计研究院工程有限公司。
黄青青，高级工程师，北辰（上海）环境科技有限公司。

高档办公楼裙房屋面VRV空调外机噪声治理

方案设计：中船第九设计研究院工程有限公司　　施工单位：上海坦泽环保集团有限公司
项目地点：上海市　　建设时间：2020年

VRV空调机组是高档办公楼常用的一种空调设备，其外机一般布置于屋面等位置，且数量较多。当这些空调外机露天运行时，其产生的噪声对所在地块的内外环境影响较大，需要进行合适的降噪处理。高档办公楼因自身档次定位原因，对舒适性和装饰性等具有较高的需求，进而要求降噪装置不仅符合降噪指标，还不得影响机组的正常运行，且不能破坏建筑物的整体美观性。本文以某高档办公楼裙房屋面VRV空调外机降噪工程为例，介绍了该类降噪工程的主要技术措施，提出了兼顾降噪、通风、装饰性的综合降噪方案，并将降噪措施对空调外机的降噪效果、气流场和温度场的影响用专业软件分别进行了分析评估。该降噪工程实施后的结果验证了方案和技术手段都是科学合理的。

1 噪声治理存在的问题

目前，对于VRV空调外机的常用降噪技术已比较成熟，但这些技术应用于高档办公楼时，可能存在如下问题：

（1）降噪措施装饰性不能满足要求。以往降噪工程主要关注于降噪效果，对于外立面和顶面的整体外观装饰效果考虑不多，工业化痕迹较为明显。为解决这一问题，建设方通常会在降噪工程实施后采用装饰格栅、绿化等进行装饰处理。这种做法不仅浪费资金和占地面积，而且会恶化空调外机通风环境，严重时还可能造成气流短路，使空调性能大幅降低。

（2）对空调外机的降噪效果、气流组织和温度影响评估有限。以往降噪工程大多采用公式或经验对降噪效果进行简要评估，计算精度和计算范围都有限。传统降噪装置对空调外机的通风影响通常以计算压力损失值为主，对气流组织的可视化及对空调外机温度的影响分析较少。对于高档办公楼的VRV空调外机降噪工程而言，其空调外机的数量往往是几十台乃至上百台，噪声治理保护目标包含了自身大楼、厂界、周边居民楼、商务楼等，为实现降噪目标，需借助噪声预测分析软件进行精细化计算；高档办公楼的舒适性要求较高，降噪措施对空调外机的性能影响需量化计算，掌握实施降噪措施后空调外机区域的气流场和温度场分布情况，进而对降噪措施进行必要的优化调整，如对气流组织恶劣的空调外机进行移机处理，将进风和排风位置或面积进行调整等。

2 治理案例

2.1 工程概况

该高档办公楼地上23层，地下2层，设有一幢主楼和三个裙房屋面。在大楼南侧裙房屋面集中布置有31组VRV空调室外机组，布置现状如图1所示。由于机组紧邻主楼布置，正常运行时产生的噪声对主楼办公区域有明显影响，治理前的噪声实测值如表1所示。

图1 噪声治理前的空调外机平面布置状况

部分空调外机噪声实测值 **表1**

空调外机编号	噪声级/dB(A)	
	机组顶部排风扇水平向0.8m处、45°方向	机组中部、水平向0.8m处
VRV-7-2 38HP	81.5	78.9
VRV-2-2 50HP	79.7	79.5

注：因设备布置紧凑，测试时将水平距离调整为0.8m。

2.2 降噪措施

考虑到项目所需降噪量大于17dB（A），设计中采用了排风消声器加隔声罩的综合降噪方案，如图2所示，具体包括：①每台机组顶部风扇的正上方安装一套排风消声器，消声器与机组排风口之间设置软连接、变径段和检修口；②机组安装区域搭建隔声罩，隔声罩的东侧和南侧壁面利用女儿墙（女儿墙上百叶窗保留），西侧和北侧壁面设置装饰性消声格栅和隔声门，顶面为隔声吸声板和内置式檐沟。

2.3 降噪措施中的装饰处理设计

（1）装饰性消声格栅

进风消声器通常选择通风消声百叶窗或片式消声器等，可以满足降噪需求，但无法满足装饰要求。对进风消声器进行创新性优化，设计了装饰性消声格栅结构，如图3所示，具体做法为：

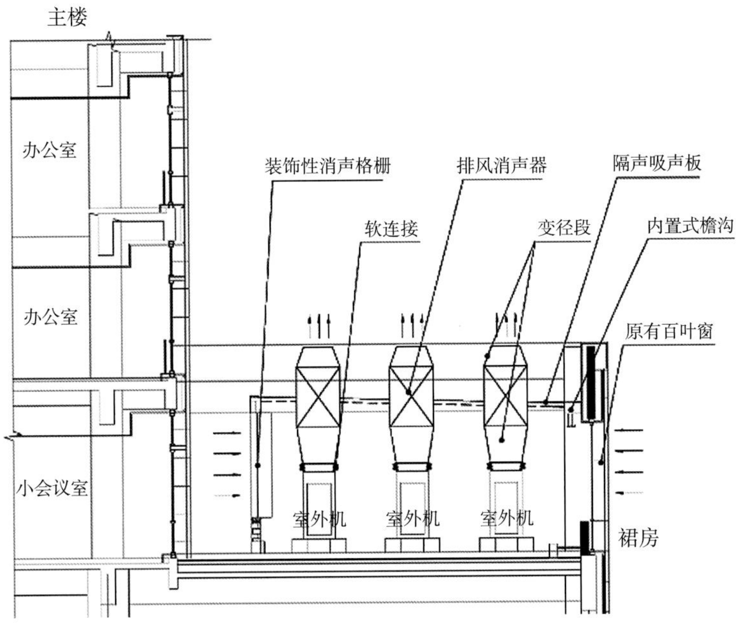

图2　空调室外机组噪声治理剖面图

图3　装饰性格栅效果图

①采用若干竖向折弯型消声片，消声片的外立面为竖向条状，厚度为80mm，片间距约150mm，构成了纵向格栅的整体装饰效果，与大楼挺拔竖向线条相呼应；②消声片用角码固定，并进行隐藏处理；③折弯处理既提高了消声器的消声量，又有效遮挡了设备，还提高了消声片的强度；④消声片外壳为特殊铝板制成，板厚仅为1.2mm，但具有钢板的类似强度，使整个消声片外侧格栅端的折角笔直挺括。

（2）其他装饰处理

设计中除对降噪装置外立面占比最大的进风消声器进行装饰处理外，还采取了一些其他装饰处理：①整个降噪装置的顶棚、侧墙和消声器的外部颜色与大楼外立面相同；②整个降噪装置无明显螺钉或螺栓；③顶部31组排风消声器设为3排布置，每排消声器的宽度相等，中心线在同一直线上，并严格与主楼外立面墙体平行；④顶棚设置内置式檐沟，避免隔声罩屋面雨水对外立面的影响；⑤墙体拐角处用铝板收口处理。

2.4 降噪措施对空调运行影响分析

为改善空调外机的通风条件，降噪设计中采用如下通风措施：①利用排风消声器将空调外机排风引至较高处排出；②利用侧墙上的装饰性消声格栅、女儿墙上的百叶窗将新风引入隔声罩内，平均进风风速低于2m/s；③隔声罩的顶棚设置隔声吸声板，可有效避免进风、排风的短路。

设计中对降噪措施的压力损失值进行了计算，对装饰性消声格栅等的阻力采用CFD软件进行了模拟，对降噪后的空调外机气流场和温度场也用软件进行模拟分析，其中温度计算部分结果和仿真结果见表2和图4。从计算结果来看，该降噪措施对空调外机夏季和冬季的温度影响均在限值范围内，引起气流短路的可能性甚小。

仿真计算工况与计算结果　　表2

工况	室外计算温度/℃	室外机进风最高/最低温度/℃	室外机最高/最低运行温度限值/℃
夏季	38	38.1	54
	34.4	38.7	54
冬季	−2.2	−6.6	−25

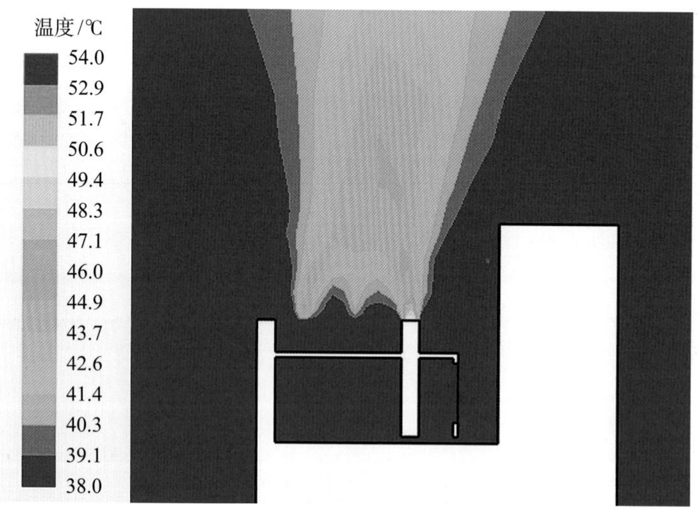

图4　室外机组夏季温度场侧视图

3 效果验证

设计阶段，采用Cadna/A软件对降噪措施效果进行预测计算，图5为降噪效果预测云图。从图中可以看出，采取降噪措施后机组噪声对主楼南侧立面的影响明显降低。降噪措施安装完成后，进行了降噪效果实测验收，测点布置于主楼4～7层南侧办公室窗外1m处，从表3的测试数据可以看出，降噪量达17.4～21.9dB(A)，办公室内的工作人员在开窗的情况下基本感受不到机组运行，降噪效果明显。

降噪工程实施后分别经历了夏季和冬季的考验，空调运行的各项数据都正常，证实了降噪措施对空调的影响在允许范围内。

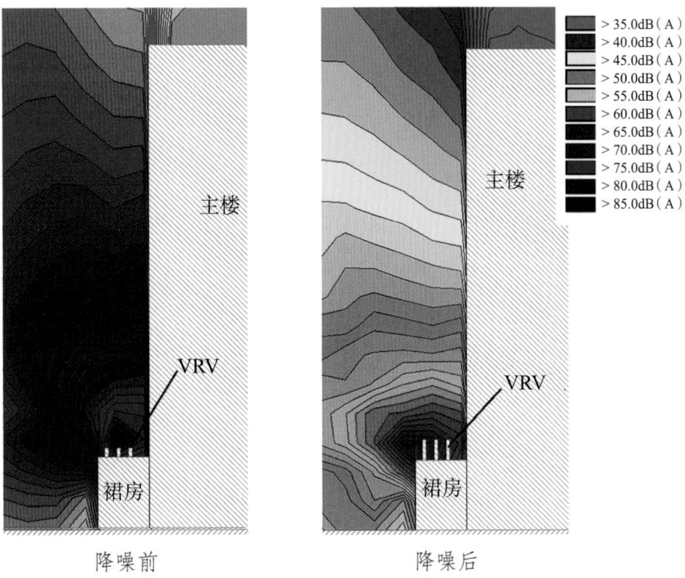

图5　降噪效果预测云图

施工验收噪声测试数据汇总表　　**表3**

楼层	声压级/dB(A)			测点位置
	噪声治理前	噪声治理后	降噪量	
4层	73.5	55.4	18.1	所在楼层南侧
5层	76.4	54.5	21.9	办公室窗外1m处
6层	75.9	56.9	19.0	
7层	74.0	56.6	17.4	

案例提供：宋震、王晨宇，中船第九设计研究院工程有限公司。

计量精密仪器的防微振设计

方案设计：中船第九设计研究院工程有限公司　　项目地点：上海市
建设时间：2005年

随着我国经济的迅速发展以及社会需求的不断提高，精密仪器的运用领域越来越广，对精密仪器的防微振设计方法也在不断改进和发展。本文通过一例实际工程，对精密仪器的防微振设计进行全面阐述。

1 项目概况

本工程位于某高科技园区内，基地面积约15万m^2。机械量检测楼及超净检测楼内设有一些技术要求达国内最高水平或世界领先水平的实验室，有些实验室配置了一批精密仪器，如一等砝码实验室，二、三等砝码实验室，质量基准实验室、纳米计量实验室、激光比长仪实验室、圆度仪轮廓仪实验室、微位移实验室、超长实验室、三坐标实验室、双频激光实验室、消声室等布置在机械量检测楼内；电镜、光学平台、智能显微镜布置在超净检测楼内。其中一等砝码实验室，二、三等砝码实验室，质量基准实验室、纳米计量实验室、激光比长仪实验室、微位移实验室、电镜实验室均提出防微振的要求。

本工程所在处北面、东面均为市政支路，南面是一条河道，西面与某科研公司无机械加工等强振动产生的工厂相邻，主要可能产生振动传递影响的是东面、北面交通道路车辆行驶振动产生的影响，基地内有可能对精密仪器产生振动传递影响的是冷冻站冷冻机组、基地内道路上行驶的车辆等。在机械量检测楼和超净检测楼内，空调机组、电梯、排风机等动力设备是主要的振动源。

2 主要精密仪器布置及技术要求

机械量检测楼在无地下室的地面层设有三坐标仪5台，地下一层设有一等砝码7台、质量基准6台、纳米试验1台、激光比长仪2台、微位移2台、二三等砝码2台；超净检测楼的地面层设有透射电镜1台、场发射扫描电镜1台、光学平台1台、智能显微镜1台、原子粒显微镜1台等。机械量检测楼和超净楼的部分精密仪器的名称、分布位置及主要技术要求如表1所示。

机械量检测楼及超净检测楼部分精密仪器主要技术要求一览表　　表1

安装位置	仪器名称	检测工作台具体要求	振动要求/mm·s^{-1}
机械量检测楼地下一层	质量基准	工作台面整体分为6个相互独立的工作台，台面上敷设大理石，并设架空地板	0.01
	一等砝码	工作台面整体分为7个相互独立的工作台，台面上敷设大理石，并设架空地板	0.01
	微位移	台面上敷设大理石，并设架空地板	0.03
机械量检测楼一层（无地下室）	三坐标检测仪	工作台面为混凝土面	0.03
超净检测楼一层（无地下室）	场发射扫描电镜	隔振台材料采用弱磁或无磁材料	0.05
	透射电镜	隔振台材料采用弱磁或无磁材料	0.05

注：表中振动要求指仪器安装工作台面的时域范围内振动速度均方根值，以下同。

3　精密仪器防微振设计的主要思路

3.1　平面布置

对于精密仪器放置相对集中的建筑物，应布置在整个建设基地受外界影响最小的区域，尽可能远离振动能量较大的铁路干线、交通要道、轨道交通及较大的设备振动源。本项目总平面设计时将机械量检测楼和超净检测楼置于中心，同时将基地内最主要的振动源如集中空调机房等远离这两栋建筑物，基地内的道路设计为80mm厚沥青道路，降低了车辆行驶产生的振动。

3.2　设备布置

对于振动很敏感的精密仪器尽量布置在建筑物底层，产生振动的设备与对振动敏感的精密仪器能分类集中，分区布置，减少干扰。机械量检测楼内布置精密仪器的实验室区域与空调机房区域间均设置了结构缝，有效降低了空调机组振动对设备传递的影响。

3.3　精密仪器的隔振设计

对于精密仪器设备的隔振设计，往往可从以下三方面入手：

（1）增大地基基础刚度

为了尽可能减小环境振动对精密仪器的干扰影响，在机械量检测楼的基础设计中，采取了增大地基基础刚度的方法，考虑到主体有一层地下室，并结合建筑功能，采用了桩+筏板的基础形式，并适当加厚筏板。

（2）动力设备的主动隔振

我们将动力设备集中布置在与主体结构用结构缝隔开的一侧站房中，并对动力设备采取了主动隔振措施。

（3）计量精密仪器的被动隔振

一等砝码、质量基准、纳米计量、激光比长仪、微位移、电镜等计量仪器均有防微振的要求，但设计时设备型号尚未确定，具体的参数指标要求不是很明确；同时由勘测报告提供的大地脉动数值为：频率1.2～1.4Hz，垂直速度3～5μm/s，水平速度4～5μm/s，这些数值对防微振而言要求已较高，这给我们量化设计带来一定的难度，在这种情况下概念设计显得尤为重要。我们查阅一些资料，参观了一些发达国家的实验室，了解到对于振动控制大致可采用以下几种方法：①扩大基础，把基础设计为一个大质量块，其作用一方面是提供足够的惯性力，以消耗振动能量，另一方面是保证设备底座具有足够刚度，以避免共振的发生；②采用桩基础，以提高防微振设备基础的竖向抗压刚度；③采用合理的隔振方式；④设置防振沟。方法①对于低转速机器比较有效，而方法④只对高频振动有效，对于低频振动，因低频波长一般在十几米到几十米，由于波的衍射作用，隔振效果甚微，故一般很少采用。

3.4 选择合理的结构形式

（1）地基基础的设计

本工程抗震设防烈度为7度，建筑物地基土在持力层范围内存在软弱土层，根据实验室具体要求，主体结构带地下一层，我们采取了桩筏基础形式，桩筏基础具有刚度大、自振频率高、阻尼大及有利于沉降控制的特点。桩采用400PHC管桩，桩长28m，桩基持力层为⑤1-2层，筏板厚度取1m。

（2）主体结构的设计

采用现浇钢筋混凝土框架结构，柱网为7m×8m、7m×9.3m，7m×5.7m，主要柱截面为700mm×750mm，框架梁为400mm×900mm、350mm×700mm。考虑到许多实验室对温度、湿度提出较高要求，尽管主体结构长度为70m左右，混凝土在温度应力作用下会有较大的收缩，我们采取了一些减小混凝土收缩的措施以避免温度伸缩缝的留置，从而确保对实验室温度、湿度的控制。

4 精密仪器的防微振设计

4.1 多台精密仪器并用隔振台的设计

机械量检测楼地下层的质量基准及一等砝码检测实验室内各布置6台质量基准检测仪和7台一等砝码检测仪，这些检测仪都有很高的防微振要求，每台检测仪在检测过程中不能相互影响，而且每台检测仪台面高度都有一定的要求。

我们对这两组检测仪采取了双层隔振台座，下层的隔振台座为公用隔振台座，采用下部支承的方法支承在大底板上，上层是每台检测仪的单独隔振台座，都采用上支承的方法用隔振元件支承在下层隔振台座上。下层隔振台座上设计了多台检测仪隔振台座的安装坑洞，上层隔振台座设计为T形，用隔振元件支承在下层隔振台座的坑洞四周沿边上，相邻的上层隔振台座之间留有50mm的间隙，如图1所示。

为了较好地控制隔振台座的自身振动，上层及下层隔振台座内都设置了一定比例的铸铁配重块。多台检测仪隔振台座四周的架空地板都采取了必要的隔振措施。

4.2 地面层精密仪器的防微振设计

本项目有多台精密仪器布置在无地下室的地面层，仪器工作台面一般要求与室内地坪面相平或略高一些，如机械量检测楼的三坐标仪和超净检测楼内的场发射扫描电镜等布置了多台电子显微镜。对这几台安放在地面上的精密仪器，我们设计了“独立的防微振基础”，图2是这些布置在地面层精密仪器防微振基础的结构示意图，图3是三坐标仪安放在隔振台面上的照片。

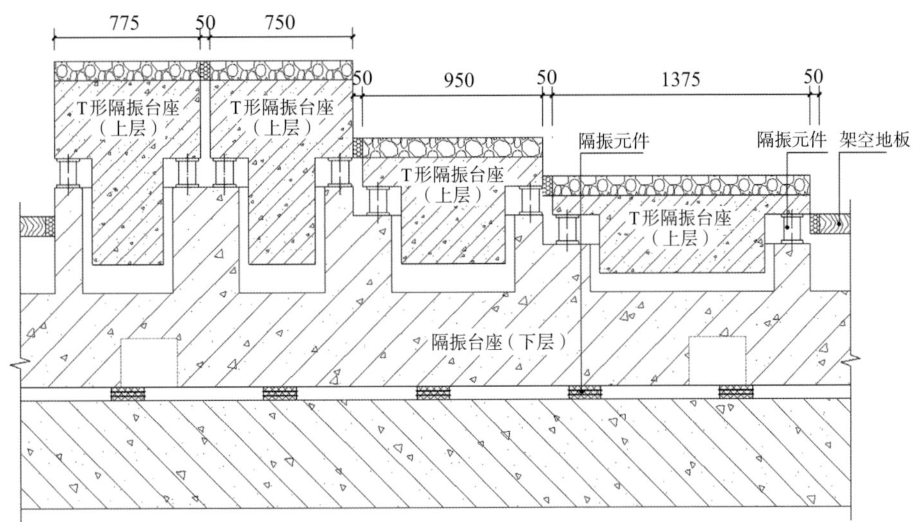

图1　多台检测仪的双层隔振系统剖面图

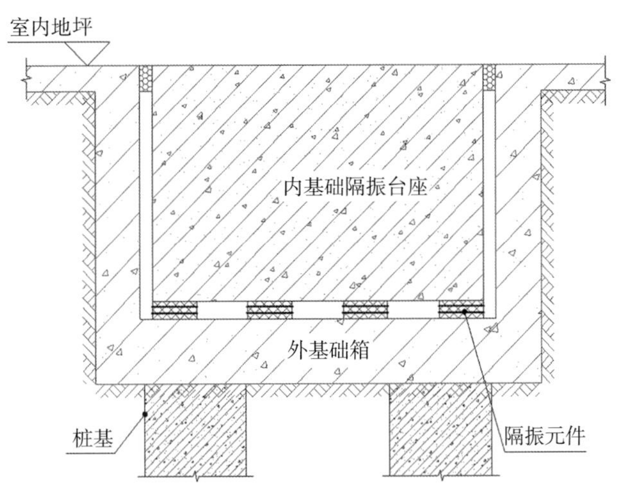

图2　地面层精密仪器防微振基础示意图

图3　安放在隔振台面上的三坐标仪照片

“独立的防微振基础”由外基础箱、内基础隔振台座、隔振元件等组成，外基础箱为一开口向上的现浇钢筋混凝土结构，底部与桩基连接，内基础隔振台座用隔振元件支承在外基础箱底面，内基础隔振台座与外基础箱的四周缝隙用弹性材料填充。

外基础箱四周用砂土回填，实验室内的混凝土地坪与外基础箱的接缝用防水胶或其他的柔性材料填充。

电子显微镜及三坐标仪另用自身配置的橡胶空气弹簧安装在内基础隔振台座台面上。隔振台座采用现浇钢筋混凝土结构。隔振台座采用多层的橡胶隔振垫支承，系统的工作频率在8～10Hz。

4.3 低磁隔振台的设计

根据工艺要求，超净楼内的透射电镜、场发射扫描电镜的隔振台、隔振元件均应是低磁或无磁材料，以免干扰仪器的正常使用。这两台仪器的隔振系统设计参照了上述“独立的防微振基础”的做法，即采用外基础箱、内基础隔振台座、隔振元件等组成。外基础箱、内基础隔振台座的混凝土均为素混凝土，无钢筋，搅拌混凝土所需的各种建筑材料成分均为低磁或弱磁材料，其中白水泥和石料的磁感应强度为0T，黄砂的磁感应强度为0.95～3.8T。隔振元件选用橡胶隔振垫组，橡胶隔振垫间的钢板更换为等强度的塑料板。

5 检测结果

该计量检测建设项目建成运行后，我们专门进行了一次振动测试。测试的对象主要为机械量检测楼的质量基准、一等砝码、微位移、三坐标仪和超净楼的透射电镜，测试的指标包括振动速度、加速度等。从测试情况来看，各隔振台面的振动速度均方根值均低于0.01mm/s，振动加速度均方根值低于0.001mm/s^2，完全达到业主提出的容许振动限值要求。

6 总结

（1）当建筑物内集中布置有多台具有防微振要求的精密仪器时，首先应从建筑物的整体上考虑减少外界振动干扰影响，如在有条件时选择远离交通主干道、铁路及城市轨道交通，并根据场地微振动测试和自然条件，全面论证后确定最合适的平面位置，也可通过设置大质量基础等技术措施，为仪器的安装场所营造一个有利的环境，为后续的隔振处理奠定良好的基础条件；其次应从工艺平面布局中，尽可能将精密仪器设置在地下室或地面层，并将这类仪器予以集中布置，以减少投资。

（2）对于单台精密仪器的防微振处理，首先应选择合理的结构形式。上部结构应采取现浇钢筋混凝土结构，对于基础形式若有地下室时，采用厚筏板，必要时筏板下可布桩；无地下室时，尽可能在防微振设备基础下布桩；以上基础形式主要依靠大质量来减轻外界对建筑物振动的影响，为精密仪器防微振的设计创造良好条件。

（3）精密仪器的防微振设计方法多样，设计时要结合具体要求选择最合适的方案，并不是花费越多越合理，要结合具体情况分别计算，经综合比较后确定。

（4）不同的精密仪器对外界振动的敏感程度具有一定差异，在设计时一定要注意隔振台台面的容许振动值和仪器自身容许振动值之间不是对等的关系。

（5）关于微振动的验算已经纳入有关规范中，但考虑到振源振动干扰的复杂性以及在土中传播衰减的不确定性，计算公式中用到的参数还存在一些与实际情况的偏离，因此，概念设计、现场测试及工程实践还是相当重要的，应给予足够重视。

案例提供：冯苗锋，研究员，中船第九设计研究院工程有限公司。

同一项目中百台以上空调外机噪声治理及效果

方案设计：中船第九设计研究院工程有限公司　　　　　　项目地点：上海市

大楼通风空调形式多样，其中比较热门的是分体式空调，它节能环保、便于控制，但室外机组较多，有的集中布置的数量高达百台以上。以数据处理机房的空调外机为例，其一般布置在大楼屋面或外墙立面上，虽然单台空调外机噪声一般对环境影响相对有限，但当空调外机数量较多时，就容易产生较大的噪声污染问题。本文以某信息园和某数据中心的2个百台以上数量的空调外机降噪项目为例，通过对噪声源的源强进行调研和测试，借助于噪声和流体力学软件分别对噪声和温度场进行了预测分析，得到相关预测分析结论意见，在此基础上提出了针对性的降噪措施，达到了降低噪声的同时又改善了通风散热的目的。

1 数据处理机房空调外机噪声治理主要特点

近些年来，随着数据处理量的急剧攀升，电信行业、保险行业、互联网企业等纷纷建设数据处理大楼或扩大数据机房，这相应增加了空调外机的数量。目前大部分数据处理机房空调外机采用风冷式冷凝器，主要噪声源为冷凝器散热风机，1m处的噪声级一般在70～80dB（A）。对于有较多数据处理机房的大楼，空调外机数量众多，有的达到百台乃至数百台，叠加后的噪声对周边环境影响较大，噪声治理难度也较大，在降噪设计过程中往往存在以下共性特点：①空调外机噪声对环境影响因气温和用户数量而定，一年四季中夏季噪声影响最大，冬季影响最小，一天中用户数量高峰时，噪声最大；②空调外机布置紧凑，基本占满了整个布置区域；③空调外机所需风量巨大，现状通风条件一般已受限制；④空调外机有维修、更换和应急抢修的需求；⑤空调外机安装区域荷载余量有限，增加降噪措施受到结构方面的制约。

2 案例1——近300台空调外机的噪声治理设计

2.1 项目概况

本项目3幢数据楼位于某信息园区内，沿园区北厂界一字排列，与园区北厂界围墙相距约为22m和44m，数据楼北面正对有一新建住宅小区。该小区是一个由多幢高层住宅楼（18层）和别墅组成的中高端楼盘，其中高层住宅楼与数据楼的最近距离约为154m，别墅与数据楼的最近距离约为107m，具体布置如图1所示。按规定，本地区为声环境功能区2类区，要求a楼、b楼和c楼的空调外机噪声对北侧居民住宅楼的影响昼夜均应符合《声环境质量标准》GB 3096—2008中2类功能区的要求，即噪声对住宅楼的影响昼间≤60dB(A)，夜间≤50dB(A)。对信息园区北厂界的影响昼夜均应符合《工业企业厂界环境噪声排放标准》GB 12348—2008中2类功能区的要求，即噪声对厂界的影响昼间≤60dB(A)，夜间≤50dB(A)。

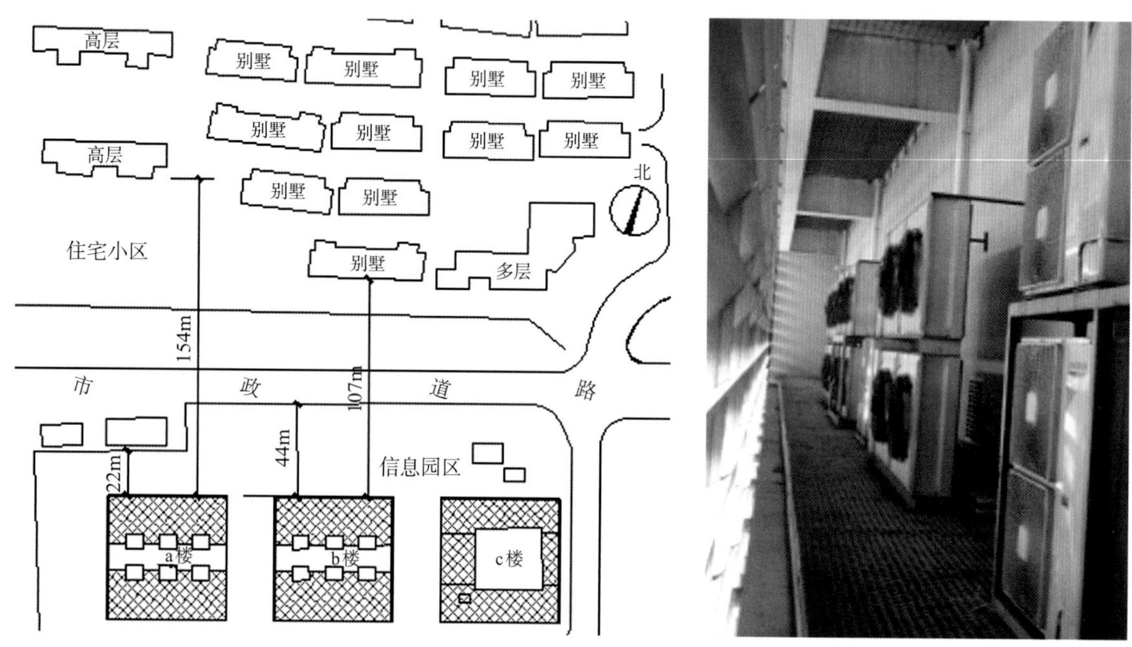

图1　数据楼与住宅小区的平面示意图

图2　a楼北侧外平台空调外机布置现状

a楼、b楼、c楼这3幢楼共计有297台空调外机，其中a楼计129台，b楼计116台，c楼计52台。3幢数据楼中a楼和b楼的南立面和北立面均设有空调外机平台，如图2所示，而c楼仅南立面有空调外机平台，所有空调外机平台宽度均约为2.5m。空调外机外平台按照楼层分为3层，层高约为5m，每层之间设有钢格栅以使气流相通。外平台的外墙为铝百叶通风幕墙，其余三侧墙均为砌块墙体，空调外机的进风和排风通过该铝百叶通风幕墙和顶部的钢格栅进出。

2.2 噪声源的源强及传播影响分析

本项目空调外机的噪声主要包括侧面的进风带噪声和排风机噪声，其中a楼的空调外机排风口1m处噪声为70.0～82.5dB(A)，进风口0.5m处噪声为69.2～81.0dB(A)。3幢数据楼空调外机噪声对北厂界影响在50～65dB(A)；对高层住宅楼的昼间影响约为54.4dB(A)，夜间影响约为53.4dB(A)；对别墅昼间影响约为56.4dB(A)，夜间影响约为54.9dB(A)，均超过了2类区标准限值要求。

本项目空调外机数量众多，声源源强差异性较大，又分布在不同数据楼的不同楼层或屋面，声源有直接朝向居民区（北侧外平台和屋面），也有背离居民区（南侧外平台），并且对于同一设备而言其噪声高低起伏变化具有周期性的特征，很难进行人工计算分析。为此，本项目采用了Cadna/A软件进行预测分析，未治理前1.5m高度（距地面）夜间噪声水平声场分布图如图3所示（其余预测内容和结论本文略）。

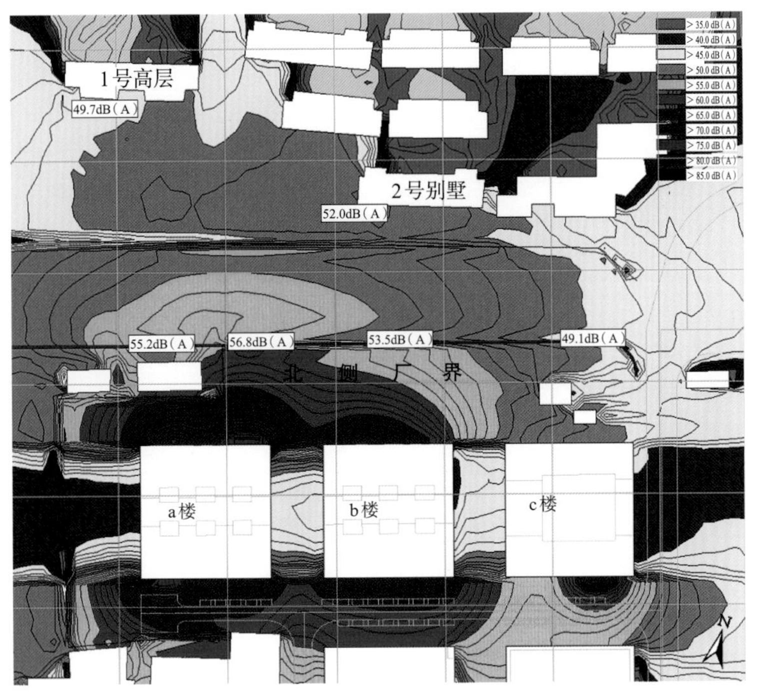

图3　未治理前1.5m高度（距地面）夜间水平声场分布图

2.3 噪声治理技术措施（以a楼为例）

首先将北侧外平台的大部分空调外机搬至屋面，并更新部分机组（选用低噪声空调外机），留在北侧外平台的机组进行适当移机，使机组布置尽量分散，同时将机组的排风从原水平出风改为向上出风。待空调外机搬迁、更新后，北立面室外平台处各噪声大的室外机组排风口加排风消声器和消声弯头（图4），机组的东侧、西侧、北侧用单面隔声吸声屏障或通风消声窗围隔，其他集中布置的多台空调外机区域的北侧加装通风消声窗，降低机组进风口噪声向外传播的强度，同时在空调外机正对的墙面进行吸声处理。屋面处的各空调室外机排风口加排风消声器，机组安装区域设置单面吸声隔声屏障和双面吸声隔声屏障，每台机组进风正对的地坪面上敷设吸声结构，北侧和东侧女儿墙的内侧安装吸声结构，详见图5。表1为a楼空调外机设备搬迁、更新情况汇总表。

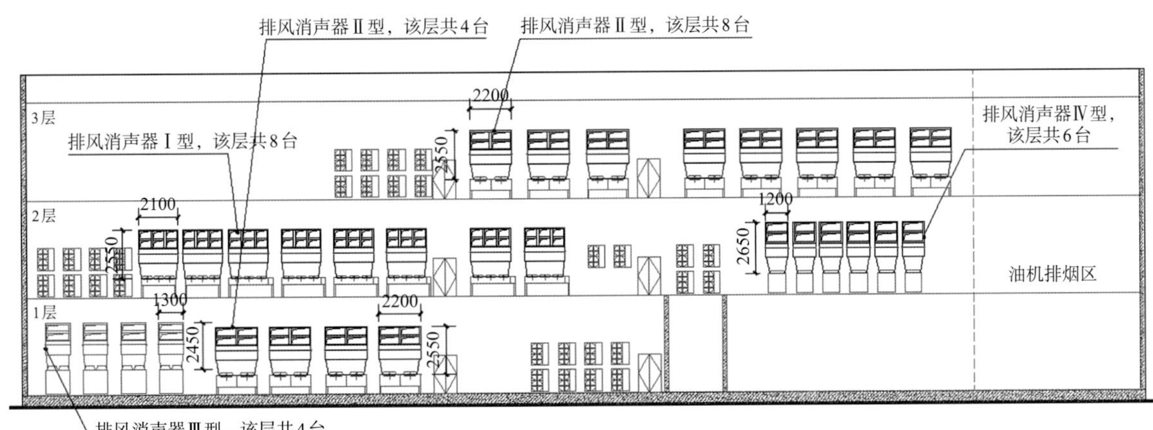

图4　a楼北立面室外平台空调外机消声器布置图

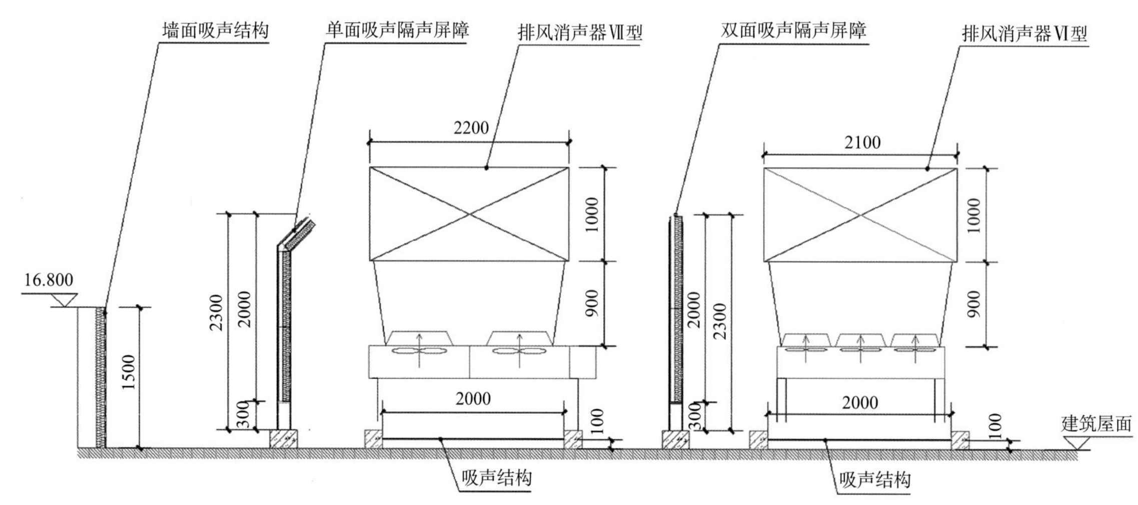

图5　a楼屋面空调外机噪声治理剖面图

a楼空调外机设备搬迁、更新情况汇总表 **表1**

楼层	原始位置	搬迁位置	数量	备注
1层	1层夹层	1层楼面	4台	
	1层楼面	原楼层	2组	更新
	1层楼面	2层楼面	4组	
	1层风井	2层楼面	6台	
2层	2层楼面	屋面北侧第一排	1组	
	2层楼面	屋面北侧第一排	2组	更新
	2层楼面	屋面北侧第二排	4组	更新
	2层楼面	屋面北侧第二排	8组	
3层	3层楼面	原楼层	4组	更新
	3层楼面	屋面北侧第一排	3组	更新
	3层楼面	屋面北侧第一排	7组	
	3层楼面	原楼层平移7m	8台	

2.4 噪声治理效果

对3幢数据楼采取所有既定的噪声治理措施后，各空调外机噪声对高层和别墅居民楼的影响夜间噪声低于46dB（A）（贡献值），满足《声环境质量标准》GB 3096—2008中2类区标准限值要求；对园区北厂界处的影响夜间噪声低于48.5dB（A）（贡献值），满足《工业企业厂界环境噪声排放标准》GB 12348—2008中2类区标准限值要求。

3 案例2——近130台空调外机的噪声治理设计

3.1 项目概况

某数据中心大楼位于园区最南面，与最近的高层居民楼（33层）相距30余米。按规定，本地区为声环境功能区2类区。

数据中心的外走廊和相邻高配房的屋面上安装了近130台空调室外机，其中3层安装了10台，4层安装了18台，5层安装了19台，油机房进风口屋面上安装了21台，高配房东侧屋面安装了28台，高配房西侧屋面安装了32台。室外空调外机的未治理前状况如图6和图7所示。

图6　数据中心的3～5层外走廊空调外机

图7　数据中心高配房的屋面上空调外机

3.2 噪声源的源强及传播影响分析

本项目各空调外机排风口1m处噪声为75.0～80.5dB（A）。数据中心空调外机对南侧居民楼昼间噪声影响值均小于60dB（A），夜间噪声影响值在53.9～59.2dB（A），超标4～9dB（A）。

由于空调外机数量众多，排风口有水平向，也有竖向，因此采用了Cadna/A软件进行预测分析，未治理前8m高度（距地面）夜间噪声水平声场分布图如图8所示（其余预测内容和结论本文略）。

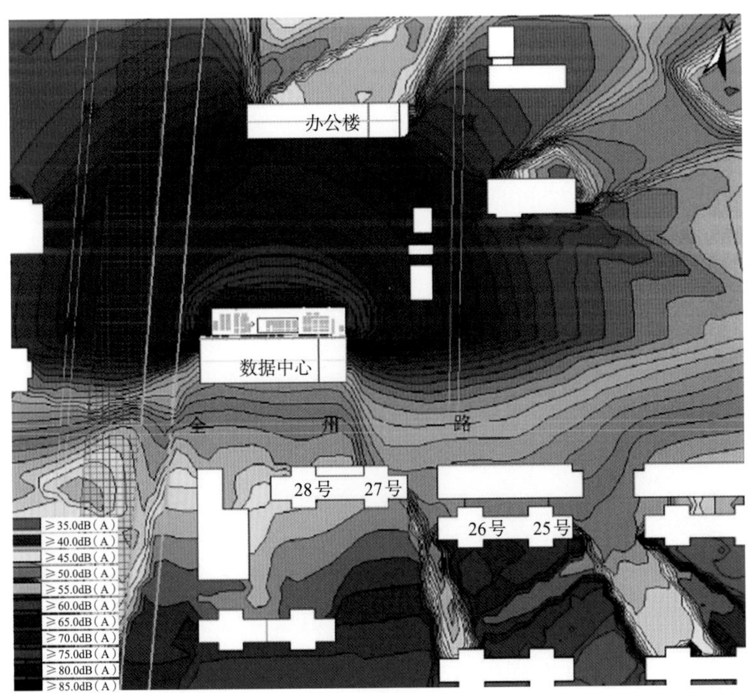

图8　8m高度夜间声场水平分布图

3.3 通风散热影响分析

为评估本项目降噪措施对室外机通风散热的影响，采用流体力学软件（CFD）对原状和加装降噪措施后两种工况进行了对比，如图9所示。经预测评估，采取降噪措施后，拉大了空调室外机进风和排风的距离，且对部分机组增加了导向弯头措施，对排风热气流进行了合理导流，因此大部分室外机的进风温度都有不同程度降低，少数有小幅升高，总体来说，室外机的通风散热状况不差于原状。

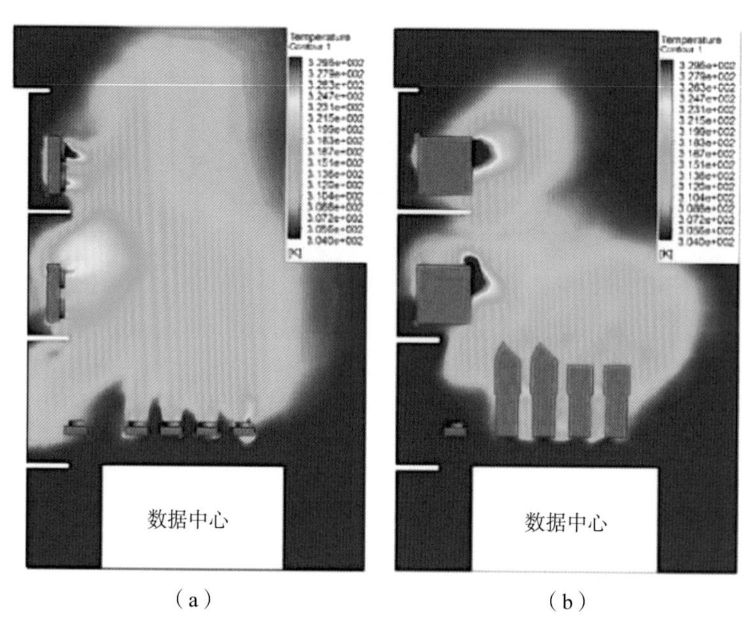

图9　竖向温度场剖面图

（a.原状；b.安装降噪措施后）

3.4 噪声治理技术措施

（1）高配房屋面的室外机的噪声治理措施

为降低室外机排风扇噪声的影响，每台室外机排风扇的上方各加装一台排风消声器。由于室外机的安装位置不相同，与居民楼间的相对位置也不相同，因此不同区域室外机的噪声对居民楼的影响程度也不同。根据噪声模拟计算的结果，针对机组的噪声影响差异，排风消声器的消声量也设计成不同：靠近南侧女儿墙的2～3排室外机排风消声器的消声量大于10dB（A）；其余的消声量大于7dB（A）。

为减少高配房东侧屋面室外机的噪声向东南角居民楼的传播影响，在东侧女儿墙上设置一道隔声屏障。隔声屏障长约13.16m，高出女儿墙约4m。隔声屏障的顶部向设备一侧折弯，增加隔声屏障的有效高度，提高降噪效果。

（2）外走廊上室外机的噪声治理措施

4台室外机的排风扇各加装一台排风消声器，排风消声器水平安装。根据噪声模拟计算的结果，针对机组的噪声影响差异，排风消声器的消声量也设计成不相同的。

5层阳台上室外机排风消声器的消声量＞4层阳台和3层阳台，另外每层阳台的最南边机组的排风消声器的消声量提高2～3dB（A），即5层阳台室外机排风消声器的消声量为8～10dB（A），4

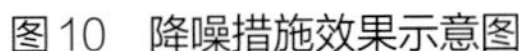

图10 降噪措施效果示意图

图11 高配房屋面空调外机噪声治理实施后的照片

层和3层阳台的室外机排风消声器消声量为5～8dB（A）。

为降低数据中心楼北外墙对机组噪声的反射影响，在4层和5层阳台室外机正对的北外墙上安装吸声结构。

5层阳台的室外机组与居民楼相距较近，机组噪声绕过数据中心屋顶对居民楼的影响较大。为了降低5层阳台室外机噪声对居民楼的影响，在5层阳台室外机的上部设置隔声吸声顶棚，其同时还可以适当降低3层、4层及高配房屋面室外机噪声对居民楼的影响。根据软件模拟计算结果，隔声顶棚的悬挑宽度为2.4m，总长度为60m。

（3）设备搬迁

对外走廊上的部分空调外机进行搬迁，减少外走廊上设备的数量，改善通风散热环境。图10和图11为降噪措施效果图及实照。

3.5 噪声治理效果

采取各项噪声治理措施后，数据中心设备噪声对南侧高层居民楼的传播影响在40.0～48.2dB（A）之间，昼夜均满足《声环境质量标准》GB 3096—2008中2类功能区标准限值要求。

案例提供：冯苗锋、陈梅清，中船第九设计研究院工程有限公司。

声屏障在220kV露天变电站噪声治理中的应用

方案设计：中船第九设计研究院工程有限公司　　施工单位：上海新电环境工程有限公司
项目地点：上海市　　建设时间：2012年

220kV超高压变电站是城市电网的重要设施之一，数量较多，较早建设的220kV变电站多为露天变电站，上海就有50余座220kV露天变电站。220kV露天变电站的变压器均为露天安装，变压器的噪声基本无遮挡地辐射传播，产生明显的噪声污染，有的220kV露天变电站外有居民住宅等噪声敏感建筑物，容易引发噪声污染导致的环境矛盾，已成为城市电网被投诉的焦点之一。

220kV露天变电站噪声治理最有效的方法是对变电站进行总体改造，如改造为室内或地下变电站，或把噪声比较高的强油风冷式变压器改为噪声比较低的油浸自冷式变压器。不过变电站的总体改造投资高，还涉及电网系统设施的改造等其他重要环节，实施难度很大，而采取局部声屏障的噪声治理措施，可以用较少的投资较快地取得降噪效果，缓解噪声导致的环境矛盾。

1　220kV露天变电站的噪声传播影响分析

一般220kV露天变电站布置有3～4台容量为120～250MW的220kV变压器，是变电站主要的噪声源，噪声级比较高的是强油风冷式的变压器，每台变压器的壳体外安装有多台轴流排风机，与散热器一起安装在变压器的两个侧面。220kV变压器的噪声由变压器的电磁噪声及散热排风机的风动力噪声组成。220kV变压器的电磁噪声主要由变压器油箱4个垂直的油箱外壳侧面板向外辐射，噪声级一般为72～78dB(A)，也有的变压器辐射的电磁噪声超过80dB(A)。单台排风机的噪声级都接近80dB(A)。图1是某220kV露天变电站（实例一）的3号主变压器，变压器左侧和右侧各有6台排风机，在气温较高时12台排风机同时运转向外排风，排风机的噪声及风噪声随排风向外传播。

图2是某220kV露天变电站（实例一）的平面图，3台220kV主变压器之间的距离较大，因此没有防爆墙。变电站的东侧、南侧及西侧边界外是城市道路或非居住性建筑，北面边界外是一条河道，河道外是3幢高层住宅楼，住宅楼距3台主变压器约180m，仍受到主变压器电磁噪声的影响。

图3是另一座220kV露天变电站（实例二）的平面图，3台220kV主变压器之间均设有防爆墙，1号主变压器的两侧有防爆墙。变电站的南侧、西侧及北侧边界外均是小高层居民楼，其中西侧居民楼相距变压器最近，受变压器噪声的影响比较明显。变压器与西侧边界相距约30m。

图1 某220kV露天变电站的3号主变压器

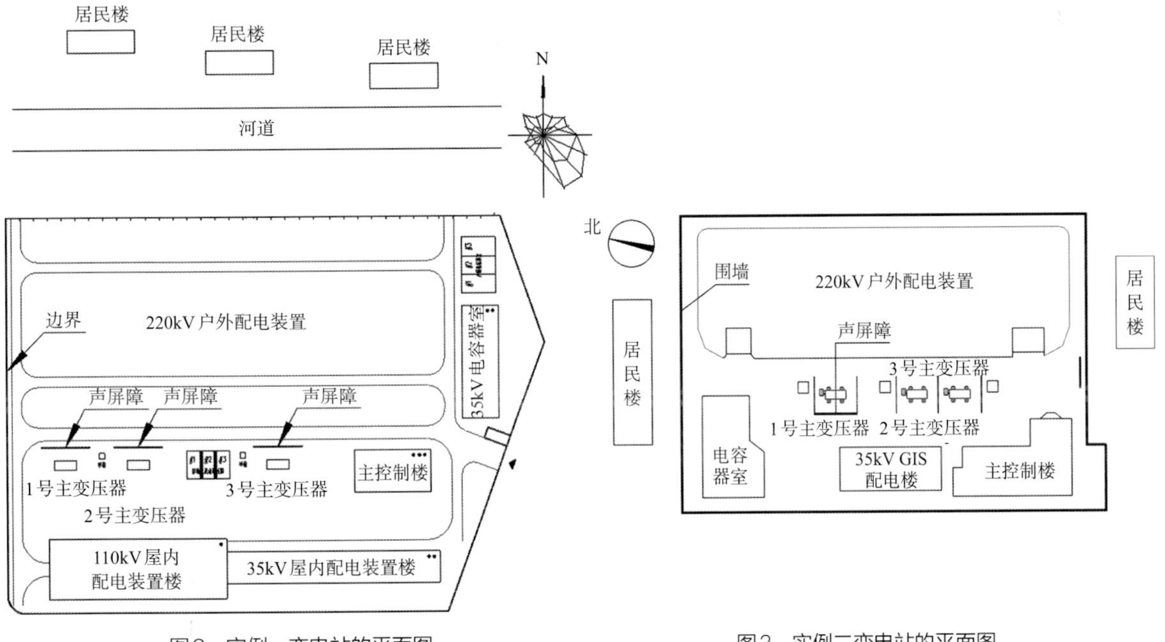

图2 实例一变电站的平面图

图3 实例二变电站的平面图

图2所示的220kV变电站北侧边界处的夜间噪声级为61～62dB（A），超过《工业企业厂界环境噪声排放标准》GB 12348—2008中2类功能区夜间标准限值10dB（A）以上；居民住宅楼前的噪声级为51～52dB（A），略超过《声环境质量标准》GB 3096—2008中2类标准的夜间标准限值，但可以比较明显地听见变压器的“嗡嗡声”，住宅楼前的噪声频谱曲线显示在100Hz、200Hz、400Hz时有明显的声压级峰值，是受变压器电磁噪声的影响。图3所示的220kV变电站中的1号主变压器正对着的西侧边界处的噪声级为64dB（A），超过2类功能区夜间标准限值约15dB（A），当变压器的排风机全部停运时，该点的噪声级为56.5dB（A），仍超过2类功能区夜间标准限值6dB（A）以上。西侧边界外的小高层住宅楼主要受到1号主变压器的噪声传播影响，2号和3号主变压器与边界之间隔有配电楼及主控制楼，噪声向西侧的传播受到一定的阻挡和衰减。

由于多种原因，未能对这两座变电站邻近的高层或小高层住宅楼中比较高的楼层进行噪声测试，但根据变压器电磁噪声辐射及传播的特性可以判断，随着楼层增高所受到的噪声传播影响程度将有所加重，用Cadna/A声学软件对这两座变电站的噪声传播影响的计算结果也印证了这一推论。220kV变压器壳体辐射的电磁噪声是向四周及上方传播的，噪声传播过程中受到房屋、围墙等建（构）筑物的阻挡。对于低层的楼面，所受到的噪声主要是绕射声；对于高层的楼面，所受到的噪声除绕射声外，更主要的是直达声。

220kV变压器的电磁噪声具有明显的低频窄带特性，声压级在100Hz、200Hz及400Hz时呈现峰值，在噪声的传播过程中低频噪声的衰减率比中高频噪声低，传播的距离更远。如实例一的220kV变电站，距离变压器3m至41m，A声级从77.6dB（A）降低到67.6dB（A），衰减10dB（A），而频率100Hz的声压级仅降低2.5dB（A）；当频率高于400Hz时，声压级衰减快，降低量基本都大于10dB（A），如1000Hz声压级降低量为20dB（A）左右。

2　220kV露天变电站噪声治理措施综述

噪声控制措施分为“噪声源控制”“传播途径控制”及“接受者的防护”三大类。220kV露天变电站的噪声治理技术措施可分为两大类，即噪声源控制和传播途径控制，因为对变电站外的居民楼采取隔声窗之类的措施是不可取的。

第一类是噪声源控制，包括通过更换主变压器，或更换排风机（含冷却器），降低噪声源的源强。把噪声级比较高的强油风冷式变压器更换为噪声级较低的油浸自冷式变压器，此类变压器无排风机，且变压器壳体辐射的电磁噪声也比较低，可以取得10dB（A）以上的降噪效果。把噪声级较高的排风机更换为低噪声排风机（散热器一同更换），也可以使排风机的噪声降低8dB（A）左右。这两项措施的降噪效果在后文的实例二中也有验证。把露天变电站改造为室内变电站某种程度上也可以看成是噪声源控制，可以彻底或基本消除变电站的噪声污染，不过实施难度大、投资也比较大。

第二类是传播途径控制，指在主变压器周边采取隔声措施，即在噪声的传播途径中设置隔声装置，降低噪声的传播影响。此类治理措施不涉及主变压器及辅助设备的改造，只需采取的隔声装置满足220kV变电站安全防护要求，与第一类措施相比还是比较容易实施，因为该类治理措施的施工周期短，变压器所需停运的时间也短，而且不涉及电网系统。此类治理措施有半封闭的隔声棚、围墙式的声屏障以及局部声屏障等几种类型，本文阐述的两座220kV露天变电站噪声治理的两个声屏障工程实例就是在变压器的一侧设置局部声屏障。在变压器的防爆墙上安装吸声结构，可以降低反射噪声强度，从而降低变压器噪声向外传播的强度，也是一项传播途径上的控制措施。

3　声屏障在220kV露天变电站噪声治理中的应用

3.1　声屏障应用工程实例一

图2是某220kV露天变电站的平面图，变电站的噪声影响一直有居民投诉，该变电站已计划在2015年改造为室内变电站，可使噪声污染的问题得以基本消除。不过为改善变压器噪声对居

民楼的影响，2012年电力公司决定在3台主变压器的东侧各安装一排高6m的声屏障，作为变电站改造前的噪声治理措施。

声屏障工程概况：在1号、2号、3号主变压器的北侧4.5m处分别安装一排高6.0m、长13.2m的声屏障（图2），声屏障由H钢立柱与吸声隔声屏体组成，钢立柱固定在混凝土基础上，屏体放置在H钢立柱的腹槽中，并用角钢和螺栓靠紧固定。每台主变压器的声屏障含有9根H钢立柱、5根斜撑、2根横梁和48块屏体。声屏障的基础是2012年底在变压器带电的情况下施工完成的，其余部分是2013年1月15—21日分三次在单台变压器停电的情况下安装的，每台变压器声屏障的施工时间为2天。

声屏障工程的实施过程中，电力公司比较关注，除了关心声屏障的降噪效果，也担忧声屏障是否会影响变电站的安全运行。因为220kV超高压变电站的安全运行是至关重要的，虽然声屏障安装过程中其对应的变压器是停运的，但另2台220kV主变压器还在运行。声屏障工程小，但从设计开始到进场准备、现场安装和竣工验收都要严格按照相关的程序进行，安装全过程都受到变电站安全管理部门的监督，这是超高压变电站声屏障工程的特点。

图4是变电站三排声屏障安装完成后的现场实景。从现场的照片上可以看见，220kV高压架空线位于声屏障的上方，且满足安全距离的要求，声屏障已高出变压器的本体，在声屏障侧已完全遮挡住变压器。

安装声屏障后，180m外的高层住宅楼的多数楼层都落在声屏障的声影区内，声屏障可使变压器向声屏障一侧辐射的噪声得到有效的阻挡，降低噪声向声屏障外的传播强度。声屏障安装后，1号、2号、3号主变压器北侧居民楼前平台上（比室外地坪高出约2m）1.5m高处的噪声级已低于50dB（A），满足《声环境质量标准》GB 3096—2008中2类功能区的限值要求；当然随着住宅楼楼层的提高，降噪效果将有所减弱；实测居民楼处的噪声在100～400Hz频段的声压级也有比较明显的降低，降低量在3～5dB（A）。

3.2 声屏障应用工程实例二

图3是另一座220kV露天变电站的平面图，3台变压器离西侧边界只有30m，2号和3号主变压器与西侧边界之间隔有两幢建筑物（高度约10m），其噪声向西侧边界外的传播受到两幢建筑物的阻挡，但1号主变压器与边界之间没有建筑物阻挡，其噪声直接向西侧边界外的空间传播，西侧边界处的噪声严重超标，引发居民的噪声投诉。为此，电力公司将1号主变压器的冷却器排风机更换成了低噪声型，排风机的噪声级降低至70dB（A）以下（获得8dB（A）的降噪效果），在排风机运行的情况下，正对着1号主变压器的西侧边界的噪声级为54dB（A），仍超过《工业企业厂界环境噪声排放标准》GB 12348—2008中2类功能区夜间限值，西侧边界外的居民仍投诉噪声污染。电力公司决定在1号主变压器西侧靠近防爆墙的端部安装一排与防爆墙等高的声屏障，降低1号主变压器噪声对西侧边界的影响。

声屏障的高度为6.8m，由6根H钢立柱、3根横梁及36块吸声隔声屏体组成，钢立柱固定在新增的基础上，3根横梁及最两端的钢立柱与防爆墙相连接，图5是安装完毕的声屏障实照。变压器的3根35kV的出线从声屏障的中间穿过，贯穿处设置穿墙绝缘套管，套管固定在一块钢板上，安装套管的3个洞口是现场切割的，避免洞口位置误差问题。

声屏障安装后，正对着1号主变压器的西侧边界处的噪声级降低到50dB（A）以下，边界处

图4　安装完成的声屏障实照

图5　声屏障实照

5m高的噪声级也低于50dB（A），声屏障外1.0m处的噪声级只有53dB（A），10m处的噪声级仅为50dB（A），可见降噪效果显著，该声屏障的实施得到了邻近居民的认可。从直观的角度看，这排声屏障与两侧的防爆墙一起组成了一个三面的围隔结构，不但使变压器辐射的电磁噪声向西侧的传播得到有效抑制，更可使西面居民楼中10层以下的居民看不见变压器的本体，10层以上的居民也只能看见变压器的顶面，变压器对居民的视觉影响被消除了，居民除感到噪声降低了，主观上对变压器的厌恶心理也会有所改善。

3.3 变电站声屏障工程的意义及工程经验

本文阐述的两个声屏障工程实例，是安装在两座220kV超高压露天变电站主变压器旁边的，取得了相应的降噪效果，突破了超高压变电站的一些禁区，取得的工程经验可供同等级变电站的噪声治理工程借鉴。

（1）这两座变电站声屏障工程的实践证明，在变压器旁边安装声屏障可以明显降低变压器电磁噪声向声屏障外的传播强度，可以使声屏障外受声点的A声级及低频噪声都得到一定程度的降低。根据《声屏障声学设计和测量规范》HJ/T 90—2004中“4.2声屏障插入损失计算”的内容，声屏障的降噪效果可以通过“声程差”进行估算，但其前提是声源为“点声源”或“无限长线声源”。对于220kV变压器这样体积较大且4个侧面同时向外辐射噪声的声源来说，采用专业声学软件（如Cadna/A）计算更合适，其模拟计算的结果与实测的降噪效果比较接近。

（2）这两个声屏障工程实例有力地说明，只要是在220kV变压器的安全防护距离以外，在220kV变压器的旁边是可以安装降噪装置的。变压器的安全防护距离是指与裸露的高压构件的距离，如进线出线铜排、接线柱铜芯螺母、架空线等，实际上不同等级变压器的防护距离都不同，如220kV的安全防护距离为3m。

（3）220kV变电站是城市电网中最重要的输变电设施之一，因此安装在变压器旁边的声屏障必须确保全天候条件下牢固可靠，确保声屏障整体结构和部件都能承受季风及台风等突发大风的风压，因此声屏障的支撑结构与部件的强度设计至关重要。这两座变电站的声屏障的支撑结构设计得很牢靠，从声屏障的实照中也可以看到，实例一中声屏障的钢立柱采用了斜撑和横梁加强，实例二中声屏障的横梁与防爆墙连接固定，都是为了声屏障的安全牢靠。

（4）在220kV变压器的旁边安装声屏障，不但要求安装时间短，还要求变压器正对着的部分声屏障拆卸方便，在变压器大修时能够快速拆卸，便于变压器的进出，之后再将声屏障重新安装，这就需要把声屏障的结构形式设计为可拆卸装配式的，安装方便，拆卸也不复杂。本实例一中的声屏障就是如此设计的，在声屏障安装半年后，3号主变压器需要更换，于是在很短的时间内就将中间的4跨声屏障（含钢立柱、钢梁、斜撑等）全部拆卸，为更换变压器腾出通道。图6是声屏障中间4跨拆卸后的实照。

图6　声屏障中间4跨拆卸后的实照

（5）应用在220kV露天变电站的声屏障，在声学上与道路声屏障还有一些差别，因为变压器的电磁噪声具有明显的低频窄带特性，声压级在100Hz、200Hz及400Hz时呈现峰值，因此声屏障的屏体在这些频带应具有良好的吸声隔声性能，而道路声屏障则针对交通噪声，其等效频率是500Hz。本文所述两个声屏障工程实例中的声屏障屏体就在这方面进行了特殊的设计，如屏体的隔声板采用1.2mm的镀锌钢板，屏体的空腔采用120mm，以提高屏体在100～400Hz频带的吸声隔声性能。

案例提供：冯苗锋，研究员，中船第九设计研究院工程有限公司。
黄青青，高级工程师，北辰（上海）环境科技有限公司。

合肥市先进电子研究院机房噪声治理

方案设计：安徽缦乐声学工程有限公司	声学顾问：安徽建筑大学声学研究所 安徽省建筑声环境重点实验室
项目规模：50m^2	
竣工日期：2021年	项目地点：安徽省合肥市高新区创新大道

1 工程概况

安徽省合肥市先进电子研究院位于写字楼6层。6层设有一设备机房，机房内含有水泵、空气泵、干燥机及油气分离机一系列产生噪声较大的设备（图1）。机房隔壁为一个多人会议室，设备运行时对相邻房间产生较大的噪声干扰。

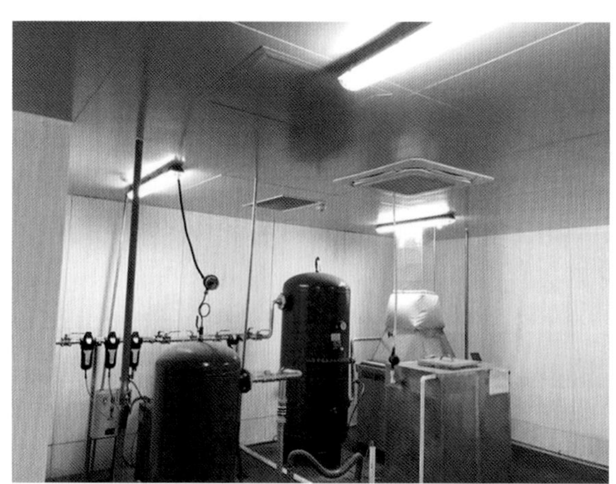

图1 机房现场实照

2 机房噪声控制设计

合肥市先进电子研究院噪声治理由安徽缦乐声学工程有限公司负责设计，安徽建筑大学声学研究所和安徽省建筑声环境重点实验室担任声学顾问。

2.1 概述

机房长约8.1m、宽6.1m、高2.8m，面积约50m^2，设备正常运行时，现场噪声测试数据如图2所示。

通过现场测试分析可以看出，机房设备所产生的低频噪声对相邻房间的影响很大，在会议室

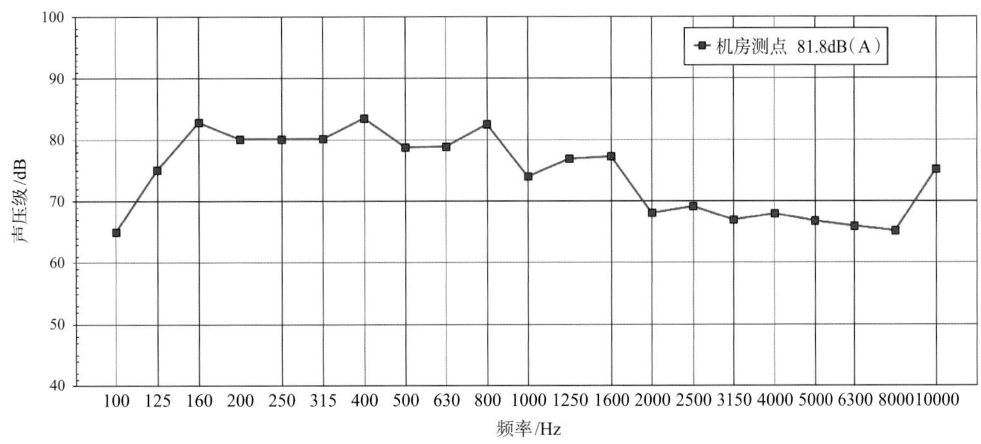

机房测点噪声声压级频率特性曲线

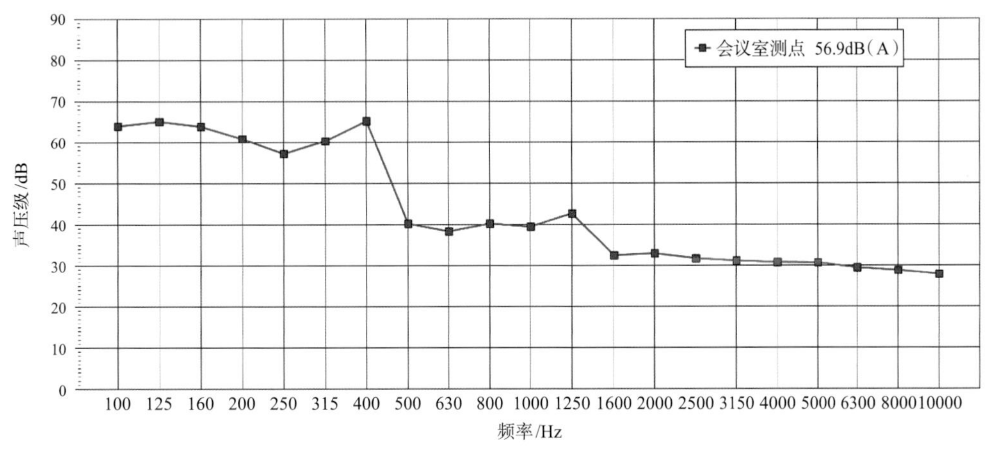

会议室测点噪声声压级频率特性曲线

图2 现场噪声测试数据

中，100～400Hz的噪声声压级普遍在60dB(A)左右，低频噪声对人的影响很大，长时间处于这种环境对人的身体健康有很大危害，会议室完全不能满足正常使用需求。而且现场机房隔墙与机房门均没有进行声学处理，漏声极为严重。设计需要针对低频噪声特殊处理。

2.2 机房的噪声控制

(1)机房振动与噪声影响区域和原因分析

设备运行时，产生的噪声较大，相邻房间噪声声压级超过国家标准《民用建筑隔声设计规范》GB 50118—2010中的低限要求。相邻会议室噪声声压级达到56dB(A)，远超出国家标准。

经对测试数据、现场踏勘情况多方分析，认为设备运行产生振动和噪声对周围噪声敏感房间产生干扰，导致部分房间室内噪声声压级超标的主要原因是：

①水泵及螺杆空压机机械原因引起的振动；

②水泵水力原因引起的振动；

③随管路传播的振动；

④设备机房空气声隔声性能较差导致的声传播。

（2）整体机房改造方案

通过测试分析，现将从空气声隔声和振动两个方向对机房进行改造：增加墙体隔声量，增加隔声门形成声闸；对机器设备进行隔振处理。

①增加组合墙体

在机房与会议室相邻的隔墙内层加一道组合隔声墙体，墙体总厚度为290mm，该墙体在低频隔声量上做了设计，对隔绝低频噪声有较好的效果。计权隔声量与交通噪声频谱修正量之和 $R_w+C_{tr}\geqslant 48$dB，能满足该机房隔墙对空气声隔声量的要求。墙体详图如图3所示。

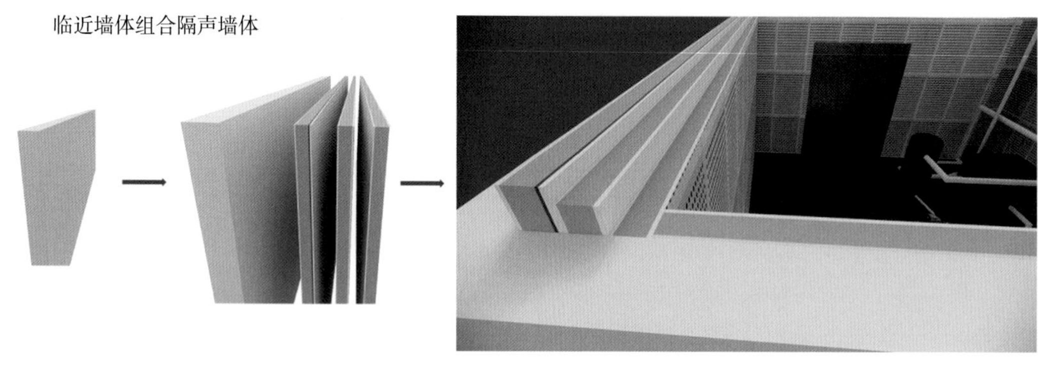

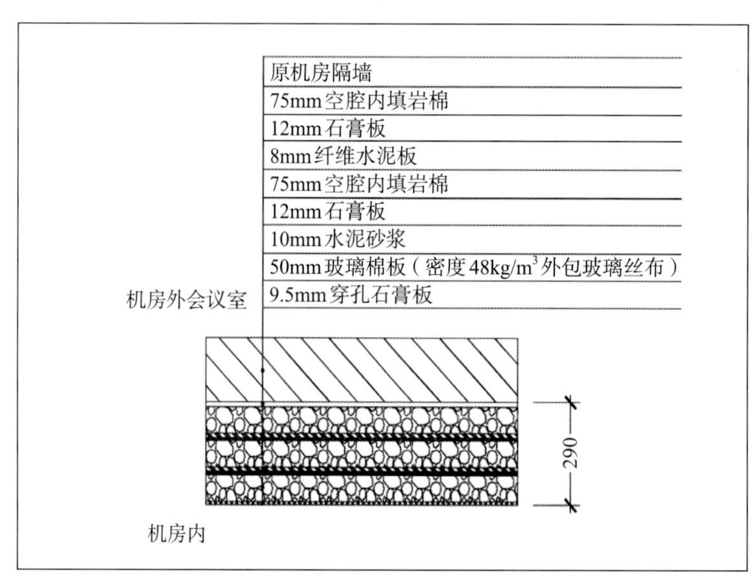

图3　机房组合隔声墙体详图

机房其他三面墙做吸声结构处理，详见图4。

②增加声闸结构

通过现场勘察及检测，走廊内噪声声压级很高，机房门漏声严重，满足不了隔声需要。为了解决门的隔声问题，在现有机房门内侧，加一道隔声门，形成声闸结构（图5），此单门隔声门隔声量大于30 dB。

③更换设备基础及隔振

由于设备运行时，对设备自身稳定性要求较高，为了取得良好的隔振效果，在设备下部增加混凝土机座，设备刚性固定在混凝土机座上，混凝土机座下部采用弹簧减振器和橡胶隔振垫组合的隔振形式。

为了取得较好的隔振效率，应按机座重量根据不小于设备重量3倍设计混凝土机座。但是考虑到设备层楼板承重限制，可供设置混凝土机座的宽度和高度限制，水泵混凝土基座重量约125kg，螺杆空压机混凝土基座重量约550kg（图6、图7）。

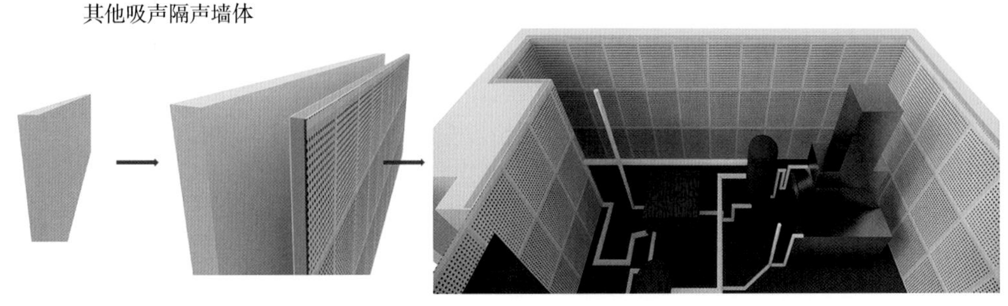

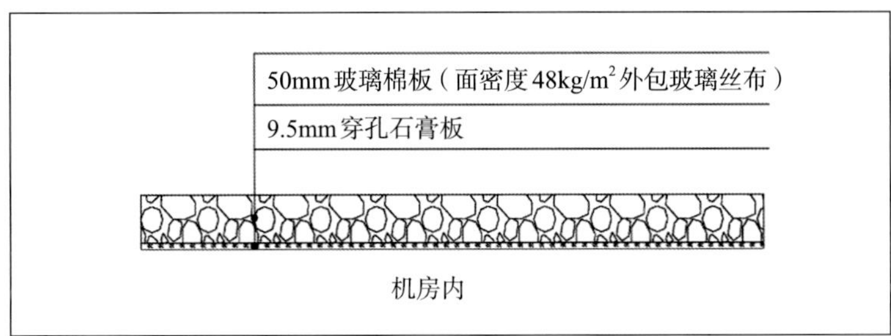

图4　机房其他三面吸声墙体结构详图

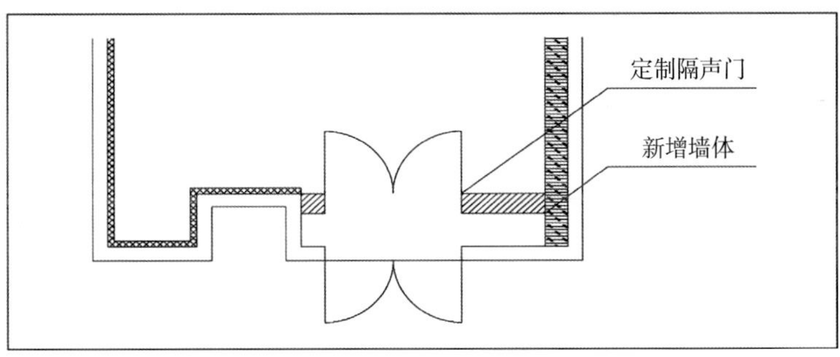

图5　新增隔声门声闸结构图

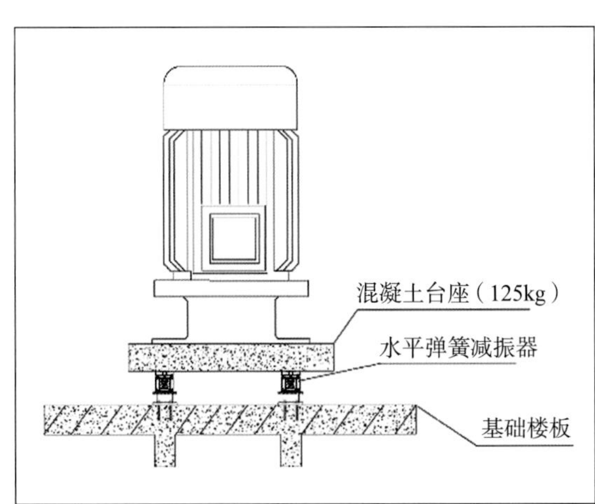

图6　水泵基础隔振措施示意图

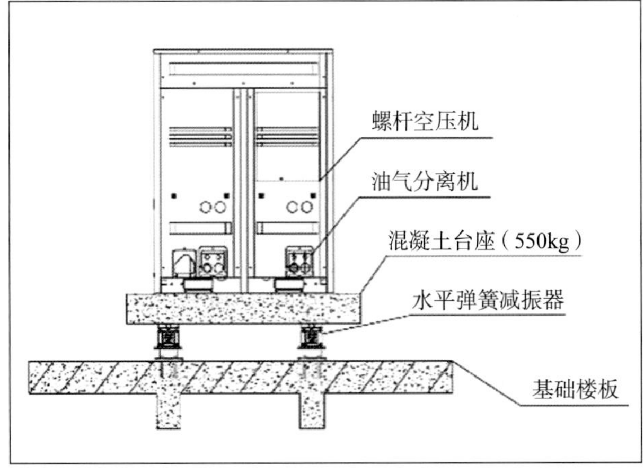

图7　螺杆空压机基础隔振措施示意图

3 竣工后声学测试数据

竣工后会议室测点噪声声压级频率特性曲线如图8所示。

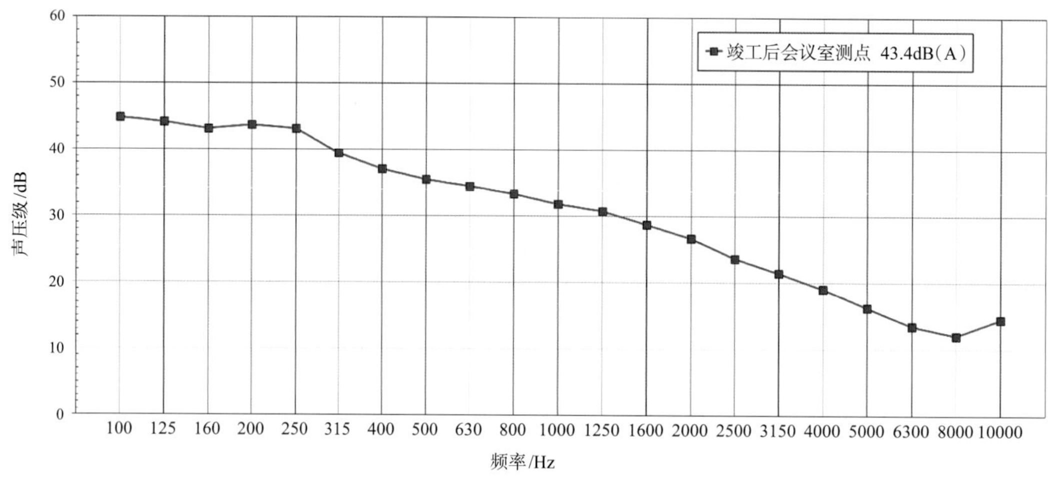

图8 竣工后会议室测点噪声声压级频率特性曲线

技术创新：前期测试明确治理需求，针对低频噪声采取多重材料复合轻质隔声墙，降低楼面荷载。

工程亮点：施工方便，仅在机房内采取隔声降噪措施，不改变机房右侧会议室布局构造，施工过程中不影响会议室的正常使用，完工后降噪效果明显。

经验体会：噪声控制方案实际施工需严格按照设计要求进行，保证施工细节符合要求标准。噪声治理工程需全面勘察现场，明确各个噪声来源及噪声源特性，针对性提出治理方案。

案例提供：江涛、张林生，声学设计师，安徽缦乐声学工程有限公司。

蚌埠新城吾悦广场噪声与振动控制

设计单位：上海章奎生声学工程顾问有限公司　　建设单位：蚌埠新城亿鑫房地产开发有限公司
项目规模：总建筑面积约12.7万m^2　　项目地点：安徽省蚌埠市
竣工日期：2020年1月

1 工程概况

蚌埠新城吾悦广场位于蚌埠市蚌山区解放路以东、涂山东路以北、雪华路以南，紧邻雪花园（东城嘉园）住宅小区。吾悦广场建筑地下一层，地上五层，总建筑面积约12.7万m^2，建筑高度31.2m。

本项目地下一层空间为停车场，主要通行货运车辆。地上空间的东侧区域为停车楼，其一层至五层屋面均为停车区域，该停车楼面向社会车辆全天24小时开放。地上空间的西侧为商业，主要包含餐饮、商铺、主力店、健身、影厅、超市等功能空间，其商业屋面上分布着大量的餐饮排油烟机、消防排烟风机、排风机、补风机、冷却塔、热泵、空调外机等设备。

蚌埠新城吾悦广场与东北侧的雪花园住宅小区紧密相邻，两者之间仅由一条内部机动车道分隔开来。雪花园小区内分布着多栋6层住宅楼，楼层高度为24m。

对于本项目，由于建筑布局及出入车辆流线特点，其设备和车辆噪声会对邻近住宅小区产生影响。在设计过程中，必须采取合适的降噪措施进行针对性的处理。

2 工程亮点

2.1 项目涉及的噪声源种类多

本项目基本涵盖了常规商业建筑所能碰到的所有噪声源种类，在如今的商业房地产开发项目中极具代表性。其噪声源可以分为三类。

第一类是商业屋面上的机电设备噪声。对于一个商业建筑，为了服务其内部的餐饮、商铺、主力店、影厅、超市、中庭等功能空间正常运转，在商业屋面上会布置大量的机电设备。例如：餐饮排油烟机、各类新风/补风/排风/加压送风机组、冷却塔、热泵、空调外机、消防排烟机组等。这些机组运行时噪声较高，而雪花园住宅小区与本项目直接相邻，商业屋面的机电设备噪声极易对小区产生影响。

第二类是停车楼噪声。停车楼是近年大型商业广场的流行配置，本项目包含一个地上五层的停车楼。根据建筑规范要求，停车楼不能设置封闭的外围护结构，各楼层停车区域的室内外都是完全相通。而住宅楼与停车楼的最近距离仅为26m（图1），因此必须考虑停车楼内车辆噪声对住宅楼的影响。

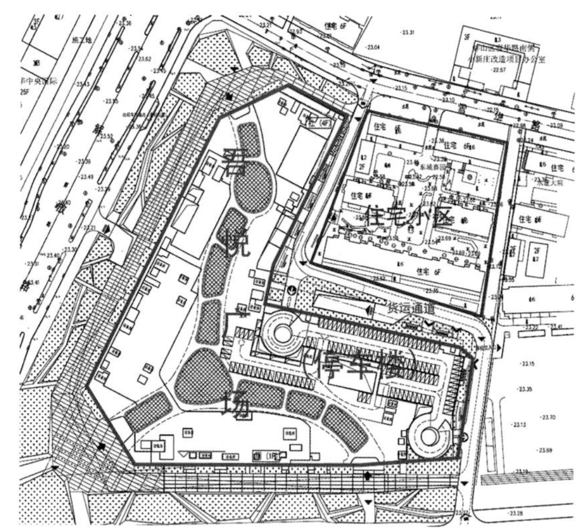

图1　蚌埠新城吾悦广场与住宅小区位置关系总平面图及鸟瞰效果图

第三类是地面货运通道上的货车通行噪声。大型商业楼物资需求量大，一般都设有专用的货运通道，在规定的时间段内会有大量大载重的货车通行。货运通道与住宅楼之间仅隔着一道2m高围墙，因此货车通行噪声也是一个重要的噪声源。

2.2 大量同类型噪声源的实测

在本项目的设计过程中，为了合理有效地解决噪声问题，我司进行了大量的同类型噪声源实测工作。

我司选取了其他城市已投入运营的吾悦广场进行了现场噪声测量，分别为：上海青浦吾悦广场、江苏昆山吾悦广场、安徽淮南吾悦广场、浙江嵊州吾悦广场、浙江义乌吾悦广场。测量的噪声涵盖屋面机电设备、货运通道、停车楼噪声等。测量的现场图片如图2～图4所示。

商业屋面包含多类型的设备机组，经过实测已营运的吾悦广场，其商业屋面设备噪声值及使用情况如表1所示，典型设备噪声频谱特性如图5、图6所示。

图2　商业屋面设备噪声测量

图3　停车楼噪声测量

图4　货车通行噪声测量

商业屋面设备或机组使用特点　　表1

设备名称	单台噪声级	使用频率
油烟净化机组	≥90dB(A)	高
冷却塔或热泵	≥70dB(A)	季节性使用
分体空调外机	≥70dB(A)	季节性使用
轴流风机	≥70dB(A)	高
主力店空调外机	≥70dB(A)	高
主力店空调水泵	≥80dB(A)	高
消防用风机	≥85dB(A)	消防时使用

停车楼内的行车噪声又可以细分为四类，分别是：轿车在停车楼平层位置通过无减速带时的噪声、轿车在停车楼平层位置通过减速带时产生的噪声、轿车在停车楼环形坡道位置通过无减速带时的噪声、轿车在停车楼环形坡道位置通过减速带时产生的噪声。经过实测已运营的吾悦广场停车楼，得到如表2所示噪声数据。

货车噪声同样可以进行细分，包含坡道和平路上的噪声，有无减速带时的噪声。经过实测已运营的吾悦广场货车通道，得到如表3所示噪声数据。

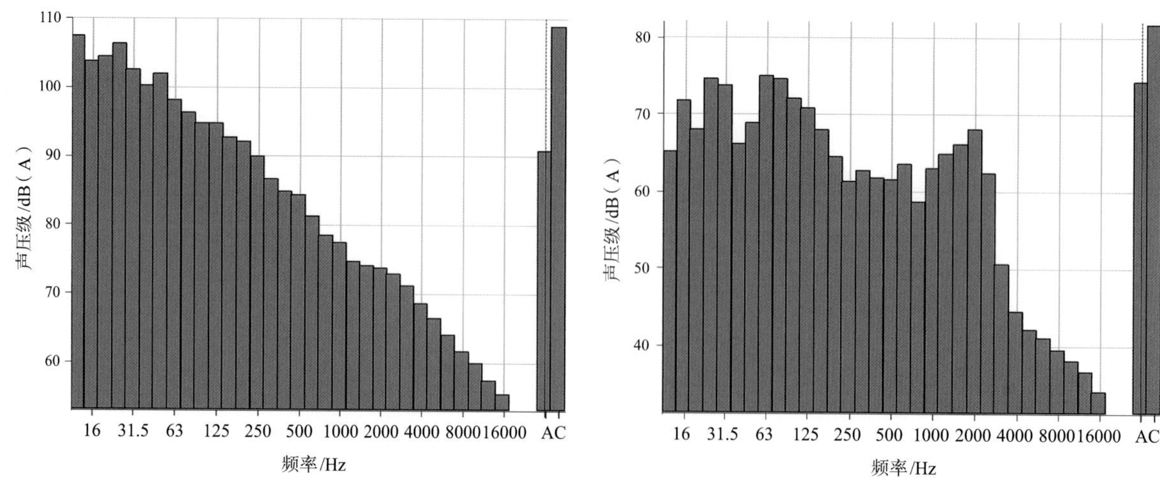

图5 典型的排油烟机（左）和冷却塔（右）噪声频谱特性图

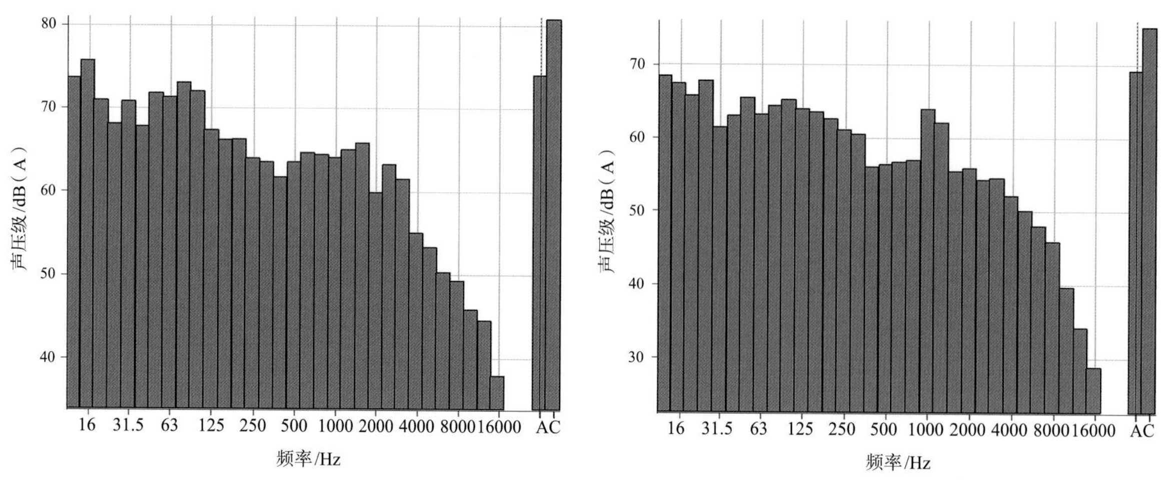

图6 典型的中央空调机组（左）和排风机组（右）噪声频谱特性图

停车楼轿车在不同行驶条件下的噪声实测值 **表2**

路况	减速带	测量的噪声值/dB(A)			
		距离1m		距离5m	
		范围	均值	范围	均值
平路	有	59～79	68	53～66	61
	无	57～71	62	51～63	58
坡道	有	80～86	83	58～75	70
	无	70～78	73	53～70	64

2.3 利用噪声模拟技术确定性价比最高的降噪方案

为了综合评估商业噪声对住宅小区的影响，同时评估每一个噪声源（例如：每台设备作为单独一个噪声源）对总声级的贡献，以便实施性价比最高的降噪措施。我司基于上文实测的噪声数据，采用了专业的噪声模拟软件进行噪声模拟。图7为方案确定过程中制作的噪声模拟图。

利用噪声模拟可以判断每一个噪声源对总声级的贡献值，辨别出各噪声源是否需要进行降噪

货车在不同行驶条件下的噪声实测值 **表3**

路况	减速带	测量的噪声值/dB(A)			
		距离1m		距离5m	
		范围	均值	范围	均值
平路	有	65～87	73	66～71	69
	无	60～79	67	61～66	65
坡道	有	82～83	83	62～85	73
	无	70～71	71	57～80	68

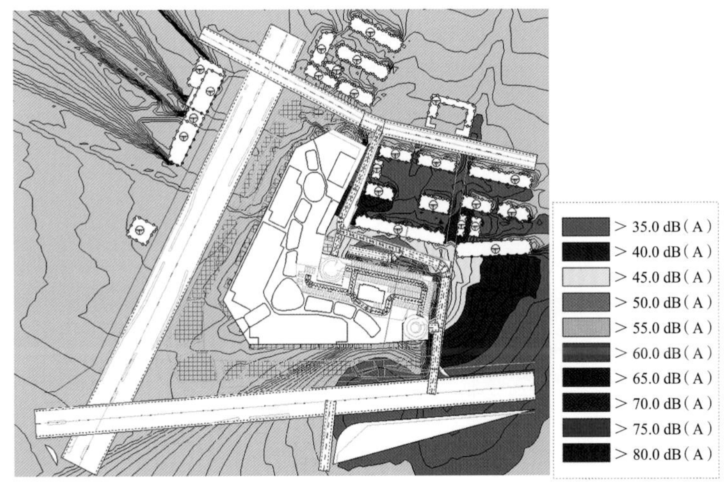

图7 噪声模拟水平分布图和外立面分布图

处理。对需要进行降噪的噪声源，准确得出其需要降噪的幅度。基于此，可以选择性价比最高的降噪方案，合理控制降噪工程的造价。

在本项目中，经过噪声模拟分析，得到如下降噪结论：

(1) 商业屋面共计有187台机电设备，经过噪声模拟分析后，需对其中34台排油烟机/风机进行降噪处理，降噪幅度为6～18dB(A)不等，降噪措施主要是增加消声器和管道隔声包扎。其他153台设备无需进行降噪处理。

（2）停车楼的噪声对住宅小区无影响，可以不用采取降噪措施。

（3）货运通道的噪声影响超标。通过采取夜间禁止货车通行、货车限速、调整减速带位置等综合管理措施进行降噪处理。

经过采取上述降噪措施，我司于2020年1月2日对本项目进行了验收测量。在住宅小区围墙位置测得的噪声值均低于50dB（A），满足国家标准要求。

3　经验体会

在目前的城市开发建设中，商业中心往往是与住宅楼、办公楼毗邻而建，由于商业楼自身的业态运转模式，其产生的很多噪声源都暴露于外，例如屋面设备和进出车辆噪声等。这些噪声会对邻近的住宅或办公楼产生影响，如果不进行降噪处理，极易引起社会投诉。

我司参与了多个类似蚌埠新城吾悦广场商业楼的降噪设计工程，在这些项目的沟通、设计和施工过程中，有如下经验体会。

（1）商业楼降噪工程的核心是造价成本。以当前的声学技术发展水平，在对某个噪声源的降噪处理上不存在纯技术上的难度，并且已经有了很成熟的产业配套。一个降噪方案是否能获得业主认可并予以实施，起到决定因素的往往是其造价成本。

（2）合理运用声学技术可以有效控制降噪工程的造价成本。商业楼的噪声源特点是种类多、数量多、分布广，综合运用噪声测量和噪声模拟技术的根本目的是辨别各噪声源是否需要进行降噪处理，并且给出准确的降噪幅值。这样才能从几百个噪声源中间，选择最关键的少数噪声源进行恰当处理，合理控制造价。

案例提供：冯善勇，博士，高级工程师，上海章奎生声学工程顾问有限公司。Email：asong1102@163.com

江西神华九江电厂新建工程EPC噪声综合治理

设计单位：正升环境科技股份有限公司　　施工单位：正升环境科技股份有限公司
项目规模：2×1000MW燃煤电厂全厂降噪　　项目地点：江西省九江市湖口县
竣工日期：2019年8月15日

1 工程概况

1.1 项目背景

江西神华九江电厂位于湖口县城东北面，共规划建设4台1000MW超超临界燃煤发电机组，其中，一期工程为2台1000MW机组等级超超临界燃煤发电机组，于2015年6月开工建设，2018年投产发电。

电厂东边、南边均有村庄，根据环境影响评价批复要求，该项目厂界排放噪声执行《工业企业厂界环境噪声排放标准》GB 12348—2008中3类功能区噪声限值要求[即噪声值昼间不超过65dB（A）、夜间不超过55dB（A）]，周边噪声敏感点执行《声环境质量标准》GB 3096—2008中2类功能区噪声限值要求[即噪声值昼间不超过60dB（A）、夜间不超过50dB（A）]。

通过Cadna/A软件模拟，若不采取专项噪声治理措施，电厂各个厂界均会出现一定程度的噪声超标，周边的敏感点（刘家湾、时家湾、曹垄社、长棉村）也会噪声超标（图1）。

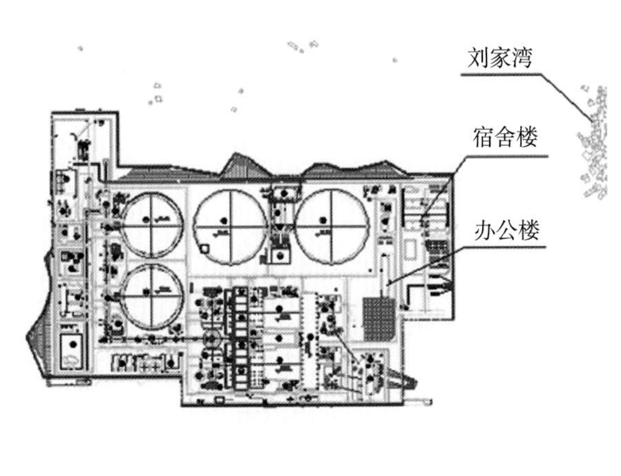

图1　厂界周围环境状况

2018年4月，正升环境科技股份有限公司（以下简称“正升公司”）中标了该电厂的噪声治理（EPC）工程。正升公司通过现场勘察，设计了有针对性的降噪方案，最终使全厂噪声排放一次性通过环保验收，并做到了降噪与生产相适应、功能与美观相结合的效果，得到了业主的好评。

1.2 措施选择

在对全厂噪声情况进行实测和踏勘后（表1），提取同类型电厂的噪声数据进行分析，并利用Cadna/A软件进行了噪声模拟（图2、表2），结合整体外观和工程费用考虑，最终确定了：锅炉和炉后区域设置吸隔声围护、风机设置隔声罩、风管进行吸隔声包裹、厂界设置吸隔声屏障，循环水泵和浆液循环水泵房设置吸隔声围护，厂区内相关零散声源采取隔声门窗、消声器及隔声罩的降噪措施。

噪声治理各种前声源噪声输入值　　表1

序号	主要噪声源	声压级/dB（A）	测点位置
1	汽轮机	89	罩壳外1m处
2	发电机及励磁机	88	设备外1m处
3	汽动给水泵	89	设备外1m处
4	一次风机	85	设备外1m处
5	一次风管	102	声源外1m处
6	送风机	85	设备外1m处
7	送风管道	96	声源外1m处
8	磨煤机	93	设备外1m处
9	引风机	92	设备外1m处
10	引风管道	87	声源外1m处
11	氧化风机	86	设备外1m处
12	浆液循环泵	90	设备外1m处
13	高位收水自然通风冷却塔	75	进风口外1m，离地面1.2m处
14	碎煤机	89	设备外1m处
15	主变压器	78	设备外4m处
16	循环水泵	86	设备外1m处
17	给水泵	86	设备外1m处
18	灰库气化风机	96	降声罩外1m处
19	空压机	96	设备外1m处
20	泵	86	设备外1m处

另外，本项目从后期维护保养、耐腐蚀性、使用寿命等方面考虑，厂界声屏障采用了非金属（微粒吸声）声屏障，不仅保证了噪声治理的效果，同时外观效果庄重、大气。

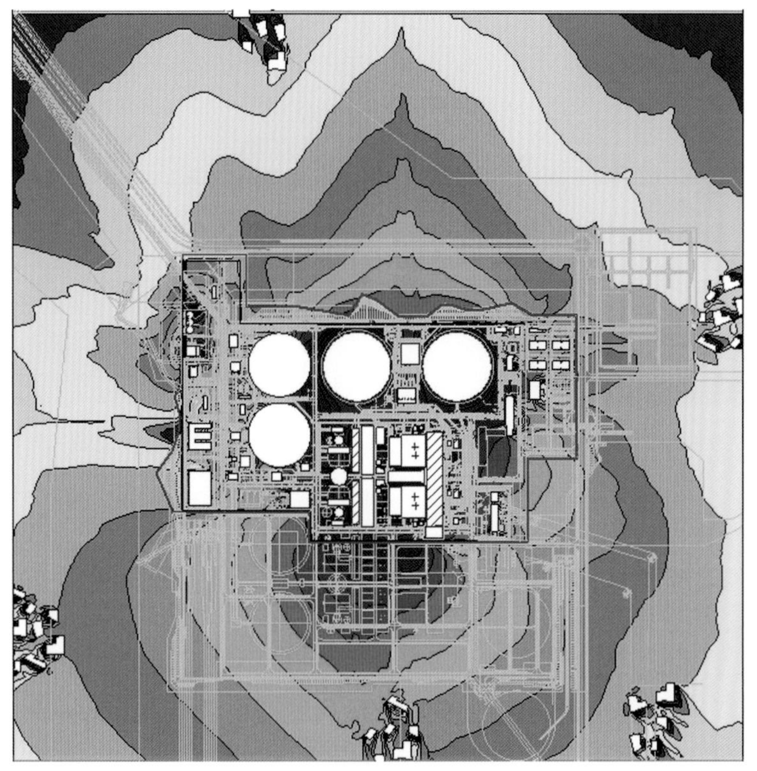

图2 噪声治理前全厂噪声模拟图

治理前全厂噪声排放预测值（厂界和敏感点） 表2

测点位置	预测最大值/dB（A）	超标/dB（A）
南厂界	69.8	14.8
东厂界	57.5	2.5
北厂界	61.4	6.4
西厂界	59.8	4.8
曹垄社	56.7	6.7
长棉村	52.6	2.6
刘家湾	51	1
时家湾	51.9	1.9
职工宿舍	61.8	—

2 实施效果

通过采取上述降噪措施以后，全厂厂界和敏感点噪声全部达标，厂区内办公楼和宿舍楼的噪声也得到了明显改善，同时，降噪措施的实施还改善了电厂外观效果，尤其是厂界声屏障、厂内各区域吸隔声围护的设置，使各种管道、支架、阀门等不再显得突兀，厂区更加整洁，提升了电厂的现代化形象（图3～图6）。

图3 锅炉及炉后区域吸隔声围护照片

图4 辅助厂房通风消声器照片

图5 浆液循环泵房吸隔声围护照片

图6 厂界微粒声屏障照片

3 技术创新点

（1）充分利用Cadna/A软件进行声学模拟，根据现场声源、设施、建筑实际分布情况，采取等效转换和综合修正的办法，做到了对项目噪声排放的精准模拟，为降噪方案的制定提供了有力支撑。

（2）通过对降噪工程费用、设备运行效率、降噪效果等综合分析，进行多种组合方案的优选，并结合现场实际环境的勘察、声学模拟软件的验证，取消了部分锅炉风机隔声罩等降噪措施，降低了工程费用。

（3）考虑到项目所处地区雨水丰富、冷却塔水雾腐蚀严重等因素，声屏障板全部采用了非金属、无纤维的微粒声屏障板。通过结合项目特点，对产品进行特殊设计，使厂界声屏障具有降噪效果好、外观大气和庄重的特点，体现了新时代大型电厂的新形象。

4 经验体会

大型燃煤电厂噪声复杂、噪声等级高，为了经济、有效、合理地使噪声达到排放标准要求，有如下经验体会：

（1）准确、合理地建立声学预测模型是得到精准的声学模拟结果的前提，也是降噪方案设计的必要条件。为此，声学模拟之前，应充分了解项目的声源、设施及建筑情况，根据实际情况建立模型，合理进行模型的等效转换和综合修正。当情况复杂时，还应利用理论公式、经验数据进行验证。本项目在充分了解现场实际情况、掌握软件计算特点的基础上，通过合理进行模型转换和数据修正，最终使模拟结果与实际噪声排放偏差仅在1dB（A）以内，为降噪方案的制定打下了坚实基础。

（2）在方案设计阶段，应尽可能将问题考虑全面。好的降噪方案不仅要保证噪声排放达标，同时还要兼顾经济性、美观性、使用的便捷性以及对生产工艺的影响程度等。因此，方案设计人员应对电厂的生产工艺有系统性的了解，有一定的审美观念，同时，还应大致了解各种降噪措施的概算，通过综合考虑比选出最优的方案。

案例提供：侯强，工程师，正升环境科技股份有限公司。

G60科创云廊一期冷却塔降噪项目

设计单位：上海环境保护有限公司　　施工单位：上海环境保护有限公司
项目规模：3500m²　　项目地点：上海市松江区科创云廊一期
噪声源：冷却塔　　噪声源强：85～95dB（A）
竣工日期：2021年4月30日

1 工程概况

G60科创云廊是临港集团与上海市松江区委区政府围绕长三角一体化发展，实现上海科创中心建设的重要空间载体，也是实现区域产业能级提升和城市功能完善的标志性工程。全面建成后的G60科创云廊，将成为上海科创中心建设的新名片、长三角G60科创走廊建设的点睛之笔，更将有望成为世界上最长的城市产业长廊，届时云廊将在一期基础上继续向南延伸，形成总长度1.5km的“云中巨舰”，目前一期已经完成建设对外开放（图1）。

图1　G60科创云廊一期鸟瞰图

G60科创云廊一期商业3号楼裙楼东南侧分布3组BAC冷却塔，每组冷却塔4台风扇，冷却塔运行时噪声值在87～95dB（A），严重影响周边商业楼和办公楼的声环境，需对其进行降噪治理。

2 声学设计

2.1 设计目标

治理后附近商铺噪声达到65dB（A）以下。同时在排除其他噪声源干扰的情况下，本地块室内最不利的房间关窗情况下，昼间室内A声级满足≤50dB（A）要求。

2.2 设计图纸

冷却塔隔声罩设计图纸如图2～图4所示。

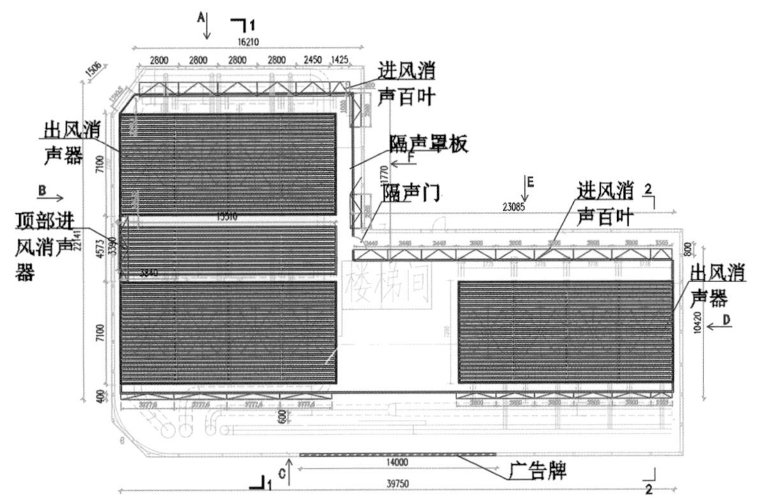

图2　冷却塔隔声罩平面图

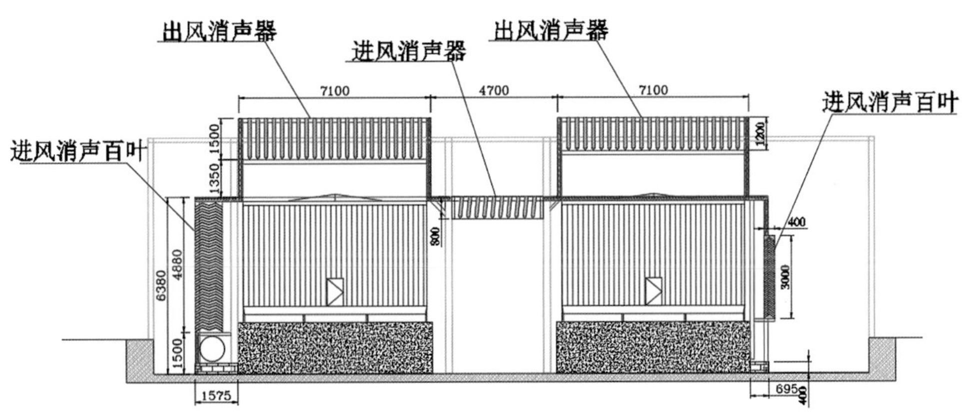

图3　冷却塔隔声罩1-1剖面图

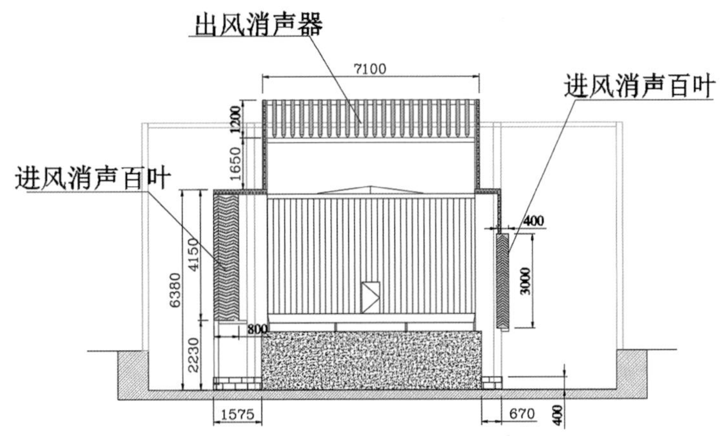

图4　冷却塔隔声罩2-2剖面图

2.3 竣工照片

冷却塔隔声罩竣工实景照片如图5～图7所示。

图5　冷却塔隔声罩实景照片1

图6　冷却塔隔声罩实景照片2

图7　冷却塔隔声罩实景照片3

3　技术创新

冷却塔采用半敞开隔声罩，区别于传统的全封闭隔声罩，背离敏感点一侧采取底部敞开的措施，两塔之间的顶部同样加装了进风消声器，冷却塔四周均安装了不同深度的进风消声百叶，确保冷却塔的整体进风需求。最终降噪效果满足项目要求，进风口噪声值低于65dB(A)，对冷却塔的风阻影响较小，圆满完成了降噪达标要求。

4 工程亮点

本项目工程由于距离商铺楼仅3m，治理后商铺楼层每一层均需要达到65dB（A）以下，噪声治理难度非常大，且外围已经装饰一圈穿孔装饰板，通风条件极其有限。设计团队采取整体通风型隔声罩，很好地解决了降噪与通风之间的矛盾，整体降噪量接近30dB（A）。实施时，利用原有钢结构框架，在设备基础上进行了大量优化，避免破坏地面防水结构。

5 经验体会

本项目无论是设计阶段还是施工阶段，项目组人员均多次踏勘现场，大量采集噪声源数据，多次复核现场设备尺寸，论证方案，并进行了Cadna/A声学模拟和CFD气流模拟（图8～图11），本着科学求实的态度，最终将此项目顺利完工，并交付业主使用。

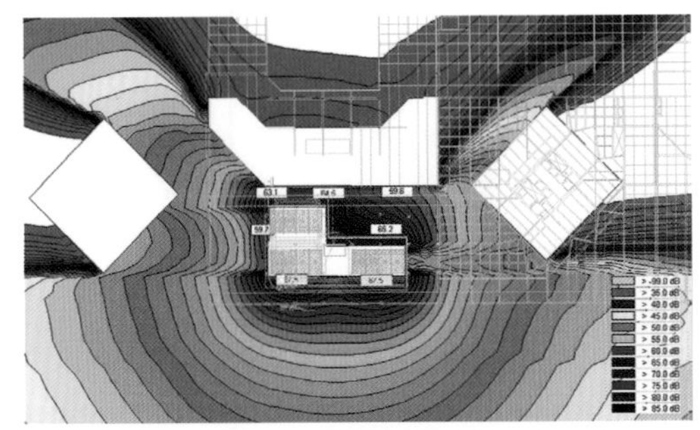

图8 治理后一层高度声场水平分布图

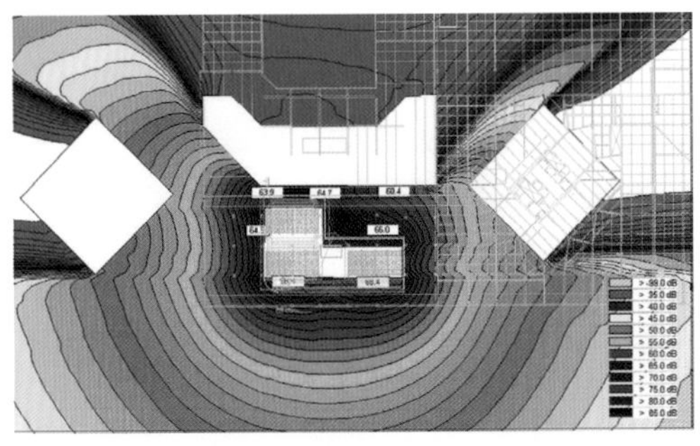

图9 治理后三层高度声场水平分布图

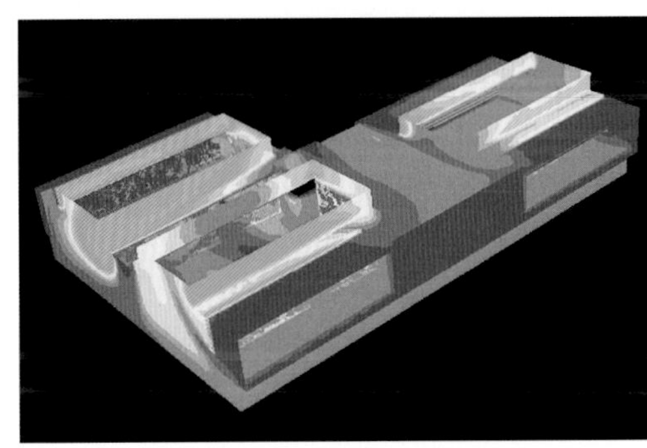

图10 CFD整体压力分布云图

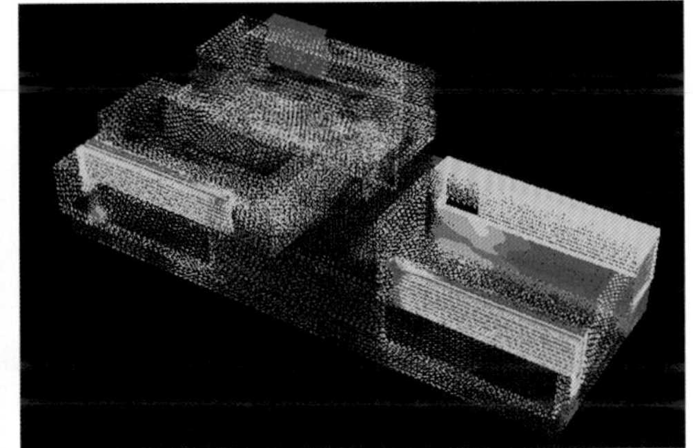

图11 CFD整体速度矢量图

传统商业综合体降噪一般均采用声屏障、消声器、隔声罩等降噪措施，降噪与通风需求往往不能有效兼顾。该项目距离敏感点仅3m，而敏感点降噪要求在65dB（A）以下，达标难度比较大，特别是现有冷却塔外围还有一圈穿孔装饰板，使得冷却塔在加装降噪措施后的通风条件非常有限。此降噪项目能够顺利验收达标，即商铺处噪声低于65dB（A），将冷却塔的降噪需求与通风要求做到完美和谐统一，关键在于前期的设计方案模拟和精确的声学计算以及科学有效的实施。

案例提供： 郭宝，工程师，上海环境保护有限公司。
尤坤运，工程师，上海环境保护有限公司。

上海富华苑等67户噪声整治工程

设计单位：中国船舶重工集团公司第七一一研究所　　施工单位：上海环境保护有限公司
项目规模：1400m²通风隔声窗　　项目地点：上海市宝山区富华苑
竣工日期：2020年12月

1　工程概况

为进一步改善上海市宝山区富华苑等67户居民的居住环境，宝山区政府重大工程建设项目管理中心根据相关批复文件将对该部分居民实施安装通风隔声窗；共计67户居民，通风隔声窗总面积为1400m²。

2　声学设计

2.1　设计目标

安装通风隔声窗，确保居民室内环境达到民用建筑室内噪声标准规定。

2.2　设计图纸

新型通风隔声窗设计图纸如图1所示。

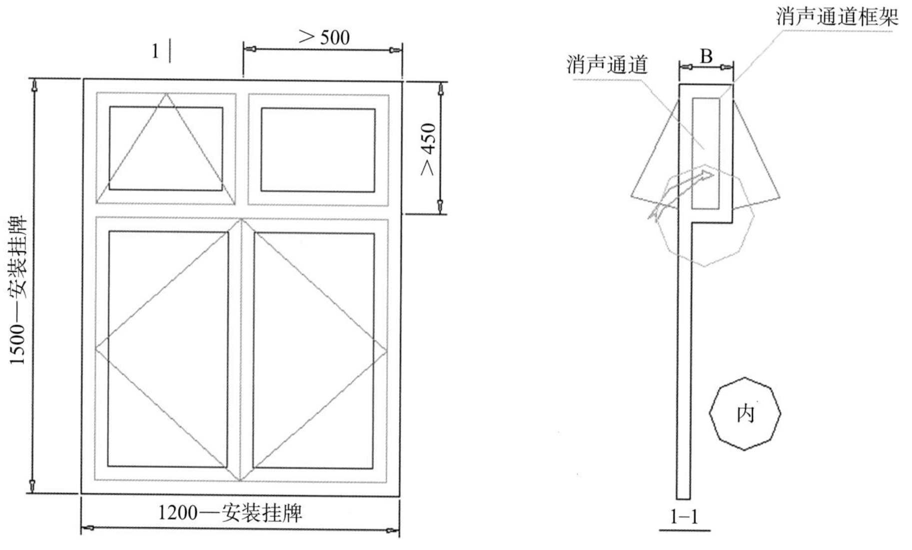

图1　新型通风隔声窗设计图

2.3 竣工实景图

新型通风隔声窗竣工实景照片如图2所示。

图2 新型通风隔声窗实景照片

3 技术创新

本项目采用了新型通风隔声窗，该产品与传统隔声窗相比较，在满足隔声降噪需求的基础上，可以引入室外新鲜空气，满足室内通风的要求。

产品颜色、安装方式、开启方式、材质均可个性化定制，可应用于住宅、工业、商业等不同场所。

4 工程亮点

该项目为旧窗改造项目，每家每户情况都不相同，对实施过程造成了很大的阻力，我司积极面对，采取一户一方案的措施，在不破坏原有墙体结构、建筑装饰的基础上完成了所有窗户的安装，且安装过后噪声均满足国家相关标准。

5 经验体会

传统隔声窗有很好的隔声效果，但当居民需要开启窗户通风时，传统隔声窗则不具备隔声性能，居民会深受外界环境噪声影响（如交通噪声、施工噪声、生活噪声等）；新型通风隔声窗能很好地解决隔声与通风的问题，项目安装完成后，居民均对新型隔声通风窗的效果给予肯定。

新型通风隔声窗的安装工艺明显区别于传统隔声窗，并且在这种旧窗改造升级的项目上，能够出色地满足所有住户的要求，足以说明项目团队具有很强的沟通协调能力与项目实施能力。

案例提供：戴晓波，高级工程师，上海环境保护有限公司。
杜乐，工程师，上海环境保护有限公司。

郑州万象城冷却塔降噪工程

设计单位：上海环境保护有限公司
项目规模：28台商业冷却塔降噪
噪声源：冷却塔、油烟风机
竣工日期：2019年3月

施工单位：上海环境保护有限公司
项目地点：河南省郑州市二七区民主路和解放路交叉口
噪声源强：85dB（A）左右

1 工程概况

郑州万象城位于郑州市二七区民主路和解放路交叉口，总投资50亿元港币，建筑面积40多万平方米。万象城商业裙楼屋面有28台冷却塔，冷却塔运行时噪声值在85dB（A）左右，当设备运行时对华润悦府1号、2号楼居民日常生活及身心健康造成影响。

为改善华润悦府居民声环境质量，使其满足《声环境质量标准》GB 3096—2008中2类区规定，须对冷却塔进行降噪处理。

2 声学设计

2.1 设计目标

昼间住宅窗户外1m处的噪声值小于60dB（A）。夜间设备不开启。

2.2 竣工实景图

降噪工程竣工实景照片如图1所示。

图1 降噪后低噪声风叶实景照片

3 技术创新

本次项目采用了低噪声风扇改造的方式对冷却塔进行降噪处理，相比于传统的消声器、声屏障等噪声措施，能够在不降低冷却塔能效的基础上，达到降噪效果，其降噪量≥10dB(A)。

风机噪声的大小主要取决于转速，转速越高，噪声越大，因此本项目通过改变风叶的叶型、转速和叶片数量等措施降低风机转速，但同时确保风量不降低，从而达到降噪不降能耗的目标。另外，在靠近敏感目标一侧，加装了部分隔声屏障(图2)。

图2 采用声屏障措施后实景照片

4 工程亮点

低噪声风扇改造仅需对原有冷却塔的风机支架、轴承、皮带等进行更换，相比于传统降噪方式，无须对设备基础或屋面增加额外的载荷，结构稳定性上更加安全，且施工成本较低。

5 经验体会

冷却塔的传统降噪措施均会对设备的进出风造成不同程度的影响，从而影响其能效；由于传统噪声措施考虑其耐久性，大多采用金属材质，从而会导致屋面荷载额外增大，存在一定的结构安全隐患；对冷却塔进行低噪声风扇改造则可以避免以上情况的出现，性价比也较高。

低噪声风扇改造这种降噪措施能够达到降噪不降能效的效果，技术难度是要明显大于传统降噪措施的；该项目能够顺利完成对冷却塔的改造，同时满足噪声达标与能效达标的要求，充分体现了项目团队的技术水平与实施能力。

案例提供：郭宝，工程师，上海环境保护有限公司。
杜乐，工程师，上海环境保护有限公司。

天津渤化石化有限公司再生空气压缩机区域消声降噪项目

设计单位：上海环境保护有限公司
施工单位：上海环境保护有限公司
项目规模：3000m^2
项目地点：天津市临港工业区渤海13路189号
竣工日期：2018年4月25日

1 工程概况

天津渤化石化有限公司采用美国LUMMUS公司的CATOFIN工艺，从事丙烷脱氢制丙烯的生产经营活动，该项目建设规模为年产聚合级丙烯60万t，及其丙烯附属品等。由于再生空气压缩机区域在运行时产生的噪声污染水平较高，压缩机附近噪声最大值达到98.5dB（A），为了满足国家职业健康要求，需要进行针对性的专业治理。针对噪声水平较高的再生空气压缩机、燃气透平设备及连接的管道系统区域等，需进行噪声治理。

2 相关项目工程设计图、实景照片

2.1 压缩机透平设备吸隔声围护结构设计图、实景照片

压缩机透平设备吸隔声围护结构设计图、实景照片如图1～图3所示。

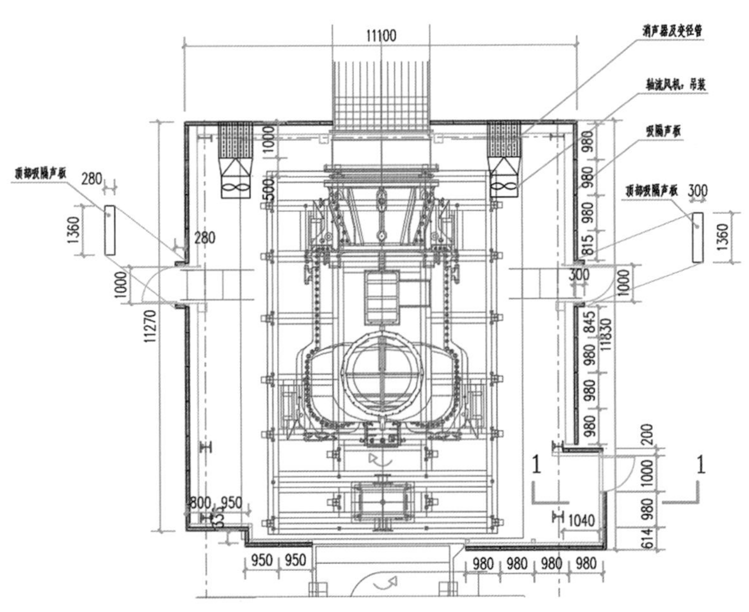

图1　压缩机透平设备吸隔声围护结构平面图

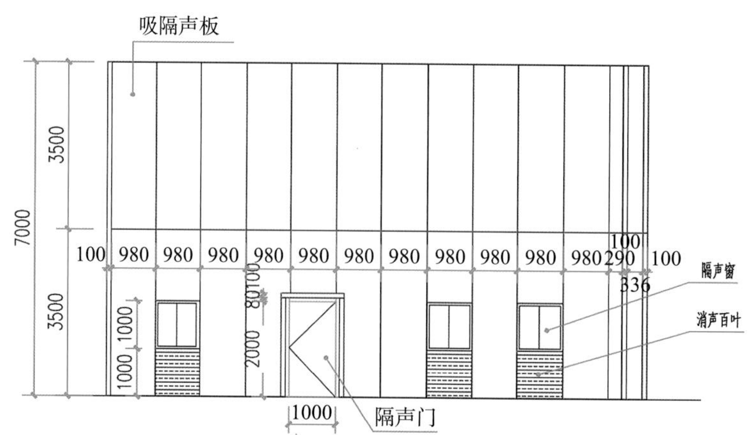

图2　压缩机透平设备吸隔声围护结构立面图

图3　压缩机透平设备吸隔声围护结构实景照片

2.2 再生空气压缩机进气口消声器设计图、实景照片

再生空气压缩机进气口消声器设计图、实景照片如图4～图6所示。

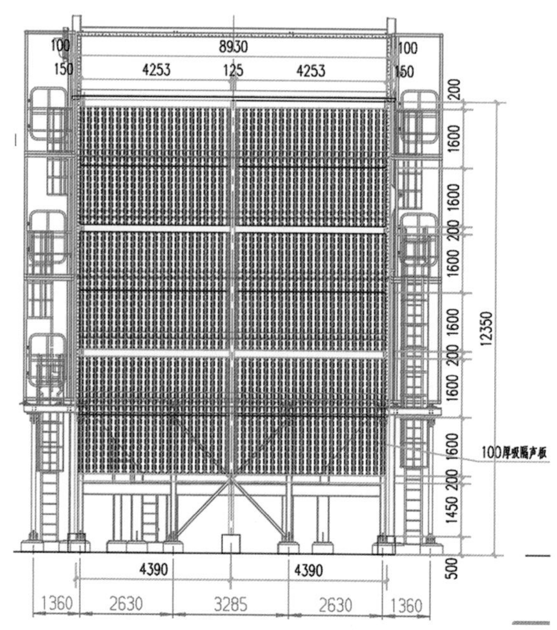

图4　再生空气压缩机进气口消声器结构图

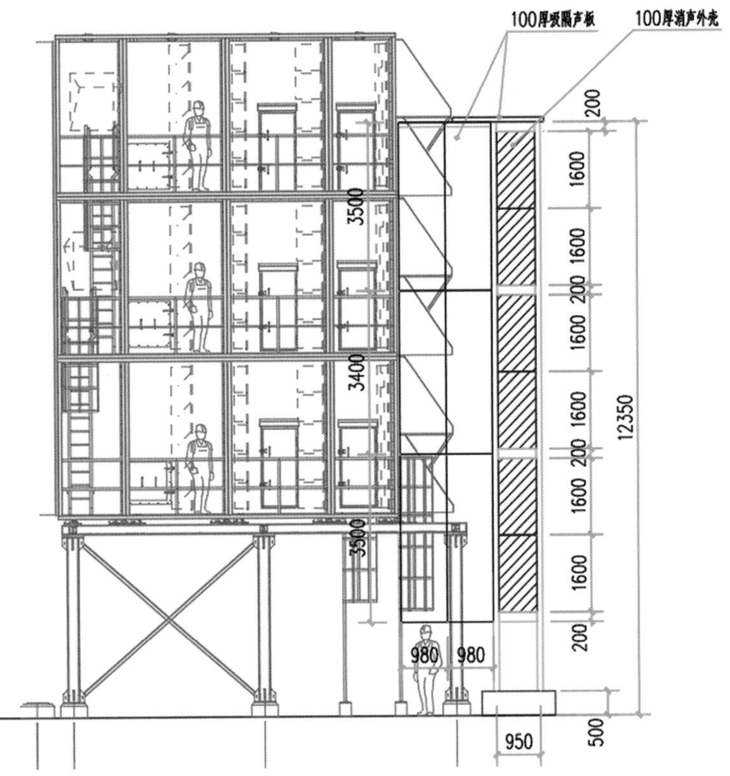

图5　再生空气压缩机进气口消声器立面图

图6　再生空气压缩机进气口消声器实景照片

3 技术创新

再生空气压缩机进气口安装大风量进风消声器，有效地解决了进风口的高噪声问题，且不影响原进风口的风量需求，并且考虑到北方极寒天气下雨雪侵袭时的积雪情况，加装漏水口，利用原电加热系统，避免了北方冰雪堵住进风口的情况。

4 工程亮点

压缩机透平设备吸隔声围护结构未全封闭，采用上部敞开布置，并配合强排风机，较好地控制了透平设备的散热功能和采光功能，且有效降低了工程投资。

5 经验体会

石化行业降噪工程对整体施工水平要求较高，本项目无论是降噪设备基础还是安装高度均施工难度较大，施工期为冬季，气温最低零下20℃，混凝土基础浇筑与防护、冬季防雨雪施工等问题严峻考验了整个项目团队的综合水平，最终项目顺利按时完工。

6 专家点评

再生空气压缩机进气口需要大量空气进入，空气流速较大，同时向外辐射高噪声。此项目能够在如此高的进气流速下，实施消声器进行有效降噪，且不干扰压缩机正常进气功能，做到降噪与进气的有机结合，实属难得。

案例提供：郭宝，工程师，上海环境保护有限公司。
尤坤运，工程师，上海环境保护有限公司。

成都地铁5号线工程——矩阵式消声器应用

方案设计：中铁第一勘察设计院集团有限公司　　深化设计：正升环境科技股份有限公司
项目经理：张今立　　项目地点：四川省成都市地铁5号线
竣工日期：2019年12月

1　工程概况

成都地铁5号线，是四川省成都市建成的第7条地铁线路，于2015年9月开工建设一期工程，2016年开工建设二期工程，2019年12月27日开通运营一、二期工程（华桂路站至回龙站），标志色为紫色。

成都地铁5号线一、二期工程原设计北起新都区华桂路站，途经金牛区、青羊区、武侯区，南至双流区回龙站。线路全长49.018km，其中地下线42.327km，高架线6.392km，过渡段0.299km；共设车站41座，其中地下站36座，高架站5座，换乘站14座（高架1座，地下13座）；最大站间距2110m，为高峰—龙马路区间；最小站间距670m，为石羊立交—市一医院区间；平均站间距1209m；列车采用8节编组A型列车。全线共设车辆基地3处，其中车厂1座、停车场2座；主变电站4座，控制中心与在建的成都地铁7号线合设于7号线崔家店停车场内，在1号线红花堰车厂上盖平台设成都地铁培训基地。

2　成都地铁5号线工程声学设计

成都地铁5号线降噪工程由中铁第一勘察设计院集团有限公司为主体负责设计。

2.1 概述

成都地铁5号线每个站点分为A、B两端，设有隧道通风系统、大系统及通风空调小系统等。隧道通风系统采用金属外壳矩阵消声器、矩阵消声器及不锈钢矩阵消声器（图1、图2），大系统及通风空调小系统采用管道式消声器，进行降噪处理。本文以九兴大道站为例进行设计计算（表1）。

2.2 成都地铁5号线工程的声学设计

（1）消声器原则上不宜配置在空调机房内，以避免机房内的强噪声透过消声器的管壁，或不经过消声器而直接进入经消声处理后的管道，产生“短路”现象。为避免产生“短路”，消声器应尽可能设在刚出机房后的风管段，如其他地方无安装位置须在机房内设置消声器时，应使消声

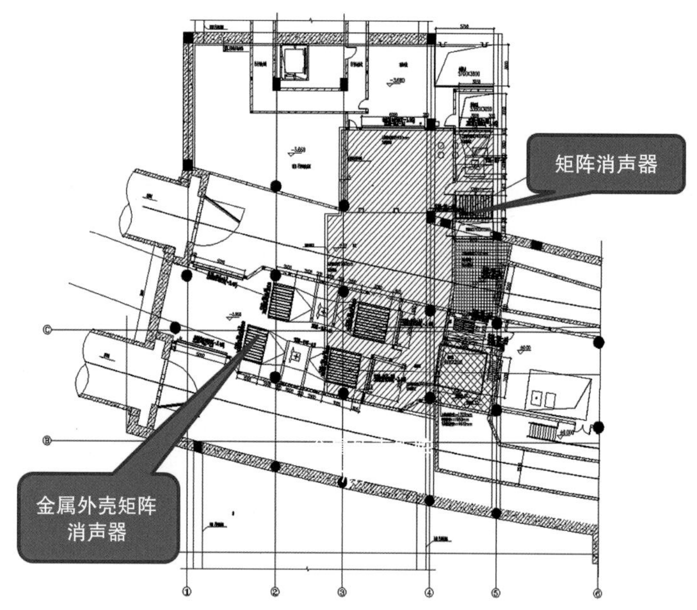

图1　九江大道站A端隧道通风平面图

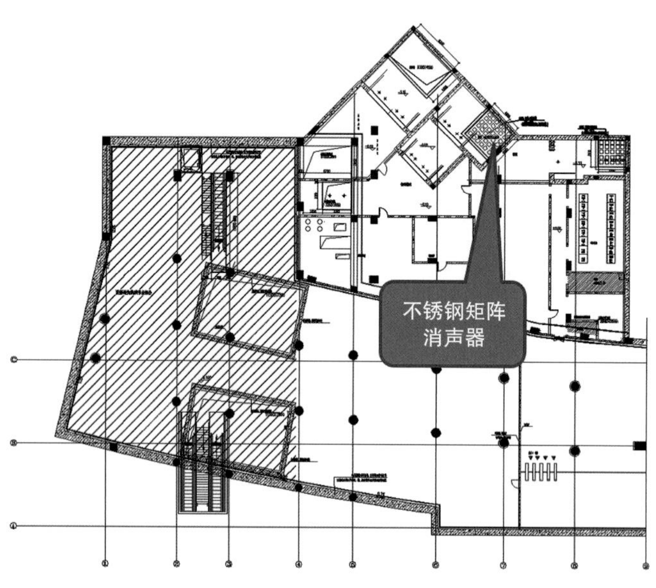

图2　九江大道站B端隧道通风平面图

器外壳和消声器下游直至出机房前的管道具有足够的隔声性能（一般采用风管包扎）。

（2）地铁隧道通风系统中，金属外壳式消声器一般安装于风机进出口两端，直接与风机前后渐扩管/渐缩管相连接，矩阵式消声器安装于进、排风土建风道内以及活塞风道（或风井）内（图3、图4）。

（3）为使消声器的消声性能得到充分发挥，消声器应尽量设置在气流比较稳定的管道（或风道）段，不要设置在气流紊流段，有必要时在设备进出口流速较高处配置消声静压箱；当总管内流速较高时，消声器宜安装在支管段。

（4）风机噪声在回风管道内的传播方向与气流方向相反，但通常情况下，通风空调系统内流速属低速系统，噪声衰减受气流方向影响不大。因此，必须在回风系统设置同等性能和数量的消声器，而且应注意回风的畅通性，以避免回风口产生过高的气流再生噪声。

成都地铁5号线工程（九江大道站）风机系统消声器设计示例　　表1

<table>
<tr><td colspan="3">风机：526-TVF-A1
Q=252000m^3/h，H=1100Pa，
N=110kW，380V</td><td colspan="8">倍频程中心频率/Hz</td><td colspan="2" rowspan="2">说明</td></tr>
<tr><td>序号</td><td colspan="2">计算项目</td><td>63</td><td>125</td><td>250</td><td>500</td><td>1000</td><td>2000</td><td>4000</td><td>8000</td></tr>
<tr><td>1</td><td colspan="2">声源声功率级/dB（A）</td><td>103</td><td>104</td><td>105</td><td>105</td><td>103</td><td>101</td><td>97</td><td>93</td><td colspan="2">—</td></tr>
<tr><td>2</td><td colspan="2">直管段声衰减/dB（A）</td><td>18</td><td>12</td><td>6</td><td>4</td><td>2</td><td>2</td><td>2</td><td>2</td><td colspan="2">—</td></tr>
<tr><td>3</td><td colspan="2">弯头声衰减/dB（A）</td><td>2</td><td>8</td><td>6</td><td>3</td><td>3</td><td>3</td><td>3</td><td>3</td><td colspan="2">—</td></tr>
<tr><td>4</td><td colspan="2">三通声衰减/dB（A）</td><td>0</td><td>0</td><td>0</td><td>0</td><td>0</td><td>0</td><td>0</td><td>0</td><td colspan="2">—</td></tr>
<tr><td>5</td><td colspan="2">变径声衰减/dB（A）</td><td>0</td><td>0</td><td>0</td><td>0</td><td>0</td><td>0</td><td>0</td><td>0</td><td colspan="2">—</td></tr>
<tr><td>6</td><td colspan="2">末端风口声功率级分配/dB（A）</td><td>0</td><td>0</td><td>0</td><td>0</td><td>0</td><td>0</td><td>0</td><td>0</td><td colspan="2">—</td></tr>
<tr><td>7</td><td colspan="2">风口末端反射损失/dB（A）</td><td>8</td><td>4</td><td>1</td><td>0</td><td>0</td><td>0</td><td>0</td><td>0</td><td colspan="2">—</td></tr>
<tr><td>8</td><td colspan="2">往半自由场扩散衰减r=1m</td><td>18</td><td>18</td><td>18</td><td>18</td><td>18</td><td>18</td><td>18</td><td>18</td><td colspan="2">—</td></tr>
<tr><td>9</td><td colspan="2">系统的总衰减
（2项至8项之和）/dB（A）</td><td>46</td><td>42</td><td>31</td><td>25</td><td>23</td><td>23</td><td>23</td><td>23</td><td colspan="2">—</td></tr>
<tr><td>10</td><td colspan="2">剩余风机噪声声压级
（1项与9项之差）/dB（A）</td><td>57</td><td>62</td><td>74</td><td>80</td><td>80</td><td>78</td><td>74</td><td>70</td><td colspan="2">—</td></tr>
<tr><td>11</td><td colspan="2">接收点允许噪声级/dB（A）
NR-50—风亭55dB（A）</td><td>75</td><td>66</td><td>59</td><td>54</td><td>50</td><td>47</td><td>45</td><td>44</td><td colspan="2">控制点声压级限值；
55dB（A）</td></tr>
<tr><td>12</td><td colspan="2">设计安全余量/dB（A）</td><td>3</td><td>3</td><td>3</td><td>3</td><td>3</td><td>3</td><td>3</td><td>3</td><td colspan="2">—</td></tr>
<tr><td>13</td><td colspan="2">所需的消声量
（10项-11项+12项）/dB（A）</td><td>—</td><td>—</td><td>18</td><td>29</td><td>33</td><td>34</td><td>32</td><td>29</td><td colspan="2">—</td></tr>
<tr><td>14</td><td>金属外壳消声器</td><td>最大断面风速/（m/s）</td><td colspan="8">5.8</td><td colspan="2">—</td></tr>
<tr><td>15</td><td rowspan="3">526-SIL-A3
宽×高×长
3000mm×4000mm×3000mm</td><td>最大片间风速/（m/s）</td><td colspan="8">11.6</td><td rowspan="2">A计权/dB（A）</td><td>阻力损失ΔP（Pa）</td></tr>
<tr><td>16</td><td>插入损失/dB（A）</td><td>7</td><td>17</td><td>32</td><td>43</td><td>48</td><td>33</td><td>27</td><td>23</td><td>39</td></tr>
<tr><td>17</td><td>气流再生噪声/dB（A）</td><td>42</td><td>30</td><td>34</td><td>32</td><td>29</td><td>30</td><td>27</td><td>19</td><td>36</td><td>消声器阻力系数K</td></tr>
<tr><td>18</td><td>计算结果</td><td>控制点声压级/dB（A）</td><td>50</td><td>45</td><td>42</td><td>37</td><td>32</td><td>45</td><td>47</td><td>47</td><td>52</td><td>1.8</td></tr>
<tr><td rowspan="2">19</td><td colspan="2" rowspan="2">计算结论</td><td>√</td><td>√</td><td>√</td><td>√</td><td>√</td><td>√</td><td>√</td><td>√</td><td>√</td><td>√</td></tr>
<tr><td colspan="10">控制点声压级及消声器各项性能指标满足设计要求</td></tr>
</table>

采用矩阵消声器进行降噪后，控制点各频段声压级

（5）为更好地满足系统的消声要求，在设备出口和进口处可配置消声静压箱。系统中安装长度及空间有限时，可考虑利用消声弯头及直管内吸声，还可考虑土建风井内安装消声器。

（6）风道内消声体的布置，为便于巡检和维护，在每组消声单元中设置可移动吸声体。移动吸声体是侧向移动（门铰式），安装时根据现场实际情况进行组合。在需要进行巡检或维护时，检修人员只需轻松地移动活动吸声体，便可在消声器中形成一个宽度不小于600mm，高度大于

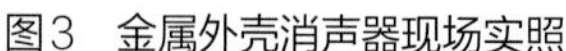

图3 金属外壳消声器现场实照

图4 矩阵消声器现场实照

2000mm的检修通道，方便检修人员巡检或维护时通过，检修完毕，只需移动消声体，使其回到初始位置即可，操作方便。表2成都地铁5号线工程为九兴大道站各型风机声源频谱数据表。

2.3 成都地铁5号线声学指标

设计目标：正常运营工况下的噪声控制标准如表3所示，且须符合《声环境质量标准》GB 3096—2008的要求，地下站的风亭与噪声敏感点的对应关系也如表3所示。

3 技术创新

本项目采取由公司开发的消声器计算软件，对各个系统的消声器设计参数进行精准计算，使得消声器的降噪更精准（减少冗余设计、精准达标）、投资更少（减少业主资金压力），使得我公司与业主方实现双赢。

4 工程亮点

本项目在成都本地，公司人员前往现场次数较多，多次和现场（图3～图6）进行施工安装技术交流，将我公司的产品技术和施工现场进行交底，使得本工程无任何设计错误和安装错误，有利地推进项目的生产和施工。

本项目在完工运行阶段，我公司派人前往现场测量降噪效果，并与降噪设计时的结果进行对比，完全符合消声器的降噪设计。

表2

成都地铁5号线工程（九兴大道站）各型风机声源频谱数据表

序号	声源名称	设备编号	电机功率/kW	风量流量/（m^3/h）	风压/Pa	噪声频谱（声功率级）/dB（A）							
						63Hz	125Hz	250Hz	500Hz	1000Hz	2000Hz	4000Hz	8000Hz
1	风机	526-TVF-A1	110	252000	1100	102	103	104	104	103	101	97	93
2	风机	526-TVF-A2	110	252000	1100	102	103	104	104	103	101	97	93
3	风机	526-TEF-A	55	180000	880	99	100	101	101	100	98	94	90
4	空调柜	A端新风井	30	79400	700	97	98	99	99	98	96	92	88
5	风机	526-TVF-B1	110	252000	1100	102	103	104	104	103	101	97	93
6	风机	526-TVF-B2	110	252000	1100	102	103	104	104	103	101	97	93
7	风机	526-TEF-B	55	180000	880	99	100	101	101	100	98	94	90
8	空调柜	B端新风井	30	66660	750	97	98	99	99	98	96	92	88
9	风机	RAF-A1	30	79400	700	97	98	99	99	98	96	92	88
10	风机	RAF-B1	30	66660	750	97	98	99	99	98	96	92	88
11	风机	RAF-a101	3	12300	500	87	88	89	89	88	86	82	78
12	空调柜	AU-a101	3	10200	500	87	88	89	89	88	86	82	78
13	风机	EAF/SEF-a201	5.1	25200	950	89	90	91	91	90	88	84	80
14	风机	FAF-a301	2.2	8500	500	85	86	87	87	86	84	80	76
15	风机	EAF/SEF-a301	2.8	10700	1100	86	87	88	88	87	85	81	77
16	空调柜	AU-b201	22	60000	650	95	96	97	97	96	94	90	86
17	风机	RAF-b201	22	64300	650	95	96	97	97	96	94	90	86
18	空调柜	AU-b301	4	14400	500	88	89	90	90	89	87	83	79
19	风机	RAF-b301	4	14400	500	88	89	90	90	89	87	83	79
20	风机	EAF-b901	1.5	5200	400	84	85	86	86	85	83	79	75
21	风机	EAF-b902	1.5	5200	400	84	85	86	86	85	83	79	75
22	空调柜	AU-b101	2.2	6900	480	85	86	87	87	86	84	80	76
23	风机	RAF-b101	2.2	7600	480	85	86	87	87	86	84	80	76
24	风机	FAF-b501	3	13400	380	87	88	89	89	88	86	82	78
25	风机	EAF/SEF-b501	3.8	21600	1000	88	89	90	90	89	87	83	79
26	风机	EAF-b601	3	8500	480	87	88	89	89	88	86	82	78
27	风机	RAF-b101	3	11500	500	87	88	89	89	88	86	82	78
28	风机	FAF-b501	3	11500	500	87	88	89	89	88	86	82	78
29	风机	EAF/SEF-b502	3.8	11500	400	88	89	90	90	89	87	83	79
30	风机	EAF-b602	3.8	11500	400	88	89	90	90	89	87	83	79

噪声控制标准表　　表3

序号	控制对象	控制标准	备注
1	车站公共区	≤70dB(A)	—
2	设备管理用房	≤60dB(A)	—
3	通风空调机房	≤90dB(A)	—
4	风亭处于1类区	昼间≤55dB(A)，夜间≤45dB(A)	居住、文教区
5	风亭处于2类区	昼间≤60dB(A)，夜间≤50dB(A)	指居住、商业、工业混杂区
6	风亭处于3类区	昼间≤65dB(A)，夜间≤55dB(A)	工业集中区
7	风亭处于4a类区	昼间≤70dB(A)，夜间≤55dB(A)	指城市中的道路交通干线道路两侧区域
8	风亭处于4b类区	昼间≤70dB(A)，夜间≤60dB(A)	指铁路干线两侧区域

图5　不锈钢矩阵消声器现场实照

图6　管道式消声器现场实照

5　经验体会

本项目让我公司积累了深厚的地铁消声器施工现场的经验，和对现场消声器施工技术交流的经验，了解现场施工单位的工作难点，为后续项目打下坚实的技术基础。

本项目在完工运行阶段测量的数据结果，有力地填充了我公司的降噪数据库，能够为接下来的项目提供更加充分的证明和数据支撑。

案例提供：罗涛，助理工程师，正升环境科技股份有限公司。

超高层住宅建筑电梯噪声治理案例——深圳壹成中心名园

方案设计：深圳深日环保科技有限公司
工程施工：深圳深日环保科技有限公司
项目规模：4m/s高速电梯、电梯机房隔振和电梯导轨隔振，塔楼为48～54层、电梯合计78台
项目地址：广东省深圳市龙华新区人民路
竣工日期：2018年12月
项目名称：深圳壹成中心名园
开工日期：2015年3月

1 工程概况

壹成中心名园位于深圳龙华核心中轴区，总占地约43.8万m^2，总建筑面积约320万m^2，是集住宅、商业、商务于一体的大型城市综合体。该项目以“造城·造商圈”为理念，构筑约60万m^2旗舰商业集群。其中项目约130万m^2精品豪宅及社区生活配套，同时配备“一校+3幼儿园”的教育设施，是纯粹圈层住户的理想生活场所（图1）。

图1 项目规划图示意图

该项目住宅建筑部分为48～54层的超高层塔楼，大楼全部采用了速度4m/s的高速电梯。受电梯运行时产生的低频振动影响，其中塔楼与电梯相邻设计的户型均受到明显的电梯低频噪声干扰。

2 电梯噪声防治设计

壹成中心项目住宅楼的电梯噪声诊断、电梯噪声防治方案设计和电梯减振降噪施工均由深圳深日环保科技有限公司负责。

2.1 电梯噪声源的诊断

在电梯降噪治理实施前，分别对塔楼内的高、中、低区楼层与电梯相邻户型室内电梯噪声进行检测和诊断，根据检测数据分析，电梯噪声源的影响如下：

（1）顶部楼层与电梯相邻户型（约顶部5层内）室内受到明显的电梯机房噪声影响（主要是电梯启动与停止时的抱闸动作与运行时的低频振动结构传声影响）。

（2）所有楼层与电梯相邻户型均受到明显的电梯井道噪声影响（主要为电梯经过附近楼层时有明显低频振动结构传声影响）。

2.2 电梯噪声振动传播分析

电梯噪声主要分为空气噪声和振动噪声两种类别。鉴于该项目电梯井道采用混凝土剪力墙结构，因此判断该项目电梯噪声影响主要为建筑结构固体传声，噪声的传播及影响如图2、图3所示。

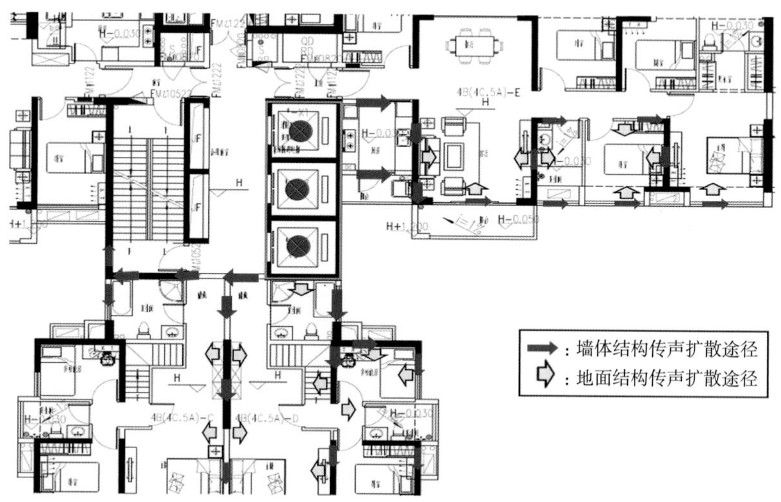

图2 户型1电梯与住户关系及电梯噪声传递影响图示

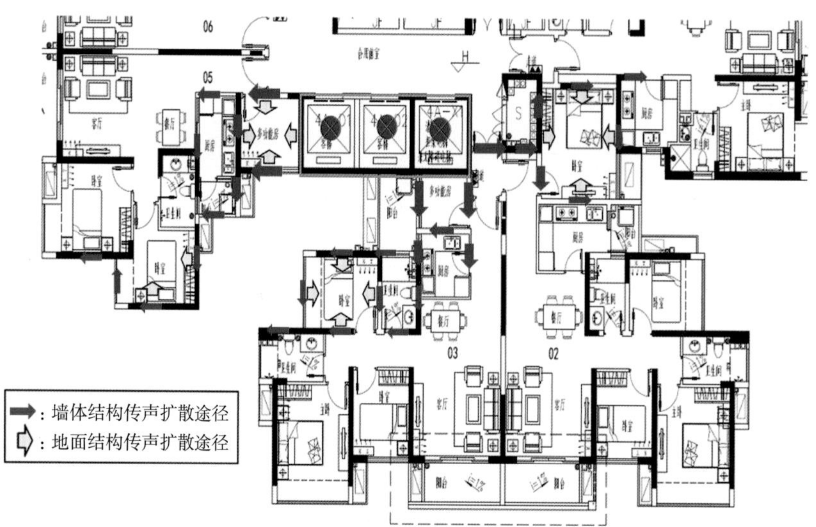

图3 户型2电梯与住户关系及电梯噪声传递影响图示

2.3 电梯降噪治理措施

根据《住宅设计规范》GB 50096—2011和《民用建筑隔声设计规范》GB 50118—2010中隔声条文规定：由于电梯产生的振动和撞击声对住户的干扰较大，在住宅设计中不得紧邻卧室布置、也不宜紧邻起居室（厅）布置，受条件限制需要紧邻起居室布置时，必须采取有效的隔声、减振措施。

根据该项目电梯噪声传递影响分析，分别对电梯机房内的曳引机主机及电梯井道内的导轨固定部分进行了减振治理，主要的降噪治理措施如图4、图5所示。

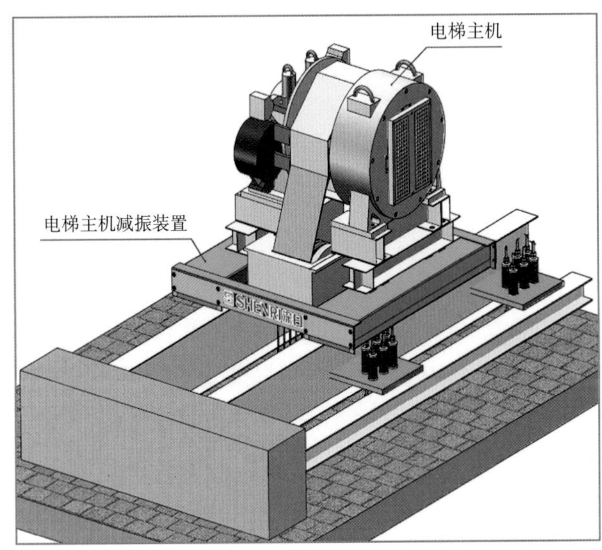

图4　电梯主机减振设计图示

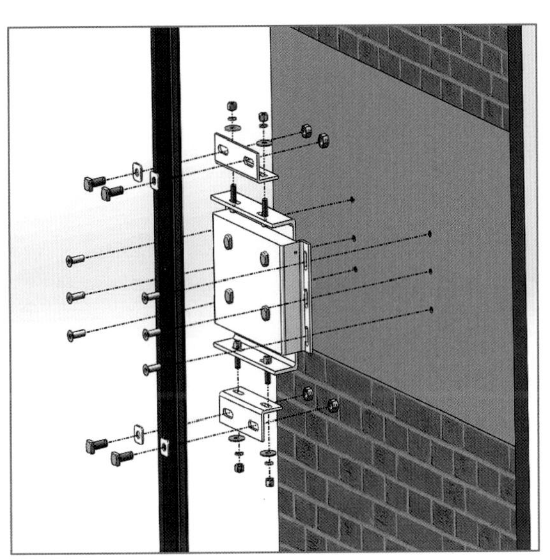

图5　电梯导轨减振设计图示

3　电梯降噪治理效果

实测结果表明，被测房间室内电梯噪声影响降低了16.7dB（A）（表1）。

电梯降噪治理前、后A声级数据（选自图3中户型2的多功能间）测试结果　　表1

降噪前数据（户型2/4A栋4305室/多功能间）		降噪后数据（户型2/4A栋4305室/多功能间）	
比较项目	受测房间/dB（A）	比较项目	受测房间/dB（A）
测量结果（电梯运行）	46.1	测量结果（电梯运行）	29.7
背景值（电梯停运）	29.4	背景值（电梯停运）	28.1
差值	16.7	差值	1.6

图6、图7是电梯降噪治理前后频谱分析图（数据选自其中一个样本房间）。

4　工程技术创新

本工程核心是解决电梯曳引机主机及电梯导轨所产生的建筑结构刚性振动传递影响。降噪措施主要是采用深日团队研发的两项电梯减振降噪治理专用核心技术产品（即电梯主机减振装置和

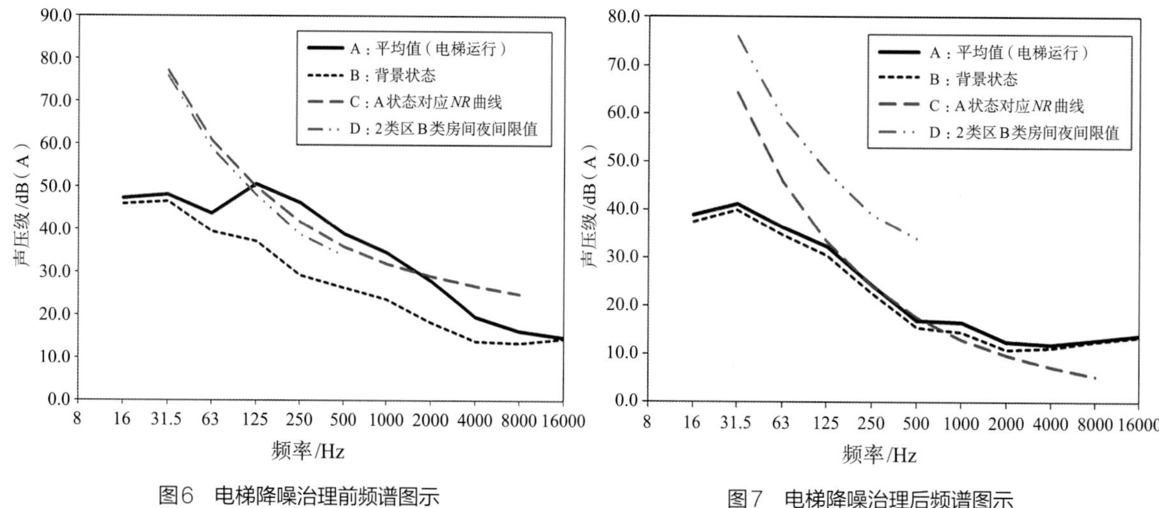

图6　电梯降噪治理前频谱图示

图7　电梯降噪治理后频谱图示

电梯导轨减振装置）。在确保电梯设备安全正常运行的前提下，通过上述两款电梯降噪产品的安装应用，有效隔断电梯振动噪声传播途径，吸收和耗散电梯振源的能量传递，以实现电梯减振降噪治理目标，确保室内达到舒适居住标准。

电梯主机减振装置产品是深日团队实践研发的专利产品（图8），主要是通过低频振动控制技术应用，在电梯曳引机底部安装一体化的复合减振平台（即电梯主机减振装置），以隔断电梯振动传播途径，吸收和耗散电梯振源的能量传递，以实现电梯减振降噪治理。产品的安装不改变电梯运行工况和既定参数，不影响建筑墙体结构，安装减振装置后可以保证顶层相邻户型室内不再受到电梯机房曳引机等设备运行低频振动所引起的噪声干扰影响，保证室内噪声≤35 dB（A），满足住户舒适居住标准。

电梯导轨减振装置产品也是深日团队实践研发的专利产品（图9），通过轨道减振技术原理的应用，采用电梯导轨减振装置安装代替了原来电梯支架固定安装方式，使得电梯高速滑行时产生的摩擦振动被导轨减振装置内部减振部件吸收和耗散，从而实现电梯导轨振动噪声的有效隔离。产品通过抗疲劳试验、自由落体试验、最不利状态下的刹车试验，确保安装后可以满足电梯的安全、舒适运行。从根源上解决由于建筑相邻共墙设计、电梯高速滑行时电梯导轨振动所引起的室

图8　电梯主机减振装置安装后现场实照

图9　电梯导轨减振装置安装后现场实照

内固体声传播，保证电梯相邻住户室内环境的舒适居住标准。

5 工程项目亮点

5.1 工程实施不改变电梯设备参数，不改变建筑结构及室内设计

该项目电梯降噪治理措施只针对振动噪声源实施治理，在电梯主机底部安装主机减振装置、对电梯导轨支架安装导轨减振装置，通过吸收和消耗电梯振动的能量传递，隔断电梯振动噪声传播来实现电梯降噪治理。降噪措施不需要改变电梯运行工况和既定设备参数，不改变电梯机房及建筑结构，也不影响住户室内装修，因此实施更简单。

5.2 降噪措施对电梯运行质量不产生影响，可以满足电梯运行舒适标准要求

电梯主机减振装置产品与电梯导轨降噪装置产品安装后，电梯轿厢运行过程中的振动加速度满足《电梯技术条件》GB/T 10058—2009要求，且小于治理前的轿厢运行振动加速度，减振装置加装后对原电梯轿厢的运行质量不产生影响。降噪治理前、后的相关数据如表2所示。

噪声治理前后电梯轿厢测试数据　　表2

类别		垂直方向Z 振动加速度/(cm/s^2)	水平方向X 振动加速度/(cm/s^2)	水平方向Y 振动加速度/(cm/s^2)
治理前	上行	11.8	12.2	6.9
	下行	17.1	11.4	6.5
治理后	上行	12.2	6.1	5.7
	下行	14.7	7.8	5.3
标准限值		20.0	15.0	15.0

5.3 电梯降噪静音效果良好，效果超越标准要求，受到客户赞扬

该工程项目降噪治理前电梯运行噪声对室内影响较大，治理前测试的室内电梯噪声检测超过了《民用建筑隔声设计规范》GB 50018—2010所规定的普通住宅室内噪声标准（夜间≤37dB（A））。项目所在区域根据《深圳市声环境功能区划分》（深环〔2020〕186 号）属于2类声环境功能区，因此项目方要求降噪治理目标更改为电梯相邻房间夜间的室内噪声≤35dB（A），以满足2类声功能区夜间室内噪声标准要求。

电梯降噪治理实施后，与整改前对比降噪量达15.1dB（A），扣除背景噪声影响，降噪治理效果达到了《声环境质量标准》GB 3096—2008中城市1类声功能区的室内噪声限值标准要求（夜间≤30dB（A）），电梯运行与停止工况下的室内噪声对比差异仅1.6dB（A），已基本上感觉不到电梯运行对住户室内的影响，降噪治理效果得到了客户的高度赞扬。

6 项目经验体会

该工程为超高层建筑电梯相邻设计项目，前期甲方在设计阶段已充分考虑了电梯噪声影响，

如电梯井道内底部及顶部均增加了相应的井道泄压口设计，电梯井道及室内隔声措施等，包括电梯选型考虑（选用低频噪声型号、大直径滚轮导靴等）。然而，由于前期未能准确分析与判断电梯噪声的声源、低频振动的传播路径等，导致电梯安装后室内的电梯噪声影响仍然存在。

本文案例通过对该项目的建筑平面布局、建筑墙体结构、电梯结构、电梯运行速度、电梯型号参数分析，结合现场塔楼内的室内噪声检测数据对电梯噪声进行了诊断，确定电梯噪声影响类别、电梯噪声源及影响，针对现场制定科学的降噪治理目标，并实现了良好的降噪效果，减少了非必要的降噪治理措施及成本投入，可为同类超高层住宅项目的电梯噪声防治提供方案设计参考。

案例提供： 马登华，工程师，深圳深日环保科技有限公司创始人、深圳市后备级人才、深圳市生态环境局电梯噪声防治专家。

阵列式消声器在隧道通风消声中的应用示例

项目名称：深圳地铁20号线一期环控系统隧道通风消声
项目规模：全长8.43km，5座地下车站（其中3座换乘站），22个风亭，289台消声器
深化设计/设备供应/安装指导：深圳中雅机电实业有限公司
项目地点：广东省深圳市
开通日期：2021年

1 项目概况

深圳地铁20号线一期工程，于2021年12月28日开通运营，标志色为青色。全线位于深圳市宝安区境内，全长8.43km，起于深圳宝安国际机场规划T4航站楼，终于国际会展城站。深圳地铁20号线一期工程共设5座地下车站，其中3座是换乘站，配套设置机场北车辆段一座，可与地铁11号线、穗莞深城际铁路地铁12号线（在建）、地铁30号线（规划）实现换乘。作为深圳轨道交通建设的科技示范线，深圳地铁20号线一期工程应用GoA4建设标准，工程采用A型车8节编组，是深圳首条全自动无人驾驶列车，也是全国首条应用车—车通信信号系统的地铁项目，最高运行速度可达120km/h。建成后促进大空港城市副中心快速联系T4枢纽，完善深圳地铁线网架构，实现大空港与福田—罗湖核心区的快速联系，加快深莞发展轴建设，支持湾区交通多式联运模式的发展，具有开拓湾区科技互动联系的重要意义。

2 地铁通风系统简介

深圳地铁20号线一期工程通风空调系统主要分为隧道通风系统、车站公共区通风空调系统（简称“大系统”）及车站设备管理用房通风空调系统（简称“小系统”），主要噪声源为隧道风机、排热风机、车站大小系统回排风机、新风机、排风机，以及列车行驶产生的噪声（表1）。

地铁各系统环控设备的声源特性及运行模式　　表1

系统名称	声源名称	噪声A声功率级限值要求	运行模式
隧道通风系统	隧道风机（TVF）	高速运行时，不超过122dB（A）；低速运行时，不超过116dB（A）	早通风 晚通风
大系统	排热风机（UPE/OTE）	工频运转时，不超过116dB（A）	正常运营时段排热通风
大系统	组合式空调机组	额定风量时，满足《组合式空调机组》GB/T 14294—2008	正常运营时段运行
小系统	柜式风机盘管机组	满足《柜式风机盘管机组》JB/T 9066—1999	正常运营时段运行
大/小系统	其他风机（回排风机、排风机、新风机等）	满足《通风机 噪声限值》JB/T 8690—2014	正常运营时段运行

3 地铁通风系统噪声控制要求

地铁通风系统噪声对内控制要求如表2所示。

对内要求 表2

噪声控制点	控制目标	控制距离
站厅、站台公共区噪声	≤70dB（A）	测量点与声源传至距末端风口平面垂直距离1m
设备与管理用房的工作、休息室	≤60dB（A）	
环控机房内	≤90dB（A）	
区间隧道	≤88dB（A）	

环控设备正常运行时，列车行驶进、出站时，通过不同类型的风道、风亭将噪声传至地面风亭外，应符合表3要求。

对外界要求 表3

噪声控制点	控制目标	控制距离
噪声敏感点（按“地下车站风亭、风道特征表”）	《声环境质量标准》GB 3096—2008	距噪声控制点1m处
厂界（风亭红线）外	《工业企业厂界环境噪声排放标准》GB 12348—2008	距风亭红线外1m处

注：如上述两项有差异时，按较高要求执行。

地铁项目主要的噪声控制措施是在声源的传播路径上设置消声器，不同类型的消声器承担不同工况时系统的降噪功能。全线车站设置的消声器分成三种类型：

（1）结构阵列式消声器放置于各车站两端的建筑风道、风井内，有水平和立式两种安装方式。

（2）金属外壳阵列式消声器，与隧道风机、排热风机等大型风机的扩散筒连接，有水平和立式两种安装方式。

（3）管道式消声器，与风管连接，一般为水平吊装，详见表4。

三种消声器的设置 表4

系统名称	声源名称	常用的噪声控制措施
隧道通风系统	隧道风机（TVF）	对内：风机扩散筒前配置金属外壳阵列式消声器或结构阵列式消声器； 对外：风机扩散筒前配置金属外壳阵列式消声器，在风道或风井内，设置结构阵列式消声器
排风大、小系统	排热风机（UPE/OTE）	对内：金属外壳阵列式消声器或结构阵列式消声器； 对外：在排风道或风井内设置结构阵列式消声器
	回排风机、排风机	对内：配置管道式消声器； 对外：共用排风道消声器
新风大、小系统	组合式空调机组 柜式风机盘管机组 新风机	对内：配置管道式消声器； 对外：在新风道或新风井内设置结构阵列式消声器

深圳地铁20号线一期项目共配置了289台消声器，每种类型消声器的数量如表5所示。

深圳地铁20号线一期配置的消声器 **表5**

设备类型	安装方式	数量/台
结构阵列式消声器	安装在风道、风井内，水平或立式安装	56
金属外壳阵列式消声器	与大型风机前后的扩散筒连接，水平或立式安装	74
管道式消声器	与风管连接，水平吊装	159

4 国展站（原会展南站）活塞风井隧道消声器

以国展站（原会展南站）活塞风井（编号为204-XS-B2）的隧道通风消声器为例，介绍阵列式消声器设计的特点，如图1、图2所示。

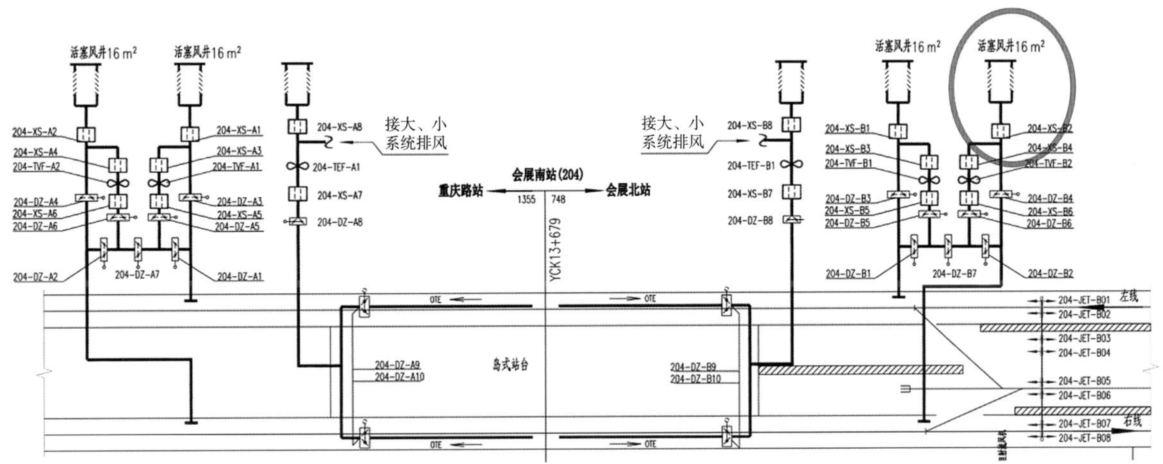

图1 国展站隧道通风和排风系统示意图

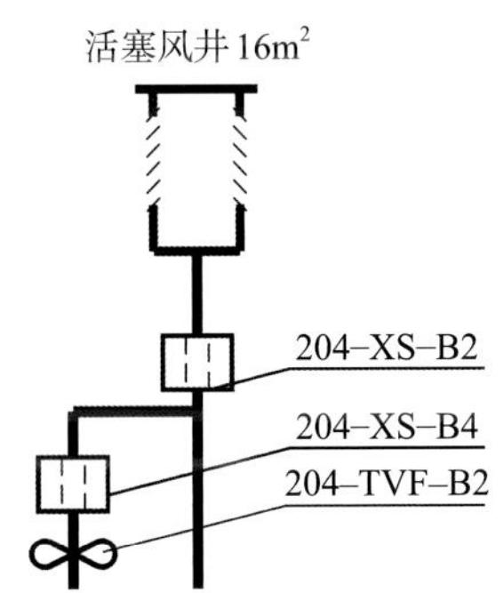

图2 国展站B端活塞风井示意图

图2中，204-TVF-B2为隧道通风机，204-XS-B4为与风机扩散筒连接的消声器，活塞风井消声器的性能参数如表6所示。

从204-XS-B4消声器对外辐射的残余噪声的声功率级仍有100dB（A），而且低频和高频都很高。经过混凝土表面的通风隧道拐弯三次后从活塞风亭口排出，在厂界测点（图3）的声压级为66dB（A），超标11dB（A）。

在风道内增设一台消声器（204-XS-B2）是可行的措施。拟设的消声器（204-XS-B2）为阵列式消声器。综合各种因素比选，选定断面尺寸为383mm×383mm的吸声体组成阵列式消声器。

国展站B端活塞风井消声器性能表　　表6

注	倍频带中心频率/Hz								声级/dB(A)
	63	125	250	500	1000	2000	4000	8000	
1	114	116	117	117	116	113	110	106	120
2	−5	−9	−15	−25	−39	−26	−14	−12	—
3	45	44	42	39	35	29	23	17	41
4	108	106	101	91	77	87	96	94	100

注 1. 204-TVF-B2风机的噪声声功率级；
2. 204-XS-B4消声器的消声性能；
3. 204-XS-B4消声器气流噪声声功率级；
4. 对外辐射的残余噪声声功率级。

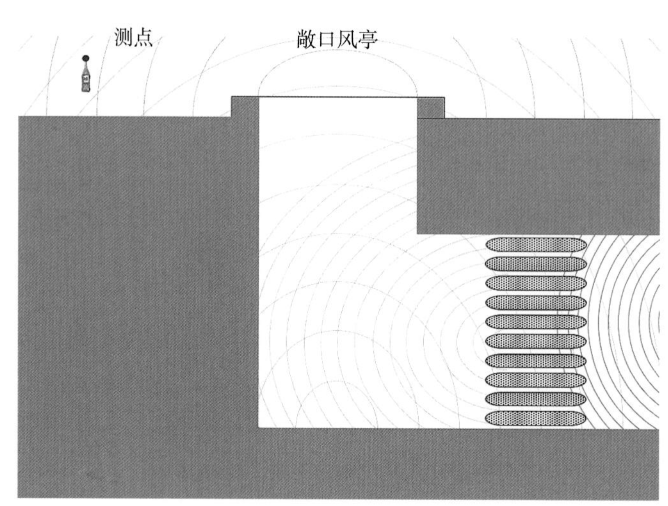

图3　厂界测点示意图

根据残余噪声的频谱和所选吸声体的声学频率特性，可生成如图4所示的消声性能曲线图。

拟设消声器（204-XS-B2）所在位置的风道宽7.4m，高6.3m，选用383mm的吸声体，根据上述性能曲线，拟选总长3m的方案，有12个配置选项，如图5和表7所示。

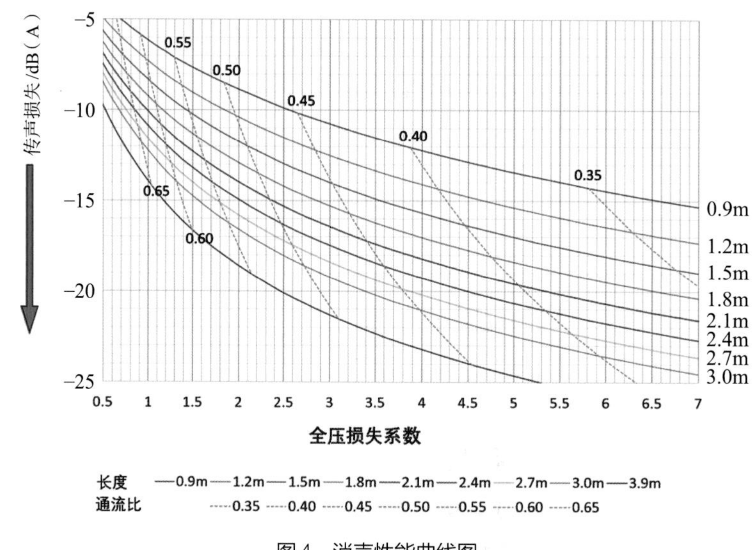

图4　消声性能曲线图

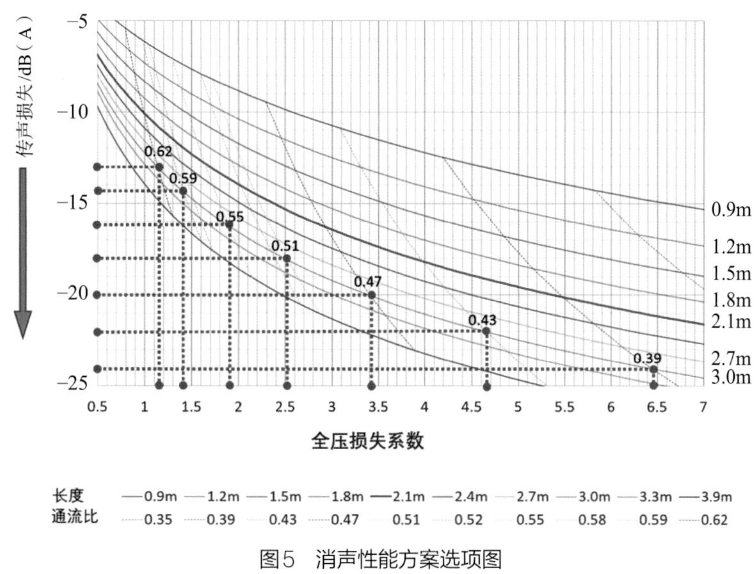

图5 消声性能方案选项图

消声方案选项表 表7

序号	宽/mm	高/mm	行	列	通流比	吸声体数量	阻力系数	消声量/dB(A)	压力损失/Pa
1	7400	6300	12	10	0.62	120	1.2	13	2
2	7400	6300	13	10	0.59	130	1.4	14	2
3	7400	6300	12	11	0.58	132	1.5	15	2
4	7400	6300	13	11	0.55	143	1.9	16	3
5	7400	6300	14	11	0.52	154	2.4	18	3
6	7400	6300	13	12	0.51	156	2.5	18	3
7	7400	6300	14	12	0.47	168	3.4	20	5
8	7400	6300	14	13	0.43	182	4.7	22	6
9	7400	6300	15	13	0.39	195	6.5	24	9
10	7400	6300	16	13	0.35	208	9.1	26	12
11	7400	6300	16	14	0.30	224	14.8	29	20
12	7400	6300	17	14	0.25	238	25.5	33	34

根据隧道断面尺寸和吸声体的行列数，计算不同行列数组合的通流比，根据通流比在性能曲线图上的位置所对应的3m长度的交点，获得对应的全压损失系数和消声量，再根据风量（70m^2/s）得到风速（1.5m/s），结合全压损失系数得到压力损失，相关结果如表7所示。

目前厂界噪声达标值为55dB（A），因此至少需要11dB（A）的消声量。采用序号1的方案即可。

随着深圳社会主义示范区的建设发展，粤港澳大湾区的建设和新版《中华人民共和国噪声污染防治法》于2022年6月份生效，国展站外部环境必然会发生变化，对声环境的要求只会越来越高。采用383mm吸声体总长度3m的方案，如表7所示，该方案提供了12种消声配置选项（图5展示了其中7个），可以用完全相同的吸声体，通过调整消声片的行列数、增加吸声体的数量，提高消声量，给该风亭的噪声排放预留了22dB（A）的空间。在未来需要的时候，便可通过经济和简单的方式实现。

本案例仅为深圳地铁20号线一期的一个例子，整个项目的隧道通风消声器，全部采用阵列式消声器（图6），均具备本案例消声效果可调的特点，各风亭预留消声量的可调范围有所不同。

图6　地铁地下车站隧道通风系统阵列式消声器

案例提供：麦慧婷、李振格，深圳中雅机电实业有限公司。

大型风冷空调机组隔声房设计与应用

设计单位：中信建筑设计研究总院有限公司
施工单位：武汉力友和筑建设工程有限公司
项目规模：9.5万m²
项目地点：湖北省武汉市江夏文化大道
竣工日期：2019年12月

1 工程概况

武汉农村商业银行金融后台中心综合大楼裙房屋面（高度约26m）设置了5台大型风冷空调机组（图1、图2）。设备运行时，距离1m处噪声实测值为85～90dB（A）。附近住宅楼受噪声污染严重，引发投诉。

图1 现场实景（采取噪声控制措施前）

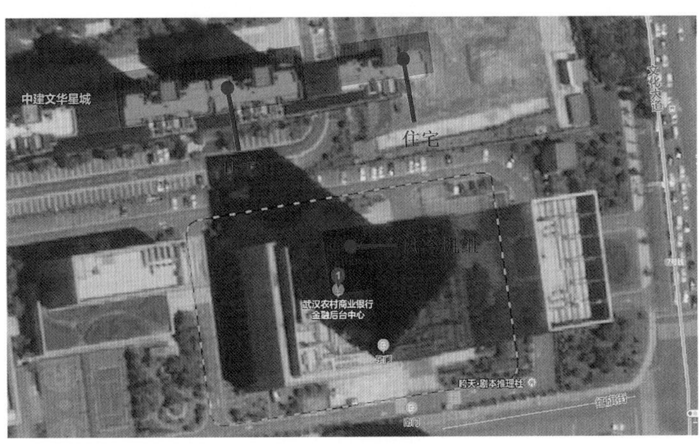

图2 总平面图

2 噪声源分析和降噪方案

本项目的噪声源为风冷空调机组，供银行数据机房空调使用。全年不停机运行，最热月份有3台机组同时工作。每台机组有压缩机2台，风机24台，压缩机功率382kW，风扇功率50.4kW，通风风量45万m^3/h，风扇静压80Pa。在距离机组压缩机1m和风扇1m处测得噪声值分别为93.5dB、86.4dB。其噪声频谱图如图3所示。

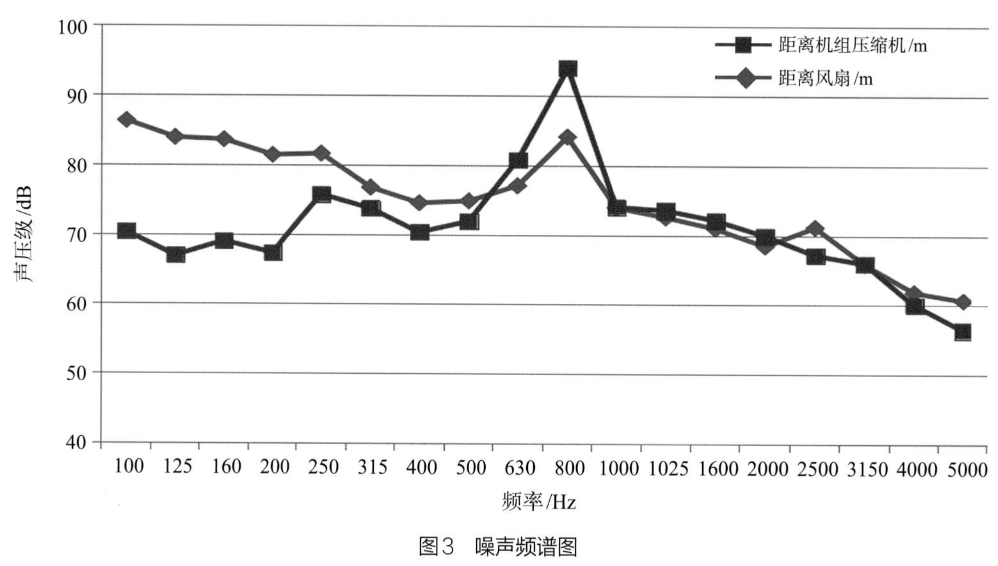

图3 噪声频谱图

由图3可知，压缩机组噪声频谱有两个峰值。对应的频率分别为800Hz和250Hz。

为控制空调机组噪声对四周的影响，使噪声值达到2类区排放标准，应对空调机组采取降噪措施。本项目采取隔声房的方法，将空调机组全部置于隔声房中，以降低噪声的排放值，同时保证机组正常工作。

3 隔声房设计

本项目的空调机组为数据中心服务，24小时工作，必须保证空调机组有足够的风量散热。因此隔声房的进、排风面积要足够大，压力损失要小。

本项目隔声房平面示意图见图4、图5，立面示意图见图6、图7。

3.1 进风消声百叶

根据隔声房各进风面与住宅楼相对位置关系的不同，对各进风面提出不同的降噪要求。

（1）隔声房正对住宅楼最近的一面（临女儿墙的一面）降噪要求最高，该面封堵不进风。在女儿墙的梁柱之间设置隔声板，隔声板内表面做吸声处理。

（2）隔声房另外三面设置消声百叶，保证机组通风量和降噪。消声百叶叶片采用“梯形”构造，以增大声波入射角，提高吸声效率。叶片下表面穿孔，上表面不穿孔，防止下雨时玻璃棉吸水，降低消声性能。

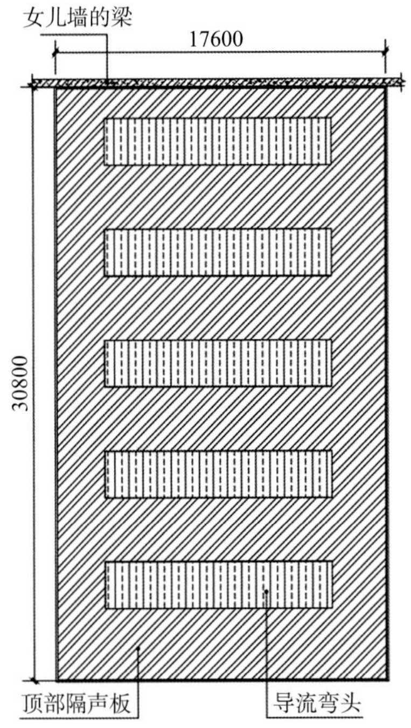

图4　隔声房平面示意图1

图5　隔声房平面示意图2

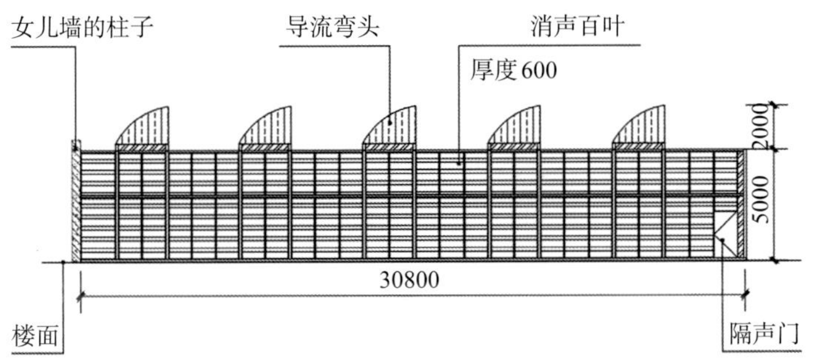

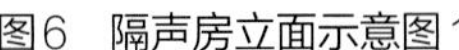

图6　隔声房立面示意图1

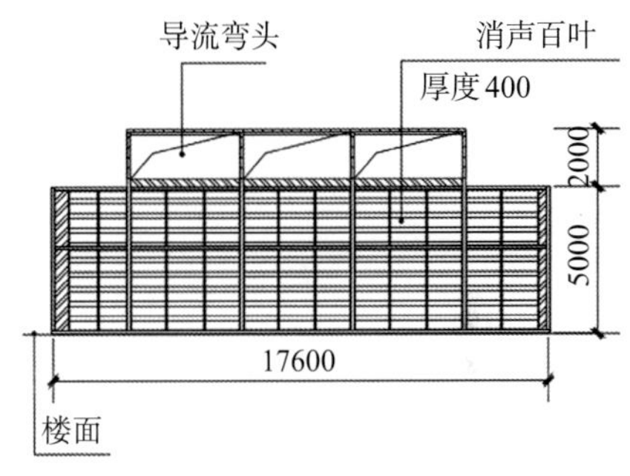

图7　隔声房立面示意图2

隔声房西侧地面空旷，有利于噪声传播，采用的消声百叶厚度为600mm，消声插片间距70mm，插片厚度50mm。南侧、东侧（图5）有本大楼隔挡或背对住宅楼，降噪要求低，消声百叶采用厚度400mm，消声插片间距100mm，插片厚度50mm（图8、图9）。

设计按照3台机组同时运行考虑，总风量135万m^3/h。消声百叶总进风面积159m^2，进风风速2.4m/s，不超过最大允许进风风速2.6m/s的要求。

经实验室检测，厚度400mm、600mm的消声百叶插入损失（百叶通道内风速2.6m/s）见表1、表2，分别为6.8dB（A）、9.1dB（A），满足设计要求。两种厚度的消声百叶压力损失（风速2.6m/s）均不超过10Pa，满足要求。

3.2 出风口导流弯头

为保证排风散热顺畅，减小出风压力损失，在机组出风口上方设置消声导流弯头，弯头背向住宅楼。弯头出口处风速6.5m/s。

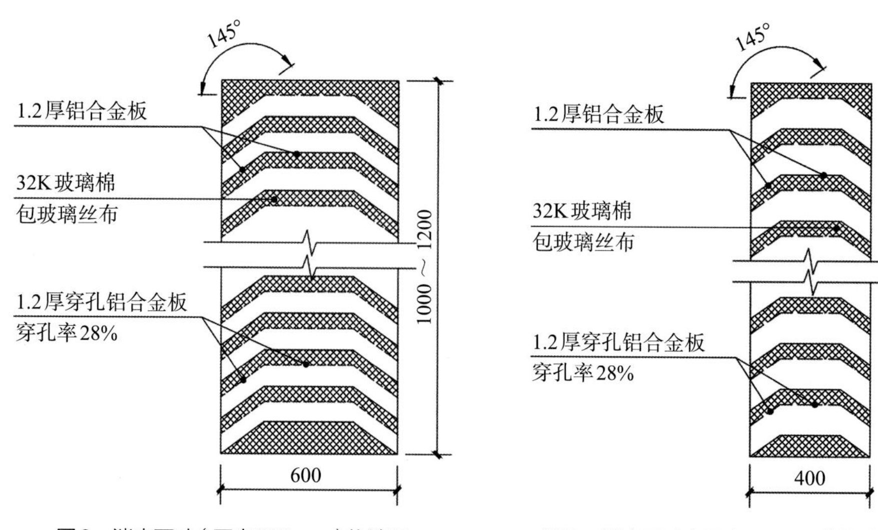

图8　消声百叶（厚度600mm）构造图　　　图9　消声百叶（厚度400mm）构造图

400mm厚消声百叶插入损失测试值　　　　**表1**

频率/Hz	63	80	100	125	160	200	250	315	400	500	630
插入损失/dB(A)	−0.7	1.2	0.2	1.9	1.7	1.4	2.3	3.9	5.2	2.3	5.6
频率/Hz	800	1000	1250	1600	2000	2500	3150	4000	5000	6300	8000
插入损失/dB(A)	11.9	13.7	16.6	8.4	8.3	8.3	8.3	10.7	8.1	8.5	8.7
A声级/63~8000Hz	6.8										

600mm厚消声百叶插入损失测试值　　　　**表2**

频率/Hz	63	80	100	125	160	200	250	315	400	500	630
插入损失/dB(A)	2.7	1.3	3.9	1.2	1.7	2.5	4.4	5.0	5.0	5.1	6.9
频率/Hz	800	1000	1250	1600	2000	2500	3150	4000	5000	6300	8000
插入损失/dB(A)	11.3	14.1	18.3	21.6	13.8	11.7	11.6	13.5	13.5	14.7	13.7
A声级/63~8000Hz	9.1										

经计算，导流弯头压力损失26Pa，对机组的影响可接受（制冷量下降1%，功率不变）。

3.3 隔声板

每台机组出风口上方设置隔声板，使出风通道独立设置，避免进出风短路。出风通道设置2.2m高缓冲段（隔声房顶板高度5m、机组高度2.8m），以减小出风口压力损失。

4 效果分析

工程完工后现场实景见图10、图11。在7—8月机组满负荷运行情况下（3台同时运行），厂界围墙外1m处和住宅楼窗外1m处，风冷空调机组噪声贡献值分别为39.2dB（A）、48.3dB（A），均不超过50dB（A），满足2类声环境功能区的规定，降噪效果达到设计要求。

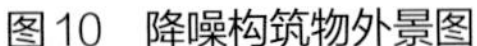

图10 降噪构筑物外景图

图11 降噪构筑物内景图

5 经验总结

(1) 大型风冷空调机组噪声声源强度大，传播远，低频噪声是主要危害。

(2) 大型风冷空调机组的效率依赖于排热顺畅，因而散热量大，消声装置不能仅考虑消声量，还应该保证通风量，其阻力特性参数要与风机匹配。

(3) 按噪声声源强度、传播路径、防护要求综合考虑，经过计算设置消声装置，降低工程造价。

(4) 大型降噪构筑物应进行专业的结构设计，保证安全。并应有防雷和照明措施。

(5) 大型降噪构筑物应注重和环境的协调，外形流畅美观，不破坏建筑的整体风格，隔声房应融入建筑之中(图12)。

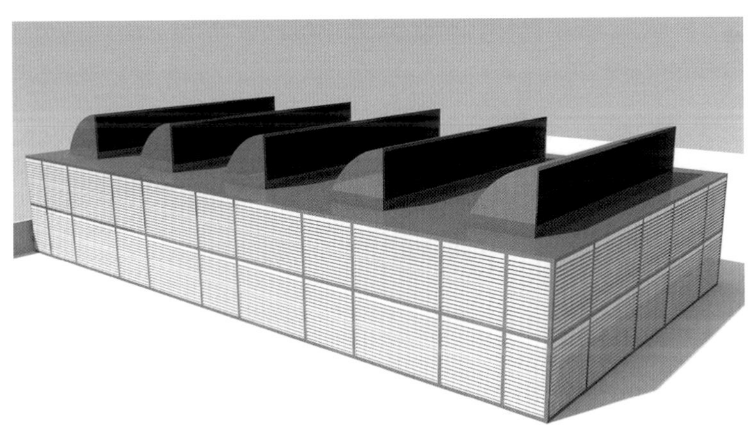

图12 隔声房效果图

案例提供：陈庆，湖北省黄冈市红安县人，硕士，目前从事建筑声学设计。Email：hustchenqing @126.com

办公建筑内数据中心机房的噪声控制设计

声学顾问：中信建筑设计研究总院有限公司声学设计中心
声学材料提供：声博士声学技术有限公司
项目地点：湖北省武汉市武汉农村商业银行总行
声学装修：武汉力友和筑建设工程有限公司
改造面积：835m²
竣工日期：2021年

1 工程概况

湖北省武汉市武汉农村商业银行总行办公楼三层原设有数据中心机房，机房内设有多台精密空调设备与网络交换机。数据中心机房全天候运行，产生的噪声对临近办公室、会议室产生较大影响，噪声污染严重，必须采取有效措施进行控制。

2 数据机房声学设计

2.1 改造重难点分析

改造前数据机房与相邻办公室、会议室测点噪声位置和结果分别如图1、图2所示。

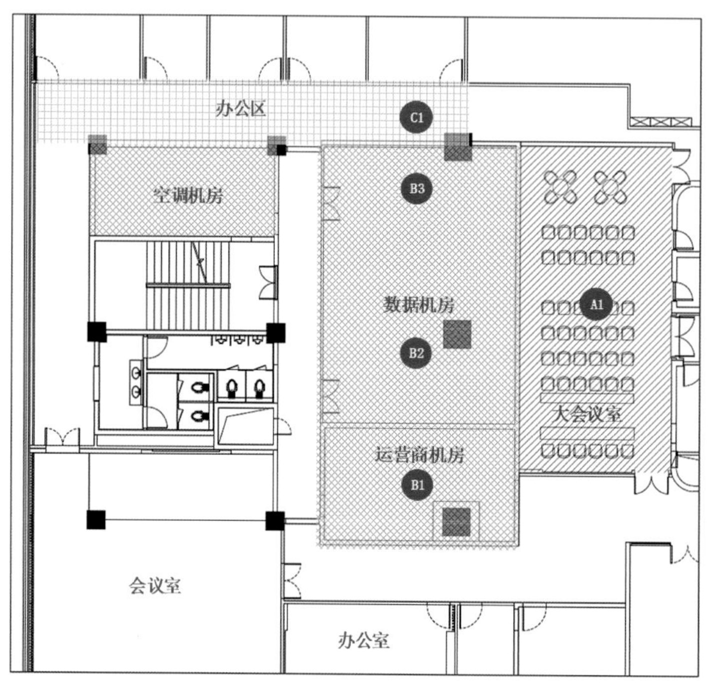

图1 噪声测试点位分布图

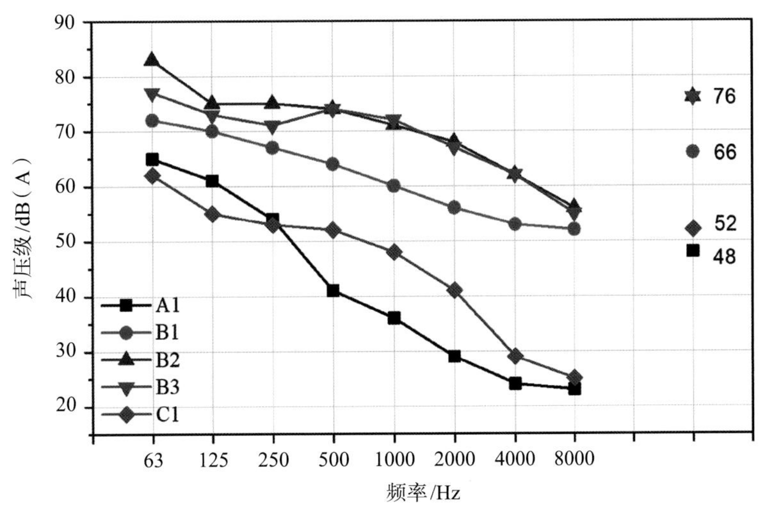

图2　测点声压级频谱曲线

由改造前噪声测试结果可知：数据机房运行时，而空调机房未开，在未开空调的情况下，办公区、会议室内的噪声值均超过45dB（A）。经过分析，主要的噪声源为数据机房内的精密空调和交换机运行产生的噪声。声源特性以低频为主，影响范围较大。噪声的传播分为空气声和固体声。交换机以空气传播为主。精密空调设备带有压缩机，采用下送风方式，运行时产生噪声和振动。振动通过静电地板、墙体和吊顶产生二次再生噪声。另外，由于空调风速较高，产生较大的气流再生噪声。

针对以上噪声源特点，应从两方面阻断噪声传播。一是加强数据机房内精密空调设备的减振，隔绝固体声的传播。二是通过增加房间的围护结构隔声量和在机房内设置吸声构造减弱噪声强度。

2.2 改造设计方案

（1）更新数据机房内精密型空调设备并进行减振设计

本项目机房内新采用3台EKCU30Y1精密空调机组，风量8500m^3/h，重量290kg，机外静压可根据需求在0～400Pa范围内调整。配置泛仕达离心式EC风机，风机为5个叶片，转速为1502r/min，功率1750W，下送风。风机1m处噪声值如图3所示。

下送风形式精密空调送风特点为：在地板下方留出宽敞空间作为风道，通过地板上的风口对设备进行覆盖式送风。空调采用底部基架安装方式，基架高度与活动地板高度一致。空调运行时前方1m处噪声测量值为69dB（A）。精密型空调系统下送风示意图如图4所示。

为消除由于机组振动产生的固体噪声，设计每台设备均配置一个减振台架。减振台架由方钢（60mm × 60mm × 3mm）、角钢（40mm × 40mm × 3mm）和长孔钢板构成，材质均为Q235B，并在下方配置橡胶减振垫，整个系统可看作一个隔振系统，如图5所示。减振台架有足够的刚度和质量，如图6所示焊接而成，单个减振台架重量约为30kg，比原出厂自带的安装底座重量增加一倍。减振台架上基架与空调室内机采用螺栓连接，下方再满铺条状橡胶减振垫。下基架与地面采用膨胀螺栓固定（图7）。

完成安装的减振台架不应与静电地板或其他物体直接接触，减振台架高度比静电地板上表面

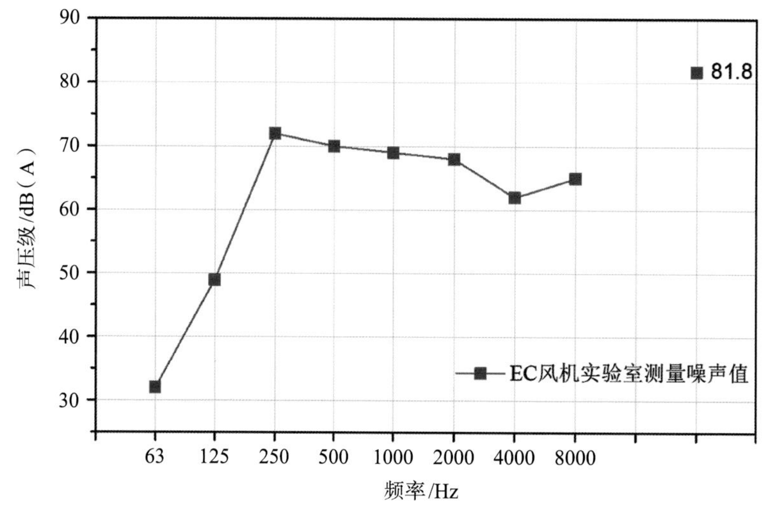

图3　EC风机噪声频谱

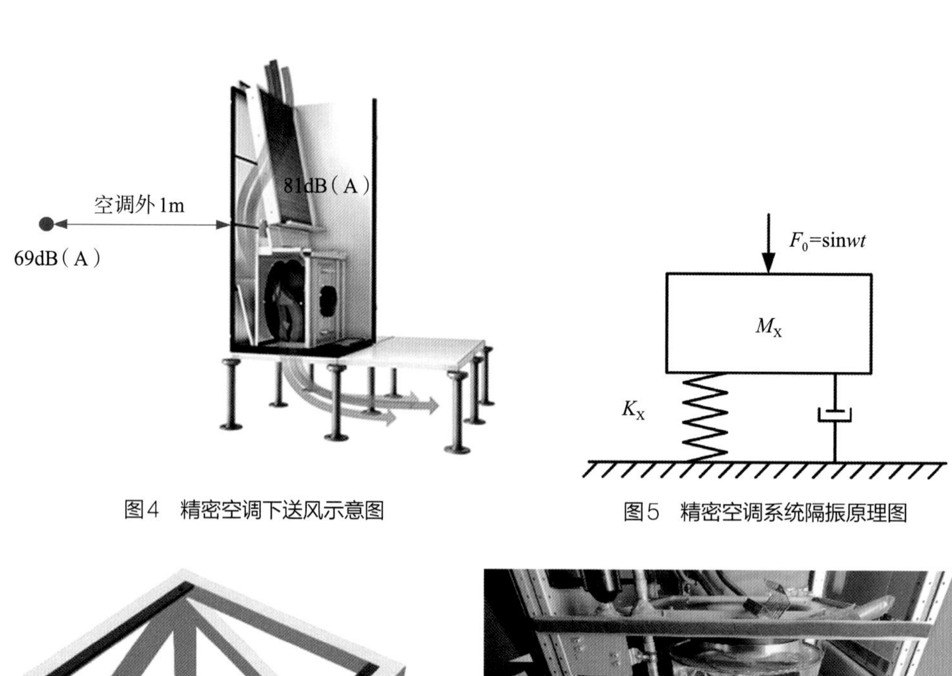

图4　精密空调下送风示意图

图5　精密空调系统隔振原理图

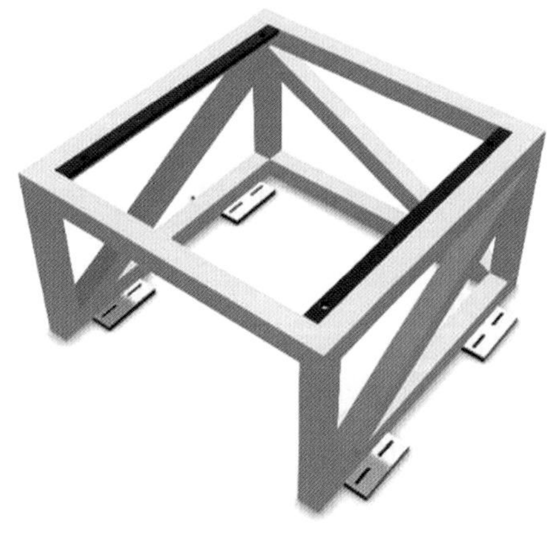

图6　减振台架模型图

图7　减振台架现场图实照

高度略高。在减振台架四周焊上角钢，角钢上满铺条状橡胶减振垫，将静电地板架在减振垫上。缝隙用柔性胶填充，以防地板下的冷风溢出。详见图8～图11。

EKCU30Y1空调机组和减振台架运行重量330kg，风机转速$n1$=1502r/min，压缩机转速

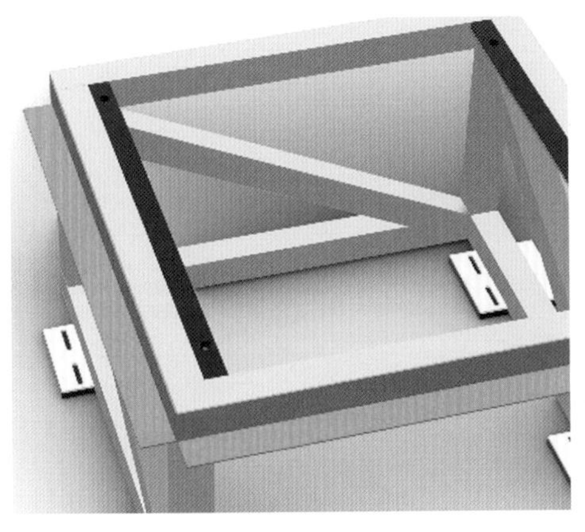

图8　减振台架四周焊角钢示意图

图9　减振台架四周焊角钢现场图

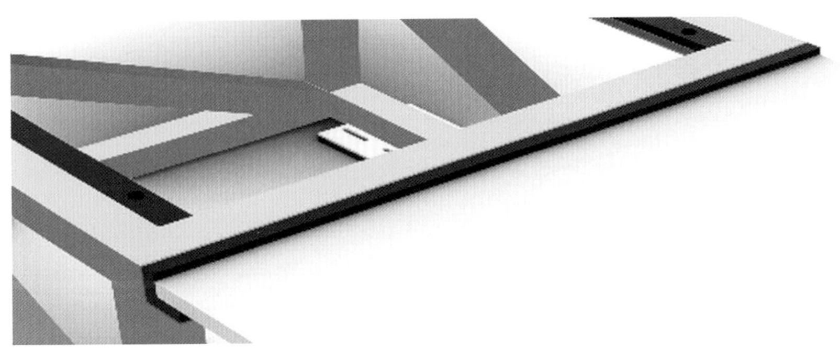

图10　减振台架与静电地板接触示意图

图11　减振台架与静电地板接触现场图

$n2$=2900r/min，干扰频率f_{n1}=25.0Hz，f_{n2}=48.3Hz。每台机组选用4块橡胶减振垫（180mm×180mm×30mm），额定固有频率f_n=8Hz，阻尼比D=0.07。计算隔振效率为88%。

（2）机房隔声、吸声设计

①空调机房拆除隔声较差的隔墙（原门处），采用轻质砖墙，砖墙厚度大于100mm，密度不小于600kg/m^3，双面抹灰，抹灰厚度不小于20mm。隔墙砌筑到顶，未到顶隔墙采用轻质构造封堵，构造节点如图12所示。

②数据机房、运营商机房等原有隔墙砌筑到顶，未到顶隔墙采用轻质构造封堵。其余桥架穿越隔墙的孔洞采用岩棉、防火泥等材料封堵。

③机房和走廊墙面敷设声博士30mm厚CM30E精工声学软包，其构造和吸声系数如图13、

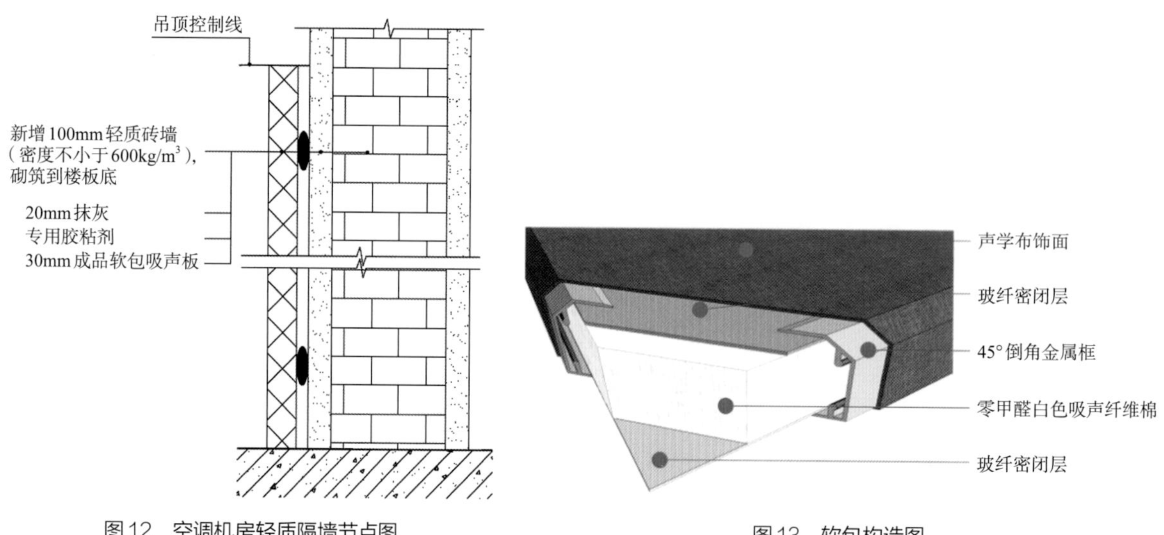

图12　空调机房轻质隔墙节点图

图13　软包构造图

图14所示。

④运营商机房内顶部穿孔铝板背后增设无纺吸声布包裹50mm厚矿棉毡。

⑤取消运营商机房与会议室临近的机房门，另在机房外走廊处增设防火隔声门。空调机房门和走廊两端的门更换成防火隔声门。隔声量 $R_w+C_{tr}\geqslant 35$dB。

2.3 竣工后声学测试结果

将改造前后各测点的声压级进行对比，如图15～图19所示。对照声压级频谱曲线可知：

（1）大会议室降噪效果明显，在未开空调的工况下，测点A1等效A声级降低了14dB（A），为34.1dB（A）。

（2）数据机房内噪声源强度明显降低。测点B2、B3噪声级降低了12～16dB（A）。

（3）空调机房临近的办公区域测点C1等效A声级降低了10dB（A），为41.9dB（A）。

数据机房和运营商机房改造前后现场实照如图20～图23所示。

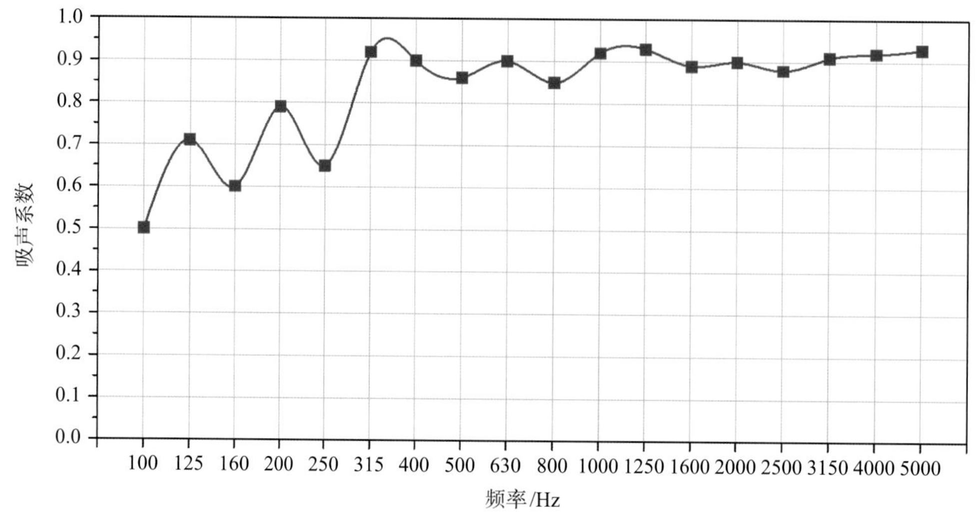

图14　软包吸声系数

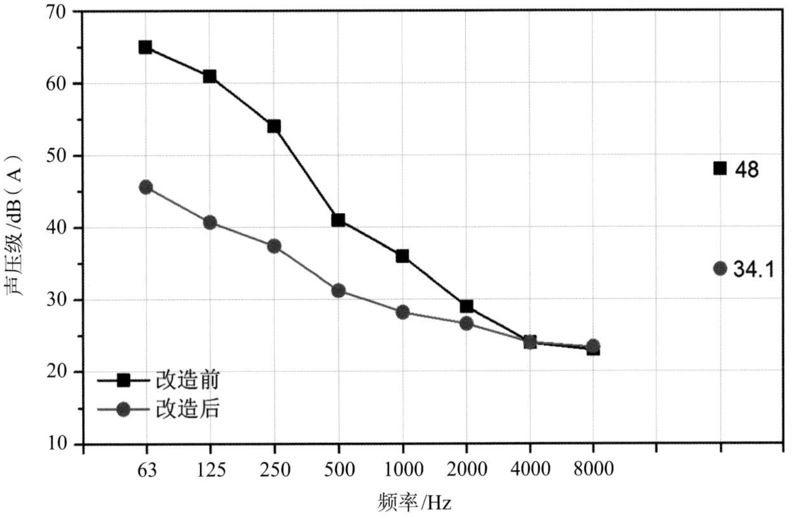

图15　大会议室测点A1声压级频谱对比图

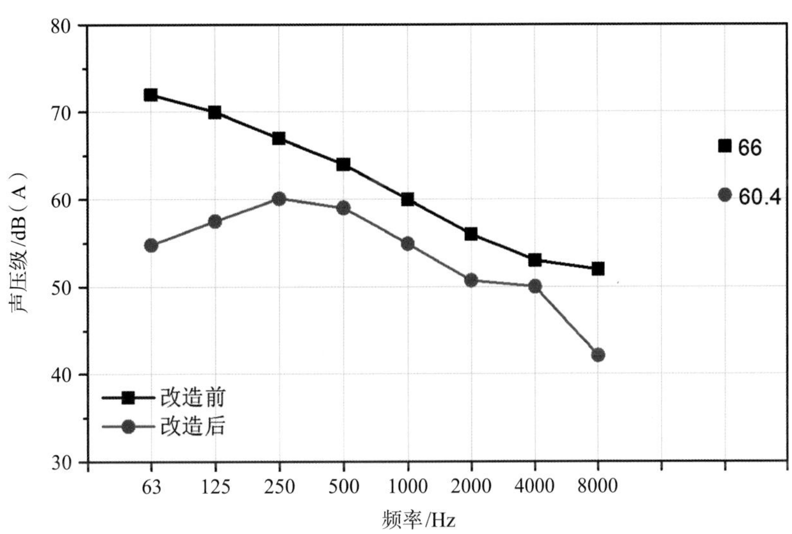

图16　运营商机房测点B1声压级频谱对比图

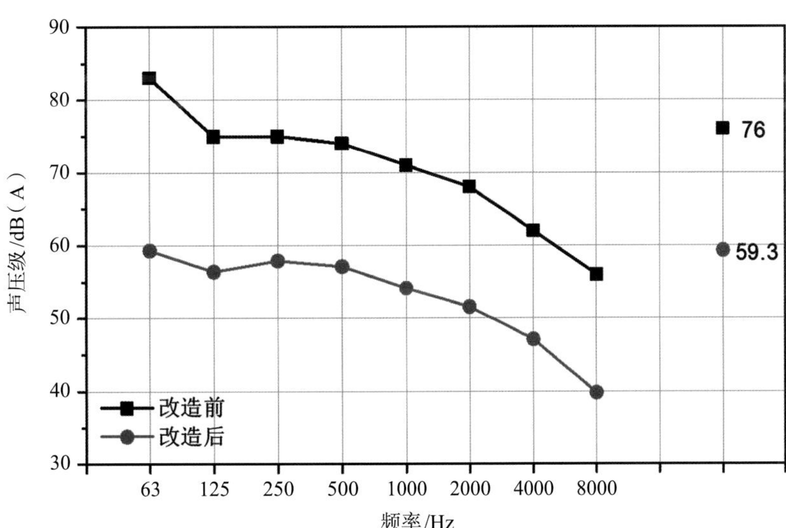

图17　数据机房测点B2声压级频谱对比图

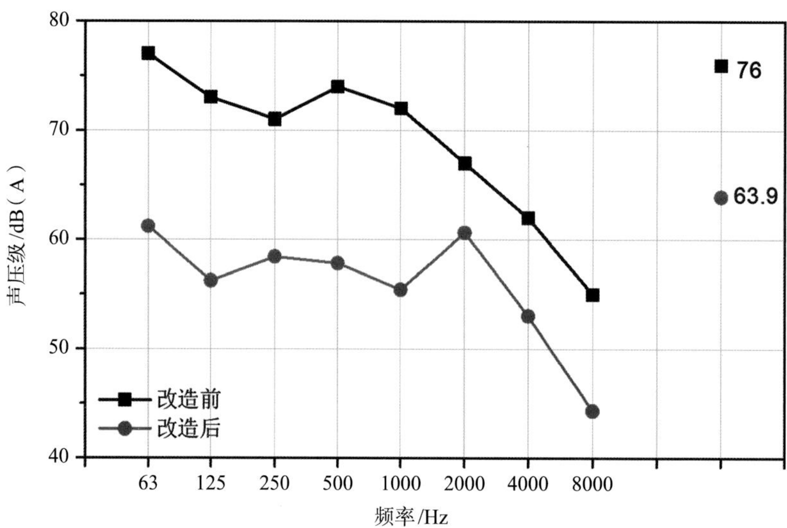

图18　数据机房测点B3声压级频谱对比图

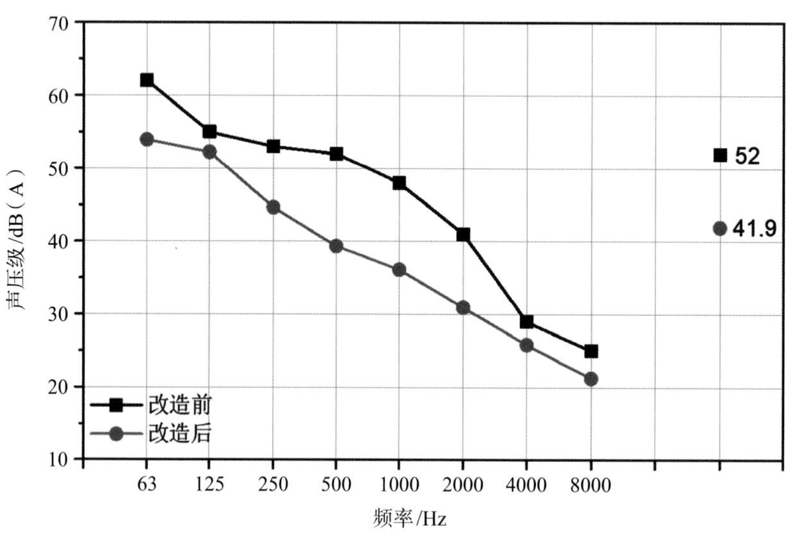

图19　数据机房隔断外测点C1声压级频谱对比图

图20　数据机房改造前

图21　数据机房改造后

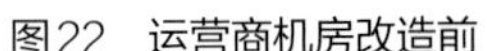
图22　运营商机房改造前

图23　运营商机房改造后

3　技术创新及工程亮点

EC风机为直流无刷风机，可电子调节转速，选择带EC风机的精密空调，可以从声源处降低振动强度与噪声值。精密空调安装减振台架对消除机组振动产生的固体噪声具有重要作用，为保证隔振系统能针对性解决机组振动产生的固体噪声，对减振台架和橡胶减振垫进行设计与计算，确定各项参数，使得减振台架在机组运行时足够稳固。在机房内墙面铺吸声材料，可以降低因墙面反射的噪声约5dB（A）。本项目为机房精密空调减振降噪提供了一种工程解决方案。

4　经验体会

本次对办公楼楼层数据机房的声学改造解决了原有的噪声污染问题，得到如下经验体会：

（1）对空调机组做减振处理后，地板振动强度明显减弱。应选择低噪声精密空调机组，并进行减振设计。

（2）原机房隔墙主体为轻质隔墙，隔声量不够，无法达到要求。所以空调机房隔墙不宜使用轻质隔墙，应采用质量较重的墙体。在要求更高的情况下，应考虑采用双层墙，中间设空气层，以提高机房的隔声效果。

（3）从声源布置上解决此类噪声问题是最有效方法。为降低数据机房噪声对相邻用房的影响，应在楼层远端和不重要的区域布置数据机房。

案例提供：王凡，教授级高级工程师，中信建筑设计研究总院有限公司。
饶紫云，中级工程师，中信建筑设计研究总院有限公司。
陈頔，初级工程师，中信建筑设计研究总院有限公司。

风冷螺杆式冷水机组噪声治理工程重点难点

设计单位：北京寰宇和声科技有限公司　　施工单位：北京寰宇和声科技有限公司

项目规模：5500m^2　　项目地点：北京市朝阳区

竣工日期：2022年11月

1　工程概况

本项目位于北京朝阳区酒仙桥东路1号电子城创新产业园，电子城创新产业园北侧紧邻万红路，西侧和南侧为办公楼及商业，东侧紧邻驼营房路，百米外为住宅区。其中某公司的6套风冷螺杆式冷水机组设备安装于M8办公楼屋面，为电子城创新产业园内的主要噪声源设备（图1）。M8办公楼共6层，高度约为20m，受噪声影响严重的将府家园北里小区住宅楼楼高20层，丽都壹号小区住宅楼楼高分别为25层、11层和13层，两个小区住宅楼均高于风冷螺杆式冷水机组设备所在的M8办公楼屋面。噪声源设备所在屋面与将府家园北里小区水平距离约为120m，与丽都壹号小区水平距离约为360m。

图1　风冷螺杆式冷水机组设备噪声治理前实景照片

经噪声测试，M8办公楼屋面设备（测点4）噪声为85～93dB（A），设备噪声传至M8办公楼屋面北侧厂界偏东（测点1）处噪声值73.6dB（A），将府家园北里111号楼20层窗外1m（测点2）处噪声值60.1dB（A），丽都壹号3号楼5单元20层窗外1m处（测点3）噪声值60.4dB（A）。厂界处噪声超过《工业企业厂界环境噪声排放标准》GB 12348—2008中2类声环境功能区昼间噪声值不应大于60dB（A）的限值要求。鉴于此情况，对其进行降噪治理改造（图2、图3）。

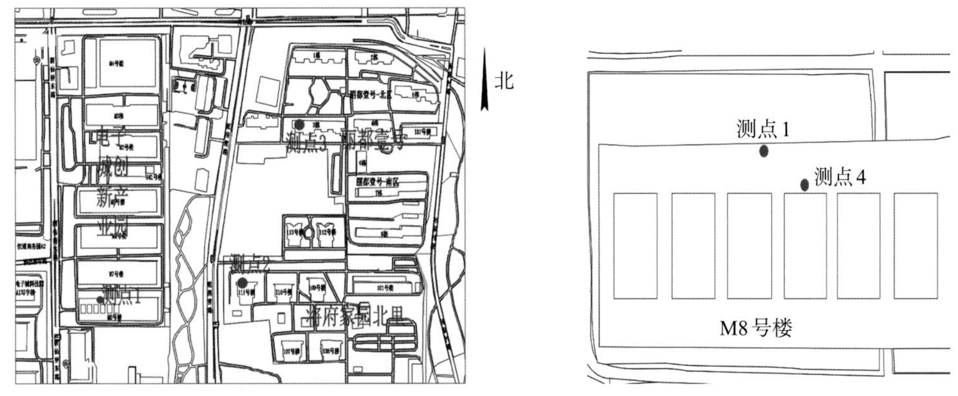

图2　噪声监测点位示意图

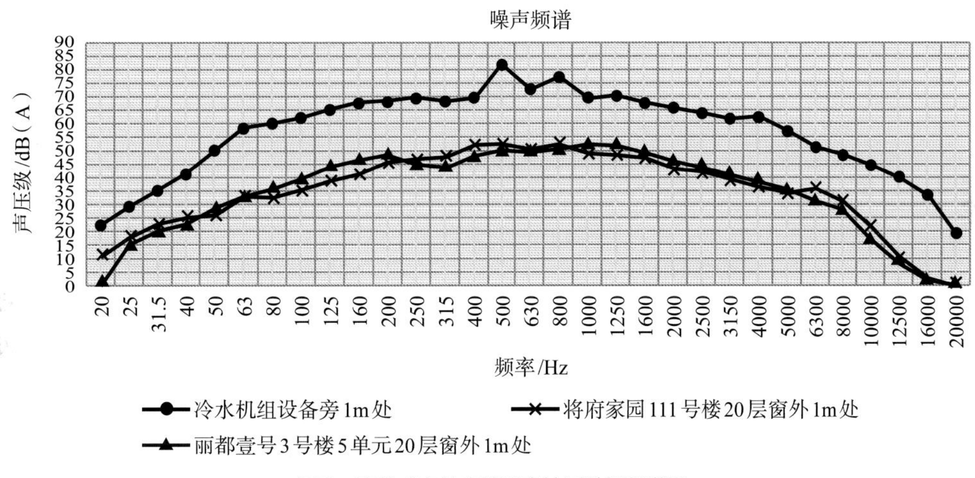

图3　声敏感点住宅楼噪声检测数据频谱图

2　项目设计及施工方案

本项目噪声治理方案为，风冷螺杆机组设备增设安装隔声间，并在进、排风口位置安装消声器。方案设计中需要解决几个难点，一是噪声源设备区与厂界水平距离不足10m，噪声衰减量小，噪声影响大，治理难度大，特别是螺杆式压缩机部件所产生的低频噪声需要加强治理；二是设备安装于钢平台上，因此荷载受到限制，要保证新增降噪产品的重量满足荷载要求；三是冷水机组设备运行通风需求较大，因此对消声器的设计需满足设备运行的流场通风需求，无热岛现象产生。

经过对此项目进行综合噪声治理设计和施工，隔声间与消声器安装完工后（图4），其冷水机组的运行噪声得到了良好的控制，经验收测试，设备所在屋面厂界处噪声值均符合《工业企业厂界环境噪声排放标准》GB 12348—2008中2类声环境功能区昼间噪声限值要求，整体降噪量约为25dB（A），降噪效果优良。敏感点居民住宅处昼间全部达到了标准要求（设备夜间不运行）。

2.1 技术创新

（1）隔声产品介绍

针对本项目风冷螺杆式冷水机组的噪声源特性，隔声间板材采用了多层复合阻尼吸隔声材料

（图5），结合低、中、高频吸收层等多层吸隔声结构体，将设备各个频段的噪声通过有针对性的高效技术手段降低。由于阻尼层的增加，特别是对低频噪声达到了高效的隔声效果。

图4　采取降噪措施设施后的实景照片

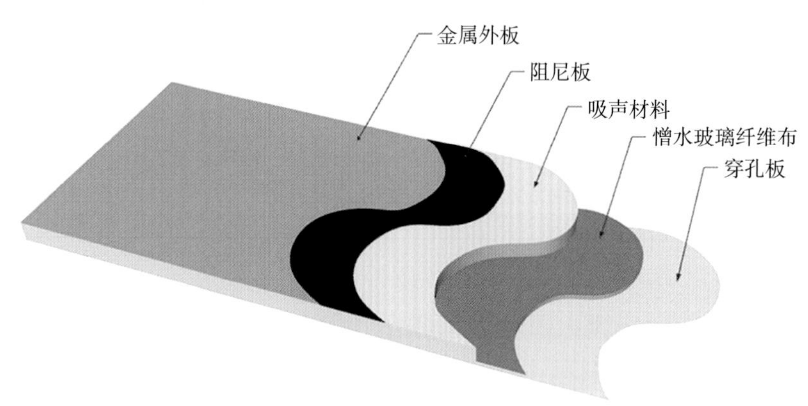

图5　多层阻尼复合吸隔声模块材料组成结构示意图

（2）消声产品设计

隔声间的建造可达到良好的隔声降噪效果，但冷水机组的运行需要足够的通风量，因此在隔声间预留进、排风通道洞口并匹配进、排消声器无疑为最优方法。消声器的设计关系到整体降噪效果，消声器的性能主要取决于消声片的片厚、片距和长度，其中消声片吸声材料的选用和厚度决定消声频率特性，片厚增大，可提高低频消声性能，而本项目主要解决的问题即为低频噪声，因此消声片内衬吸声材料采用了150mm厚的特质超细吸声玻璃棉（图6）。消声器的长度与消声量成正比，本项目进风消声器长度1500mm、排风消声器长度2000mm方能满足降噪量设计需求。降噪措施安装后，经噪声测试进风消声器内外总声级差值为23～24dB（A），与声学设计值相符合。

2.2 工程亮点

降噪产品的设计除对基础声学指标的控制外，还要确保降噪设施的安装满足机械设备的流场通风、热功能性需求。通常会采用计算有效通风面积、进出风口流速和压力损失的方式来确定设

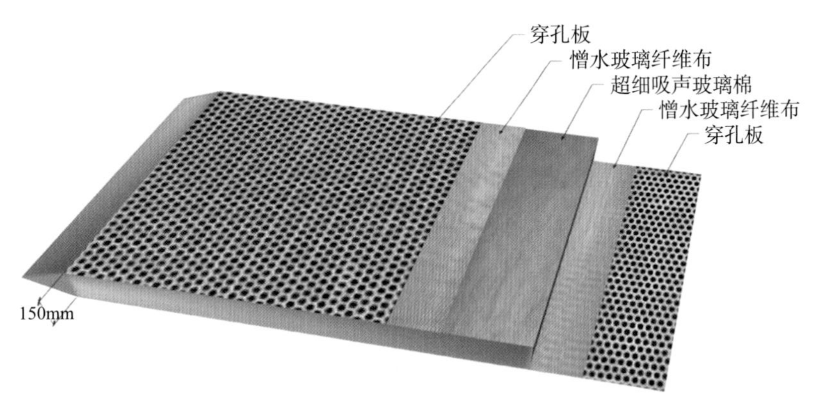

图6　消声片组做法结构示意图

备通风需求参数，为了更精准地确保降噪措施对流场通风不造成影响，本项目采用了CFD（计算流体动力学）仿真模拟技术，对隔声间内的空气流动进行模拟（图7），预测室内外空气的流动情况，使隔声间流场通畅，进风口温度无上升，进、排风不形成热风回流现象（表1）。

模拟设定条件为夏季干球温度33.5℃，相对湿度58.13%，湿球温度26.4℃，主导风向E，风速1.7m/s。经过多次对隔声间、消声器的降噪布置进行调整，最终方案模拟结果为冷水机组进风温度不受任何影响，入口温度相比周围环境温度没有任何上升，冷水机组冷热气流隔离良好，无热岛效应产生，确认冷水机组降噪措施布局方案能够满足热功能性需求。

图7　冷水机组CFD流场模拟流线图

机组运行温度CFD流场仿真结果计算汇总表　　**表1**

冷水机组编号	平均进口温度/℃	最大进口温度/℃	平均出口温度/℃
1号	33.5	33.5	46.8
2号	33.5	33.6	46.8
3号	33.5	33.6	46.8
4号	33.5	33.7	46.8
5号	33.5	33.6	46.8
6号	33.5	33.6	46.8

3 项目体会

本项目中的声敏感点与住宅区距离均在100m以上，与最远住宅楼水平距离300m以上。主要原因为风冷螺杆式冷水机组存在低频噪声大的特性。低频噪声与高频噪声不同，高频噪声随着距离越远或遭遇障碍物，能迅速衰减，如高频噪声的点声源，距离每增加一倍，声压级就能下降6dB（A）；而低频噪声由于声波波长较长，穿透力极强，衰减得很慢，能轻易穿越障碍物，长距离奔袭和穿墙透壁直入人耳。本项目突显了低频噪声传播距离远，且衰减量小的问题，其降噪难度大，成为对百米外住宅楼声环境影响的主要因素。低频噪声扰民也是现代社会中突出的典型噪声污染问题，其治理难度远大于高频噪声，是对设计和施工企业噪声治理专业技术能力的一种考验。

案例提供： 李贺，河北省承德市滦平县人，学士，目前从事噪声与振动控制声学设计。
李春太，河北省衡水市饶阳县人，学士，目前从事噪声与振动控制施工。Email：huanyuhesheng @163.com

苏州中心8号楼机电设备振动与噪声控制

设计单位：杭州智达建筑科技有限公司　　施工单位：南京志绿环保工程有限公司

项目规模：204265m^2　　项目地点：江苏省苏州市

竣工日期：2018年7月

1　工程概况

8号楼为苏州中心外圈南地块D街区子项，项目基地东临星盛街和星港街，南侧为苏惠路，西临星阳街，北侧为苏绣路。8号楼为70年产权高级公寓，共47层，高度192.8m，在4层、18层、33层设避难层及设备层，屋顶为设备层。

因苏州中心8号楼为住宅建筑，对声环境要求较高，项目建成后发现存在机电设备噪声干扰问题。根据前期多次现场调研情况以及对现场噪声、振动测量数据的分析，苏州中心8号楼受到设备运行噪声影响的范围主要集中在5层、20层、39层设备层的上下相邻层及顶层。

2　主要噪声与振动源

项目内造成噪声和振动的主要干扰源有：

（1）中央除尘系统，包括风机、阀门及管道；

（2）排风、新风、排油烟风机等；

（3）空调系统循环水泵及管道；

（4）屋面冷却塔及风机。

3　噪声与振动控制措施

根据设备运行噪声的频率特性及主要传播路径，匹配有针对性的噪声控制措施，具体措施如下：

3.1　中央除尘系统，包括风机、阀门及管道

中央除尘风机设置金属弹簧隔振器，并设置浮筑基础，管道支架架设在浮筑基础上，隔振节点如图1所示，现场安装实景照片如图2所示。

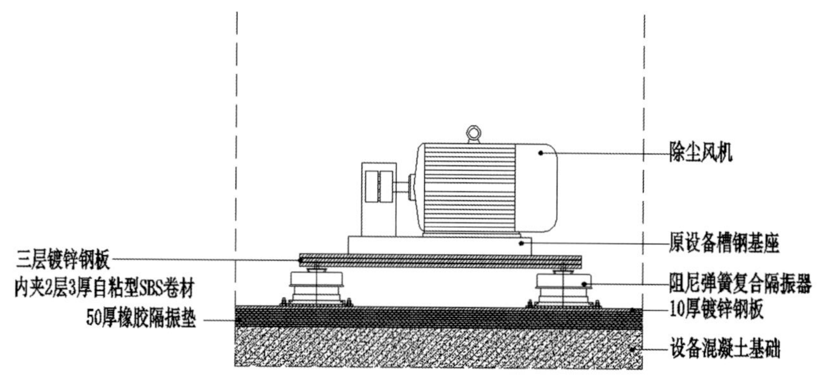

图1　除尘风机隔振节点

图2　除尘风机隔振实景照片

3.2 排风、新风、排油烟风机等

吊顶式安装的排风、新风、排油烟风机增设吸隔声罩，刚性吊挂调整为弹性隔振吊挂形式；另外，为防止各风机风口噪声通过击振正对玻璃幕墙，将设备噪声传递至上、下部敏感房间，在风口增设消声构造。隔声、降噪节点详见图3，现场安装实景见图4、图5。

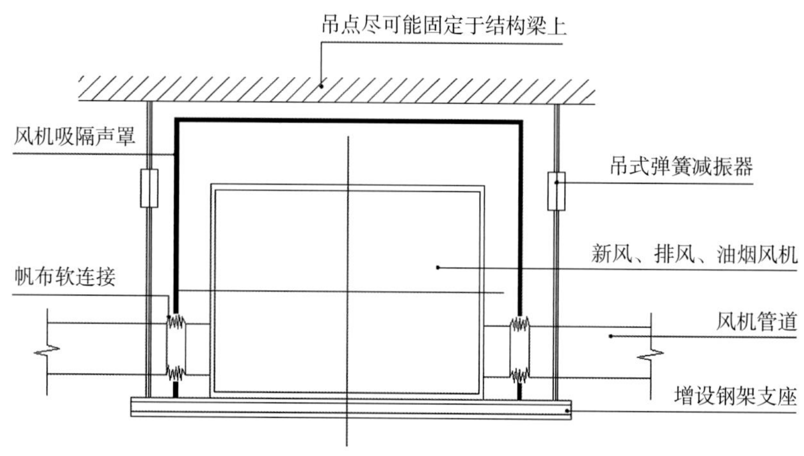

图3　排风、新风、排油烟风机隔声罩节点

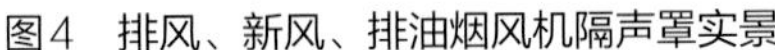
图4　排风、新风、排油烟风机隔声罩实景

图5　风口消声器实景

3.3 空调系统循环水泵及管道

空调系统循环水泵设置惯性基础，惯性基础与地面基座之间设置可调节限位隔振器；在原刚性吊挂在楼板底的管道吊架上方增设H型钢转换层，刚性吊架调整为弹性吊架。水泵及管道隔振节点详见图6、图7，现场安装实景详见图8、图9。

3.4 屋顶冷却塔及风机

屋顶冷却塔不与屋顶楼板有任何刚性连接，建筑结构柱上架设H型钢梁，冷却塔固定安装于H型钢梁上，冷却塔与H型钢梁之间设置可调节限位隔振器；另外，为防止冷却塔、各类风机运行噪声通过击振穿透其四周玻璃幕墙，将设备噪声传递至下部敏感房间，在玻璃幕墙内侧增设吸隔声轻质复合构造。冷却塔及幕墙隔振、隔声节点参见图10、图11，现场安装实景见图12、图13。

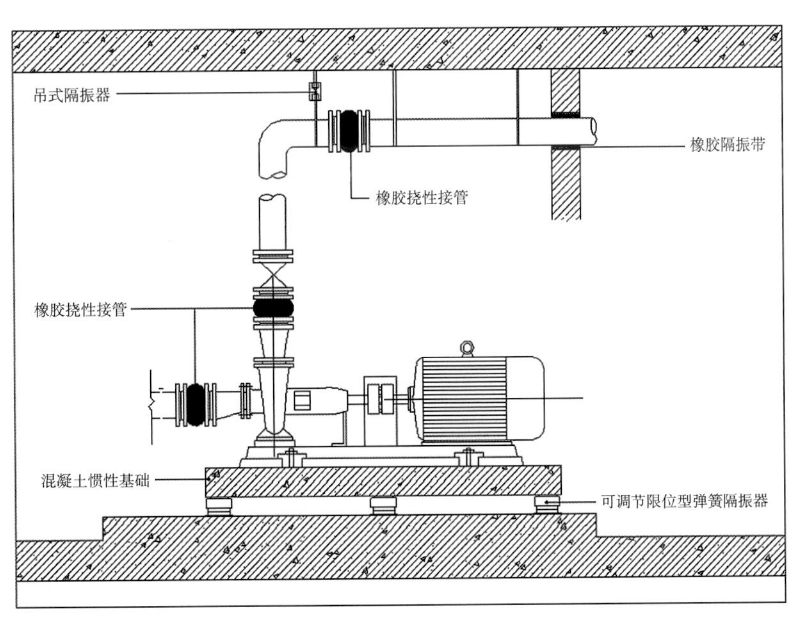

图6　空调系统循环水泵隔振节点示意图

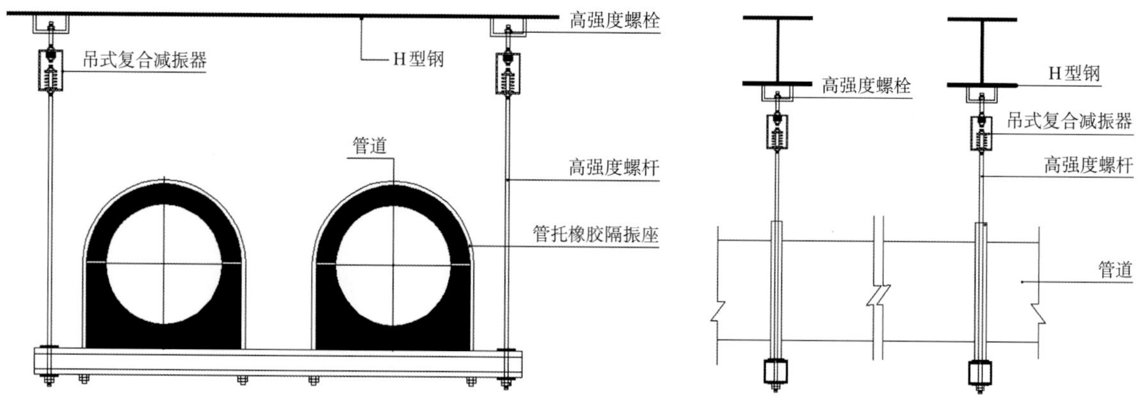

图7　空调系统循环水泵管道隔振节点示意图

图8　空调系统循环水泵隔振实景

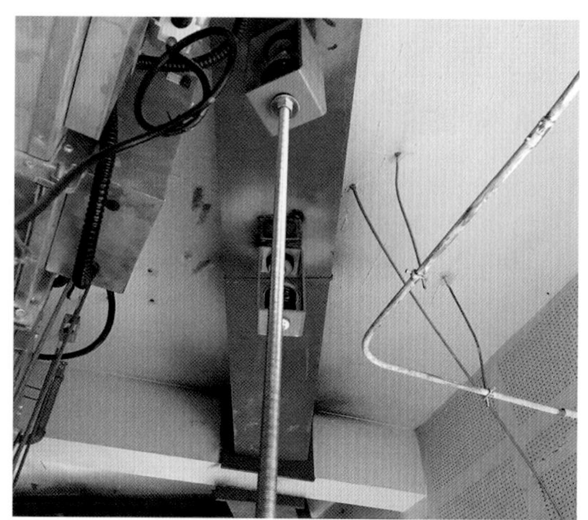

图9　空调系统循环水泵水管隔振实景

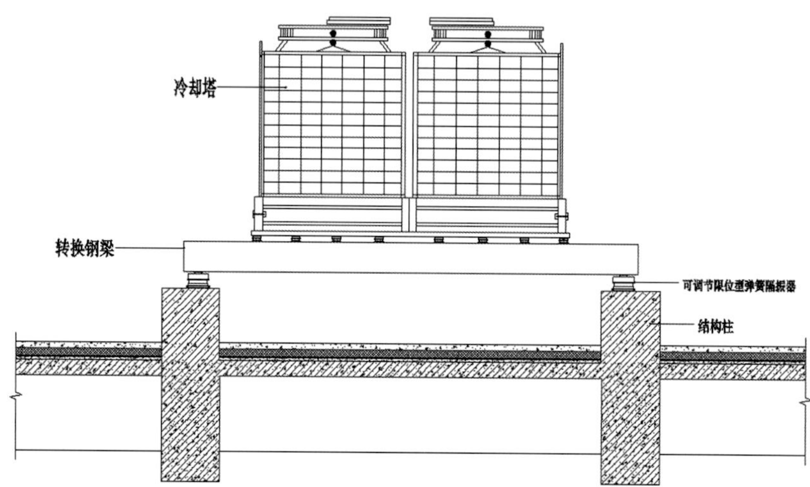

图10　屋顶冷却塔隔振节点

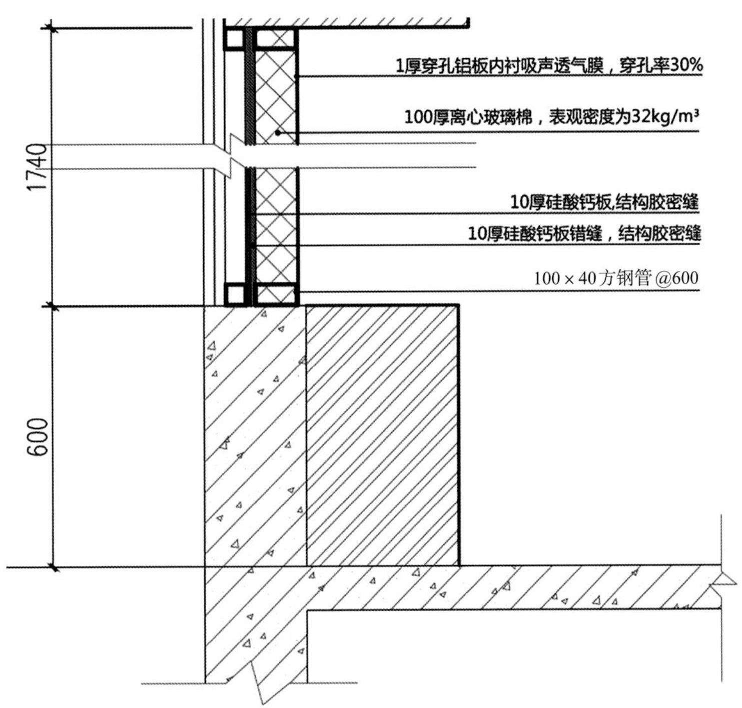

图11　玻璃幕墙内侧隔声加强节点

图12　冷却塔隔振实景

图13　冷却塔四周玻璃幕墙隔声实景

4　噪声与振动控制效果

4.1 降噪效果

各功能房间降噪效果如表1所示。

各功能房间降噪效果表　　　表1

序号	功能房间	室内噪声级/dB(A)		改善量/dB(A)
		改造前	改造后	
1	4层房间	48.5	33.2	15.3
2	19层卧室（水泵机房下方）	47.3	32.9	14.4
3	21层卧室（水泵机房上方）	53.0	35.0	18.0

续表

序号	功能房间	室内噪声级/dB(A)		改善量/dB(A)
		改造前	改造后	
4	38层卧室(除尘机房下方)	58.5	33.0	25.5
5	20层设备层排风口	82.1	72.0	10.1
6	20层设备层新风口	73.1	66.5	6.6

4.2 隔振效果

各功能房间隔振效果如表2所示。

各功能房间隔振效果表 表2

序号	功能房间	室内噪声级/dB(A)		改善量/dB(A)
		改造前	改造后	
1	19层卧室(水泵机房下方)	67.4	58.0	9.4
2	21层卧室(水泵机房上方)	74.0	61.0	13.0
3	38层卧室(除尘机房下方)	82.0	51.0	31.0

5 技术创新

(1)管道吊架设置大刚度H型钢梁转换层;

(2)除尘机组采用二级隔振体系(浮筑楼板+弹簧隔振器);

(3)设备层吊挂式安装风机设置吸、隔声罩。

6 工程亮点

(1)改造前期进行全面精确的声学检测,找出主要噪声和振动源,分析出其主要传播路径;

(2)结合现场条件,制定有针对性的噪声控制措施,尽量不大拆大改,节约改造费用;

(3)采取综合性的噪声治理措施,分别对结构传声和空气传声进行控制。

7 经验体会

(1)增加振动设备的吊挂或安装部位刚度对振动控制大有裨益;

(2)风机噪声以中低频为主,消声器宜选用阻抗复合式或抗性消声器;

(3)对于有多个干扰频率的机电系统,宜匹配多级隔振体系,隔振效果会更佳;

(4)改造型项目,因制约条件较多(如荷载、安装位置等),前期设计时需综合考量噪控措施的可行性。

案例提供: 陈志刚,江西抚州人,高级工程师,目前从事建筑声学设计。Email:191908069@qq.com

上海济阳路快速化声屏障工程

设计单位：上海交通设计所有限公司　　施工单位：上海船舶运输科学研究所
项目规模：声屏障约11km，其中全/半封闭屏障约3.2km　　项目地点：上海市浦东新区济阳路沿线
竣工日期：2020年12月31日

1 工程概况

1.1 工程背景

济阳路快速化改建工程为上海市重大工程，该项目是进一步完善中心城区快速路网、服务浦东滨江地区快速出行、打通沿线断头路瓶颈的重要举措。工程主线为双向6车道高架公路和地面辅路的形式，项目周边居民小区密集，大部分敏感点距高架边线在40m左右，对隔声降噪措施的要求很高。

为保证高架桥沿线居民免受噪声的干扰，工程设置了主线全封闭声屏障291m，主线半封闭声屏障2350m，匝道全封闭声屏障555m，直立式声屏障6656m，地面生态墙1241m。其中杨思西路至川杨河桥段济阳路西侧为前滩商务区，该段对声屏障的景观效果进行了特殊设计。

1.2 工程效果

工程实施后，根据监测，扣除背景噪声影响后，对高架贡献值，全封闭声屏障在典型敏感目标处的插入损失在15dB(A)以上，降噪效果显著，全封闭声屏障实施后，高架噪声不再是沿线的主要噪声源，敏感点声环境总体上优于济阳快速化工程改建前。

2 技术创新及工程亮点

除普通直立式声屏障外，沿线设置了大量的全封闭/半封闭声屏障，在钢结构设计上进行了大量创新，打破以往全封闭声屏障给人“蔬菜大棚”的刻板形象。

(1) 根据敏感目标分布情况并结合声学计算结果，在较常见全封闭声屏障的基础上，提出了半幅封闭的声屏障方案。

(2) 引入副梁结构，主框架间距由传统的2m扩大为4m，搭配屋顶透明PC板后视觉上更加开阔，大幅提升了行车体验。

(3) 在路侧2.9m高吸隔声组合板上方采用弧形梁与主梁连接；路侧和路中的纵向连接分别搭配了一根 Φ225mm圆系杆，打破以往类似声屏障“直来直去”式的单调。

（4）在主钢梁处整排设置了间隔1200mm的椭圆形造型孔，以营造“轻盈、通透”的视觉感受。

（5）门式刚架中柱采用非传统构造的V字斜撑造型，中柱截面采用了圆钢管的形式，与屏体内的“弧形”“椭圆孔”等设计元素相互协调，让中柱本身成为屏体里的一道景观。

（6）在前滩商务区路段，采用了类似于幕墙形式的金属铝合金格栅外装饰层，长度共290m，整体铺出对称的椭圆图案，沿着外侧铝合金格栅添加了可调节多种颜色和模式的夜景LED灯光，在外装饰的造型配合下为前滩的夜晚带来了一道亮丽的风景线，与西侧前滩商务区的建筑外装饰风格相互呼应，和环境融为一体。

3 相关图纸及照片

3.1 图纸

相关图纸如图1、图2所示。

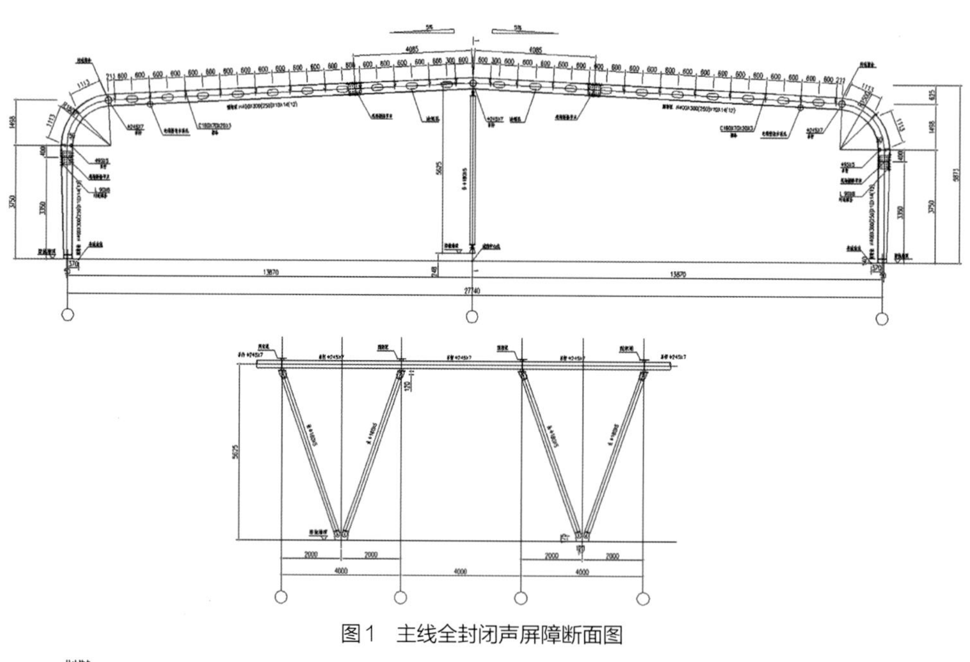

图1　主线全封闭声屏障断面图

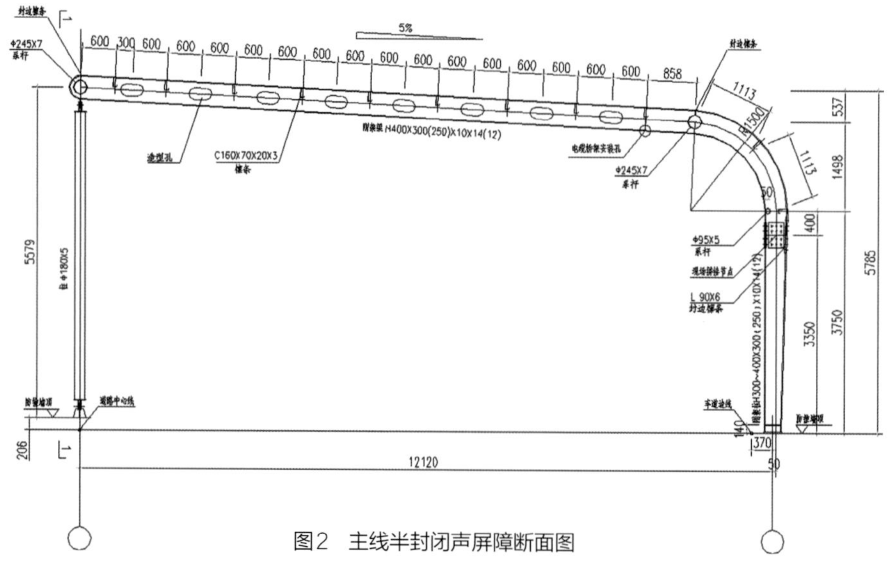

图2　主线半封闭声屏障断面图

3.2 照片

相关照片如图3～图6所示。

图3　主线全封闭声屏障主体实景图

图4　主线半封闭声屏障主体结构实景图

图5　铝合金格栅装饰实景图

图6　夜间景观灯实景图

4 经验体会

随着人们环保意识和生活水平的提高，现代声屏障的设计不再仅限于隔除噪声，还特别注重外形美观设计和与周围环境的协调。相较于普通直立式声屏障，全封闭声屏障更接近满足声学功能的建筑，应遵循建筑形式美的一般原则，做到与自然和周围环境的和谐统一。本案例的全封闭/半封闭声屏障在结构造型上进行了大量创新，并首次在全封闭声屏障外侧引入了铝合金格栅装饰和LED灯光，将功能性与景观性精心融合，与前滩商务区的建筑特色融为一体，在起到降噪效果的同时，也增加了声屏障作为建筑的景观内涵。整个项目工程浩大、景观效果突出，工程的实施，再次体现了上海道路建设部门及各个管理部门对环保的重视，不仅是对浦东开发开放30周年的隆重献礼，也彰显着上海对环保措施要求的新高度。

案例提供： 李晓东，研究员级高级工程师，中海环境科技（上海）股份有限公司，从事环境科研、产品研发、环境影响评价、减振降噪设计及治理等工作。Email：li.xiaodong@coscoshipping.com

宁波轨道交通1号线二期声屏障II标段工程

设计单位：北京城建设计发展集团股份有限公司
施工单位：上海船舶运输科学研究所/森特士兴集团股份有限公司
项目规模：全封闭声屏障3845m
项目地点：浙江省宁波市1号线二期沿线
竣工日期：2015年12月

1 工程概况

1.1 工程背景

宁波市轨道交通1号线分两期实施，其中二期工程线路全长约25.514km，其中地下线长约2.123km，过渡段0.25km，高架线长约21.761km，育王岭隧道长度1.38km。设车站9座，其中地下站1座，高架站8座。宁波市轨道交通1号线二期工程地面高架段、过渡段及敞开段两侧分布有学校、幼儿园、居民楼等敏感建筑物，为了满足轨道交通沿线两侧的声环境质量要求，在线路两侧存在敏感建筑物地段采取了全封闭声屏障降噪措施。

本工程为二期工程声屏障II标段，其工程范围为K41+510～K0+800，工程内容包括：1号线二期声屏障工程II标高架段声屏障制作和安装、声屏障防雷接地设备及安装，并对招标图纸有关声屏障结构和工艺等提供详细深化出图等相关技术服务。本标段合计全封闭声屏障长度3845m。

1.2 设计概述

（1）声屏障设置位置

本工程轨道线路穿越宁波北仑城区，沿线分布的居民住宅比较集中，声屏障实施位置均为高架段，沿轨道线路展开，高架桥梁高度约6～19m，全封闭声屏障跨度9.2～24m。

根据限界设计要求，全封闭声屏障顶部高于轨面约8.1m。

（2）屏障形式

本工程主要声屏障形式有：

①全封闭式声屏障

声屏障立柱标准间距为2m，立柱通过与预埋螺栓连接方式固定于桥梁护栏板上。声屏障基本组成由下到上依次为：波浪形金属吸声板、透视隔声窗（夹层玻璃）、波浪形金属吸声板、透视隔声聚碳酸酯板。

②护栏板内侧声屏障

部分设置声屏障的范围内，为更好地降噪，桥梁的护栏板内侧贴吸声材料，吸声材料为通孔型泡沫铝吸声体，护栏板内侧声屏障由不小于4mm厚通孔型泡沫铝面层+50mm厚空腔+护栏板组成，面板为不小于4mm厚通孔型泡沫铝，背板为已建成的护栏板。

③疏散平台下方声屏障

部分设置声屏障的范围内，疏散平台下方设置直立式0.96m高声屏障，采用通孔型泡沫铝吸声体，与疏散平台一起组成“T”形矮屏障。

（3）声屏障材料选择

①声屏障材料声学性能

金属吸声板：隔声指数$R_w \geqslant 30$dB，降噪系数$NRC \geqslant 0.95$。

夹层玻璃：隔声指数$R_w \geqslant 30$dB。

聚碳酸酯板：隔声指数$R_w \geqslant 30$dB。

通孔型泡沫铝吸声体：降噪系数$NRC \geqslant 0.75$。

隔声指数的检测误差不得超过±0.5dB。

②金属吸声板

金属吸声板由穿孔面板、吸声填料、背板组成（双面吸声金属吸声板由双面穿孔面板、吸声填料组成），板厚80mm。吸声板内的吸声填料采用48kg/m^{2}离心玻璃棉，厚度不小于60mm，整体外包不小于0.3mm的防水透气膜。穿孔面板，板料采用≥1.5mm厚铝合金板，孔径≤2.5mm，穿孔率20%～30%。背板，板料采用≥1.5mm厚铝合金板。金属吸声板各表面均须进行氟碳喷涂（氟碳喷涂为烘烤型），涂层厚度≥40μm，其中穿孔面板需进行双面喷涂。吸声板外形采用波浪形。

③通孔型泡沫铝吸声体

护栏板内侧的通孔型泡沫铝吸声体由不小于4mm厚通孔型泡沫铝面层+50mm厚空腔+护栏板组成，面板为不小于4mm厚通孔型泡沫铝，背板为已建成的护栏板；单线桥疏散平台下方的通孔型泡沫铝吸声体为单面吸声体，面板靠近正线轨道一侧，为不小于4mm厚通孔型泡沫铝，背板为无穿孔铝合金板，厚度≥1.5mm。通孔型泡沫铝通孔百分率为55%～65%。平均孔径≤0.7mm，密度900～1100kg/m^3，抗拉强度≥4MPa，断裂荷载≥140N，吸声体（含50mm空腔）的降噪系数$NRC \geqslant 0.75$。泡沫铝须进行双面氟碳喷涂（氟碳喷涂为烘烤型），涂层厚度≥40μm，要求同金属吸声板。

④夹层玻璃

夹层玻璃采用5mm普通玻璃+0.76mm胶膜+5mm的普通玻璃结构，四周采用带槽铝型材，铝型材材料厚度不小于1.5mm，密封胶条采用三元乙丙橡胶或优于三元乙丙橡胶的热塑弹性体。

⑤聚碳酸酯板

聚碳酸酯板采用实心双面抗紫外线耐力板，厚度不小于6.5mm，透光率不小于65%。

1.3 工程效果

经有CMA资质监测单位监测，扣除背景噪声影响后，对轨道交通噪声贡献值，敏感目标处全封闭声屏障的插入损失达到15.6～21.6dB（A），降噪效果显著。

2 技术创新及工程亮点

（1）根据声屏障实施长度和敏感点的位置，对于顶部排气口主要设计了两种形式，形式一采用顶部通长留2m的排气口，形式二在背敏感点侧每隔50m左右留3跨PC板作为排气口，以最大程度减少因设置排气口过多、面积过大而对降噪效果产生的不利影响。

（2）合理利用疏散平台下部空间和防撞墩侧面空间设置吸声层，对轮轨噪声有更好的吸收效果。

（3）直立式屏体采用渐变配色方案，最长一段连续声屏障达1.1km，景观效果突出。

（4）施工中采用了屏体整体式吊装、轮轨式安装平台应用等，大大加快了施工进度。

3 相关图纸及照片

3.1 图纸

相关图纸如图1所示。

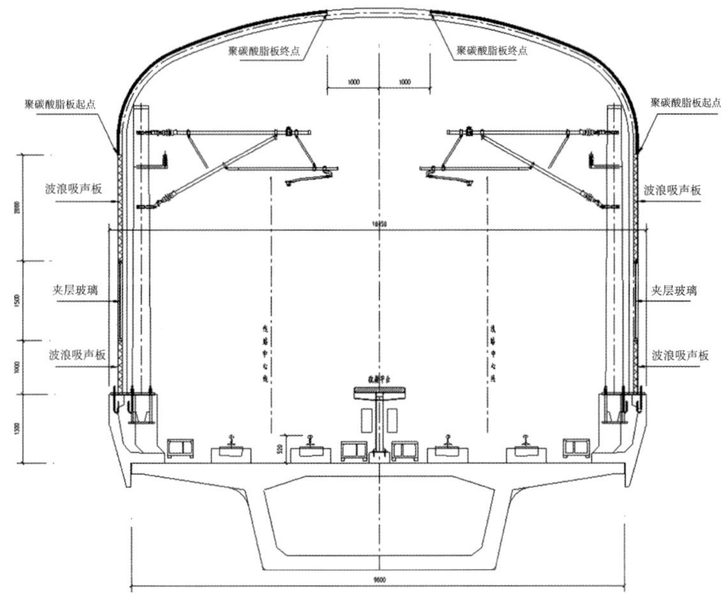

图1 全封闭声屏障标准断面图

3.2 照片

相关照片如图2、图3所示。

图2 全封闭声屏障照片（外景）

图3 全封闭声屏障照片（内景）

4 经验体会

毫无疑问，全封闭声屏障是轨道交通高架段最好的降噪方式，以往通常在经过高层路段时才会采取全封闭声屏障措施，而本工程，全封闭声屏障实施的路段，两侧有很多是2、3层的农宅，也有部分现状不涉及敏感目标，只是从规划土地利用的角度考虑也采用了全封闭措施，可见工程实施是真正考虑到了以人为本、绿色发展的理念。

5 专家点评

宁波1号线二期声屏障II标段工程是国内近年来少有的单个标的金额超过亿元的轨道交通声屏障项目，工程总体规模大，全封闭声屏障跨度大（9.2～24m），规格多，全封闭声屏障造型优美，景观效果突出，实施中不仅考虑了既有声敏感点，也在规划层面，从尽可能提高土地利用价值的角度出发在规划敏感路段设置了大量全封闭声屏障，对国内轨交高架段降噪有很强的借鉴意义，是少有的轨道交通全封闭声屏障精品工程。

案例提供：邱贤锋，浙江省宁波市人，高级工程师，目前从事噪声及振动控制工程设计、施工管理及咨询等工作。
Email：qiu.xianfeng@coscoshipping.com

上海外环线一期噪声治理工程

设计单位：上海交通设计所有限公司　　施工单位：上海船舶运输科学研究所
项目规模：大型声屏障16.2km　　项目地点：上海市外环线沿线
竣工日期：2007年

1　工程概况

1.1 工程背景

上海外环线于2003年建成通车，通车后车流量不断增长，至2006年日交通量超过10万辆，远高于原预计流量，交通量的不断增长，导致交通噪声也大幅增加，环线沿线居民的正常生活受到严重干扰，群众投诉不断发生，要求治理外环线噪声污染的呼声持续高涨。同时，2006年，国家环保总局发文至上海市政府，要求尽快开展外环线竣工环保验收工作。在此背景下，上海交通设计所有限公司承担了外环线一期工程噪声治理的设计工作，设计完成后，在沿线罗阳新村路段实施了声屏障试验段，试验段完成后根据噪声检测，效果良好，最终声屏障工程在全线予以推广，2006年12月试验段开始施工，2007年9月外环线一期噪声治理工程竣工，2007年10月通过了国家环保总局组织的竣工环保验收。

1.2 设计概述

（1）声学设计

①声学设计软件

声学设计软件采用业界领先的环境噪声预测软件Cadna/A，逐点预测各敏感点满足降噪目标时需要的声屏障设置位置、高度及长度要求。

②降噪目标

根据监测，沿线敏感点临路前排超标多在10～15dB（A）之间，因此若以达标为目标，声屏障的降噪量应该定为10～15dB（A）。按照该降噪量，如实施单侧声屏障，声屏障高度需在15m以上，如实施路侧及路中两道声屏障，声屏障所需高度仍要达到10m，如此高的声屏障技术经济可行性较差。

根据多方面比选并考虑工程的经济性，将6～9dB（A）作为声屏障治理工程的降噪目标，既兼顾了降噪效果，又兼顾了工程性价比以及安全等因素，是较为合适的降噪指标。

③声屏障设置位置

路侧及路中设置两道声屏障，当道路两侧都有敏感目标时声屏障设为三道。

④声屏障高度设计

计算不同高度声屏障所达到的降噪效果，在满足6～9dB（A）降噪要求的基础上，选择合适的声屏障高度。以平路基、沿线是典型6层楼敏感点为例，侧屏高6.5m、中屏高4.85m可满足降噪目标要求。

（2）屏体设计

通过对不同结构、不同屏体进行比较，最终选定采用直立式声屏障+顶部吸声体的结构形式。

屏体材料采用铝质金属吸声材料，材料用泡沫铝或铝纤维，为增加景观效果，道路侧屏体中间设置透明屏体，材料为安全玻璃。

顶部吸声体采用圆柱形或蘑菇形，屏体采用双层微穿孔板结构。

以路基段6.5m高侧屏为例，声屏障详图见图1，路中段4.85m高声屏障详见图2。声屏障用料具体规格如下。

泡沫铝吸声板规格：500mm × 500mm × 6mm；

金属屏体结构材料：镀锌钢板；

透明屏体结构材料：铝合金框和5mm+0.76mm+5mm安全玻璃；

屏体空腔厚度：90～120mm，背板厚度：1.2mm；

微穿孔吸声筒：Φ500mm，δ=1mm，孔径1mm，开孔率1%～2.5%；

立柱：H型钢，H175。

（3）基础设计

按《建筑结构荷载规范》GB 50009—2001（2006年版）计算，风速取50年重现期基本风速，相应的基本风压为0.55kN/m^2。

路基段基础选用骑马二桩基础，造价相对便宜，能避开底下管线，对路基和环境影响小，同时能有效地抵抗风荷载。

桥梁段基础选用骑马钢板基础。

1.3 工程效果

按照《声屏障声学设计和测量规范》HJ/T 90—2004，上海市环境监测中心对沿线敏感点声屏障降噪效果进行了监测，根据监测结果，外环线典型敏感点处声屏障降噪效果1层楼在12～15dB（A）之间，3层楼在10～12dB（A）之间，5、6层楼在8～9dB（A）之间，总体达到声屏障设计要求。

2 技术创新及工程亮点

（1）工程采用路侧+路中组合的高大型声屏障设计，为国内首创，声屏障顶部为吸声圆筒形式，屏体及基础底部采用吸声系数较好的泡沫铝及珍珠岩吸声板的组合结构。

（2）设计中以Cadna/A软件为基础，逐点计算不同高度、不同屏障组合的降噪效果，最终采用不同高度和不同形式的路侧、路中声屏障组合，根据上海市环境监测中心的监测数据，临路不同楼层可达8～15dB（A）的降噪效果。

（3）路基段屏障基础采用了双桩+承台+连续墙的基础形式，避免了管线破坏，大幅节约了投资，并有效保证了结构安全。在桥梁段建设大型声屏障中，提出了骑马件固定形式，结构紧固，安全性高。路基段声屏障基础如图3所示，桥基段声屏障基础如图4所示。

（4）声屏障结构设计中采取了一种新的结构设计方法，通过计算机处理得到声屏障结构形式的相关数据并对数据进行保存和输出。该方法简便实用，对确保声屏障结构安全提供了保证，并申请取得了发明专利。

（5）以外环线一期噪声治理工程为基础，先后获得了3项发明专利及多项实用新型专利，“新型道路声屏障关键技术”经上海市有关部门鉴定为国内领先，设计单位参与制定了《道路声屏障结构技术规范》DG/TJ08—2086—2011。

（6）工程先后获得的奖项：外环线大型声屏障设计获得中国技术市场协会颁发的“金桥奖”，外环线噪声治理获上海市市政公路行业协会颁发的“上海市市政工程金奖”，以外环声屏障设计为基础的大型声屏障设计及应用获“神华杯”第二届中央企业青年创新优秀奖等。

3 相关图纸及照片

3.1 图纸

相关图纸如图1～图4所示。

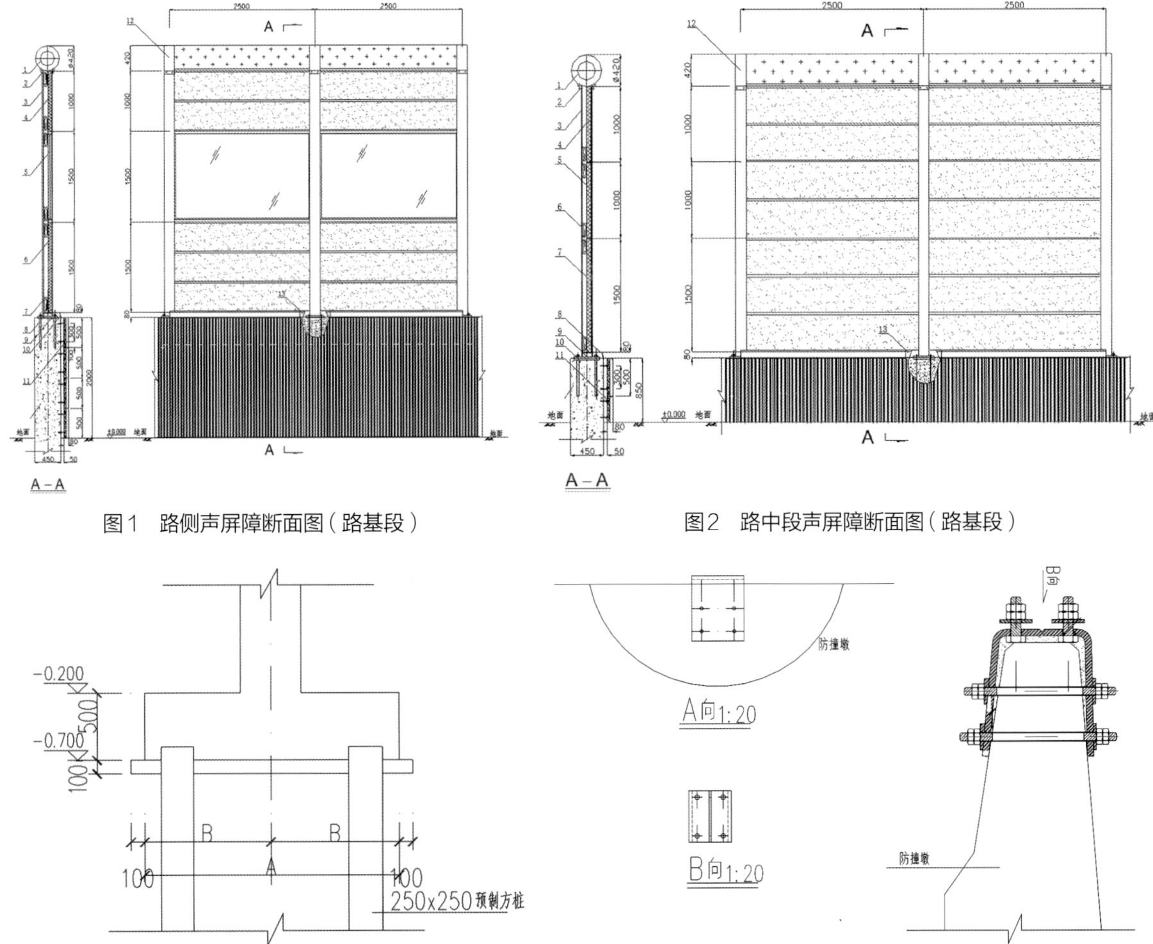

图1 路侧声屏障断面图（路基段）

图2 路中段声屏障断面图（路基段）

图3 路基段声屏障基础

图4 桥基段声屏障基础

3.2 照片

外环线一期噪声治理工程声屏障实景如图5所示。

图5 外环线一期噪声治理工程声屏障实景

4 经验体会

首先，声屏障设计要善于打破常规并勇于创新。外环线一期噪声治理工程在声屏障设计之初，管理部门对声屏障的降噪效果也一直心存异议，因为在既有的管理认知中，既有的声屏障更多的是一种形式的需要，降噪效果并不明显。为此，设计反复计算，考虑各种不确定因素，最终确认两道高大声屏障，声屏障顶部设置吸声筒、屏体及基础底部采用吸声系数较好的泡沫铝及珍珠岩吸声板的组合结构，中屏为全吸声结构。工程首先在外环线实施了试验段，试验段实施后，根据监测，效果很好，居民非常满意，这才有了整个工程的全面实施及后续的全市高速公路噪声治理工作。

声学设计是声屏障设计的基础，在设计初期就应高度重视，应根据声源及敏感目标情况，合理确定声屏障的降噪指标要求。在此基础上，通过不同方案的声学计算，合理确定声屏障的设置位置、形式、高度、长度及吸隔声要求等。此后才是结构设计及景观设计。

上海外环线为双向八车道的高速公路，道路等级高、车速快、大车比例较高，对其开展噪声治理难度较大，本案例通过设定合理的降噪目标及进行技术经济可行性论证，最终确定在路侧及路中实施两道高大型声屏障方案，声屏障的屏体及结构设计都进行了不少创新。根据监测，声屏障降噪效果显著，外环线大型声屏障的实施，为上海市迎世博的全市交通噪声治理工作提供了宝贵的经验，也为国内类似道路的噪声控制起到了良好的示范作用。

案例提供： 李晓东，研究员级高级工程师，中海环境科技（上海）股份有限公司，从事环境科研产品研发、环境影响评价、减振降噪设计及治理等工作。

上海新建路隧道全封闭声屏障工程

设计单位：上海交通设计所有限公司　　施工单位：上海船舶运输科学研究所

项目规模：全封闭声屏障206m　　项目地点：上海市新建路隧道浦西出入口

竣工日期：2010年

1 工程概况

1.1 工程背景

上海市新建路隧道是连接市虹口区及浦东新区的越江通道，工程南起浦东陆家嘴路，沿银城大路向北，下穿黄浦江后，沿新建路向北，过周家嘴路后出峒口，沿海伦路至海拉尔路工程终点，隧道主线长1895m。

隧道采用双向四车道城市次干道标准，设计车速40km/h，为机动车专用隧道，采用双管单层盾构圆隧形式，沥青混凝土路面。

为了降低隧道浦西出入口的噪声对周边高层敏感建筑的影响，根据环境影响评价要求，在浦西出入口敞开段需设置全封闭声屏障。根据设计，全封闭声屏障总体上采用单层拱壳结构，龙骨采用三心钢结构拱架。外壳不透光部分采用铝塑板喷涂轻质吸声材料的复合结构；透光部分采用亚克力板及PC板。屏障总长度约206m（含7.5m重叠长度）。

工程于2010年建成。

1.2 设计概述

（1）声学设计

①声学设计软件

声学设计软件采用业界知名的环境噪声预测软件Cadna/A，用以确定声屏障的大小套交错长度及顶部开口尺寸。

②降噪目标

由于敏感点还受到周边道路的影响，因此降噪目标设定中需考虑：

对受周边道路影响的敏感点，做到本项目产生的噪声增量不超过0.5dB（A），即维持现状水平。

对不受周边道路影响的敏感点，做到达标。

根据分析，不考虑周边道路时，全封闭声屏障对本项目的降噪效果需在15dB（A）以上。

③声屏障设置位置

实施于隧道敞开段及地面接线段，合计总长206m，其中含7.5m重叠长度。

④声屏障嵌套长度及顶部开口宽度

根据声学计算，结合结构设计，确定声屏障嵌套长度约为两榀梁，约7.5m，顶部开口宽度约1m（双向共约2m）。

（2）结构设计

本工程根据跨度和布置部位分为两个部分：大套和小套，大套跨距35m，小套跨距18.9m。

大套和小套有两榀重叠，长度7.5m，两者有两榀共用中间钢柱。

小套采用拱排架结构：共有21榀拱架，拱架之间布置纵向系杆和交叉支撑在拱架上布置檩条，形成围护结构。

大套采用拱排架结构：共有10榀拱架，拱架之间布置纵向系杆和交叉支撑在拱架上布置檩条，形成围护结构。

小套的拱架支承于隧道敞开段的钢筋混凝土挡墙上，在跨中设置支座支承于隧道中间轴线底板伸出的钢筋混凝土柱上。

（3）基础设计

按《建筑结构荷载规范》GB 50009—2001（2006年版）计算，风速取50年重现期基本风速，相应的基本风压为0.55kN/m^2。

大套段位于接地段，采用桩下独立基础，小套基础直接利用隧道敞开段设于混凝土挡墙上。

1.3 工程效果

根据新建路隧道的工程竣工环保验收监测结果，全封闭声屏障实施措施可降低隧道噪声贡献值15dB（A）以上，声屏障实施后，敏感点声环境主要受周家嘴路等横向道路的影响，敏感点声环境可做到达标或维持既有背景值水平，满足声屏障设计要求及环评要求。

2 技术创新及工程亮点

（1）整体采用双筒嵌套结构，大套设置于接地段，跨距35m，长度68m；小套跨距18.9m，长度138m。为了降低两套筒相接处的漏声，采用双筒嵌套，根据声学计算，重叠长度取7.5m。

（2）敞开段采用连续过渡的钢结构拱架构造，整体线条灵动流畅。

（3）为降低内部混响声，声屏障顶部部分区域采用E300吸声喷涂材料，敞开段挡墙两侧采用复合通孔铝板吸声材料增加吸声面积。

3 相关图纸及照片

3.1 图纸

相关图纸如图1所示。

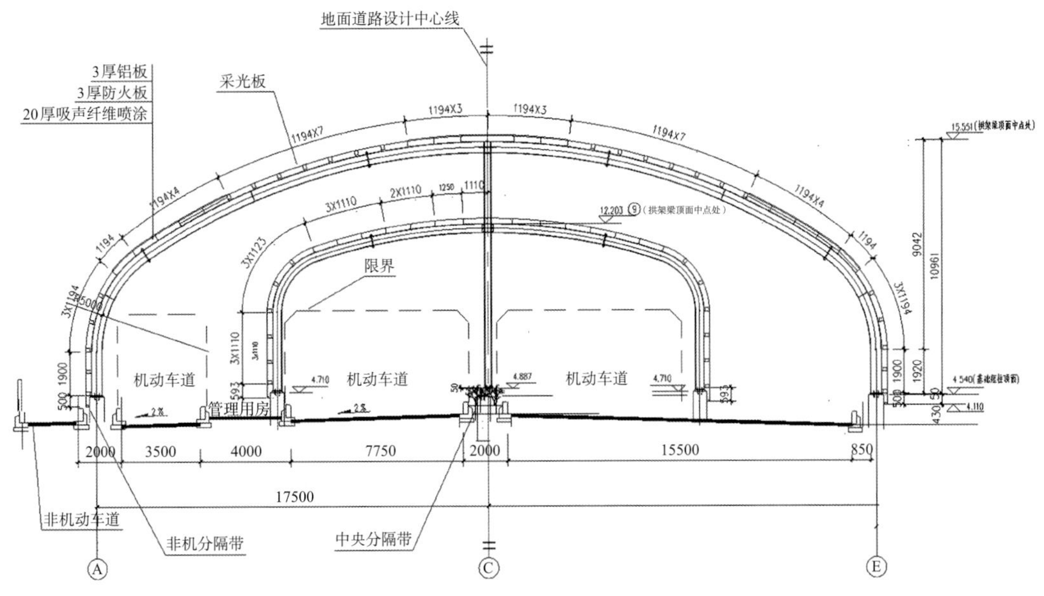

图1　全封闭声屏障（大小套重叠段）横断面图

3.2 照片

相关照片如图2、图3所示。

图2　新建路隧道接地段全封闭声屏障照片

图3　新建路隧道敞开段全封闭声屏障内部照片

4 经验体会

全封闭声屏障的设计关键为结构设计，但声学设计作为声屏障设计的基础，往往易被忽视，而本案例对声学设计较为重视，如采用Cadna/A声学计算软件详细计算大小套嵌套长度及顶部开口尺寸的影响，在满足消防要求的基础上，最终确定设计方案。同时，为降低隧道内混响声，顶部选择了E300吸声喷涂材料，并在敞开段挡墙两侧采用复合通孔铝板。

尽管该屏障实施至今已经有十多年，但目前看来，依然有着较高的设计水准，工程采用的大小嵌套的拱排架结构方案、隧道顶部的渐变式设计和隧道内部吸声喷涂等处理方式对现有的全封闭声屏障设计仍有较强的借鉴意义。

案例提供： 何金平，高级工程师，中海环境科技（上海）股份有限公司，从事噪声及振动控制工程设计、施工管理及咨询等工作。Email：he.jinpin@coscoshipping.com

福州地铁6号线土建2标1工区高架区间声屏障工程

设计单位：上海市隧道工程轨道交通设计研究院　　施工单位：上海环境保护有限公司

项目规模：9000m²声屏障　　项目地点：福建省福州市

竣工日期：2019年12月20日

1　工程概况

福州市轨道交通6号线工程起点于仓山区南台岛会展中心，终点于长乐国际机场，工程途经福州市仓山区、长乐区，线路全长约41.362km。

为保护全线的噪声敏感点，根据环境影响评价报告的要求，在高架区间相应区段设置高2.5m直立式声屏障和高1.6m梁内吸声板2757m，在敞开段设置高2.5m直立式声屏障353m。

2　声学设计

2.1 设计图纸

声屏障设计图如图1所示。

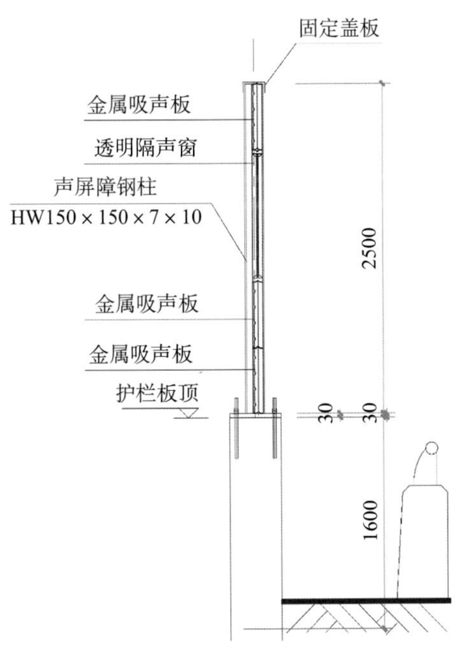

图1　声屏障设计图

2.2 竣工实景图

声屏障竣工实景图如图2～图4所示。

图2 声屏障实景照片1

图3 声屏障实景照片2

图4 声屏障实景照片3

3 技术创新

城市轨道交通在为城市交通带来极大便利的同时，不可避免对环境造成了一定的负面影响，其中以噪声为主；在高架轨道两侧安装声屏障，可以从噪声传播途径上降低轨道交通空气噪声对敏感建筑的影响。同时为降低声屏障的二次结构噪声辐射，声屏障板与钢结构之间均采用三元乙丙橡胶进行隔振处理。

4 工程亮点

根据声屏障屏体的安装特点，声屏障安装选用插入法，它的优点在于依靠立柱的固定形式框架，所有屏板的定位不需要再重新寻找定位基准。

考虑到降噪措施的美观性，在满足声学和结构安全的前提下，让声屏障外观颜色与周围环境景观保持高度和谐统一。

5 经验体会

当城市高架轨道交通线无法远离噪声敏感目标，特别是一些成片的居民住宅区或学校、医院等建筑时，在轨道交通线边侧设置具有一定高度的声屏障，是对敏感目标的最有效最直接的保护措施。

声屏障的设计是一项复杂的系统工程，涉及声学、结构和景观等专业设计。能够做到在满足声学和结构安全的前提下，声屏障与周围环境景观保持和谐统一，充分体现了项目团队的综合实力。

案例提供：戴晓波，高级工程师，上海环境保护有限公司。
杜乐，工程师，上海环境保护有限公司。

傅山钢铁有限公司烧结脱硝120万m^3/h风机排气消声器

设计单位：山东洁静环保设备有限公司　　施工单位：山东洁静环保设备有限公司
项目规模：120万m^3/h风量大型方形片式消声器　　项目地点：山东省淄博市
竣工日期：2020年6月

1　工程概况

傅山钢铁有限公司每小时120万m^3风量烧结脱硝风机排气噪声较高，其厂界噪声频谱如表1所示，等效连续A计权声压级为69.1dB（A）；250Hz以下的低频噪声均在73dB（A）以上，在31.5Hz倍频带呈现峰值87.2dB（A）、最大值90.9dB（A）。该噪声严重影响了居民工作和休息，引起多次投诉，治理势在必行。

按照当地环保要求，治理目标为厂界排放噪声达到2类标准，即：昼间60dB（A）以下、夜间50dB（A）以下。对应消声器的消声量要至少达到20dB（A），而设计该风机消声器时就需要在确保消声器阻力损失的同时，适度强化低频噪声的有效降低。

治理前厂界噪声频谱/dB（A）　　**表1**

频率	31.5Hz	63Hz	125Hz	250Hz	500Hz	1000Hz	2000Hz	4000Hz	8000Hz	W_A
峰值	87.2	81.2	77.3	73.7	65	58	51.4	41.3	39.6	69.1
最大值	90.9	86.3	82.9	80.1	69.7	63.4	56.4	43.4	39.6	74
最小值	82.1	77.2	74.9	70.1	62.7	56.1	48.6	40.3	39.4	65.2

2　设计概述

2.1　设计评价工程效果的依据

（1）采用的标准或设计规范

本项目执行《工业企业厂界环境噪声排放标准》GB 12348—2008和《声环境质量标准》GB 3096—2008。

（2）噪声控制目标

治理目标为厂界排放噪声达到2类标准，即：昼间60dB（A）以下、夜间50dB（A）以下。

2.2 噪声控制方案

（1）吸声材料对比说明及消声器设计

多孔材料一般对中高频声波具有良好的吸声效果。多孔材料的吸声性能与材料的孔隙率、空气流阻、厚度、体积密度（工程中常称密度）、背后空腔等结构参数及环境温度、湿度等有关。玻璃棉具有体积密度小、热导率低、不燃烧、耐腐蚀、防潮和吸声系数高等优点，在填装过程中能较好保持原设计性能，作为吸声材料在工程上得到广泛应用。

根据声学理论及实际工程经验，同一种纤维材料，随着厚度增加，中低频吸声系数显著增加，而高频则保持较大的吸收，变化不大；在厚度一定的情况下，密度增加，材料就越密实，引起流阻增大，减少空气穿透量，造成吸声系数下降，所以材料密度也有一个最佳值。该工程案例中选用的吸声材料为玻璃棉，密度32kg/m^3，厚度200mm。

当多孔材料背后留有空气层时，与该空气层用同样的材料填满的吸声效果近似。与直接将多孔材料实贴在硬底面上相比，多孔材料背后留有空气层时其中低频吸声性能会有所提高，且吸声系数随空气层厚度的增加而增加，但空气层增加到一定厚度后，吸声系数不再继续明显增加。

吸声材料吸声系数见表2。

从表2可知，材质、密度、厚度等不同，吸声系数也不同，与多孔材料的吸声理论相吻合。消声器选用的离心玻璃棉，32kg/m^{3}和48kg/m^{3}两种密度的200mm厚度的玻璃棉在100Hz时吸声系数分别是0.57和0.54，在250Hz时吸声系数分别是0.95和0.73，在500Hz以上时吸声系数分别是0.92以上和0.84以上。所以该工程案例中选用密度32kg/m^3，厚度200mm的玻璃棉更为合理。

针对大风量排风噪声低频噪声高的特性，进行消声器的设计时，在合理确定吸声材料、密度及厚度的基础上，为了进一步提高中低频吸声效果，我们综合运用吸声空腔、吸声结构、低频降噪隔板、低频消声片、复合吸声棉等材料选择及组合等专利技术，有效实现了低频噪声较大的降噪量。

（2）专利技术应用

①核心发明专利——低频降噪消声片，受理专利号202010801990.4；

②实用新型专利——一种离心风机专用消声器，专利号ZL 2017 2 0842609.2；

③实用新型专利——一种墙壁面吸声结构，专利号ZL2018 2 0912870.X；

④实用新型专利——一种罗茨风机用中低频消声器，专利号ZL2019 2 1813935.6；

⑤实用新型专利——一种离心风机用宽频消声器，专利号ZL2019 2 1813976.5；

⑥实用新型专利——用于风电机组散热器的通风消声器，专利号ZL2015 2 0189204.4；

⑦实用新型专利——风电机组轴流风机专用消声器，专利号ZL2015 2 0190857.4。

（3）消声器的选型设计

由于该风机已经是满负荷运行，在保证消声量的同时，要求安装的消声器阻力损失不能大于150Pa。

制定的设计要求是：消声器综合插入损失大于25dB（A）、压力损失小于120Pa，如果采用矩阵式消声结构，消声量没有问题，但在一定的安装空间范围内，这种结构体积更大，且在有限空间内的矩阵消声结构，经计算阻力大于300Pa。

因此根据现有消声器的安装空间，优化内部消声片结构设计、离心玻璃棉密度和厚度，进气

表 2

吸声材料吸声系数

材料种类	材料规格	频率/Hz																	
		100	125	160	200	250	315	400	500	630	800	1000	1250	1600	2000	2500	3150	4000	5000
玻璃棉（32kg/m³华美）	厚度 50mm	0.07	0.08	0.10	0.14	0.15	0.20	0.23	0.27	0.30	0.47	0.60	0.69	0.81	0.90	0.97	0.96	0.85	0.90
	厚度 100mm	0.17	0.23	0.32	0.41	0.55	0.74	0.88	0.95	0.99	100	0.99	0.96	0.95	0.96	0.99	0.99	0.99	0.87
	厚度 150mm	0.36	0.47	0.59	0.71	0.86	0.96	0.97	0.98	0.97	0.94	0.93	0.96	0.99	0.99	0.99	1.00	1.00	0.88
	厚度 200mm	0.57	0.69	0.77	0.90	0.95	0.96	0.94	0.92	0.92	0.94	0.97	0.98	0.98	0.99	0.99	0.99	0.99	0.88
玻璃棉（48kg/m³华美）	厚度 50mm	0.08	0.12	0.14	0.2	0.22	0.36	0.45	0.59	0.72	0.85	0.92	0.98	0.99	0.97	0.99	0.97	0.95	0.85
	厚度 100mm	0.24	0.32	0.42	0.51	0.58	0.74	0.8	0.91	0.92	0.93	0.92	0.91	0.93	0.94	0.98	0.96	0.97	0.84
	厚度 150mm	0.46	0.54	0.62	0.67	0.72	0.75	0.87	0.83	0.85	0.88	0.91	0.94	0.96	0.97	0.96	0.98	0.98	0.85
	厚度 200mm	0.54	0.61	0.64	0.7	0.73	0.81	0.86	0.84	0.88	0.92	0.94	0.95	0.96	0.96	0.97	0.96	0.97	0.86

端设计倒流锥，优化片间距、片厚度，设计流速17.5m/s，采用复合低频消声片和低频降噪隔板，设计的消声片厚度200mm、片间距245mm，14组消声片5400mm×4000mm均匀布置。且增大了圆形接管变方形消声段主体间长度1500mm，尽量减少由于变径造成的阻力损失，从而达到设计目的。经计算，消声器的插入损失和压力损失见表3、表4。

①消声量数据

计算的消声量见表3。

消声器方案1的消声量 表3

项目说明	倍频程中心频率/Hz							
	63	125	250	500	1000	2000	4000	8000
消声器方案2消声量/dB（A）	—	24.96	39.02	40.74	40.74	28.31	14.35	—

②阻力计算

阻力计算结果见表4。

消声器方案1的阻力 表4

序号	消声器方案1
风机最大风量Q（m^3/s）	333.33
消声器总通流面积S（m^2）	17.46
消声器内气流速度v（m/s）	19.09
消声器单孔通流面积S（m^2）	1.588
消声器单孔的湿周P（m）	11.388
当量直径D_e（m）	0.558
消声器长度l（m）	4.0
摩擦系数λ	0.05
摩擦阻力损失h_m（Pa）	78.5

加上局部压力损失合计在120Pa以内。

3 工程效果

消声器安装完成后，经现场测量，同一测点噪声为47.8dB（A），比安装前降低21.3dB（A），其中250Hz以下消声量25.4dB（A），见表5，厂界排放噪声达到2类标准，即：昼间60dB（A）以下、夜间50dB（A）以下。通过工程验收。

噪声治理前后不同频率下的等效连续声级 表5

峰值	倍频程中心频率/Hz									W_A
	31.5	63	125	250	500	1000	2000	4000	8000	
治理前/dB（A）	87.2	81.2	77.3	73.7	65.0	58.0	51.4	41.3	39.6	69.1
治理后/dB（A）	71.0	65.0	61.1	48.3	38.5	31.5	33.0	32.0	30.3	47.8

4 相关项目工程设计图、实景照片

消声器制作及安装见图1～图3。

图1 消声器制作安装现场1

图2 消声器制作安装现场2

图3 消声器制作安装现场3

5 技术创新

在合理确定吸声材料、密度及厚度的基础上，为了进一步提高中低频吸声效果，综合运用吸声空腔、吸声结构、低频降噪隔板、低频消声片、复合吸声棉等，从而实现了较大的低频噪声降噪量。

在此基础上，我们不断优化消声器结构、采用各种专利技术，进一步提高了低频和宽频消声效果。

案例提供： 褚杰，工程师，山东洁静环保设备有限公司。

南京钟山国际高尔夫酒店降噪设计

声学方案设计：南京宏润声学科技有限公司
建筑设计：江苏省建筑设计研究院
项目地点：江苏省南京市玄武区环陵路
声学施工：南京宏润声学科技有限公司
建筑面积：48707m^2
竣工日期：2020年12月

1 工程概况

钟山国际体育公园酒店、会议中心及俱乐部改造项目位于江苏省南京市钟山景区内，为酒店项目，包括会议中心、一期酒店、二期酒店和俱乐部，总建筑面积48707m^2，会议中心建筑高度12.6m（图1）。酒店建筑中主要设备有冷却塔、油烟机组、热泵机组、水泵、新风机组、空调机组等，其降噪设计内容包括：各类设备机房、客房、KTV用房中主要机电设备的噪声控制和会议中心的建筑声学设计。

图1 钟山国际高尔夫酒店外观

2 噪声设计标准及要求

对标《声环境质量标准》GB 3096—2008，该项目属于2类声环境功能区，昼间环境噪声限值≤60dB（A），夜间环境噪声限值≤50dB（A）。

根据《民用建筑隔声设计规范》GB 50118—2010，该项目属于旅馆类，其室内允许噪声级按特级要求执行，即客房昼间≤35dB（A）、夜间≤30dB（A），办公室和会议室≤40dB（A），多用途厅（特别约定）≤37dB（A），餐厅和宴会厅≤45dB（A）；其他如隔墙、楼板、门和窗的隔声指标均按特级要求执行。

根据《剧场、电影院和多用途厅堂建筑声学技术规范》GB/T 50356—2005，会议中心500～1000Hz混响时间按1.0s ± 0.1s设计，背景噪声限值为*NR*–35。

3 酒店降噪设计

3.1 机电设备振动噪声控制

酒店建筑中主要机电设备有冷却塔、油烟机组、热泵机组、水泵、各类风机、新风机组、空调机组等。

（1）冷却塔噪声控制

距离酒店15m位置设有三台横流式冷却塔，单台冷却塔进风口和排风口处噪声分别为69.2dB（A）和74.1dB（A），酒店窗外1m处测得的噪声为61.5dB（A）。冷却塔噪声分为风机噪声、淋水噪声和电机噪声等，其中风机噪声是最主要噪声源。风机噪声属于空气动力性噪声，包括湍流噪声和旋转噪声，是以低中频为主的连续谱，频率在20～1500Hz之间。冷却塔主要技术参数见表1。

冷却塔主要技术参数　　表1

外形尺寸/mm	冷却水量/(m^3/h)	电机功率/kW	风机转速/rpm	风量/(m^3/h)	运行重量/kg
5500×3200×4160	350.6	17.5	252	201435	11438

根据该型冷却塔噪声频率特性和现场环境情况，采用全封闭式隔声罩加通风消声方案，下部进风采用阻性折板式消声百叶（图2）、顶部排风采用阻性片式结构消声器。

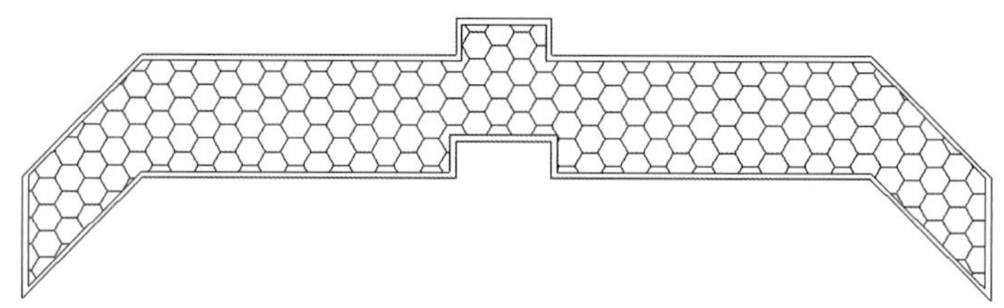

图2　进风百叶消声片

①隔声罩采用110mm厚多层夹芯吸隔声结构，其隔声量能达到33.9dB，该型结构能解决不同频段的噪声穿透问题，尤其是低频噪声。

②下部进风采用间距100mm阻性折板式消声百叶，该结构不仅能延长通风消声有效长度，还能防止高频失效并改变噪声传播方向，消声量达15.3dB（A），满足通风散热、采光和控制噪声向外辐射的要求。

③风机出口顶部安装1.5m高喇叭形导流静压箱以稳定风压，使得出风口的风能够顺利通过排风消声器。静压箱上部采用间距150mm阻性片式结构消声器，消声片两端采用三角形导流板结构，有利于减小气流阻力，消声量达25.6dB（A），能够很好地降低排风口出风机和气流噪声。

按照此设计方案试治理（图3）后，酒店窗外1m处测得的昼间噪声为51.6dB（A）、夜间噪声为47.3dB（A），满足标准和设计要求。

（2）新风机组振动控制

新风机组安装在五楼机房，楼下为客房，其机脚的振动加速度级在95～110dB之间，特别

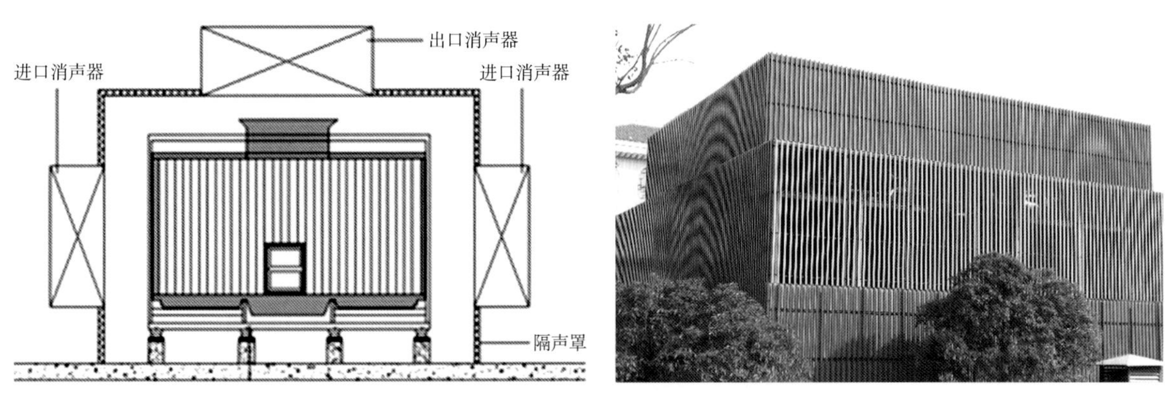

图3　冷却塔降噪方案剖面示意图和竣工后实景照片

是低中频（20～500Hz）的振动能量突出，直接传递至楼下，严重影响客房内的声环境。

根据新风机组振动频率特性，在新风机组机脚位置安装10只阻尼颗粒弹簧复合减振器，减振器安装于浮筑地面系统上（图4）。

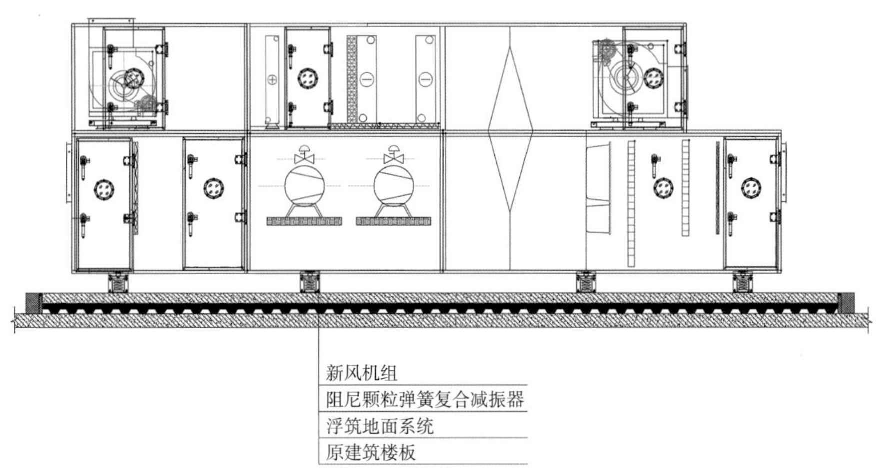

图4　新风机组浮筑减振系统

①减振器阻尼元件的颗粒之间、颗粒与腔壁之间相互碰撞起到抑制振动作用，将机组的低频振动转化为高频的粒子运动；

②减振器内部的弹簧系统静态压缩量大，固有频率低，对低频隔振有较好的衰减作用；

③浮筑地面系统中的FZD橡胶减振垫（500mm × 500mm × 50mm）具有荷载范围宽和高阻尼特性，有利于减少共振和高频振动，同时能解决钢弹簧“高频失效”现象。

采用阻尼颗粒弹簧复合减振器和橡胶减振垫浮筑地面系统综合隔振后，楼板振动加速度级为60.8dB，满足减振降噪标准要求，有效控制了新风机组的结构传声。

3.2 客房噪声控制

客房的楼板、分户墙、入户门、连通门、外窗、风机盘管、下水管道等均是影响客房内部声环境的因素。

（1）楼板：在原结构板上敷设10mm厚浮筑地面保温隔声垫（专利号：ZL201621312236.X），既能提高楼板的保温性能，又能提高楼板的撞击声改善量；

（2）分户墙：在原200mm厚隔墙两面均采用100mm厚100K隔声棉+25mm厚复合阻尼隔声板进行隔声，使分户墙总体计权隔声量达到50dB；

（3）窗户：采用双中空玻璃（6+12A+6+12A+6），计权隔声量达到33dB；

（4）门：采用75mm厚实心木门，门顶、门底和侧边均采用隔声封条，计权隔声量达到30dB以上；

（5）风机盘管：风机盘管及管道内部包裹环保型吸声棉；

（6）下水管道：下水管道采用内吸外隔的管道隔声毡（专利号：ZL201820674347.8），内层吸声材料可以很好地消耗管道壁与隔声材料之间的回声，外层的隔声材料可以很好地隔绝水流撞击产生的低频噪声，同时起到保温防冻的效果。

3.3 会议中心混响控制

会议中心房间容积为1562m^3，室内表面积约为1049m^2，混响时间采用1.0s ± 0.1s，背景噪声限值为*NR*–35（图5）。

图5　会议中心

结合室内设计，顶面和部分墙面采用硅晶岩吸声板装饰。基板为6mm厚硅晶岩吸声板（吸声系数如表2所示），板面上硅晶岩抹灰2mm找平，面层喷涂1mm硅晶岩吸声面层，将简洁的装饰效果与静谧的声环境有机而紧密地结合起来（图6）。

吸声系数　　**表2**

材料名称	吸声系数					
	125Hz	250Hz	500Hz	1000Hz	2000Hz	4000Hz
硅晶岩	0.4	0.38	0.4	0.46	0.65	0.62

经现场检测会议中心500～1000Hz混响时间为1.1～0.95s（表3），背景噪声为*NR*–31，噪声频谱如表4所示，能为会议报告等工作需求提供高质量的建筑声环境。

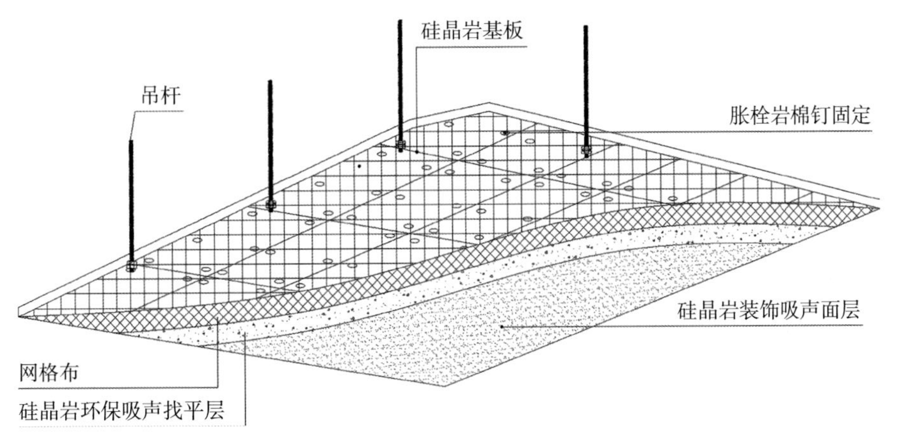

图6　吸声吊顶图

混响时间测试值　　表3

倍频程	125Hz	250Hz	500Hz	1000Hz	2000Hz	4000Hz
混响时间T_{60}(s)测试值	0.91	1.10	1.10	0.95	0.68	0.71

噪声频谱　　表4

倍频程/Hz	31.5	63	125	250	500	1000	2000	4000	8000	评价值
噪声/dB	55.3	50.8	44.6	36.1	33.4	31.4	28.1	25.2	24.2	*NR*–31

4 技术创新点

4.1 橡胶隔声减振垫

我司利用军工橡胶技术，根据不同成分橡胶的动力特性，生产JF型和FZD型系列橡胶减振产品（图7），该产品能有效解决钢弹簧隔绝高频振动的传导，防止“高频失效”现象发生，并取得实用新型专利《一种阻尼复合弹簧减振器》，专利号ZL201921566639.0。

JF型

FZD型

图7　JF型和FZD型系列橡胶减振产品

橡胶隔声减振垫适用于机房、超高建筑设备层、楼顶设备基础、排练厅、隔振墙等各种消除振动刚性连接场所，能最大限度地减小建筑物结构件上的振动以及噪声的传递污染，有效地解决低频噪声的结构传播。

4.2 硅晶岩吸声板

本项目会议中心顶面采用硅晶岩吸声板（图8），是由南京宏润声学科技有限公司和清华大学联合研发的一种声学材料。由于硅晶岩吸声材料对高、中、低频优异的吸声性能，结合材料安装空间的具体设计，可根本解决建筑物空间对吸声效果的技术要求，并且达到表面装饰效果与空间吸声效果的完美统一。获得《硅晶岩板吸声系统》（专利号：ZL201720158713.X）等共9项专利。

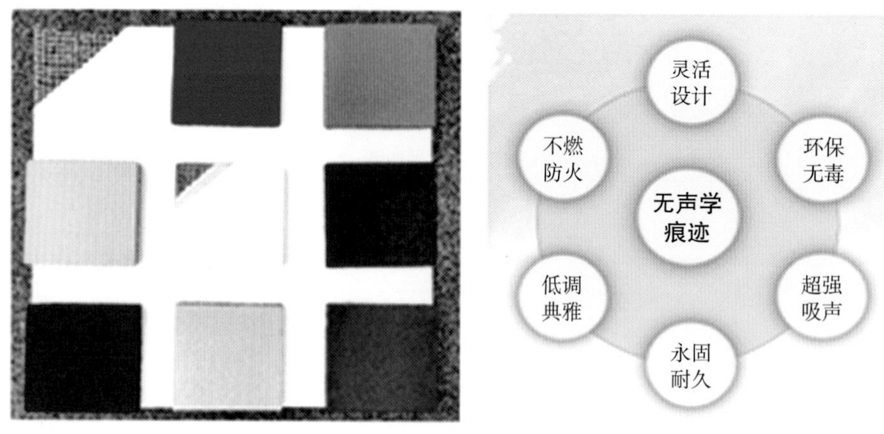

图8　硅晶岩吸声板

硅晶岩吸声板应用范围主要有文化场所、学术场所、商业场所、机场车站等高端建筑的空间混响处理。

案例提供：薛倩、陈晖、胡康，工程师，南京宏润声学科技有限公司。Email：jbs66@163.com

无机房电梯降噪治理技术应用案例

方案设计：深圳深日环保科技有限公司　　工程施工：深圳深日环保科技有限公司
项目规模：10～11层小高层、32台电梯　　项目地址：浙江省杭州市西湖区
项目名称：杭州祥生地产某小区　　竣工日期：2019年12月

1 工程概况

1.1 工程背景

杭州祥生地产某小区由全部小高层建筑组成，为新亚洲风格建筑（图1），是祥生地产深耕杭州、精耕之江的标杆力作，项目周边优质配套产业云集，全覆盖便捷交通枢纽，近邻全国首个云计算产业生态小镇——云栖小镇。

图1　项目规划图

项目为小高层住宅小区（10～11层），小区的所有楼栋均采用速度为1.75m/s无机房型号电梯。由于原建筑户型布局设计原因，其中的A2、B2户型次卧紧邻电梯井道，而电梯曳引机主机就直接安装在次卧背面的电梯井道内壁上，属于极端典型的“共墙”模式。因此所有楼层与电梯相邻的户型都受到了明显的电梯低频振动传声影响，特别是曳引机所在的顶层和次顶层的次卧影响最为严重。

1.2 设计概述

（1）电梯噪声防治设计

杭州祥生项目无机房电梯降噪治理工程的电梯噪声防治分析、电梯噪声诊断、电梯噪声防治方案设计和电梯减振降噪施工均由深圳深日环保科技有限公司负责。

（2）电梯噪声源的分析

电梯启动及停止时的主机抱闸吸合动作、电梯运行时曳引机高速转动、曳引轮与钢丝绳摩擦、限速器高速转动与控制柜的接触器动作、电梯导靴与导轨的滑行摩擦等都会产生较大的低频振动影响，并通过电梯部件的安装固定与建筑墙体的刚性连接向相邻的结构传递，从而对相近的室内环境造成固体传声影响，主要噪声源分析如图2～图5所示。

图2　噪声源1无机房曳引主机图

图3　噪声源2限速器、钢丝绳组件图

图4　噪声源3电梯井道内导分布图

图5　噪声源4电梯导轨刚性连接图

（3）电梯噪声影响户型传播分析

本项目电梯井道采用混凝土剪力墙结构，因此电梯噪声影响主要判断为建筑结构固体传声影响，相关的户型布局和噪声的传播分析如图6、图7所示。

2　设计评价依据及电梯降噪治理措施

根据本项目电梯噪声分析，降噪措施主要对电梯曳引机及电梯井道内的导轨固定部分进行了

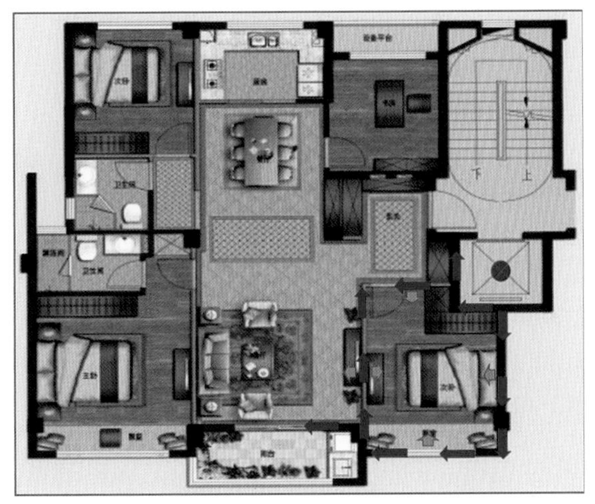

图6　A2户型电梯平面布局及噪声传递图　　图7　B2户型电梯平面布局及噪声传递图

减振治理（图8、图9）；其他的运动部件采取相应辅助隔振处理（如限速器、钢丝绳组件、控制柜等）。

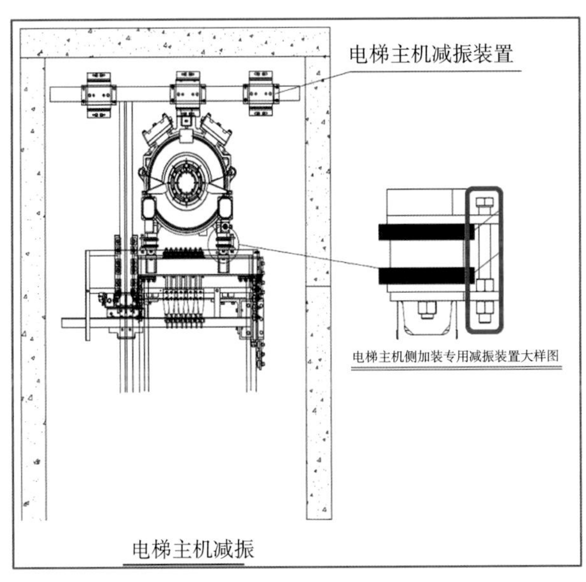

图8　电梯主机减振设计图

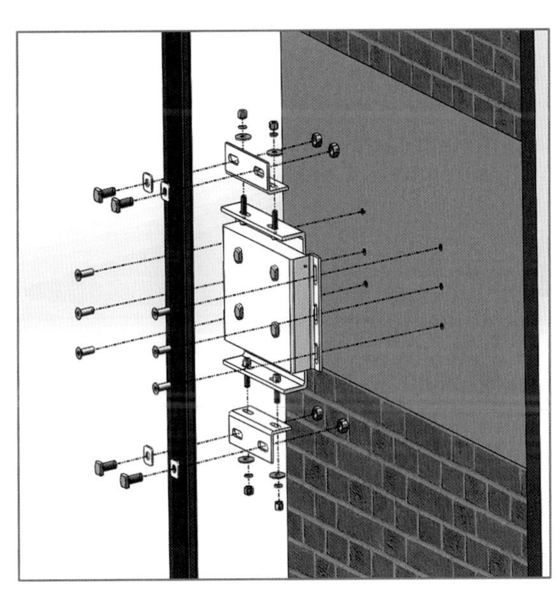

图9　电梯导轨减振设计图

3　工程项目技术创新及亮点

3.1　项目技术创新

本工程主要应用深日团队研发的电梯主机减振装置（无机房系列）和电梯导轨减振装置（无机房系列）产品。项目采取的减振降噪措施不改变电梯运行工况和设备既定参数，不改变电梯井道或住室内的墙体结构，也不需要对井道或住户室内增加墙体隔声设计。安装专用的电梯降噪产品后，即可通过吸收和消化振动的传递，隔断振动传播途径，以实现电梯降噪治理（图10、图11）。产品安装后可在保证电梯设备安全运行的前提下，确保室内电梯噪声影响降低至住户满意的舒适居住标准。

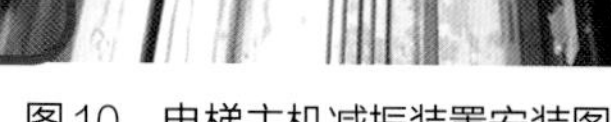

图10 电梯主机减振装置安装图

图11 电梯导轨减振装置安装图

3.2 电梯降噪治理前、治理后等效A声级对比（数据选自顶层样本间）

电梯降噪治理前和治理后分别对影响最严重的A2与B2户型顶层次卧进行检测，数据如表1、表2所示。降噪治理效果显著，实施降噪后电梯运行与停止的室内噪声差值降至3dB（A）以内。

电梯降噪治理前数据 表1

比较项目	受测房间3栋11层	
	A2户型／次卧	B2户型／次卧
测量结果（电梯运行）/dB（A）	40.7	38.9
背景值（电梯停运）/dB（A）	26.1	26.8
差值	14.6	12.1

电梯降噪治理后数据 表2

比较项目	受测房间3栋11层	
	A2户型／次卧	B2户型／次卧
测量结果（电梯运行）/dB（A）	28.5	27.8
背景值（电梯停运）/dB（A）	26.4	26.5
差值	2.1	1.3

3.3 电梯降噪治理前、治理后室内倍频带声压级噪声对比（数据选自顶层样本间）

电梯降噪治理前、后室内倍频带声压级噪声检测数据如表3所示。

电梯降噪治理前、治理后室内倍频带声压级噪声检测数据 表3

倍频带中心频率 比较项目/Hz		受测房间室内噪声倍频带声压级测量结果/dB（A）				
		31.5	63	125	250	500
2类区A类房间限值		72	55	43	35	29
治理前	3栋11层／A2户	41.9	45.0	44.2	42.4	39.8
	3栋11层／B2户	42.5	37.3	43.3	47.2	39.9
治理后	3栋11层／A2户	36.5	38.1	36.7	28.9	25.5
	3栋11层／B2户	40.1	36.7	34.4	27.1	26.7

3.4 电梯降噪治理前、治理后的频谱分析（数据选自顶层样本间）

电梯降噪治理前、治理后，顶层样本间频谱分析如图12～图15所示。

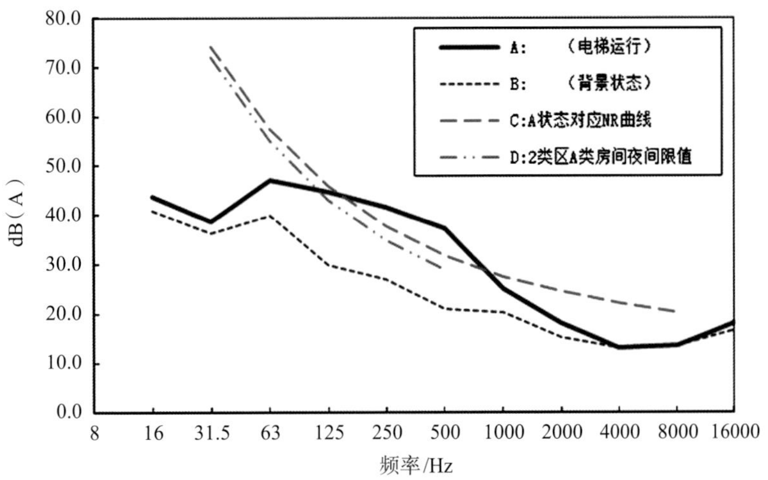

图12　A2户型降噪前频谱分析图示

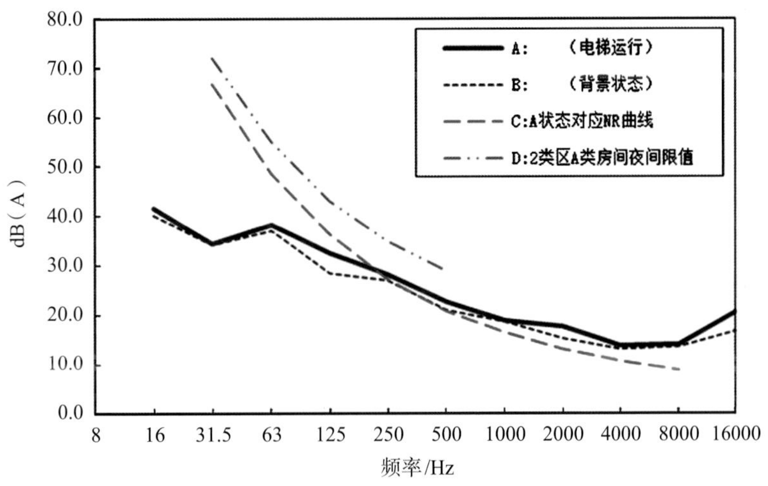

图13　A2户型降噪后频谱分析图示

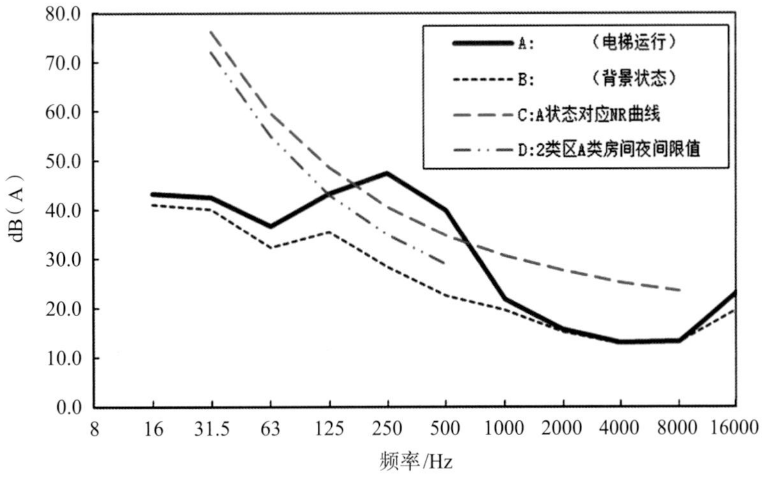

图14　B2户型降噪前频谱分析图示

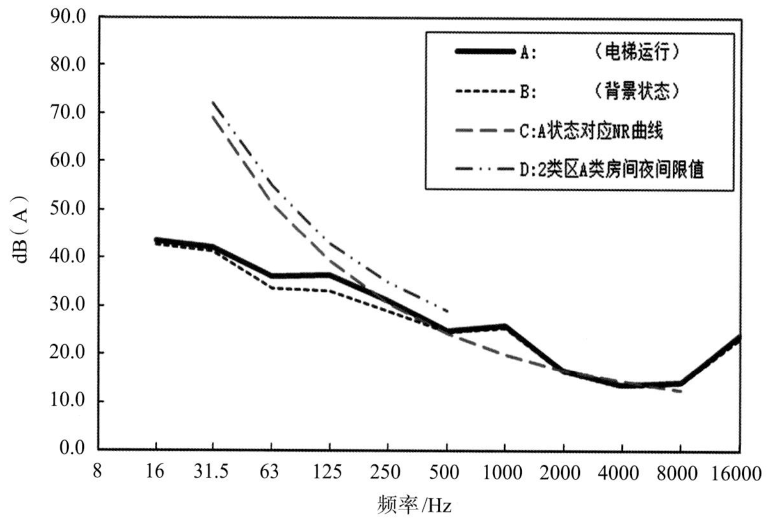

图15 B2户型降噪后噪声频谱分析图示

3.5 电梯降噪治理后小区住户降噪效果回访

本项目根据原合同约定，需要满足“主、客观一致”治理验收标准要求，具体验收如下：

（1）实施降噪治理后，室内噪声满足《民用建筑隔声设计规范》GB 50118—2010和《社会生活环境噪声排放标准》GB 22337—2008中2类声功能区标准。

（2）实施降噪治理后，对顶部已入住的住户进行降噪效果回访调查，所调查的住户均对降噪治理效果回访满意并签字认可。

4 项目经验体会

所谓无机房电梯，简单来说就是将有机房电梯的曳引机主机安装到与住户一墙之隔的电梯井道内，因此电梯振动固体建筑传声的影响往往更为严重。受电梯井道安装空间和曳引机安装位置及受力限制，往往降噪的治理难度更大。然而，若能准确分析与判断电梯噪声源、对症采取相应的有效隔振措施，电梯噪声仍然是可以通过治理得到良好的解决。

本文工程案例介绍了项目的建筑户型布局、电梯噪声源的判断、电梯噪声的传递分析、电梯降噪治理措施方案和最终实施的降噪治理效果，可为同类无机房电梯噪声防治提供方案设计参考。

案例提供：马登华，深圳深日环保科技有限公司创始人、深圳市后备级人才、深圳市生态环境局电梯噪声防治专家。

无锡蠡湖金茂府项目A、B、C地块噪声综合治理工程方案及施工

方案设计：南京宏润声学科技有限公司
声学施工：南京宏润声学科技有限公司
项目规模：总建筑面积288500m^2，总占地面积124336m^2
建筑单位：无锡泰茂置业有限公司
竣工日期：2021年4月29日
项目地点：江苏省无锡市滨湖区

1 项目概况

无锡蠡湖金茂府项目A、B、C地块隶属无锡市滨湖区板块，紧靠蠡湖景观带。地块位于蠡湖北岸，紧邻滨湖区政府，属滨湖区政府板块核心区域，风景优美，地理位置优越（图1）。

图1 蠡湖金茂府外景

工程采用地源热泵+毛细管网辐射的空调技术，低噪声本是其重要优势和卖点。然而因住宅地库中穿插许多设备机房，内部建筑设备噪声和振动无处不在，同时也受到金城西路快速内环交通运输噪声的影响，因此噪声治理就成为该项目的重点和难点。

1.1 内部建筑设备噪声影响

建筑设备是建筑物的重要组成部分，包括给水、排水、采暖、通风、空调、电气、电梯、通信及楼宇智能化等设施设备等。本项目内部建筑设备噪声主要是水泵、热泵、冷热源机组、电梯、空调、冷却塔、新风机组、餐饮炉灶排烟机和风管、水管等处理不当而引起的结构噪声和空气噪声；以及居民住宅室内设备噪声（家用电器等）和居民生活噪声等。

1.2 外部噪声影响

无锡蠡湖金茂府紧靠金城西路快速内环，交通噪声成为小区外部环境的主要污染源，会对临

近道路一侧的楼盘产生不利影响。

2 设计概述

根据《声环境质量标准》GB 3096—2008，无锡蠡湖金茂府项目大部分区域属于1类声环境功能区：昼间环境噪声≤55dB(A)，夜间环境噪声≤45dB(A)；少部分靠近金城西路的沿线楼盘，按交通干线两侧执行4类标准，即昼间噪声≤70dB(A)，夜间噪声≤55dB(A)。

根据《民用建筑隔声设计规范》GB 50118—2010，无锡蠡湖金茂府项目属于高标准住宅，其住宅卧室昼间允许噪声级≤40dB(A)，夜间允许噪声级≤30dB(A)，起居室(厅)允许噪声级≤40dB(A)；其建筑结构中门窗、分户墙和楼板的隔声亦执行《民用建筑隔声设计规范》GB 50118—2010的相关隔声标准。

3 噪声控制主要技术措施

为确保蠡湖金茂府项目建筑区域的安静，应系统性地甄别各项噪声振动污染源，积极采取有效措施控制各种噪声源的影响，减小其对住户的干扰。针对上述噪声源应分别采取隔声、吸声、消声、隔振、阻尼减振、选用低噪声产品等单项或多项治理措施进行综合控制。

3.1 动力设备隔振治理

动力设备隔振控制是项目噪声控制的关键因素，一旦出现问题改造难度和成本非常大。另外振动噪声传播距离远。它通过设备基础、管道及管道支吊架传递至整个建筑，迫使建筑结构或建筑结构上的附着物振动及发声。

根据各种不同设备(新风机组、冷热源机组、板式换热器机组、冷却塔、水泵及锅炉等)的振动能量、安装地点等环境，设置一级减振和二级减振等方式，具体做法如下：

(1)设备基座敷设浮筑地面；

(2)根据设备参数，选择合适的复合阻尼弹簧减振器；

(3)设备机组所有管道连接处均加软连接，管道穿墙部分采用非硬化材料进行弹性隔声封堵处理；

(4)落地管道选用弹性托架减振器进行支撑，架空管道选用弹簧吊架减振器进行吊装。

3.2 吸声、隔声治理

(1)机房吸声、隔声治理

作为动力设备放置的主要场所和产生噪声的集中区域，设备机房的吸声、隔声设计尤为重要。我们主要根据机房与敏感点的相对位置、机房噪声能量大小等因素来设计墙面和顶面的吸声与隔声，具体包括机房的顶棚和部分侧墙安装防潮、防火、防霉、防蛀吸声、隔声结构，安装防火隔声门、隔声窗等。

若机房与住宅距离较远，墙面可采用离心玻璃棉与铝合金穿孔护面板等简单吸声做法即可；如存在机房与住宅共用墙面，则需根据机房噪声能量设计隔声墙的隔声量，再加离心玻璃棉与铝合金穿孔护面板（图2）。机房顶面的吸声、隔声设计，需根据机房上方是否有架空层、机房上方楼板的空气隔声量、敏感点的功能情况，确定是否需要加装减振隔声吊顶；机房上方管道较多，吸声一般采用ATI吸声喷覆系统。对机房的防火门和窗户需要统筹考虑门窗类型与隔声量的选择，同时必须符合相关消防标准。

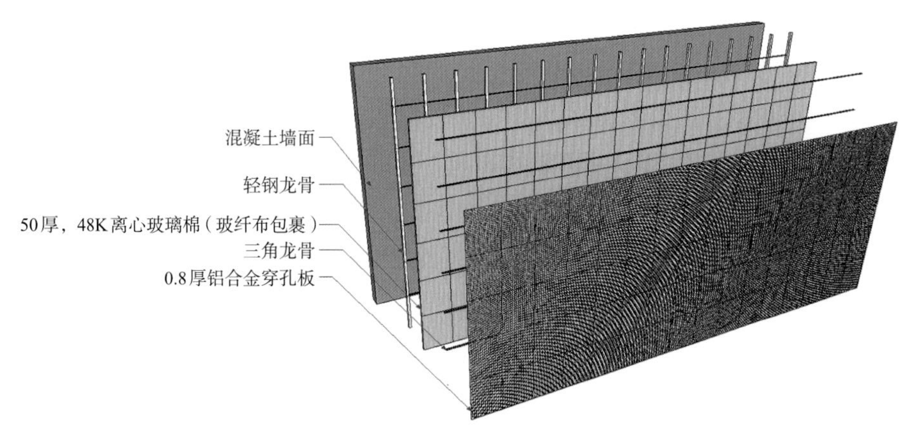

图2　吸声墙面效果图

（2）设备吸声、隔声治理

冷却塔安装在金茂府正门边的商业用房屋面，紧邻住宅的三面采用U形隔声屏障，正面采用进风消声百叶，顶部排风机处设置导流排风消声器；声屏障和进风消声百叶表面采用与建筑外墙一体的真石漆喷涂，既有效控制了冷却塔噪声，又保证隔声罩的美观，使冷却塔和隔声罩完全融入建筑群中（图3）。

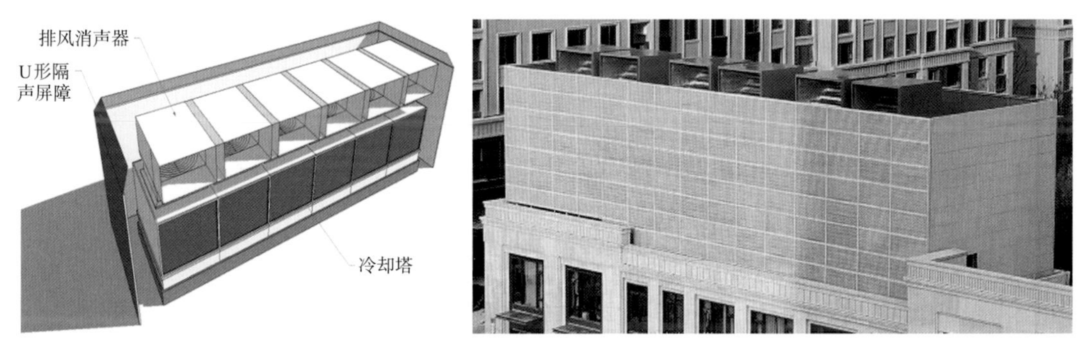

图3　冷却塔隔声罩设计效果图与实施照片

每单元的楼顶都安装了新风机组，其噪声通过天井和女儿墙绕射到居民房间，新风机组采用了隔声罩、隔声门、通风百叶窗，有效解决了噪声对周围环境的影响，同时能保证设备正常运行。

（3）风管、水管穿墙隔声治理

机房中设备的配套管道众多，为了防止管道的固体传声，应尽可能减少在墙壁上开孔，对于必须开孔的，开口面积应尽量小。在开孔的管道穿墙部位安装套管，套管与管道须保持同心圆，并在空腔处采用柔性材料封堵，以减少漏声。

3.3 通风系统消声治理

管道消声器是治理新风机组噪声通过风管传播的重要技术措施，根据不同的消声原理可分为阻性消声器、抗性消声器和阻抗复合型消声器，可按设计要求提供必要且频谱特性匹配的消声量（插入损失）。消声器的设计计算是决定管道系统消声效果的关键因素。住宅使用一般选用消声频带宽并尽可能地在要求频带范围内获得较大消声量的消声器，还要考虑消声器的空气动力性能、结构性能和气流再生噪声问题。另外，为了减少和防止机房噪声源对其他区域的影响，消声器一般应安装在靠近声源设备的上游稳定管段上。

本项目新风机房离住户房间较近，局部风管长度较短，风速高，风管内机组噪声和二次噪声较大。在本项目新风机组的送风口和排风口处分别安装送风消声静压箱、排风消声静压箱，所有进、回风管道安装XZP100消声器，消声器消声量≥20dB（A）。局部风管位置不够安装消声器时，我们在阀门之后安装消声器，并在消声器上游配置一段800mm的过渡管。因该项目是高端住宅，消声器和消声静压箱的内部吸声棉采用聚酯纤维覆面微孔铝箔吸声体，避免了使用玻璃棉后期产生脆化和粉尘现象。

3.4 室内噪声治理

（1）按《民用建筑隔声设计规范》GB 50118—2010要求，合理选择建筑隔声材料和构件，严格控制工程质量，确保分户墙、分户门、楼板、窗户等的隔声量。楼板采用浮筑楼板，敷设浮筑地面保温隔声垫，在显著提高隔声效果的同时具备保温功能。

（2）厨房和卫生间应集中布置并考虑适当的管路隔声措施，卧室不应与电梯间、管道间、设备用房相邻。

4 噪声治理的重难点

4.1 低频噪声的控制

（1）机电设备工作时产生的振动，会通过结构传导形成低频特点较为突出的二次结构噪声，需要优先考虑充分必要的减振降噪措施加以控制。

（2）通风管道的风噪声和新风机组的噪声通过风管进行传播，最后通过新风口或回风口传递到房间内，管路对中高频噪声具有一定的自然衰减作用，消声器更是可以提供足够的中高频吸声效果，但低频噪声的治理难度则大幅增加。在新风机组送风口和排风口处安装消声静压箱、增加消声器的片厚和吸声材料的密度，是提升低频降噪效果的有效途径。

（3）室内风阀处漏风和支管的噪声、回风口的噪声，声压级虽不太高，但因是在房间内部直接形成的，对居室环境影响较大。应合理控制支管和末端风口的流速，并选择适当的风口形式（避免选择气流再生噪声高的复杂截面风口或散流器）。

（4）电梯的噪声振动影响是住宅建筑的痛点和难点，包括曳引机振动和对重块与轨道摩擦产生的低频振动传导所激励的室内二次结构噪声，抱闸时产生的冲击振动与噪声，以及机房内控制柜接触器动作（甚至还有电抗器）的振动与噪声，会通过结构传播对顶层住户和中部楼层产生较明显的影响。单独增加轻薄墙板并不能有效隔减低频结构噪声影响，甚至还会受振动激励成为低频噪声的放大器，适得其反。首先应在建筑布局设计中使电梯井道尽可能远离卧室，其次尽可能选择低噪声振动的永磁同步无齿轮曳引机，高速电梯则应配套采取轨道隔振措施。

4.2 施工问题

承包方或机电分包方对设备噪声和振动产生的影响认识不够深刻，管理不善或施工中安装方式不当，形成如下问题：

（1）提供设备重要参数有偏差，重量不对等导致减振器选型错误；

（2）综合管线审核不到位，施工中出现占位、错位；

（3）水泵管路柔性节点、穿墙点出现刚性连接等现象；

（4）减振器的安装点和水平调整没有到位，导致减振器发生倾斜变形；落地支架和吊顶支架未安装减振器或安装方式不对，形成短路；

（5）选用不符合声学技术参数和各项性能指标要求的材料，达不到声学设计和防火、抗老化目标；

（6）施工过程中的失误导致隔声有缝隙、孔洞，形成噪声泄漏、扩散。

4.3 设计问题

（1）隔声、消声、隔振设计的合理性、实用性与可靠性问题，以及过度设计与设计漏项问题；

（2）设计师在计算的时候，安全系数K的取值合理性问题；

（3）经验公式计算与计算机建模仿真的区别以及闭环验证问题；

（4）能否结合现场实际情况和经验因地制宜进行设计配合与调整。

5 技术创新

分户楼板使用了我司最新生产的5mm浮筑地面保温隔声垫，该产品采用高分子阻尼复合橡胶，含有高阻尼隔声层和减振层，具有质轻、拉伸强度大、环保、阻燃、抗压缩变形性、防滑耐磨、施工简便等优点。主要用于楼板的隔声、减振与保温，该产品经清华大学相关部门检测，撞击隔声改善量达24dB，可以抑制建筑结构振动传播，从而提高楼板的隔声性能，有效减少楼上对楼下的噪声干扰并改善楼板的保温性能。该产品主要有复合型、波浪型和平板型（图4）。波浪型主要用于住宅，具有价格低、保温性能高，平板型一般应用于高级酒店，隔声和减振性能更高。完全满足《绿色建筑评价标准》GB/T 50378—2019中的相关声学、保温、环保等技术要求。

图4　保温隔声垫

根据民用建筑防火、环保的要求，我司生产的消声器全面参照《XZP_{100}消声器选用与制作》15K116-1设计图集，严格执行《声学　消声器噪声控制指南》GB/T 20431—2006等技术标准，采用的多孔吸声材料为防火阻燃、健康环保的材料，多孔吸声材料的燃烧性能等级≥A2级，环保性能≥E0级，降噪系数$NRC \geq 0.9$，不产生粉尘，对室内空气不造成污染。

6 经验体会与展望

舒适、环保、健康的绿色生态住宅及生态住区是城市人居环境发展的重要方向，良好的声环境已经成为生态住区必不可少的条件。努力改善与提高住宅的声环境质量已成为我们要正视和解决的一个重要问题。随着新版《中华人民共和国噪声污染防治法》的实施和《"十四五"噪声污染防治行动计划》的落实，设备减振降噪和楼板隔声措施等技术在我国住宅建设中将会得到越来越广泛的应用。

案例提供：吴圣国、王洁、薛倩，工程师，南京宏润声学科技有限公司。

熟料水泥生产线噪声综合治理工程案例

设计单位：哈尔滨城林科技股份有限公司　　施工单位：哈尔滨城林科技股份有限公司
项目规模：一条日产5000t和一条日产4500t熟料水泥生产线　　项目地点：广东省
竣工日期：2022年6月

1　工程概述

随着经济的发展与社会的进步，城市中出现了各种各样的噪声，尤其是城市周围（中）的工业企业的厂界噪声排放。厂界噪声超标，会对周围人员以及厂内工作人员的身心健康造成不良的影响，诱发相关疾病。

本文以拥有一条日产5000t及一条日产4500t熟料水泥生产线的某水泥厂为例，介绍水泥厂噪声的治理方案及治理重点难点。两条熟料水泥生产线中广泛使用大型破碎机、磨机、高中压风机、罗茨风机等设备，以上设备在工作时的噪声往往高达100～120dB(A)，远远超过了国家标准规定的低于85dB(A)，加之这些设备常常是每天24小时工作，长年如此不停地工作，对水泥厂生产区域内人员及厂界周边环境产生很大的噪声污染。

2　噪声源分析

2.1 水泥厂噪声源分类

根据现场考察及声学软件模拟，水泥厂主要噪声污染源共分为两大类：

(1) 动力设备噪声：磨煤机、水泥磨、辊压机、破碎机、提升机、汽轮机、减速机。

(2) 风机噪声：篦冷机冷却风机、高温风机、循环风机、收尘排风风机、散热轴流风机、罗茨风机、空压机。

2.2 水泥厂噪声源模拟

水泥厂整体噪声治理方案设计时，需对全厂噪声源进行排查分析。为表征各声源噪声对厂区内噪声辐射影响以及对厂界及敏感区域影响，采用德国DATA公司Cadna/A软件进行噪声现状模拟。建模时根据实际情况，对厂区内主要噪声源及其他建筑物进行1:1比例建模，并将现场测量噪声频谱参数输入软件中进行设定(图1)。

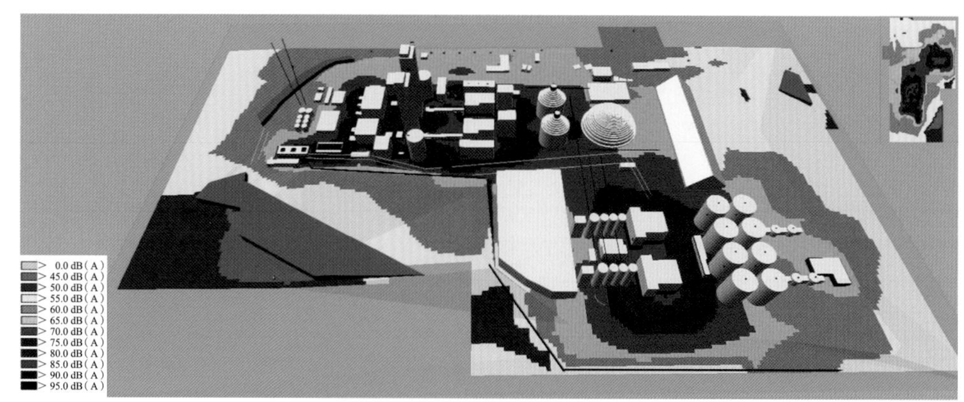

图1　某水泥厂噪声分布情况

2.3 水泥厂噪声治理难点分析

（1）温度控制：设备在噪声治理的同时，也需要考虑设备使用环境的温度控制。水泥厂噪声治理的温度控制重点在于回转窑的温度控制。

（2）设备降噪实用性：进行设备噪声控制时，在保证噪声达标的前提下，同时需要兼顾设备检修的可操作性。对于整体式罩壳降噪方案，在罩壳顶部及侧面布置可拆卸式壁板，以保证设备的检修空间。对于回转窑的特殊性，回转窑处的罩壳及冷却系统均采用可拆式结构，均可快速拆卸及吊装。

3 水泥厂噪声源治理方案

3.1 动力设备噪声治理方案

此类设备的主要噪声源为驱动电机散热风机的空气动力噪声以及设备本体的机械噪声。此类设备本体尺寸均较大，且没有明显的噪声排放口。因此在噪声治理的过程中，需充分考虑设备本体的尺寸及降噪方案的可行性。此处以辊压机为例介绍此类设备的降噪设计方案（图2～图5）。

辊压机主要作用为原料破碎，设备整体噪声都很高，且没有明显的排放口，因此需对设备整体做隔声降噪处理，并在隔声罩壳上设置通风系统及检修门。通风系统配备通风风机，以此为辊压机电机及罩壳内部进行强制通风散热。

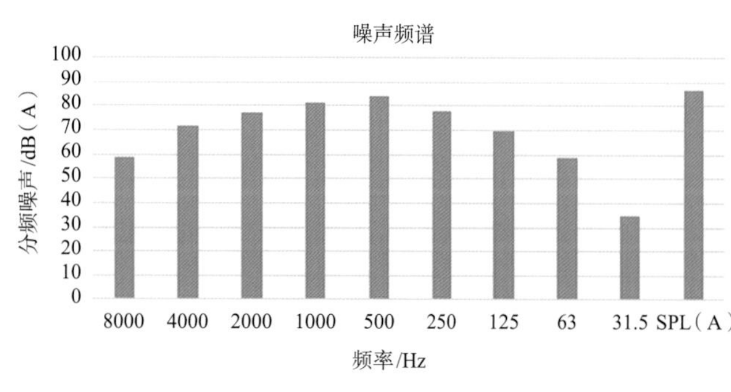

图2　原料辊压机实测噪声源频谱

图3　原料辊压机治理前实景

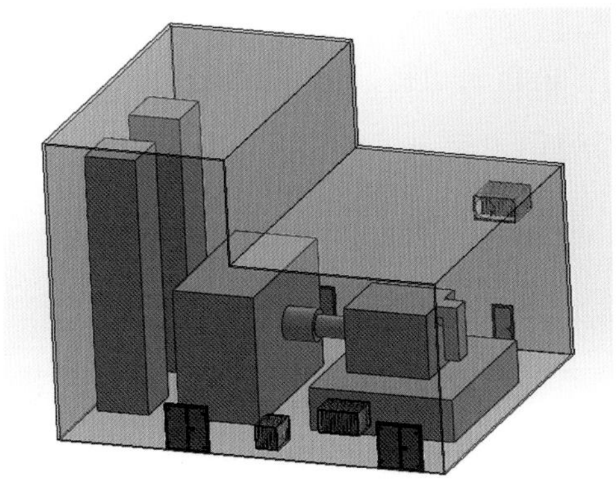

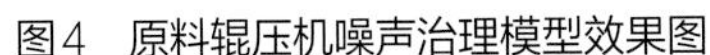

图4 原料辊压机噪声治理模型效果图

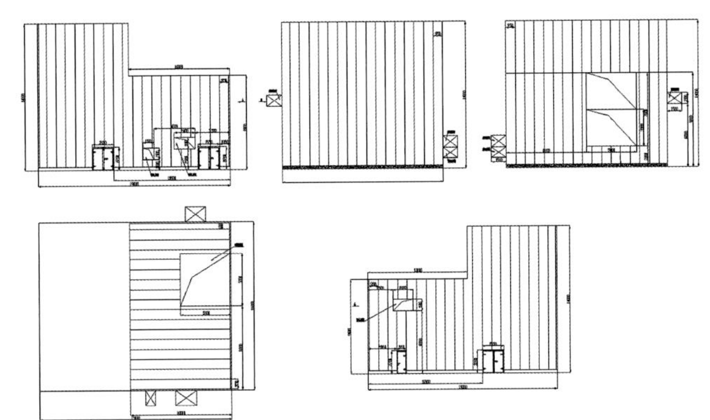

图5 原料辊压机噪声治理设计图

3.2 风机噪声治理方案

此类设备的主要噪声源为电机散热风机的空气动力噪声以及设备内部介质流动的空气动力噪声。此类设备本体尺寸较小，且有明显的噪声排放口。因此在噪声治理的过程中，可在噪声排放口设置进（排）风消声器，并对风机本体设置隔声罩壳。此处以窑尾高温风机为例介绍此类设备的降噪设计方案（图6～图9）。

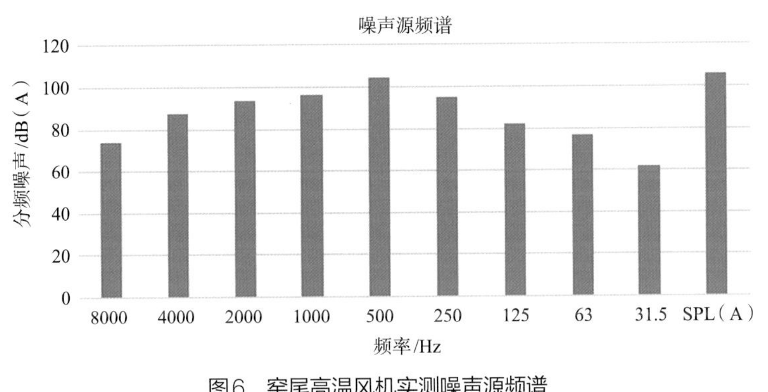

图6 窑尾高温风机实测噪声源频谱

图7 窑尾高温风机治理前实景照片

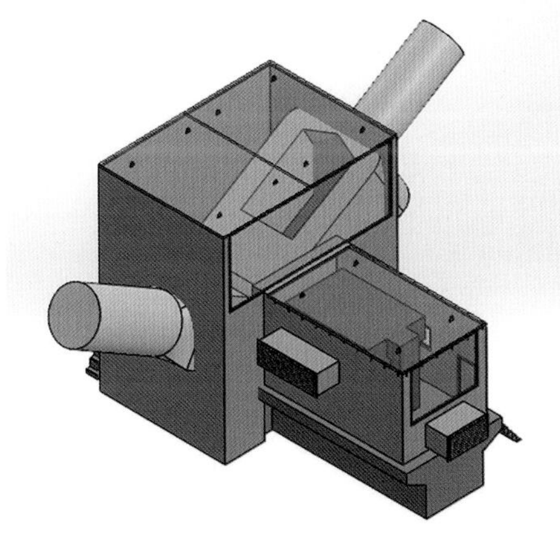

图8 窑尾高温风机噪声治理模型效果图

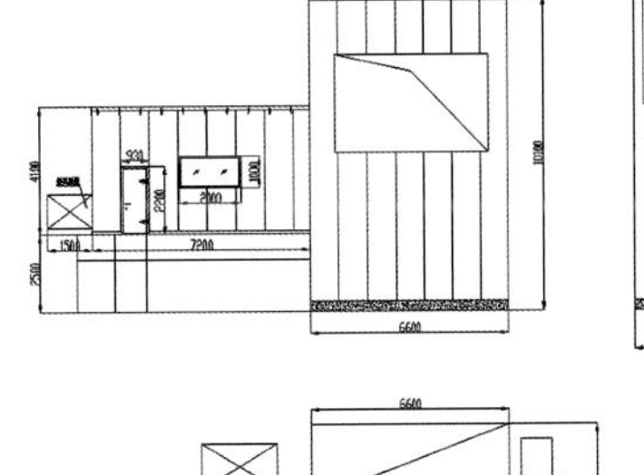

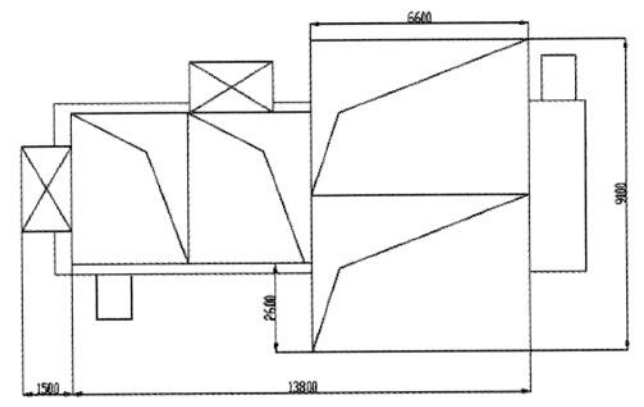

图9 窑尾高温风机噪声治理设计图

窑尾高温风机是水泥厂典型的传送高温介质的离心风机，因此在进行噪声治理时，需充分考虑风机叶轮的热辐射对风机电机的影响。若无法处理风机叶轮的热辐射，会导致电机的运行环境温度升高，从而导致电机运行故障的产生。因此在对风机进行降噪的同时，必须保证电机周围环境的温度满足运行要求。针对此问题提出的解决方案为：电机与风机叶轮分别单独设置隔声罩壳进行噪声治理，并在电机隔声罩壳上设置通风系统及检修门。

4　技术创新与工程亮点

本案例水泥厂噪声治理项目，首创整体式回转窑冷却系统，并将冷却系统与水泥厂中控系统相连接，采用智能联控的方式对回转窑温度进行控制。

水泥厂回转窑系统为高温系统，回转窑筒体外表面温度较高，因此在噪声治理的过程中，需充分考虑回转窑的窑体温度，温度过低会影响回转窑的燃烧效率，温度过高会对筒体结构造成损伤。因此在对回转窑进行噪声治理的同时，必须保证回转窑筒体的温度在正常运行范围。但常规回转窑冷却系统均为分散式小风机，回转窑平台空间有限，无法采取有效措施对大量小风机进行噪声治理。针对此问题，本案例采用将原有回转窑的所有小风机取消，更改为两台大风量风机。一台主冷却风机用于冷却回转窑本体及窑头拖轮，另一台辅助冷却风机用于冷却主动电机及其余轮带（图10、图11）。

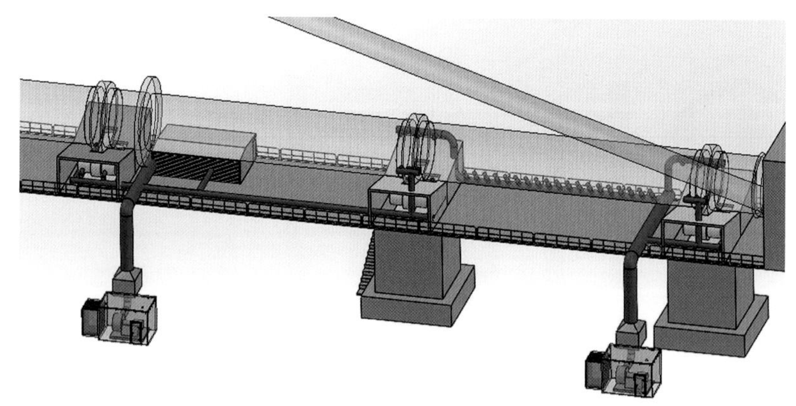

图10　回转窑冷却系统模型效果图

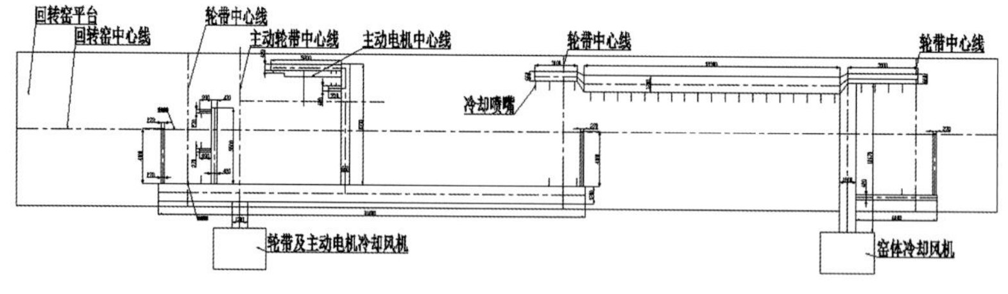

图11　回转窑冷却系统设计图

回转窑温度控制措施：为了便于控制回转窑温度，在每个风管出风口设置一个可调节电磁控制阀。通过在回转窑窑体、拖轮设置5～10个测点，实时监测回转窑及拖轮温度，并将每个温度监测信号与监测点附近的几个风管出风口处的电磁控制阀相连接，以此来控制回转窑及拖轮各处温度，使每处检测点的温度都在可控范围内，减少维护人员的工作强度，并且提高回转窑及拖轮温度的控制能力。

5 经验体会

对水泥厂设备进行噪声治理时，首先要解决设备的散热问题。根据水泥生产线的特性，厂区内存在大量运输高温介质的离心风机，若直接对设备进行噪声治理，高温介质的热辐射会对电气设备产生毁灭性的损害。因此，只有保证了设备的运行环境，在此基础上进行的噪声治理工程才有实际意义。

针对水泥厂进行全厂噪声综合治理工程时，需充分考虑到全厂的综合降噪方案，不能仅对噪声大的设备进行噪声治理。需要对现场噪声源进行甄别和分析，并通过声学软件模拟分析，最终确定哪些噪声源需要进行噪声治理，哪些噪声源在不治理的情况下，也可满足厂界及厂内环境噪声要求。

案例提供：孙健华，高级工程师，哈尔滨城林科技股份有限公司。Email：sunjianhua@cl-ep.com

某电厂输煤系统噪声治理技术应用研究

设计单位：哈尔滨城林科技股份有限公司　　施工单位：哈尔滨城林科技股份有限公司
项目规模：2×660MW　　施工地点：湖南省
竣工日期：2020年10月

1　工程概况

输煤系统是火力发电厂运行的主要辅助系统之一，被比喻为电厂的一条生命线，其好坏直接影响整个电厂的运行情况。

本项目输煤系统共由两条管带机组成，系统最大运输能力为1500t/h，驱动装置处于建筑物内，管带机置于室外。1号管带机：管径500mm，带宽1850mm，机长972.3m；2号管带机：管径500mm，带宽1850mm，机长3778.4m。管带机平面布局图如图1所示。

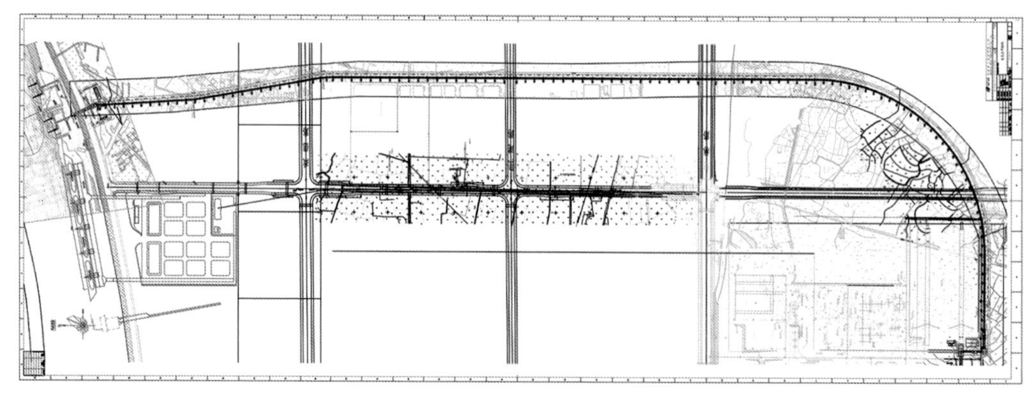

图1　管带机平面布局图

2　噪声源分析

输煤管带机在运行时会产生强烈的机械及振动噪声，且声强大、传播距离远，对周围居民的生活环境造成了很大影响。

本次以湖南省某火力发电厂输煤管带机为例，其主要声源是输煤管带机滚轮（居民区段采用静音滚轮，其他区段为普通滚轮）及钢结构振动，主要是以机械噪声及振动噪声为主。由于管带机位于4m以上的高空，不经过治理措施直接传播至周围环境，影响整条管带机周围的居民生活环境。本次采用噪声模拟的方法研究了管带机噪声源的传播规律，经实地测量验证了模型的准确性，提出了管带机噪声治理的可行建议及方案，最终达到了降噪指标。管带机治理前状况如图2所示，治理前现场实地测得噪声值如表1所示。

图2　管带机治理前状况

治理前现场实地测得噪声值　　表1

序号	测点位置	噪声值 /dB(A)	备注
1	管带机检修平台距离管带机1m处	97.4	普通滚轮区域
2	管带机检修平台距离管带机1m处	85	静音滚轮区域
3	管带机正下方距离地面高1.2m处	86.2	普通滚轮区域
4	管带机正下方距离地面高1.2m处	72.7	静音滚轮区域

3　降噪指标

输煤管带机四周边界环境噪声执行《工业企业厂界环境噪声排放标准》GB 12348—2008、《声环境质量标准》GB 3096—2008中2类环境噪声限值（表2）。

环境噪声排放限值　　表2

声环境功能区类别	昼间/dB(A)	夜间/dB(A)
0	50	40
1	55	45
2	60	50
3	65	55
4	70	55

注：1.夜间频发噪声的最大声级超过限值的幅度不得高于10dB(A)；
2.夜间偶发噪声的最大声级超过限值的幅度不得高于15dB(A)。

4　噪声模拟

4.1　建模

本次噪声模拟采用的软件为Cadna/A，软件中几何模型与实际建筑尺寸按1:1比例建模，声源按照实际测量值输入，由于管带机长宽比很大，因此可将整条管带机看成一条线声源，建立模型如图3所示。

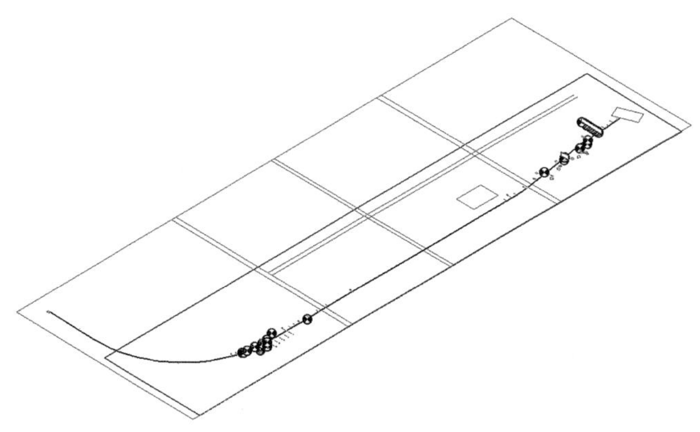

图3　管带机声学模型

4.2 模拟计算

将现场测得噪声值输入软件中，选择整条管带机区域为计算范围，根据选定的计算区域确定计算网格大小为1m × 1m，受声点高度为1.2m，管带机未治理噪声模拟结果如图4所示。

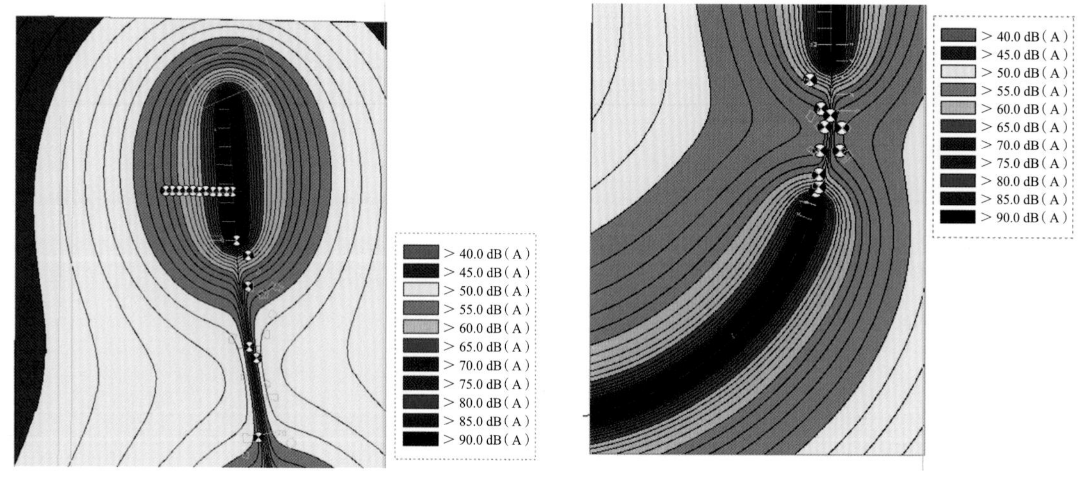

图4　管带机未治理噪声模拟结果

5　降噪方案及实施效果

5.1 降噪方案

根据上述分析结果，针对管带机采取隔声、减振及更换滚轮的噪声治理方案：

（1）将普通滚轮更换为静音滚轮；

（2）利用管带机原有钢结构框架，在管带机四周增加隔声罩壳，隔声量≥35dB；

（3）隔声罩壳与钢结构框架连接处、隔声罩壳自身壁板搭接处增加减振密封橡胶板；

（4）罩壳上按照需求设置检修隔声门及隔声观察窗。

管带机治理后状况如图5所示。

图5　管带机治理后状况

5.2 模拟实施效果

采用上述治理方案后，经模拟软件模拟计算后，管带机周围居民处噪声值均满足2类标准，治理后管带机噪声模拟结果如图6所示。

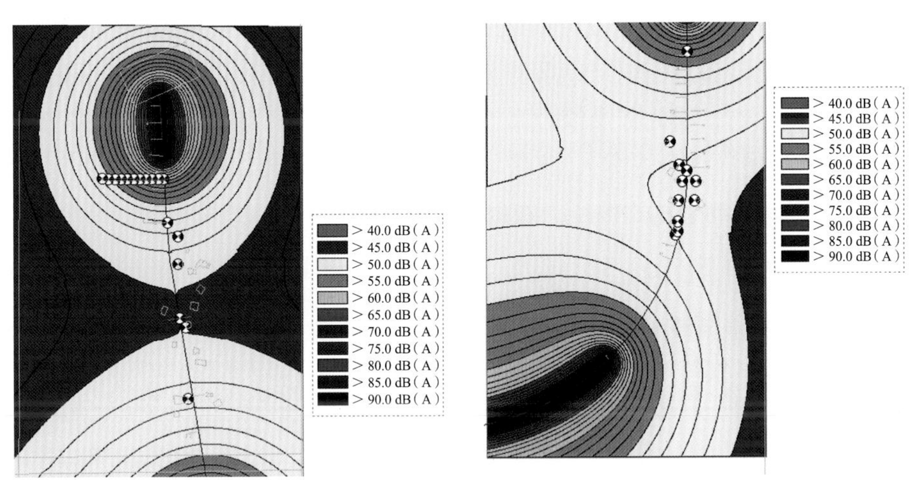

图6　管带机治理后噪声模拟结果

6　结语

本文首先对某电厂输煤管带机噪声产生的原因进行了分析，并对管带机噪声进行实地勘测，周围居民区噪声值均有不同程度的超标。利用噪声模拟软件Cadna/A对该区域的噪声环境进行了仿真模拟，对管带机采取了隔声减振的降噪方法，并用软件进行模拟测试，给出了方案治理后管带机周围居民处的噪声预测值。最终方案实施后，对治理后的管带机周围居民处噪声值进行实地测量，噪声模拟预测的噪声值与实际测得噪声值非常接近，周围居民处噪声值均低于50dB(A)，满足国家标准。

案例提供：邵春望，工程师，哈尔滨城林科技股份有限公司。

张强，工程师，哈尔滨城林科技股份有限公司。

阜城县东丽花园空气源热泵机组供热站降噪

声学设计单位：衡水低分贝环保科技发展有限公司　　施工单位：衡水低分贝环保科技发展有限公司
项目规模：72台热泵机组　　竣工日期：2022年10月
项目地点：河北省衡水阜城县东丽花园

1　工程概况

小区设备机房楼顶钢结构平台安装有72台空气源热泵机组，低环温空气源热泵集中布置，资源节约，清洁节能。设备运行时产生噪声对周边住宅楼声环境造成影响，干扰居民生活，且机组距离居民区20m左右，因此降噪值较高（图1）。依据《声环境质量标准》GB 3096—2008和《阜城县城区声环境功能区划分方案》，此区域属于2类声环境区，2类声环境功能区边界或敏感建筑物噪声限值为昼间不高于60dB（A），夜间不高于50dB（A）。

图1　空气源热泵机组未降噪处理前现场图片

2　相关项目方案设计、实景照片

2.1 方案设计

在空气源热泵机组四周及顶面安装钢结构框架及金属吸隔声板，使设备的噪声控制在隔声板构成的隔声房中，隔声房高度3m，金属吸隔声板厚度100mm，隔声房四周中部加装1.5m高、厚度800mm的进风消声百叶，便于热泵机组的侧面进风；在每台热泵机组顶部排风口设置1.5m高排风片式消声器，降低顶部排风噪声。

2.2 项目完工实景图片

项目完工实景如图2、图3所示。

图2 空气源热泵机组隔声房侧面进风消声百叶

图3 空气源热泵机组隔声房顶面排风消声器

2.3 降噪效果对比

各区域降噪效果见表1。

各区域降噪效果对比表 表1

序号	位置	噪声级/dB(A)		改善量/dB(A)
		改造前	改造后	
1	设备外1m位置	81.3	55.3	26
2	居民楼5层卧室开窗	65.4	45.8	19.6

3 经验体会

空气源热泵机组降噪还要考虑能耗和性能的平衡：降噪需要消耗一定的能量，可能会对空气能设备的性能和效率产生影响。如何在降噪和保持设备性能之间找到平衡是一个需要解决的问题。

案例提供： 李如建，工程师，衡水低分贝环保科技发展有限公司。
李明明，工程师，衡水低分贝环保科技发展有限公司。Email：76242569@qq.com

济南长清区大学路公交充电桩隔声降噪

声学设计：衡水低分贝环保科技发展有限公司
施工单位：衡水低分贝环保科技发展有限公司
项目规模：315m²，32台160kW双枪充电机
竣工日期：2023年9月
项目地点：山东省济南长清区大学路公交站

1 工程概况

本项目为公交充电桩降噪治理项目，充电桩数量总和为32台，西面为小区居民楼，居民楼为17层高，充电桩距离小区围墙4m，居民楼距离小区围墙4m左右，充电桩的使用时间基本为24小时运行，设备运行时的“嗡嗡”声对周边的居民产生一定的噪声影响，因此对该充电桩进行噪声治理（图1），依据《声环境质量标准》GB 3096—2008和《山东省城区声环境功能区划分方案》，此区域属于2类声环境区，2类声环境功能区边界或敏感建筑物噪声限值为昼间不高于60dB（A），夜间不高于50dB（A）。

图1 未降噪处理之前的现场实景图

2 相关项目方案设计、实景照片

2.1 方案设计

在充电桩靠近居民一侧布置一道3.5m的声屏障，金属吸隔声板厚度为100mm，隔声板在插入H型钢立柱时，屏体垂直进行安装，相邻吸声屏体组件采用直接相互压叠方式连接，每个屏体用角钢夹持固定在H型钢立柱上。

2.2 项目完工实景图片

项目完工实景如图2～图4所示。

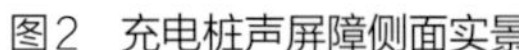
图2 充电桩声屏障侧面实景

图3 充电桩声屏障正面实景

图4 充电桩声屏障背面实景

2.3 降噪效果对比

各区域降噪效果对比见表1。

各区域降噪效果对比表　　表1

序号	位置	噪声级/dB(A)		改善量/dB(A)
		改造前	改造后	
1	充电桩后面1m位置	72	51	21
2	居民楼10层卧室开窗	59.3	48.8	10.5

3 经验体会

充电桩的噪声主要来自风扇散热时发出的声音，还有一部分来自充电模块的散热风扇。这些噪声源在充电桩内的小空间里互相叠加，形成比较复杂的噪声。充电桩的功率越大，其模块就越多，产生的热量也就越多，同样风扇就转得越快，产生的声音也就越大。充电桩一般都被安装在停车场、路边等公共场所，其周围的环境比较复杂，这也给降噪带来了难度。综上所述，充电桩降噪的难点在于噪声源的复杂性、设备选型问题以及使用环境等方面。因此，要解决充电桩的噪声问题，需要从多个方面入手，包括选用低噪声的散热风扇、优化充电桩的设计、选择合适的充电桩设备类型以及合理规划充电桩的使用环境等。

案例提供： 李如建，工程师，衡水低分贝环保科技发展有限公司。
李明明，工程师，衡水低分贝环保科技发展有限公司。Email：76242569@qq.com

降噪遮阳型百叶窗的设计

方案设计：镇江慧德环保设备工程有限公司
项目规模：102.1m^2
项目地点：江苏省镇江市
竣工日期：2022年

声学顾问：江苏科技大学
模型实验：镇江慧德环保设备工程有限公司声学室
设计单位：镇江慧德环保设备工程有限公司

1 工程概况

百叶窗是一种常见的窗户样式，被家庭、宾馆或办公室场所广泛使用。本案例设计的百叶窗可满足隔声和遮阳的需求。新型降噪遮阳型百叶窗特殊之处在于其叶片：叶片由遮光叶片和消声叶片组成，遮光叶片的两边均设置有消声叶片，整体形状呈折线形或者圆弧形。消声叶片上设置有微孔，微孔的孔径为0.5～1mm，遮光叶片为不透光材料制成，消声叶片为透光材料制成。虽然上述技术方案能够起到隔声和遮阳的作用，但是由于采用遮光叶片和隔声叶片共同实现，而且遮光叶片和隔声叶片成折线或圆弧形结构，因此该隔声百叶窗占用空间较大，结构复杂。另外，该隔声百叶窗完全开启后，由于叶片结构的折线或者圆弧特征，开口受到阻挡，透光效果有限，能起到很好的遮阳效果。本案例发明设计一种新型降噪遮阳型百叶窗，可以在大幅度提升外窗遮阳性能的同时有效增强外窗的隔声性能。

2 新型降噪遮阳型百叶窗的设计

本案例设计的一种新型降噪遮阳型百叶窗是首次将薄体非透明吸声材料、隔声材料和阻尼减振材料制作成门窗的内置（在中空玻璃之间）或外置（在门窗室外或室内）百叶遮阳系统，并配上光敏电阻、电动控制系统、手动控制系统来控制遮阳的外门窗，这种设计为在遮阳百叶完全关闭的情况下，门窗可以起到隔声、遮阳的双重效果，并且该吸声材料活动百叶遮阳系统的门窗分为3个档位：光控自动调节、电动遥控器或按钮或APP遥控系统调节、手动调节。遮阳百叶可以借助内置的光敏电阻根据阳光的辐射强度来做出开启或关闭的状态；电动遥控器或手机APP遥控系统调节是让遥控器或手机通过红外、蓝牙与吸声材料活动百叶遮阳系统的接收器相连，从而调节活动百叶遮阳系统的开闭状态，或开启闭合的角度；手动调节是将活动百叶遮阳系统与手动调节阀相连，通过手动调节阀对百叶遮阳片进行开启闭合的调节。

降噪遮阳型百叶窗，包括多个活动叶片，以及驱动上述活动叶片运动以开启或关闭百叶窗的传动机构；活动叶片由非透明的多孔吸声材料制成，闭合时相邻活动叶片具有设定距离的重叠搭接。非透明的多孔吸声材料制作成的活动叶片，使该降噪遮阳型百叶窗遮阳的同时可吸收、隔绝外界噪声，使活动叶片结构简单。降噪遮阳型百叶窗开启时活动叶片对光线无多余阻挡，能够保证良好的透光效果；闭合时，相邻活动叶片具有设定距离的重叠搭接，即以“梯形”搭接方式相连，如此设计让每片活动叶片之间的缝隙最小化，让降噪遮阳型百叶窗达到多孔吸声材料的最佳隔声效果，“梯形”搭接方式的遮阳叶片的结构如图1所示。

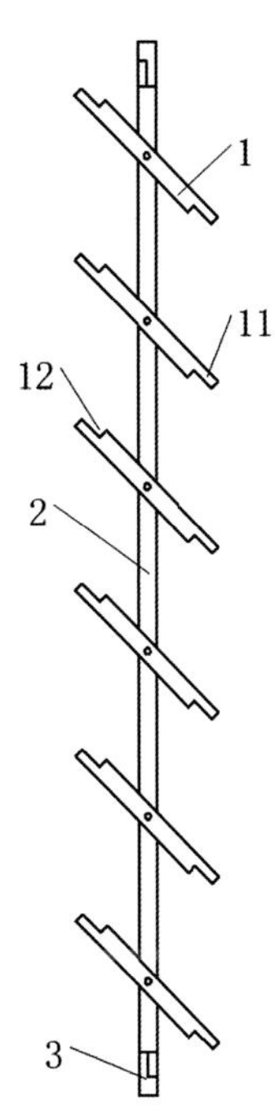

图1　新型降噪遮阳型百叶窗“梯形”搭接方式的结构图

2.1 新型降噪遮阳型百叶窗的结构特点

（1）活动百叶吸声材料的选定

因为噪声和振动的传播路径各不相同，所以对其治理的方法也有所不同，但是大都可以采用减振降噪材料来对其进行处理。减振降噪材料可以分为吸声材料、隔声材料和阻尼减振材料。吸声材料能够吸收空气中的噪声，隔声材料能够隔断空气中声音的传播，阻尼材料能够抑制固体结构的振动。可以说材料的吸声系数α越大，材料的吸声效果也就越好。其中多孔吸声材料又包括泡沫材料、纤维材料和复合吸声材料。共振吸声材料可以分为单共振器吸声材料、穿孔板类吸声材料和薄膜薄板类吸声材料。共振吸声结构材料主要是亥姆霍兹共鸣器式结构，这种结构的特点就是利用入射声波在结构内产生共振，从而使大量能量被消耗掉，其低频吸声系数较高，但是其加工性能差。多孔吸声材料因为具有很多小间隙和连续的气泡，所以大部分声波可进入材料内部，在其传播过程中被逐渐消耗从而达到吸声降噪的目的，其高频吸声系数大并且密度小，但是低频吸声系数却很低。综上所述，虽然多孔吸声材料存在一些缺点，但是由于其取材范围广泛，加上其加工制造工艺相对其他吸声材料简单，且人们对新型多孔材料的研究不断取得进展，较大幅度地提高了其低频吸声性能；孔洞式吸声材料选用不透明颜色，其颜色类似水泥颜色，经过相关机构检测遮阳效果较好；并且孔洞式吸声材料的强度、耐腐蚀性等比其他吸声材料优越，可以长期裸露在空气中。因此，本次采用多孔吸声材料作为活动百叶，制作实物如图2所示。

图2　新型降噪遮阳型百叶窗的实物图

（2）活动百叶遮阳闭合时每块百叶的嵌合方式

与普通活动百叶遮阳闭合时的方式不同，用孔洞式吸声材料制作成薄片（每片薄片相应尺寸可以根据门窗玻璃面积大小制定），闭合时每片薄片为“梯形”搭接方式相连（图1），这样可以让每片薄片之间的缝隙最小化，让闭合的遮阳系统达到孔洞式吸声材料吸声效果的最佳状态，让门窗在遮阳系统完全闭合的情况下达到最佳的隔声效果。

（3）光控自动调节方式

光控开关/光控时控器采用先进的嵌入式微型计算机控制技术，融光控功能和普通时控器两大功能为一体的多功能高级时控器（时控开关），根据节能需要可以将光控探头（功能）与时控功能同时启用，将达到最佳节能效果。本次设计将光控调节开关加入到遮阳系统控制开关中，可以起到根据太阳辐照强度大小设置2个档位，分别是：0°打开状态、90°闭合状态（也可以设计成光控，多角度的旋转开闭方式）。还可以设定太阳的辐照强度达到一定辐射量，光控开关启动闭合遮阳系统。

（4）电动控制系统

电动控制系统包括动力装置、控制器和光敏电阻动力装置驱动传动机，用来驱动降噪遮阳型百叶窗开启或关闭。光敏电阻与控制器连接，控制器根据光敏电阻检测到光照辐射强度控制动力装置，从而控制百叶窗开启角度，实现百叶窗的智能自动控制。

该降噪遮阳型百叶窗还包括无线通信的接收端和遥控端。接收端与控制器电连接，遥控端为智能移动终端，智能移动终端可以通过红外、蓝牙或无线网络与接收端无线连接。通过操作安装于智能移动终端的相应手机APP客户端来控制百叶窗的状态。

（5）手动控制调节功能

对于降噪遮阳型百叶窗的调节还包括手动操作系统，可实现任意开启角度，也可为分档位调节，例如限制百叶窗开启角度为0°、30°、60°、90°四档。该手动操作系统包括手动驱动传动机构的操作装置，如滑动磁块、拉绳等。用户可以手动调整降噪遮阳型百叶窗的开启角度。

2.2 技术创新

本案例设计出的一种降噪遮阳型百叶窗，采用非透明的多孔吸声材料制作成的活动叶片，使百叶窗遮阳的同时可吸收、隔绝外界噪声，并且活动叶片结构非常简单。百叶窗开启时活动叶片对光线无多余阻挡，能够保证良好的透光效果；闭合时，相邻活动叶片具有设定距离的重叠搭接，即以“梯形”搭接方式相连，如此设计让每片活动叶片之间的缝隙最小化，让降噪遮阳型百叶窗达到多孔吸声材料的最佳隔声效果。通过本案例的研究，为建筑隔声、遮阳型门窗提供了科学的技术参考，为未来改进建筑外窗的隔声、吸声性能改造的研究工作打下重要的铺垫。

3 工程亮点

隔声百叶窗完全开启后，由于叶片结构的折线或者圆弧特征，开口受到阻挡，透光效果有限，能起到很好的遮阳效果。

案例提供： 刘燕，镇江慧德环保设备工程有限公司，江苏省镇江市。Email：15623123@qq.com
华实，博士，高级工程师，江苏科技大学，江苏省镇江市。Email：756418603@qq.com

一种全自动建筑隔声性能检测系统的设计

方案设计：江苏科技大学

建筑设计：江苏科技大学

项目规模：303.6m²

项目地点：江苏省镇江市

竣工日期：2022年

声学顾问：江苏科技大学

降噪设计：江苏科技大学

声学模型实验：江苏科技大学声学室

设计单位：江苏科技大学

1 工程概况

建筑构件、门窗隔声性能检测实验室位于江苏镇江建筑科学研究院高资分部，实验室尺寸为长22.0m、宽13.8m、高5.7m，功能定位为建筑构件、门窗隔声性能的检测、实验、科研等。图1为建筑构件、门窗隔声性能检测实验室的平面布局图。

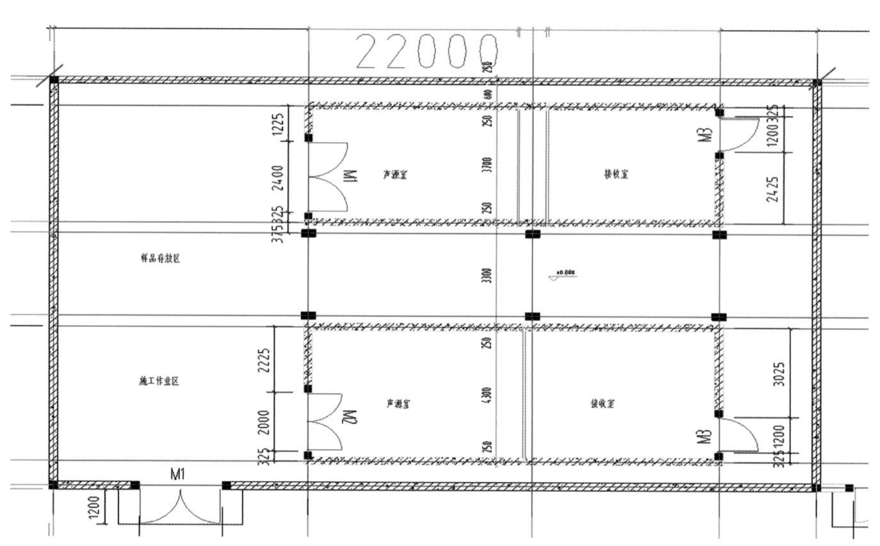

图1 原有建筑构件、门窗隔声性能检测实验室平面图

建筑隔声性能检测是目前推进绿色建筑中非常重要的检测工作，其中建筑隔声实验室主要检测：门窗隔声性能、建筑构件隔声性能等，主要根据《建筑隔声评价标准》GB/T 50121—2005、《声学 建筑和建筑构件隔声测量 第3部分：建筑构件空气声隔声的实验室测量》GB/T 19889.3—2005、《建筑门窗空气声隔声性能分级及检测方法》GB/T 8485—2008等标准进行检测和结果的判定。建筑隔声实验室分为声源室、接收室。建筑隔声实验室检测过程较为复杂，需要检测员分别在声源室、接收室来回10次移动传声器位置，以及至少2次搬动较重的12面体声源，整个检测过程至少需要40分钟。本案例中笔者发明设计一种全自动建筑隔声性能检测系统，可以大幅

度提高建筑隔声检测的工作效率，并且避免了复杂隔声检测过程中产生的人为误差。

传统的建筑隔声实验室（图2）分为声源室、接收室，其根据《声学 建筑和建筑构件隔声测量 第3部分：建筑构件空气声隔声的实验室测量》GB/T 19889.3—2005，确定了实验室检测门窗、构件所采用的检测方法。我中心采用单个传声器在不同位置测量方法、单个扬声器测量方法。单个传声器在不同位置测量方法：声源室和接收室各采用一个传声器，每个房间内的传声器至少要分别移动至5个不同的位置，该5个不同位置的分布根据房间可用空间的大小，均匀分布在每个房间的最大容许测量空间内。任意2个传声器位置之间的距离不小于0.7m，任一传声器位置与房间边界或扩散体之间的距离不小于0.7m，任一传声器位置与声源之间的距离不小于1.0m，任一传声器位置与试件之间的距离不小于1.0m，所以检测员在移动过程中需要反复测量距离。单个扬声器（即声源）测量方法：在隔声检测过程中当采用单个声源，且该声源至少有2个不同位置。根据《声学 建筑和建筑构件隔声测量 第3部分：建筑构件空气声隔声的实验室测量》GB/T 19889.3—2005规定：任意2个声源位置之间的距离不应小于0.7m，且至少有2个声源位置之间的距离不小于1.4m，房间边界面与声源中心不小于0.7m。如果需要测实验室房间的混响时间，还需将声源移动至少2个位置，即声源至少要放置在2个不同的位置。根据上述要求，在实验室进行门窗隔声性能检测或建筑构件隔声性能检测时，声源室和接收室中的传声器分别需要放置5个不同的位置，即在检测过程中2个房间一共需要摆放10次传声器。当更换声源位置时，声源室和接收室中的传声器又分别需要放置5个不同的位置。也就是说，每完成一个试件的检测，检测员需要进入声源室放置10次传声器、进入接收室放置10次传声器和至少移动2次质量较重的声源；还需要在每次移动传声器和声源时，去测量传声器的当前位置与各个历史位置间的距离、传声器与房间边界或扩散体之间的距离、传声器与声源之间的距离、传声器与试件之间的距离、声源当前位置与各个历史位置间的距离。这样的人工操作过程大大增加了检测的工作量，延误了较多的试验时间，降低了工作效率。

图2 传统的建筑隔声实验室

2 一种全自动建筑隔声性能检测系统的设计

本案例设计的一种全自动建筑隔声性能检测系统将目前流行的轨道行走“机器人”技术，与传统建筑隔声实验室检测相结合，使未来隔声实验室检测过程中，检测员只需操作手中的遥控器或通过互联网控制端来控制两个房间内的传声器、12面体声源，使其快速、准确地到达下一个布点位置，检测员未来只需在实验室外操作声学检测软件或通过遥控器控制，就可快速、高效地完成一组样品隔声性能的检测工作，设计结构图如图3所示。

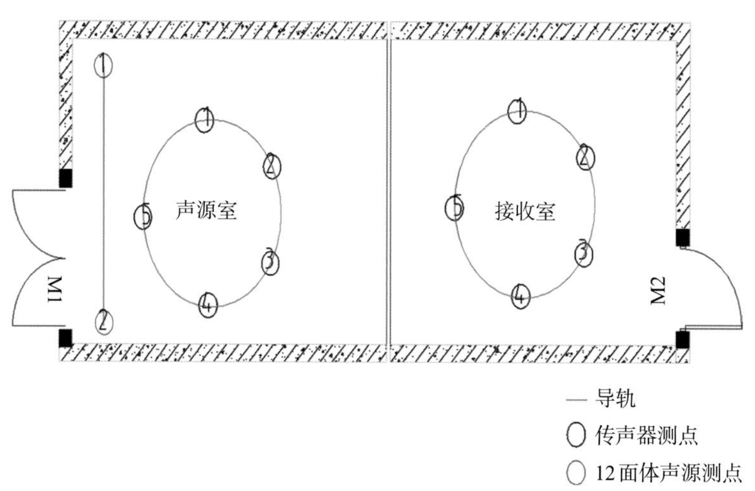

图3 一种全自动建筑隔声性能检测系统的结构图

移动轨道装置：轨道式行走方式，在声源室、接收室布设行走轨道，其中传声器一组轨道、12面体声源一组轨道。12面体声源轨道设计成声源室两个角落间的直轨道（12面声源经常布点的地方），测量好轨道起点、轨道终点的距离；轨道起点终点距墙面以及样品框之间的距离，将12面体声源及支架固定在该轨道的行走底盘上。在声源室、接收室的实验室地面上各标注5个传声器移动的点，这些点满足标准提出的传声器移动要求，并且每个房间地面的5个点相连尽量形成圆形或者方形（此次我们取圆形敷设导轨），为了方便导轨的敷设及行走底盘的走动，将2个传声器及支架分别固定在两个房间轨道的行走底盘上，轨道行走装置如图4所示。

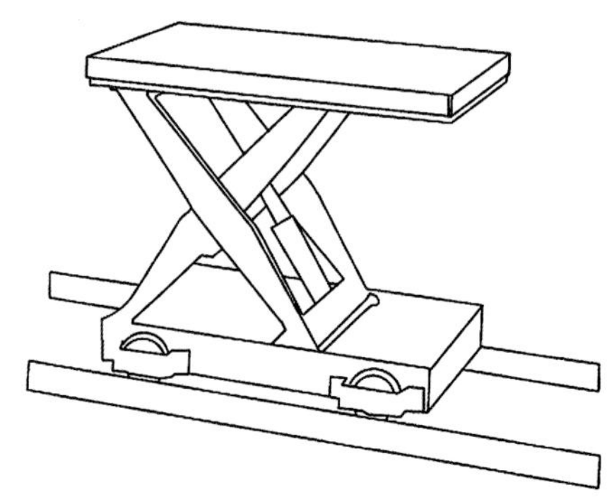

图4 一种全自动建筑隔声性能检测系统的轨道行走装置

系统运行原理：本案例设计的建筑隔声性能检测系统，通过导轨将声源的多个放置点、传声器的多个放置点分别串联，然后利用遥控小车沿导轨行走将声源或传声器移动至预设的放置点。只要在布置导轨时，测量好相应的尺寸，在导轨上预设相应的声源放置点和传声器放置点，即预设好遥控小车的停车点，在利用建筑隔声实验室进行建筑门窗和建筑构件的隔声检测中，检测员只需要通过控制遥控小车就能使得声源室和接收室内的声源和传声器移动到符合测量标准的下一个位置，而不需要人工反复往返声源室和接收室来逐个移动，并逐个测量当前传声器位置与上个位置之间的距离、当前传声器位置与房间边界或扩散体之间的距离、当前传声器位置与当前声源位置之间的距离、当前传声器位置与试件之间的距离以及当前声源位置与上个声源位置之间的距离等，测量效率高，整个测试过程约10分钟完成，大大提高了实验室隔声检测的工作效率并降低了测试误差率。另外，实验室的导轨布置完成后可以测试多个试件，只要检测方法和依据的标准不变，导轨都可以不用重新布置。

3 一种全自动建筑隔声性能检测系统的特点

检测效果及优点：将机器人行走技术与建筑隔声性能检测工作完美结合，使得未来烦琐的建筑隔声检测工作，变得快捷、方便。通过此技术，未来检测员无需反复往返两个实验房间去挪动传声器、12面体声源的位置，以及在挪动中测量各仪器设备间的距离，只需在电脑、手机、平板等上面操作声学检测软件和遥控行走式“机器人”，使今后大工作量的建筑隔声实验室检测变得高效、准确。优点：遥控式“行走机器人”替代人力去挪动传声器、12面体声源的位置，避免人为测量间距的误差，使得该检测工作方便、快捷，大大提升工作效率。

智能无线控制：检测员可以通过电脑、手机、平板等互联网设备控制智能轨道行走装置，轨道行走装置可配有摄像头、自动测距仪等设施，将实时画面、点距离等信息通过互联网传送到检测员的互联网设备端，这样检测员完成远程的检测控制，并且声学软件会将检测数据通过互联网传送到检测的监督终端形成云数据，为未来大数据检测时代做出准备。

4 经验体会

本案例设计出的一种全自动建筑隔声性能检测系统，可以从声学原理上有效提升传统建筑隔声性能实验室检测的工作效率并降低人为检测的误差，而且通过智能无线控制装置，将测试数据实时传输给检测员控制端最后传入数据库，未来可以运用到大数据智能检测工作中。通过本案例的研究，为建筑隔声性能实验室检测提供了科学的技术参考，为未来改进建筑隔声性能检测实验室的研究工作打下重要的基础。

案例提供：华实，博士，高级工程师，江苏科技大学，江苏省镇江市。Email：756418603@qq.com
张健，博士，教授，江苏科技大学，江苏省镇江市。Email：39546274@qq.com

一种适用于装配式建筑的一体化隔声保温轻质隔墙板的设计

方案设计：中国船舶重工集团有限公司第七一一研究所、江苏科技大学
声学材料提供：中国船舶重工集团有限公司第七一一研究所、江苏科技大学
声学顾问：江苏科技大学
声学模型实验：江苏科技大学声学室
项目地点：江苏省镇江市
竣工日期：2022年12月

1 工程概况

近年来，各大城市均有新建住宅因隔声质量差被要求退房引起诉讼的案例发生。国内外研究资料表明，建筑隔墙隔声量大于50dB时，隔壁的一般噪声听不到，可以满足不受隔壁噪声干扰和户内交谈“私密性”的理想要求；隔声量低于40dB时，在周围环境较安静的情况下，则可能“隔墙有耳”，甚至隔壁的普通说话声都能“声声入耳”。本案例改进设计了一种适用于装配式建筑的一体化隔声保温轻质隔墙板，这种隔墙板作为建筑内墙使用，可以达到隔声、保温、轻质、易安装的效果。

目前市场上使用的轻质隔墙板系统构件基本结构从左到右由界面层+轻质隔墙板+界面层组成，唯独缺少了有效的隔声性能构造措施。

传统轻质隔墙板的结构做法为：20mm混合砂浆（墙板接缝处网格布）+200mm陶粒混凝土轻质隔墙板+20mm混合砂浆（墙板接缝处网格布），结构示意图见图1。将该隔墙系统安装于声学实验室，测试轻质隔墙板系统的空气声隔声性能，检测结果为表观隔声量与频谱修正量：R_w+C=46dB−1dB，隔声性能为5级，隔声性能曲线见图2。

由检测结果可见，传统轻质隔墙板空气声隔声性能只能勉强达到低要求建筑内墙的隔声要求，无法满足目前我国推行的高标准室内声环境的需求。

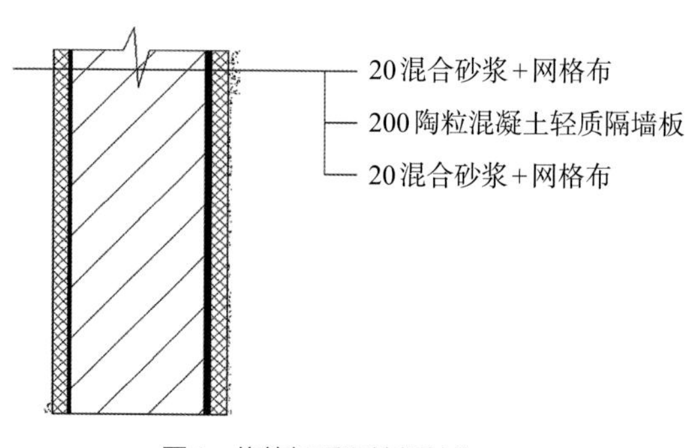

图1 传统轻质隔墙板结构

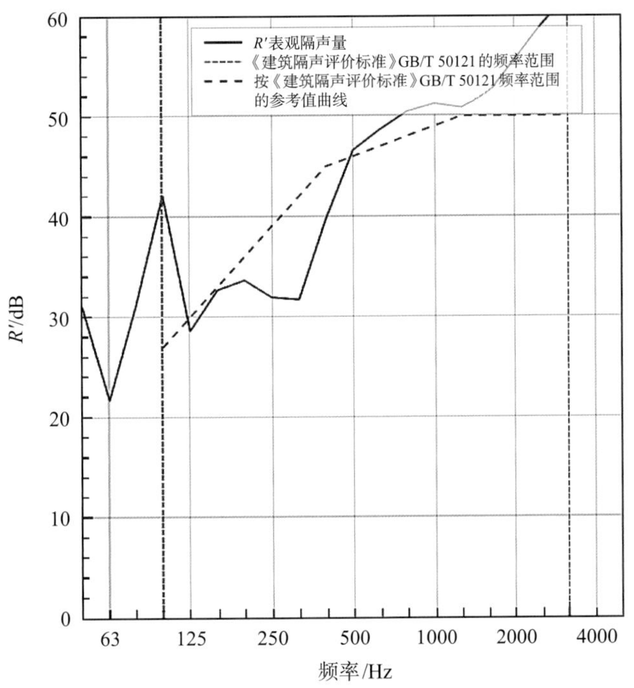

图2　传统轻质隔墙板系统空气声隔声性能曲线

2　一种适用于装配式建筑的一体化隔声保温轻质隔墙板的设计

从质量定律可知，轻质隔墙板的单位面积质量增加1倍，即材料品种不变，仅厚度增加1倍，从而重量也增加1倍，但隔声量只增加6dB。此为理论值，实测值一般仅能增加4～5dB。显然，靠增加墙板的厚度来提高隔声量是不理想的，只有通过改进材料品种和隔墙板的构造才能有效提高其隔声性能。

（1）改进后的一体化隔声保温轻质隔墙板（图3）：掺有保温材料颗粒的多孔轻质混凝土墙板+胶粘剂+隔声保温材料（可以用隔声保温棉）+胶粘剂+掺有保温材料颗粒的多孔轻质混凝土墙板；墙体构件四周设计成适用于装配式建筑的灌浆连接装置。

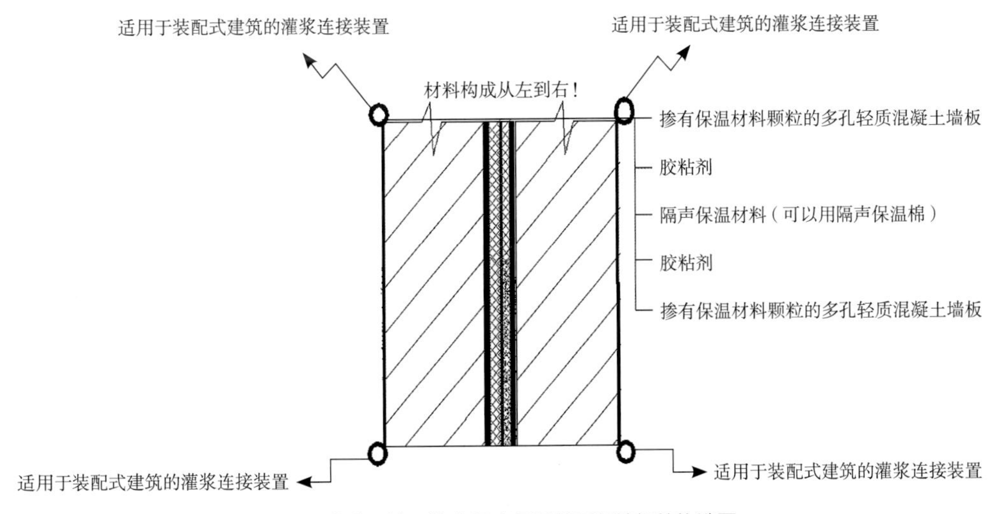

图3　改进后的一体化隔声保温轻质隔墙板的构造图

(2)优点：该适用于装配式建筑的隔墙板系统将隔墙板隔声、吸声、减振、保温功能结合为一体，并且适用于装配式建筑。可以大面积在装配式建筑的工厂进行生产，大大增加了装配式建筑隔墙板的隔声能力，避免了隔墙板在施工现场进行二次隔声改造。通过改进研究，成功解决了建筑内墙隔声保温效果差的问题，并且该设计的墙体构件便于在装配式建筑现场进行安装，符合装配式建筑以及目前建筑产业化的要求。

(3)效果：有效增强了内墙的隔声保温性能，适用于装配式建筑的隔声保温墙体构件，轻质易安装，可批量在工厂生产。

3 适用于装配式建筑的一体化隔声保温轻质隔墙板的隔声性能

本次研究制作出图3所示的一体化隔声保温轻质隔墙板，具体分层做法为：90mm保温材料颗粒的多孔轻质混凝土墙板+胶粘剂+20mm隔声保温材料(可以用隔声保温棉)+胶粘剂+90mm保温材料颗粒的多孔轻质混凝土墙板，总厚度为200mm，与传统隔墙板厚度相同；墙体构件四周设计成适用于装配式建筑的灌浆连接装置，并在声学实验室对该一体化隔声保温轻质隔墙板系统空气声隔声性能进行了检测。检测结果为表观隔声量与频谱修正量：R_w+C=55dB−1dB，隔声性能为7级，隔声性能曲线见图4。

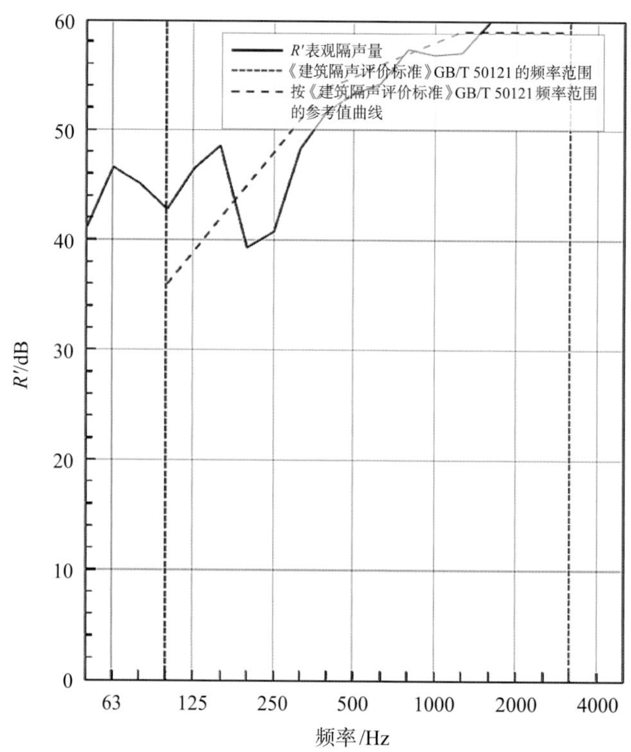

图4 改进后的一体化隔声保温轻质隔墙板的空气声隔声性能曲线

将图2、图4的检测结果分析成柱状图(图5)，可以看出：通过对传统隔墙板系统进行科学的声学改造，诸如保温颗粒多孔轻质混凝土墙板、隔声保温材料的相结合，可以有效提升隔墙板的空气声隔声性能且不增加其厚度。

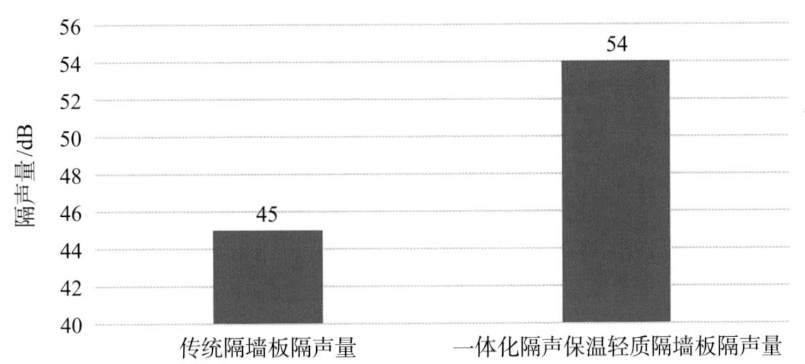

图5　传统隔墙板与改进后的一体化隔声保温轻质隔墙板声学检测结果分析柱状图

4　经验体会

本文通过科学的降噪手段改进一体化隔声保温轻质隔墙板，并通过与传统隔墙板系统的隔声性能实验对比，充分证明了笔者设想出的一体化隔声保温轻质隔墙板隔声效果的有效性、科学性，该设计为未来装配式建筑中隔墙板隔声的研究打下了重要基础，可进一步提升装配式建筑室内声学环境。

案例提供： 马德树，中国船舶重工集团有限公司第七一一研究所，上海市。Email：madeshu1988@163.com
华实，博士，高级工程师，江苏科技大学，江苏省镇江市。Email：756418603@qq.com

广州地铁官湖车辆段减振降噪综合改造工程

主管单位：广州地铁集团房产总部
项目地点：广州地铁13号线官湖车辆段
项目规模：建筑投影面积约21hm²
竣工日期：2023年3月
设计单位：广州地铁设计研究院股份有限公司
声学顾问：北京九州一轨环境科技股份有限公司
减振器材提供：北京九州一轨环境科技股份有限公司+无锡青山铁路器材等
检测单位：北京九州一轨环境科技股份有限公司+华东交通大学

1 项目概况

基于广州地铁车辆段上盖物业开发规模巨大、结构复杂、高层建筑居多等显著特点，九州一轨环境科技股份有限公司受广州地铁集团有限公司委托，于2018年11月中标承担广州地铁车辆段上盖振动噪声预测及标准研究。重点以官湖、陈头岗等车辆段上盖为例，从满足振动噪声影响环境预测评价和实际工程应用需求出发，有针对性地开展上盖振动噪声研究现状分析、振动噪声预测评价技术研究、振动噪声控制措施效果研究、车辆段上盖振动噪声数据库和工程示范应用研究，以及编制适合广州地铁上盖房地产开发特点的标准规范，以满足广州地铁车辆段上盖开发品质需求。

广州地铁13号线官湖车辆段，是广州市首座8A型机车大架修基地，承担全线配属列车的停放、月检、双周检等列检任务以及洗刷清扫等日常维修和保养任务。总征地面积约41.5hm²，建筑投影面积约21hm²，当量于30个足球场，包括联合检修库、运用库、物资总库、综合楼等12个单体。设计停车能力36列位，双周检/三月检4列位，大/架修3列位，定修2列位，临修、静调、吹扫及镟轮线各1列位。该车辆段与综合基地内总平面分区分为出入段线区、场前区、咽喉区、停车维修生产区等；车辆段白地与上盖地块全面进行TOD商业开发。其总体布局如图1所示。

图1 车辆段总体布局鸟瞰图

2 分阶段验证测试与评估分析

课题开展初期，官湖车辆段主体刚刚建成。我们通过对该车辆段TOD项目整体振动与噪声影响综合评估，研判其咽喉区、试车线和列检段的轮轨振动与噪声辐射会对相邻敏感建筑和上盖整体声环境构成一定的不利影响；在车辆段建设过程中，分阶段开展多次大规模跟踪监测，同步进行计算机仿真建模分析，进一步细化甄别原建筑布局和减振措施的薄弱环节，及时发现问题并提出综合治理对策措施。上盖建设过程中，结合多次阶段性测试，以及投运后专车测试，验证确定了部分噪声振动超标点；针对咽喉区、列检段、洗车线和试车线等关键节点，依据“分速度、分频率、分场景”的精准治理原则，因地制宜地提出综合治理改造措施；并通过优化工艺流程和施工组织设计，在尽可能不对线路运营构成严重影响的前提下，对有问题的线路进行了不同程度的性能提升改造；其中试车线则作为“不破不立”的突破重点，实施了翻建为钢弹簧浮置板减振道床的彻底改造以及全封闭隔声处理。

竣工阶段与华东交通大学测试团队同步进行了摸底验证测试，其中部分测点垂向布置示意图如图2所示，振动噪声测点平面分布综合示意图参见图3。

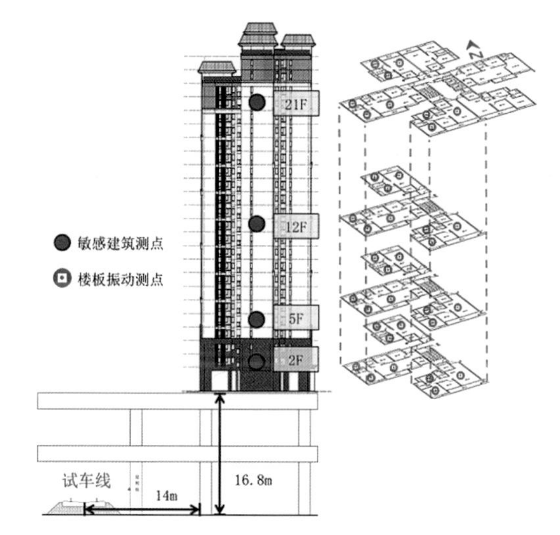

图2 垂向测点布置示意图

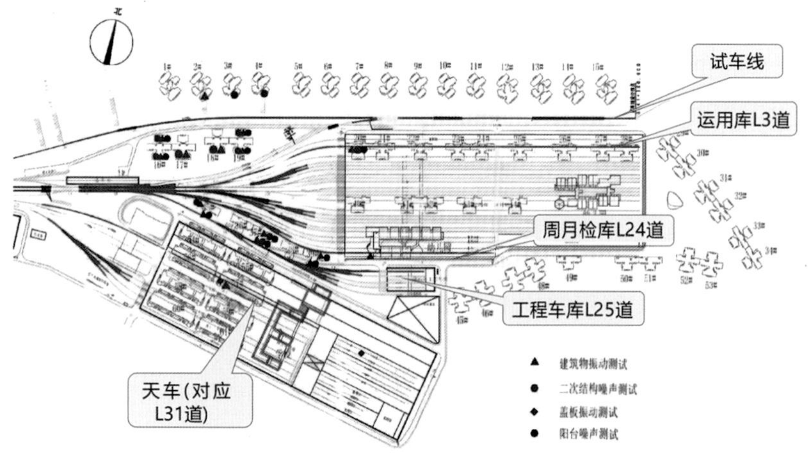

图3 车辆段振动噪声测点平面分布综合示意图

当列车以60km/h通过试车线时，对标《城市轨道交通引起建筑物振动与二次辐射噪声限值及其测量方法标准》JGJ/T 170—2009中2类区限值，敏感建筑室内分频最大振级超标4.3dB，二次结构噪声超标1.6dB（A）。

其中北户客厅与主卧振动影响最大，楼板振动主要集中在30～80Hz，如图4、图5所示；二次结构噪声主要集中在25Hz以上，如图6、图7所示。

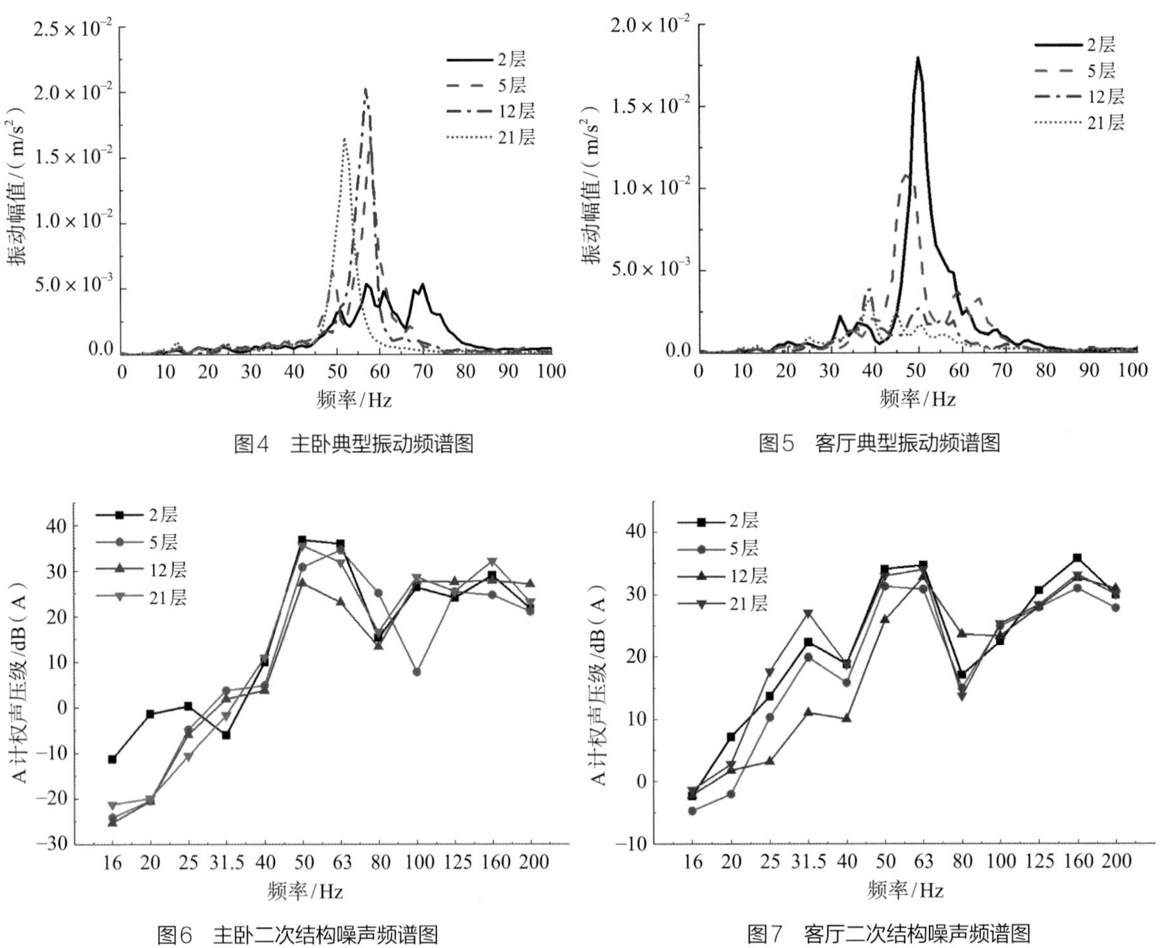

图4 主卧典型振动频谱图

图5 客厅典型振动频谱图

图6 主卧二次结构噪声频谱图

图7 客厅二次结构噪声频谱图

虽然采用不同的振动噪声评价标准，具体超标情况略有差别，但仍得出较为一致的结论：

（1）试车线引起的建筑物振动超标较大，16号和19号楼室内振动最大超标量均达到约10dB；室内二次辐射噪声超标约4dB（A）。

（2）试车线列车通过时产生的噪声辐射对沿线环境影响较为显著，盖上部分楼栋阳台处列车通过噪声达63～70dB（A）。

（3）咽喉区列车进出库产生的啸叫噪声对靠近咽喉区的楼栋居民有较大干扰。

（4）工程车运行时，35号和37号楼室内振动和二次辐射噪声均未超标，但39号楼室内振动超标逾2.7dB（有施工干扰情况下测得最大超标峰值达9dB），虽属少见工况，但仍需给予充分关注。

（5）天车运行时，57号楼环境振动最大超标量为5～7dB。

为有效控制敏感建筑环境振动及室内二次结构噪声，需对振源轨道做充分必要的减隔振改造，有效控制25Hz以上的上盖结构振动。

3 噪声振动控制改造方案综述

经过半年多的反复论证和方案比选，在甲方领导的大力支持和睿智决策下，终于原则同意设计咨询单位提出的官湖车辆段试车线及咽喉区减振降噪方案，即试车线北侧盖板建筑立面采用声屏障全封闭方案，咽喉区盖板与茅山大道间露天区域采用“防护棚+声屏障”全封闭方案；针对试车线减振方案，综合考虑减振效果、工后沉降及运营维护等因素，确定试车线采用钢弹簧浮置板道床减振方案，但需对实施组设计做进一步优化，并补充工后沉降的应对措施。针对咽喉区及工程车线减振改造，在非道岔区采取调频钢轨阻尼器方案，在道岔区拆除既有扣件和轨枕，更换为高等级减振扣件+合成树脂轨枕；并要求先行试点评估，达到预期效果后再进一步推广应用。天车系统则与天车厂家沟通优化完善天车减振方案。改造总投入约4000万元。

4 试车线减振降噪综合改造措施

官湖车辆段的试车线位于项目北侧地面一层，总长1290m，含一组9号单开道岔，采用60kg/m钢轨无缝线路、1435mm标准轨距，弹条Ⅲ型分开式扣件，敷设梯形轨枕有砟道床，曲线段半径800m，超高80mm，最高车速60km/h（8A编组）。原试车线为碎石道床结构，既有减振措施为道岔段采用减振道砟垫，直线段采用有砟梯形轨枕；线位距离盖上高层住宅不足20m。运营开通后，由于试车线轨道与车辆段盖板建筑结构紧密结合，试车线运行时轮轨振动缺乏自然土体衰减，轮轨不平顺以及道岔有害空间的冲击振动引起南侧盖板上楼内振动及二次结构噪声问题较为显著；而且试车线的空气声也经消防车道扩散，对盖上和白地建筑都产生环境噪声超标的不良影响。其中1号楼距离轨道中心线最近，约14m。

由于车辆段全部结构、线路与敏感建筑均已建成，环境振动、二次结构噪声和空气声超标影响较显著，基本不具备在传播路径和受振体敏感建筑采取减隔振措施的可能性。经多方反复论证和方案比选，确定从“源头控制”做起进行轨道减振升级改造：采取将梯形轨枕有砟道床试车线更换为阻尼弹簧浮置板整体减振道床的根治措施，确保振动及二次结构噪声控制效果。根据试车线试车车速情况与建筑布局，改造范围为504m，含一组单开道岔。重复利用既有钢轨、扣件进行钢弹簧浮置板改造，轨枕改为钢筋混凝土短轨枕，道床改造为钢弹簧浮置板（高380mm、宽3400mm），并对基底进行硬化处理，如图8所示，其余线路条件不变，轨道设计减振起效频率约12Hz，可有效控制敏感建筑内振动。

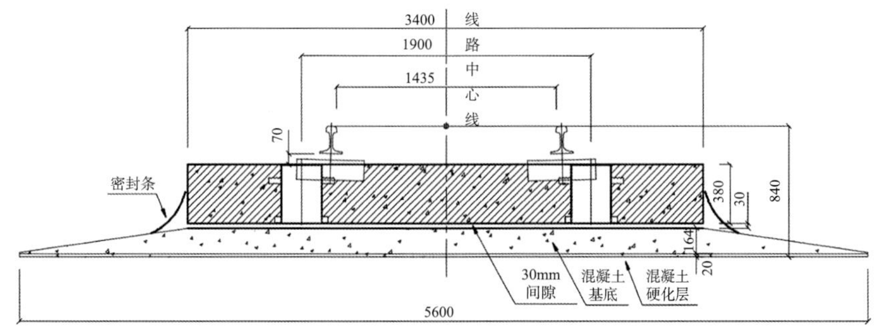

图8 钢弹簧浮置板轨道结构图

改造前后试车线对比如图9所示；并于线路改造同期对试车线北侧立柱外立面实施亚克力隔声窗与通风消声百叶组合的全封闭隔声，如图10所示；对试车线西段有声暴露的区段也实施了较为充分的隔声罩棚封闭处理，如图11所示；有效根治了试车线噪声的环境影响。

改造前有砟轨道梯形轨枕

改造后钢弹簧浮置板

图9　试车线减振轨道改造前后现场图片

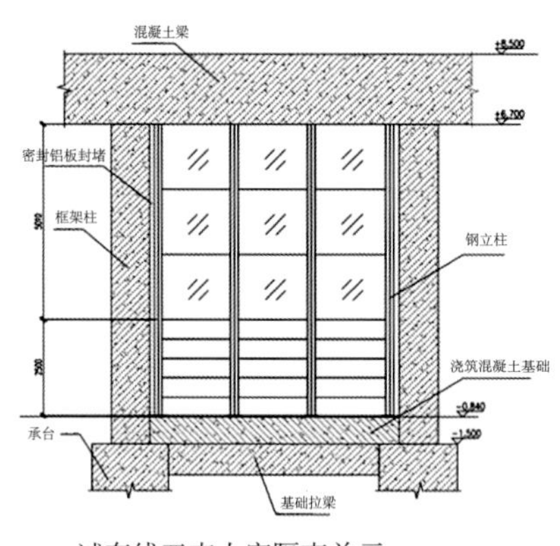

试车线亚克力窗隔声单元

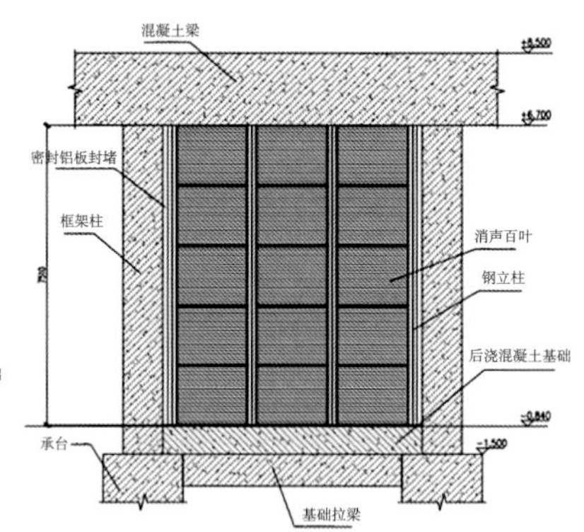

试车线消声百叶隔声单元

图10　试车线北立面全封闭隔声示意图

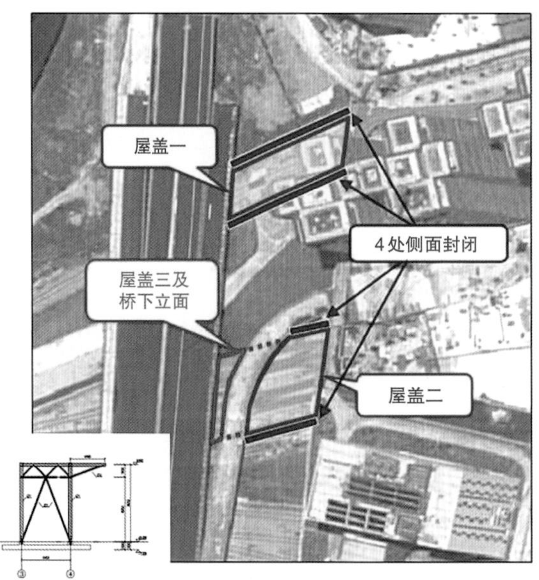

图11　试车线西端隔声罩棚封闭处理示意图

5 振动控制关键技术与创新

采用钢弹簧浮置板进行试车线减振改造时，主要涉及以下关键技术和创新：

（1）轨道设计：浮置板扣件钉孔距、轨道结构高度、超高设置等条件需与原线路一致。

（2）隔振设计：钢弹簧浮置板系统需结合行车速度、空车轴重、邻近建筑固有频率特性等要素，对浮置板“质量-弹簧”的系统固有频率（包括参振质量和隔振器刚度）及具体布局进行精准设计。

（3）施工组织：为便于同步开辟多个作业面以保障施工进度，车辆段既有试车线改造主要采用人工散铺的方式进行现场施工。需先行拆除既有轨道结构，并对基底进行硬化处理后再进行钢弹簧浮置板施工。施工前要反复进行现场踏勘、不断优化施组设计；施工时严控质量和养护环节；施工后重点做好板缝密封防护，避免邻近线路道砟引起减振短路。需特别注意：

①既有试车线的道床结构高度和钢弹簧浮置板减振道床结构高度不一致，因此要改变道床地基设计，在拆除原有道床后，要下挖至钢弹簧浮置板基底标高位置；因该线位为车辆段土路基，须做好地基硬化处理，防止地基不均匀沉降，并对道床基底钢筋起到保护作用。

②既有线路轨旁设施较多，设施间距是固定的，部分设施无法移动，道床局部设计宽度会出现大于设施横向宽度，对道床改造施工影响很大；在施工中要根据道床基底和道床宽度，结合施工作业支立模板等作业空间需求，进行改造范围内宽度复核和因地制宜的沟通、调整。

（4）试车线北侧廊柱间新增全封闭通风隔声墙板，须特别注意预防底部过梁施工对浮置板道床的侵限和局部短路。

6 减振降噪改造效果

在改造完成恢复运行后，选取改造前相同立柱测点和7.5m标准进行复测，测试用车为8节编组A型列车，测试中列车以60km/h速度经过测点18次。

测试结果如图12和表1所示，改造后（与原线路对比）轨旁立柱测点最大Z振级降低10.4dB，7.5m源强测点最大Z振级降低10.7dB；减振起效频率约为12.5Hz，在20Hz处减振效果最高可达17.8dB，充分符合预设振动控制目标；敏感建筑振动和二次结构噪声达到2类区标准暨二级限值要求；试车线的环境噪声也同步得到有效控制。目前盖上居民已顺利入住，达到满意效果。

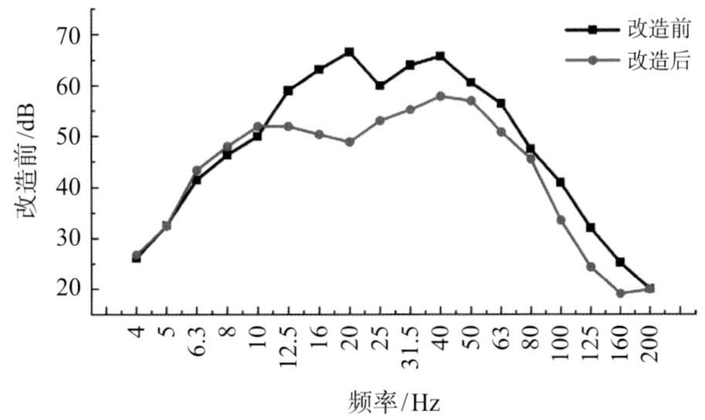

图12 改造前后轨旁立柱振动加速度对比（Z计权）

改造前后轨旁立柱减振效果　表1

测试位置	最大Z振级 VL_{Zmax}/dB		
	改造前	改造后	减振改造后变化量
轨旁立柱	77.8	67.4	-10.4
7.5m测点	87.4	76.7	-10.7

7 结语

实践证明，噪声振动综合控制是城市轨道交通TOD模式车辆段上盖物业开发不可或缺的永恒主题。目前主流对策还是对站场内外各种轨道采取不同的减振降噪措施，而对试车线的噪声辐射特别是道岔区冲击振动的影响往往缺乏充分必要的认识和对策，对其有的放矢开展整体的振动和噪声综合治理是TOD车辆段物业开发中标本兼治的关键环节。

本项目作为全国城市轨道交通大型车辆段上盖减振降噪综合评估和试车线升级改造的首创案例，其成功实施不仅得益于大量实测数据和验证、比选，而且有赖于“不破不立”的创新精神和精雕细琢、统筹协调的施工组织管理。希望通过该车辆段试车线改造工程的探索实践，为其他类似改造项目提供全过程统筹管控的有益经验，为实现环境友好下的TOD高质量发展添砖加瓦。

案例提供：邵斌，教授级高级工程师，北京九州一轨环境科技股份有限公司。Email：shaobin_nv@163.com
孙方遒，高级工程师，北京九州一轨环境科技股份有限公司。
李腾，高级工程师，北京九州一轨环境科技股份有限公司。
郝晨星，工程师，北京九州一轨环境科技股份有限公司。

山东省会文化艺术中心噪声振动控制

方案设计：保罗·安德鲁
建筑设计：北京市建筑设计研究院有限公司
项目地点：山东省济南市腊山河东路与日照路交叉路口西北
噪声控制设计：北京市劳保所科技发展有限责任公司
项目规模：13.6万m^2
竣工日期：2013年9月

1 工程概况

山东省会文化艺术中心（又称山东省会大剧院），由1800座歌剧院、1500座音乐厅、500座多功能厅以及排练厅和演艺厅组成，是济南市槐荫区西部紧邻济南西站的新城核心区域地标性建筑集群、省级标志性文化服务设施。其规划设计由来自国内外的十几套设计方案进行竞标评选，最终由曾完成国家大剧院设计的法国剧院设计大师保罗·安德鲁主持设计，历经“高山流水”→“北山南泉”→“岱青海蓝”的设计理念演变，既体现了齐鲁文化特色，又突出济南泉城特色。总占地面积7.5万m^2，总建筑面积13.6万m^2，建筑造价约25亿元。2010年10月22日正式开工建设，2013年9月竣工；2013年10月11日作为第十届中国艺术节的主会场举办十艺节开幕式。2013年10月12日，在济南市召开的“第十届艺术节剧院建设与综合运营高峰论坛”上，山东省会文化艺术中心荣膺中国十大剧院称号。10年来，已成功举办综合文化活动逾3500场，在吸引了大量国内表演团体的同时，还迎来了38个国家和地区的艺术家，出演人数总计165208人次；观众累计超过245万人次。其实景见图1。

图1　山东省会文化艺术中心实景

2 设计概述

对于山东省会文化艺术中心这样高端定位的省级标志性大型现代演艺建筑，其噪声振动控制效果是高水准演艺呈现的重要保障条件，是衡量建设者人文意识和绿色理念的标尺，也是考验各专业单位技术实力的试金石。其工作内容包括省会大剧院核心建筑的歌剧院、音乐厅、多功能厅及其相关附属用房的全部噪声振动控制设计和建筑隔声顾问工作。南车库能源动力中心设备及管路噪声振动控制设计、地铁线路振动环境影响对策研究以及场地西侧交通噪声与景观造型的影响分析，无疑是一项甚为繁复庞杂的系统工程，必须统筹兼顾地在不同时间节点高效完成相关的设计配合。这也是继与国家大剧院的首次合作之后，我们与法国安德鲁设计团队和北京市建筑设计研究院有限公司（以下简称BIAD）的再次成功合作。

2.1 噪声设计标准及要求

山东省会文化艺术中心噪声控制的核心指标为歌剧院*NR*–25、音乐厅*NR*–20、多功能厅*NR*–30，其余相关内容符合《声环境质量标准》GB 3096—2008中2类声环境功能区暨昼间≤60dB（A）、夜间≤50dB（A）；建筑隔声设计以保障核心区域噪声指标为前提，其余参照《民用建筑隔声设计规范》GB 50118—2010执行。其核心建筑布局和噪声振动控制指标如图2所示。

图2 核心建筑布局和噪声振动控制指标

2.2 噪声振动控制设计内容和具体步骤

2.2.1 方案设计阶段

（1）践行“声学早期介入”理念，尽早对总体方案进行噪声振动控制专业层面的可行性与制约要素的总体评估分析，根据各敏感建筑噪声控制目标和设备预估噪声源强，评估分析消声、隔声与隔振设计的可行性。

（2）对各敏感区域噪声振动控制目标提出咨询建议；初步规划消声系统的大致布局，对方案设计提出包括设备选型、风速控制、系统布局、建筑隔声等方面的噪声振动控制设计建议。

（3）对“卡脖子”的制约性问题及时反馈建设性的调整意见和建议。

2.2.2 初步设计阶段

（1）贯彻“源头控制”原则，根据BIAD初步设计方案、设备选型清单和我方的噪声治理专业经验，初步评估确定各设备噪声源强；对相关噪声敏感设备提出单机噪声、振动源强限值，并对设备选型、招标采购提出声学方面的技术要求和建议。

（2）根据对敏感区域最大允许背景噪声、建筑空气声和结构声隔声标准、室外环境噪声标准、设备机房噪声限值、电梯噪声控制指标、楼板撞击声限值、建筑设备减振降噪等随时与BIAD设计人员进行沟通咨询，给出相关设计建议。

（3）根据BIAD完成的初步设计和法方声学专家提供的噪声控制设计评估意见，完成噪声振动控制初步设计及设计说明，具体包括但不限于：暖通空调系统噪声控制初步设计方案，噪声振动控制装置（消声器、消声静压箱、消声弯头、隔振器等）的具体数量、外形尺寸、安装位置及其相关性能参数等；交BIAD和法方声学专家审核其布局占位可行性。

（4）拟定水系统、制冷机组、变配电设备等各种辅助设备的隔振、隔声等综合处理对策方案，完成建筑隔声、设备基础隔振等方面的配套结构设计。

2.2.3 施工图设计阶段

（1）在BIAD进行施工图设计过程中，及时给予噪声振动控制方面的专业技术支持，并协助进行建筑隔声、设备基础隔振等结构设计工作。

（2）由BIAD对噪声振动控制初步设计方案中提出的消声装置占位、附加阻力损失影响进行综合专业审核，结合综合管线图的各专业会审，对影响总体布局和使用功能以及受到空间尺寸限制的部分给出反馈意见；必要时对空调机组和通风机的参数进行适当调整。

（3）由入围设备供货商根据调整后的（风量、风压等）设计参数，给出额定工况下空调机组、风机和末端风口等关键设备的噪声源强（倍频带声功率级）数据；针对核准后的噪声源强数据重新进行消声设计、校核、调整；确定新版噪声振动控制设计方案，再次提交设计院进行复审。

（4）在通过复审及必要的再次局部调整后，全面完成噪声振动控制深化设计方案及设计说明；提交给BIAD和甲方对噪声振动控制深化设计进行最终评审，并整合到BIAD暖通设计和装修专业施工图设计中。

（5）在BIAD完成施工图设计且甲方完成对噪声控制深化设计评审后30日内，完成噪声振动控制施工图，全部文件符合《建筑工程设计文件编制深度规定》和工程实际协同运作要求。具体包括：各消声装置的具体内部构造和配套加工图纸，给水排水系统、暖通空调机组、制冷机组、变配电设备、电梯及各种敏感管路等的隔振、隔声施工图设计。

（6）编制消声器加工技术条件，协助编制关键建筑设备和噪声振动控制专业施工的招标技术文件。

2.2.4 现场施工阶段

（1）对施工单位进行噪声振动控制技术交底和施工技术辅导，分阶段进行噪声振动控制监理工作。

（2）根据施工现场反馈和相关专业协调需求对具体设计方案进行必要的变通性调整。

（3）在甲方和工程监理单位统领下，对消声器和隔振器等专业设备的产品质量进行监察、检验。

（4）在工程中、后期进行必要的现场声学测试和技术保障服务。

3 噪声振动控制重点措施与技术创新

山东省会文化艺术中心噪声振动控制专业设计过程中遇到一系列工程技术难题，我们因地制宜、有的放矢地采取多种不同的技术手段妥善解决：

（1）核心建筑噪声控制指标的选择问题。当时正值全国演艺建筑建设高潮，行业内好高骛远的趋势日盛，部分专家和领导提出本项目应执行音乐厅*NR*–15、歌剧院*NR*–20的“极致”标准，但这显然不符合省会技术经济的客观条件。我们结合武汉琴台音乐厅等案例，对使用效果的充分必要条件与总体造价等进行审慎论证、类比甚至辩论，对各敏感区域噪声振动控制目标提出合理化建议，并最终确定了既具备先进性、实用性，又符合中国国情的音乐厅*NR*–20、歌剧院*NR*–25和多功能厅*NR*–30等合理可行控制指标。

（2）“北山南泉”建筑组团的中央预留了东西向下穿广场的地铁6号线，地传振动对大剧院和音乐厅的影响不容小觑。为此我们及时开展了轨道交通振动与噪声影响的专题预研，建议轨道系统预留最高等级液体阻尼钢弹簧浮置板隔振措施；同时为最大限度减少大型混凝土结构传声影响，还在法方设计团队支持下，在演艺建筑北侧混凝土大底板中设置了结构完全脱开的“隔声缝”，并对隔声缝的设计和施工细节进行了优化，参见图3中的紫色线所示位置。

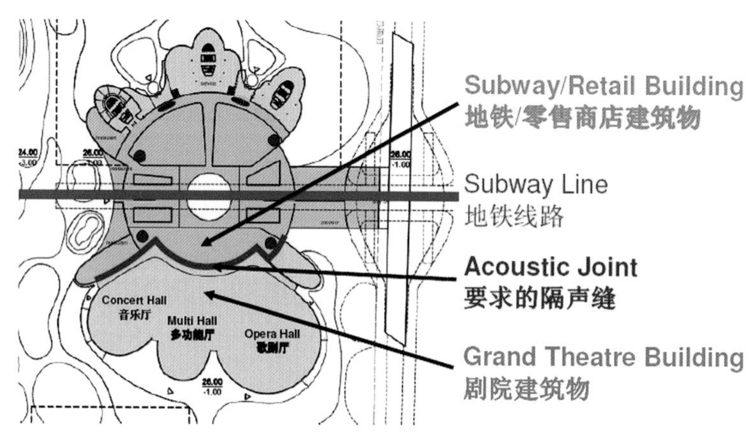

图3 大底板中设置“隔声缝”

（3）安装过程中经常有某些专业管线交错占位导致预定位置的消声器无法安装，必须随时高度关注总体空间布局暨各专业管线的合理匹配，多次进行综合管线的设计协调；对消声系统布局摆位和风道内气流速度做好统筹控制，使系统内的低频扰流和气流再生噪声满足消声设计要求，为消声设计创造较好的基础条件，以使部分消声器省去变径处理，从而减少局部空间的布局难题。

特别说明一点：暖通空调噪声控制涉及一个纲领性标准《采暖通风与空气调节设计规范》，无论从早期的GBJ 19—1987版到GB 50019—2003版，直至2012年1月21日发布、2012年10月1日开始执行的《民用建筑供暖通风与空气调节设计规范》GB 50736—2012，对于允许噪声与风速的界定都是不够严谨的（表1）。一方面对于允许噪声的分档太过粗犷（分别以10dB（A）、15dB（A）甚至20dB（A）划分，但实际上噪声是每增加3dB能量就增加一倍），而且并未与噪声评价曲线*NR*或*NC*值等直接对应；另一方面只关注了主管和支管的风速，而对末端风口的风速没有制约，这是有失偏颇的。我们结合多年来的工程实践，在相关工程设计中一直倡导并践行按 $Lwz \propto 50LogV+10LogS$ 的关系仔细校核风管内的气流再生噪声（尤其是对截面较大的风管更应格外审慎），简单选择时可参照我们推荐的表2中更为细化的参数；其中还增加了我们独创的对水管流速的推荐限值。

暖通空调设计规范中推荐风管风速 **表1**

室内允许噪声级/dB(A)	主管风速/(m/s)	支管风速/(m/s)
25～35	3～4	≤2
35～50	4～7	2～3
50～65	6～9	3～5
65～85	8～12	5～8

工程实践中推荐的各类控制流速 **表2**

室内允许噪声级		主风道风速/(m/s)	支风道风速/(m/s)	风口风速/(m/s)	水管内水流速/(m/s)
*NR*曲线	对应*LA*/dB				
NR-15	20	≤4.0	≤2.5	1.0～1.5	0.5
NR-20	25	≤4.5	≤3.5	1.5～2.0	0.6
NR-25	30	≤5	≤4.5	2.0～2.5	0.8
NR-30	35	≤6.5	≤5.5	≤3.3	1.0
NR-35	40	≤7.5	≤6.0	≤4.0	1.2
NR-40	45	≤8.5	≤6.5	≤5.0	1.4
NR-45	50	≤9.5	≤7.0	≤5.5	1.8

（4）内含4台大型机组的B1空调机房位于歌剧院池座静压箱正下方，共12道送风管路直入池座静压箱内，送风路径非常短，给消声设计带来极大困难。经与设备及结构专业协商调整，改变了静压仓开口位置以拉开消声距离；然后充分利用机房内空间设置1个消声静压箱和2～3节加长消声器；又考虑到经由机房进入静压仓的部分弯头及风管外壳隔声量有限，遂将此部分竖向风管改为消声器，进入静压仓后又设置消声静压箱，并在其开口处再接2节消声器消除系统内的再生噪声和串扰噪声，最后送入池座静压仓。从而在国内罕有的最不利布局条件下实现了较好的消声效果。

（5）由于歌剧院的空调机房位于池座观众厅静压仓的正下方，而楼板隔声量比较有限，为确保设备噪声不影响到观众厅，还对设备机房吊顶隔声进行了强化隔声设计，具体如图4所示。

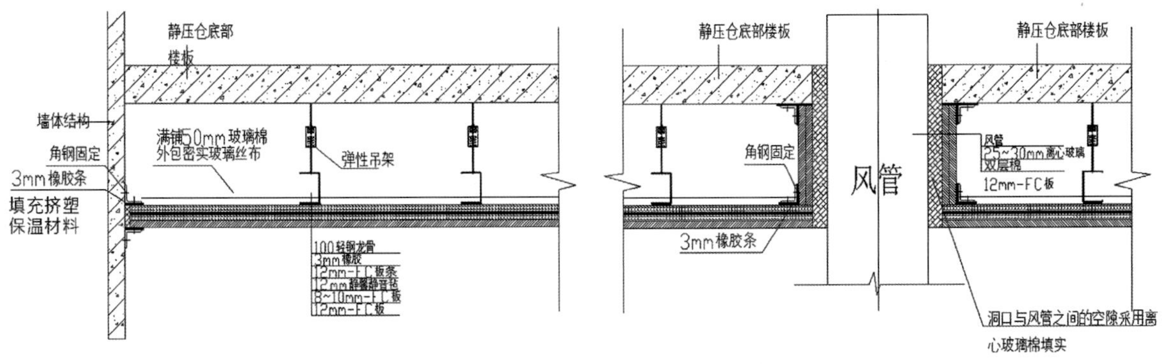

图4 隔声吊顶构造大样图和风管穿吊顶构造大样

(6) 鉴于部分敏感建筑存在竖向交叉干扰，在建筑隔声设计中需强化楼板撞击声控制；通过对浮筑楼板垫层结构和材料的谨慎筛选，完成隔振垫产品的优化和选型。对各类空调机组、风机等，均进行了详细的隔振设计。其中落地的空调及新风机组统一采用槽钢台架+剪切挤压型橡胶隔振器；吊装的风机均采用弹性吊架并特别强调防底孔局部短路；落地排风机则根据不同转速采用配重隔振台座+橡胶或弹簧隔振器的形式进行强化隔振。

(7) 对敏感区域中的电梯进行了必要的减振降噪专题研究，对同品牌同类安装形式的电梯进行噪声振动类比测试；对与歌剧院后舞台相邻的两台无机房电梯进行特殊隔振设计。

(8) 在本项目中积极倡导和贯彻了“源头（源强）控制”的噪声振动控制低碳理念，不仅专业设计针对真实源强数据展开，而且在各关键设备招标过程中均给出噪声振动源强的控制要求，包括空调及通风机组的倍频程声功率级的噪声源强限值；对全过程中随时发现或提出的问题及时回复、反馈并拟定相应合理对策。这也是本项目能够顺利进行的一个很重要的保障因素。

(9) 对中心场地西侧交通噪声环境影响与景观造型的防护作用开展专题影响分析，参见图5。

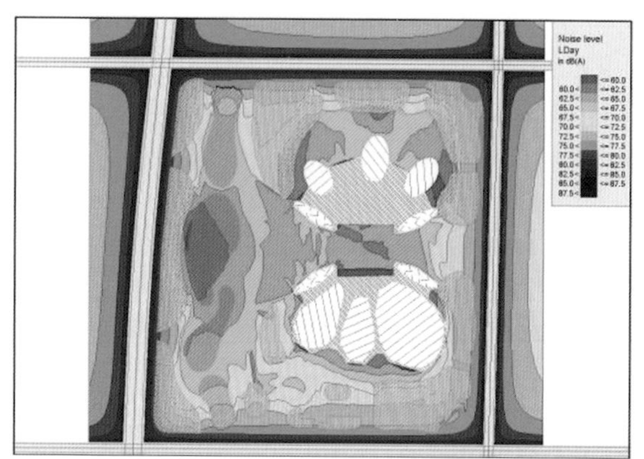

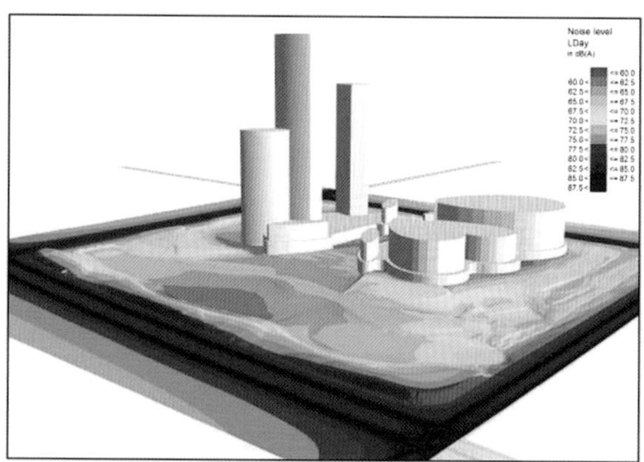

图5 中心场地西侧交通噪声环境影响与景观造型的防护作用分析

4 竣工噪声测试结果

经竣工调试后对山东省会文化艺术中心各敏感建筑内部环境噪声进行了现场检测，在关闭电脑灯状态下实测音乐厅声环境优于*NR*–19/23.7dB(A)、歌剧厅优于*NR*–22/29.7dB(A)、多功能厅在有噪声干扰情况下亦达到*NR*–25/30.3dB(A)，尤其是低频噪声控制效果更为显著；其他敏感环境也全部达到甚至远优于预期目标。具体数据可参见表3和图6。

核心演艺建筑观众席声环境检测数据[单位：dB(A)] **表3**

测试数据	A计权声压级	倍频程中心频率								
		31.5Hz	63Hz	125Hz	250Hz	500Hz	1000Hz	2000Hz	4000Hz	8000Hz
音乐厅观众席多点平均	23.7	42.4	32.2	28.7	24	20.4	15.8	14	14	13.3
NR–19	29.7	68.3	50.5	38.5	29.7	23.3	19	15.8	13.4	11.5
歌剧厅观众席多点平均	29.7	41.4	42.5	32.5	32.4	24.8	21.8	17.9	15.2	12.6

续表

测试数据	A计权声压级	倍频程中心频率								
		31.5Hz	63Hz	125Hz	250Hz	500Hz	1000Hz	2000Hz	4000Hz	8000Hz
NR–22	32.4	70.4	52.9	41.1	32.5	26.2	22	18.8	16.5	14.6
多功能厅观众席多点平均	30.3	46.1	38.8	30.3	30.8	27.3	25.4	21.1	17.3	13.2
NR–25	35.1	72.4	55.3	43.8	35.3	29.2	25	21.9	19.5	17.7

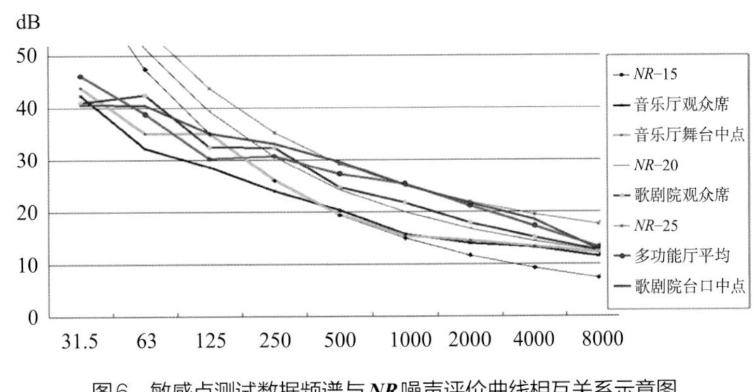

图6　敏感点测试数据频谱与***NR***噪声评价曲线相互关系示意图

测试过程中也发现一些失控问题：主要是歌剧院舞台顶部灯光设备中增设了大量电脑灯，其冷却风扇噪声超高，受其影响台口噪声达到*NR*–33/41dB（A），观众席前区噪声亦逾*NR*–28/36dB（A），对歌剧院声环境构成显著影响。此类问题需要设备厂家充分配合否则很难得到妥善解决，经反馈后已引起舞美行业电脑灯厂家的高度重视，进而研发出全静音电脑灯填补了市场空白（类似地，以往其他项目中还遇到超大型投影仪的风扇噪声问题，甚至无组织排放的热气流进入光路系统对画面影像造成明显扰动；我们采用特殊设计的通风消声系统并使散热气流与光路隔离可妥善解决问题）。此外，舞台区域部分电器控制柜上居然还安装有小型蜂鸣器，操控过程中不时发出“滴、滴”的蜂鸣声，对歌剧院声环境构成不利影响，要求设备厂家采取静音措施改造后声环境已显著改观。

唯一遗憾的是济南城市轨道交通6号线建设周期滞后，至今尚在建设过程中，未能验证早期专题研究及控制对策的有效性。期待2027年通车后6号线与省会大剧院能够和谐共存、相得益彰。

5　工程亮点

在坚持“源头控制”“声学早期介入”理念的基础上，通过协同创新和统筹运作，在大型演艺建筑设计咨询中践行了噪声与振动控制的全过程一体化综合管控。

案例提供：邵斌，教授级高级工程师，北京九州一轨环境科技股份有限公司。Email：shaobin_nv@163.com
冯博、纪雅芳，高级工程师，北京世纪静业噪声振动控制技术有限公司。